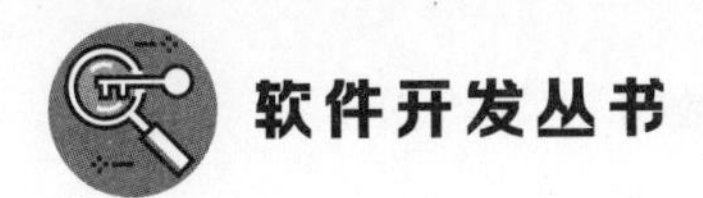

HTML+CSS+JavaScript完全自学教程

明日科技 ◉ 编著

人民邮电出版社
北京

图书在版编目（CIP）数据

HTML+CSS+JavaScript完全自学教程 / 明日科技编著
. -- 北京 : 人民邮电出版社, 2022.12
ISBN 978-7-115-59096-1

Ⅰ. ①H… Ⅱ. ①明… Ⅲ. ①超文本标记语言－程序设计－教材②网页制作工具－教材③JAVA语言－程序设计－教材 Ⅳ. ①TP312.8②TP393.092.2

中国版本图书馆CIP数据核字(2022)第056855号

内容提要

本书从零基础读者自学Web前端开发的角度出发，通过通俗易懂的语言、精彩有趣的实例，详细介绍了HTML、CSS和JavaScript知识。全书共20章，分为4个部分。HTML部分介绍HTML基础、文本、图像和超链接；CSS部分介绍选择器、常用属性、CSS3高级应用、表格与标签、列表、表单、多媒体、HTML5、响应式网页设计和响应式组件；JavaScript部分介绍JavaScript的语言基础、基本语句、对象编程，以及事件处理、Ajax技术和jQuery基础；项目实战部分介绍了一个商城的设计与实现。书中结合具体实例进行讲解，代码有详细注释，使读者能够轻松领会前端开发的精髓，快速提高开发技能。

本书适合作为Web前端开发、网页设计、网页制作、网站建设的入门级教材或者有一定基础的读者的自学用书，也适合作为高校相关专业的教学参考书或相关培训机构的培训教材。

◆ 编　　著　明日科技
责任编辑　赵祥妮
责任印制　陈　犇

◆ 人民邮电出版社出版发行　　北京市丰台区成寿寺路 11 号
邮编　100164　　电子邮件　315@ptpress.com.cn
网址　https://www.ptpress.com.cn
北京隆昌伟业印刷有限公司印刷

◆ 开本：787×1092　1/16
印张：25　　　　2022 年 12 月第 1 版
字数：679 千字　　　　2022 年 12 月北京第 1 次印刷

定价：79.90 元

读者服务热线：(010)81055410　印装质量热线：(010)81055316
反盗版热线：(010)81055315
广告经营许可证：京东市监广登字 20170147 号

资源与支持

本书由异步社区出品，社区（https://www.epubit.com/）可为您提供相关资源和后续服务。

配套资源

本书提供示例文件。您可以在异步社区本书页面中单击 配套资源，跳转到下载页面，按提示进行操作即可。

提交错误信息

作者和编辑尽最大努力来确保书中内容的准确性，但难免会存在疏漏。欢迎您将发现的问题反馈给我们，帮助我们提升图书的质量。

当您发现错误时，请登录异步社区，按书名搜索，进入本书页面（见下图），单击“提交勘误”，输入错误信息后，单击“提交”按钮即可。本书的作者和编辑会对您提交的错误信息进行审核，确认并接受后，您将获赠异步社区的 100 积分。积分可用于在异步社区兑换优惠券、样书或奖品。

图书勘误　　发表勘误

页码：1　　页内位置（行数）：1　　勘误印次：1

图书类型：纸书　电子书

添加勘误图片（最多可上传4张图片）

+

提交勘误

与我们联系

我们的联系邮箱是 contact@epubit.com.cn。

如果您对本书有任何疑问或建议，请您发电子邮件给我们，并请在电子邮件标题中注明书名，以便我们更高效地做出反馈。

如果您有兴趣出版图书、录制教学视频，或者参与图书翻译、技术审校等工作，可以发电子邮件给我们；有意出版图书的作者也可以到异步社区在线投稿（直接访问 www.epubit.com/contribute 即可）。

如果您所在的学校、培训机构或企业，想批量购买本书或异步社区出版的其他图书，也可以发电子邮件给我们。

如果您在网上发现有针对异步社区出品图书的各种形式的盗版行为，包括对图书全部或部分内容的非授权传播，请您将怀疑有侵权行为的链接发电子邮件给我们。您的这一举动是对作者权益的保护，也是我们持续为您提供有价值的内容的动力之源。

关于异步社区和异步图书

“异步社区”是人民邮电出版社旗下 IT 专业图书社区，致力于出版精品 IT 图书和相关学习产品，为作译者提供优质出版服务。异步社区创办于 2015 年 8 月，提供大量精品 IT 图书和电子书，以及高品质技术文章和视频课程。更多详情请访问异步社区官网。

“异步图书”是由异步社区编辑团队策划出版的精品 IT 专业图书的品牌，依托于人民邮电出版社近 40 年的计算机图书出版积累和专业编辑团队，相关图书在封面上印有异步图书的 Logo。异步图书的出版领域包括软件开发、大数据、人工智能、测试、前端、网络技术等。

异步社区

微信服务号

目录

CONTENTS

第1部分　HTML

第1章　HTML基础

第2章　文本

第3章　图像和超链接

第2部分 CSS

第4章 CSS概述

第5章 CSS3高级应用

第6章 表格与标签

第7章 列表

第8章 表单

第9章 多媒体

第10章 HTML5

第11章 响应式网页设计

第 18 章 Ajax 技术

第 19 章 jQuery 基础

第 4 部分 项目实战

第 20 章 51 购商城

第 1 部分　HTML

HTML 基础

视频教学：68 分钟

浏览网站已经成为人们生活和工作中不可或缺的一部分，网页也随着信息技术的发展越来越丰富、越来越美观，网页上不仅有文字、图片，还有影像、动画效果等。而使用 HTML 就可以实现网页设计和制作，尤其是可以开发动态网站。那么什么是 HTML？如何编写 HTML 文件？使用什么工具编写 HTML 文件？带着这些问题我们来学习本章内容。

1.1　HTML 概述

扫码看视频

1.1.1　什么是 HTML

HTML（HyperText Markup Language，超文本标记语言）是纯文本类型的语言，它是因特网上用于编写网页的主要语言，使用 HTML 编写的网页文件也是标准的纯文本文件。

HTML 文件可以使用文本编辑器（如 Windows 系统中的记事本程序）打开，查看其中的 HTML 代码；也可以在用浏览器打开网页时，通过选择相应命令，查看网页中的 HTML 代码。HTML 文件可以直接由浏览器解释执行，而无须编译。用浏览器打开网页时，浏览器读取网页中的 HTML 代码，分析其语法结构，然后根据解释的结果显示网页内容。

HTML 是一种简易的文件交换标准，它旨在定义文件内的对象和描述文件的逻辑结构，而并不定义文件的显示。由于 HTML 所描述的文件具有极高的适应性，所以其特别适用于 WWW（World Wide Web，万维网）的环境。

1.1.2　HTML 的发展历程

扫码看视频

HTML 的历史可以追溯到很久以前。1993 年 HTML 首次以因特网草案的形式发布。20 世纪 90 年代，人们见证了 HTML 的高速发展，从 2.0 版到 3.2 版和 4.0 版，再到 4.01 版，一直到现在正逐步普及的 HTML5。

在快速发布了 HTML 的前 4 个版本之后，业界普遍认为 HTML 已经“无路可走”了，人们对 Web 标准关注的焦点也开始转移到 XHTML（Extensible HyperText Markup Language, 可扩展超文本标记语言）和 XML（Extensible Markup Language，可扩展标记语言）上，HTML 则被放在次要位置。不过在此期间，HTML 体现了顽强的生命力，主要的网站内容还是基于 HTML 的。为了能够支持新的 Web 应用，同时克服现有的缺点，HTML 迫切需要添加新功能，制定新规范。

为了将 Web 平台提升到一个新的高度，在 2004 年 WHATWG（Web HyperText Application Technology Working Group，Web 超文本应用技术工作组）成立了，他们创立了 HTML5 规范，同时开始专门针对 Web 应用开发新功能，这被 WHATWG 认为是 HTML 中最薄弱的环节。Web 2.0 这个词也就是在那个时候被创造出来的，开创了 Web 的第二个时代，旧的静态网站逐渐让位于需要更多特性的动态网站。

因为 HTML5 能解决非常实际的问题，得益于浏览器的实验性反馈，HTML5 规范也得到了持续的完善，HTML5 以这种方式迅速融入到了对 Web 平台的实质性改进中。HTML5 成为 HTML 的新一代标准。

1.2 HTML 文件的基本结构和基本标签

HTML 文件是由一系列的元素和标签组成的。元素是 HTML 文件的重要组成部分，而 HTML 用标签来规定元素的属性和它在文件中的位置。本节将对 HTML 文件的基本结构、基本标签进行详细介绍。

1.2.1 基本结构

扫码看视频

1. 标签

HTML 的标签分为单独出现的标签（以下简称为单独标签）和成对出现的标签（以下简称为成对标签）两种。

- 单独标签。

单独标签的格式为 <元素名称>，其作用是在相应的位置插入元素。例如，
 标签就是单独标签，意思是在该标签所在位置插入一个换行符。

- 成对标签。

大多数标签都是成对出现的，由开始标签（又称首标签）和结束标签（又称尾标签）组成。开始标签的格式为 <元素名称>，结束标签的格式为 </元素名称>。成对标签的语法如下：

```
<元素名称>要控制的元素</元素名称>
```

成对标签仅对包含在其中的内容产生作用。例如，<title> 和 </title> 标签就是成对标签，用于界定标题元素的范围，也就是说，<title> 和 </title> 标签之间的内容是此 HTML 文件的标题。

> 注意
>
> 在 HTML 标签中不区分大小写。例如，<HTML>、<Html> 和 <html>，其结果都是一样的。

在 HTML 标签中，还可以设置一些属性，用来控制 HTML 标签所建立的元素。这些属性将位于开始标签。因此，开始标签的基本语法如下：

```
<元素名称  属性1="值1" 属性2="值2"...>
```

而结束标签的语法则为：

```
</元素名称>
```

因此，在 HTML 文件中某个元素的完整定义语法如下：

```
<元素名称  属性1="值1" 属性2="值2"...>元素资料</元素名称>
```

说明

在 HTML 语法中，设置各属性所使用的“""”可省略。

2. 元素

当用一组 HTML 标签将一段文字包含在中间时，这段文字与包含文字的 HTML 标签被称为元素。

在 HTML 语法中，每个由 HTML 标签与文字所形成的元素内，还可以包含另一个元素。因此，整个 HTML 文件就像是一个大元素包含许多小元素。

在所有的 HTML 文件中，最外层的元素是由 <html> 标签建立的。在 <html> 标签所建立的元素中，包含两个主要的子元素，这两个子元素是由 <head> 标签与 <body> 标签分别建立的。<head> 标签所建立的元素内容为文件标题，而 <body> 标签所建立的元素内容为文件主体。

3. HTML 文件结构

在介绍 HTML 文件结构之前，先来看一个简单的 HTML 文件及其在浏览器上的显示结果。

下面使用文本编辑器（如 Windows 系统自带的记事本）编写一个 HTML 文件，代码如下：

```
<html>
<head>
<title>文件标题</title>
</head>
<body>
文件正文
</body>
</html>
```

用浏览器打开该文件，运行效果如图 1.1 所示。

从上述代码和运行效果中可以看出 HTML 文件的基本结构，如图 1.2 所示。

其中，<head> 与 </head> 之间的部分是 HTML 文件的文件头部分，用以说明文件的标题和整个文件的一些公共属性；<body> 与 </body> 之间的部分是 HTML 文件的主体部分，下面介绍的标签，如果不加以特别说明，均是嵌套在这一对标签中使用的。

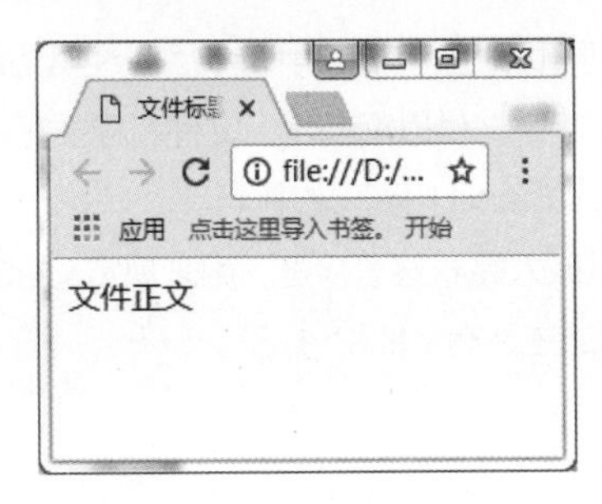

图 1.1 HTML 示例运行效果

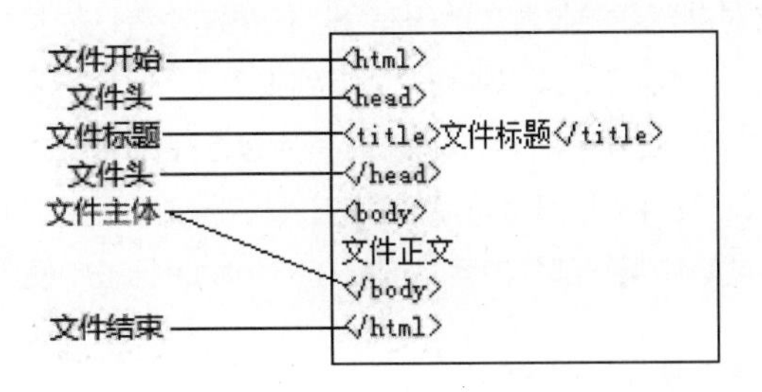

图 1.2 HTML 文件的基本结构

1.2.2 基本标签

扫码看视频

1. 文件开始标签 <html>

在任何 HTML 文件里，最先出现的 HTML 标签都是 <html>，它用于表示该文件是用 HTML 编写的。<html> 是成对出现的，开始标签 <html> 和结束标签 </html> 分别位于文件的最前面和最后面，文件中的所有元素和 HTML 标签都包含在其中。例如：

```
<html>
文件的全部内容
</html>
```

该标签不带任何属性。

事实上，现在常用的 Web 浏览器（例如 IE）都可以自动识别 HTML 文件，并不要求有 <html> 标签，也不对该标签进行任何操作。但是，为了提高文件的适用性，使编写的 HTML 文件能适应不断变化的 Web 浏览器，我们还是应该养成使用这个标签的习惯。

2. 文件头标签 <head>

习惯上，我们把 HTML 文件分为文件头和文件主体两个部分。文件主体部分就是我们在 Web 浏览器窗口的用户区内看到的内容，而文件头部分用来规定该文件的标题（显示在 Web 浏览器窗口的标题栏中）和文件的一些公共属性。

<head> 是一个表示文件头的标签。在由 <head> 标签所定义的元素中，并不放置网页的任何内容，而是放置关于 HTML 文件的信息，也就是说它并不属于 HTML 文件的主体。它包含文件的标题、编码方式及 URL（Uniform Rasource Locator，统一资源定位符）等信息。这些信息大部分用于提供索引、辨认或其他方面的应用。

写在 <head> 与 </head> 标签中间的文本，如果又写在 <title> 标签中，就表示该网页的名称，并作为窗口的名称显示在这个网页窗口的标题栏中。

> **说明**
>
> 如果 HTML 文件并不需要提供相关信息，可以省略 <head> 标签。

3. 文件标题标签 <title>

每个 HTML 文件都需要有一个文件名称。在浏览器中，文件名称作为窗口名称显示在该窗口的标题栏中。这对浏览器的收藏功能很有用。如果浏览者认为某个网页对自己很有用，今后想经常访问，可以选择 IE 的“收藏夹”菜单中的“添加到收藏夹”，将它保存起来，供以后调用。文件名称要写在 <title> 和 </title> 标签之间，并且 <title> 标签应包含在 <head> 与 </head> 标签之中。

HTML 文件的标签是可以嵌套的，即在一对标签中可以嵌入另一对子标签，用来规定父标签所含范围的属性或其中某一部分内容。嵌套在 <head> 标签中使用的主要有 <title> 标签。

4. 元信息标签 <meta>

meta 元素提供的信息是用户不可见的，它不显示在页面中，一般用来定义页面信息的名称、关键字、作者等。在 HTML 文件中，<meta> 标签不需要设置结束标签，在一个尖括号内就是一个 meta 内容，而在一个 HTML 文件中可以有多个 meta 元素。meta 元素的属性有两种，即 name 和 http-equiv，其中 name 属性主要用于描述网页，以便于搜索引擎查找、分类。

5. 文件主体标签 <body>

文件主体部分以标签 <body> 标志开始，以标签 </body> 标志结束。<body> 标签是成对出现的。在文件主体标签中常用属性如表 1.1 所示。

表 1.1　body 元素的属性

属性	描述
text	设定页面文字的颜色
bgcolor	设定页面背景的颜色
background	设定页面的背景图像
bgproperties	设定页面的背景图像为固定，不随页面的滚动而滚动
link	设定页面默认的链接颜色
alink	设定鼠标正在单击时的链接颜色
vlink	设定访问过后的链接颜色
topmargin	设定页面的上边距
leftmargin	设定页面的左边距

6. 注释

在 HTML 文件中，除了以上这些基本标签外，还包含一种不显示在页面中的元素，那就是代码的注释文字。适当地添加注释可以帮助用户更好地了解网页中各个模块的划分，也有助于以后对代码的检查和修改。给代码加注释，是一种很好的编程习惯。注释分为 3 类，即在 HTML 中的注释、在 CSS 中的注释和在 JavaScript 中的注释，其中在 JavaScript 中的注释又有两种形式。下面将对这 3 类注释的具体语法进行介绍。

（1）在 HTML 中的注释，具体语法如下：

```
<!-- 注释的文字 -->
```

注释文字的标记很简单，只需要在语法中“注释的文字”的位置上添加需要的内容即可。

（2）在 CSS 中的注释，具体语法如下：

```
/* 注释的文字 */
```

在 CSS 中添加注释时，只需要在语法中“注释的文字”的位置上添加需要的内容即可。

（3）在 JavaScript 中的注释有两种形式：单行注释和多行注释。

单行注释的具体语法如下：

```
// 注释的文字
```

在 JavaScript 中添加单行注释时，只需要在语法中“注释的文字”的位置上添加需要的内容即可。

多行注释的具体语法如下：

```
/* 注释的文字 */
```

在 JavaScript 中添加多行注释时，只需要在语法中“注释的文字”的位置上添加需要的内容即可。

注意

运用“// 注释的文字”对每一行代码添加注释达到的效果和“/* 注释的文字 */”的效果一样。

常见错误

在 HTML 代码中，注释语法使用错误时，浏览器会将注释视为文本内容，注释内容会显示在页面中。例如，下面给出的 HTML 代码中有 4 处注释错误。

```
<!-- 这里可以加注释吗？ -->
<!DOCTYPE html>                 —— 错误 1：<!DOCTYPE html> 之前不可以添加注释
<html>
<head>
    <meta charset="utf-8">
    <title>&lt;!-- 吉林省 --&gt; 吉林省明日科技有限公司 </title>
                                —— 错误 2：<title> 标签内部不可以添加注释
    <style type="text/css">
        .err {
            margin-left: 20px;
            color: red;
            font-size: 20px;
            font-family: fantasy;
        }
    </style>
</head>
<body>
<div class="cen">
```

```
                    错误 3：注释符号使用错误，应使用<! -- 注释的文字 -->

    <h4 class="err"> /* 注释1：本身我是一个注释 */  </h4>
    <div>
        <iframe id="top" name="top" scrolling="No" src="inc/top.html"
height="240" frameborder="0" width="947"></iframe>
    </div>
    <h4 class="err"> <-- 注释 2：本身我也是一个注释 --> </h4>
</div>
</body>
</html>                          错误 4：注释标签不完整，缺少一个感叹号
<!-- 也可以在 <html> 标签后面添加注释 -->
```

用浏览器打开这个 HTML 文件，运行效果如图 1.3 所示。

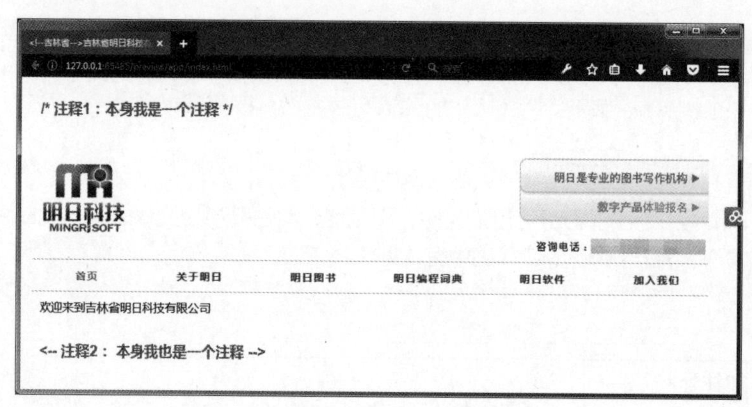

图 1.3　错误使用代码注释的运行效果

1.3　编写第一个 HTML 文件

1.3.1　HTML 文件的编写方法

扫码看视频

编写 HTML 文件主要有 3 种方法，以下分别进行介绍。

- 手动编写。

由于用 HTML 编写的文件是标准的 ASCII 文本文件，所以我们可以使用任何文本编辑器来打开并编写 HTML 文件，如 Windows 系统自带的记事本。

- 使用可视化软件。

我们可以使用 WebStorm、Dreamweaver、Sublime 等软件进行可视化的网页制作。

- 由 Web 服务器一方实时动态生成。

这需要进行后端的网页编程来实现，如 JSP、ASP、PHP 等，一般情况下都需要数据库的配合。

1.3.2 手动编写 HTML 文件

扫码看视频

下面使用记事本来编写一个 HTML 文件，操作步骤如下。

（1）选择“开始”→“程序”→“附件”→“记事本”，打开 Windows 系统自带的记事本，如图 1.4 所示。

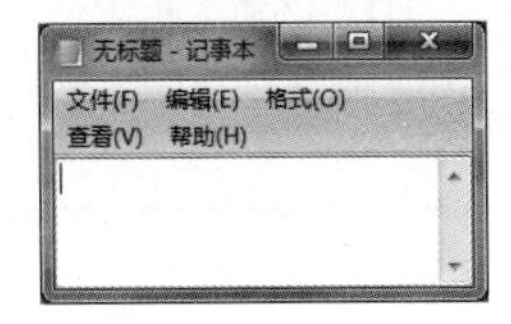

图 1.4 打开记事本

（2）在记事本中直接输入 HTML 代码。具体代码如下：

```
<html>
<head>
    <title> 简单的 HTML 文件 </title>
</head>
<body text="blue">
<h2 align="center">HTML5 初露端倪 </h2>
<hr>
<p> 让我们一起体验超炫的 HTML5 旅程吧 </p>
</body>
</html>
```

（3）输入代码后，记事本中显示出代码，如图 1.5 所示。

（4）在记事本中，单去“文件”→“另存为”，弹出如图 1.6 所示的“另存为”对话框。

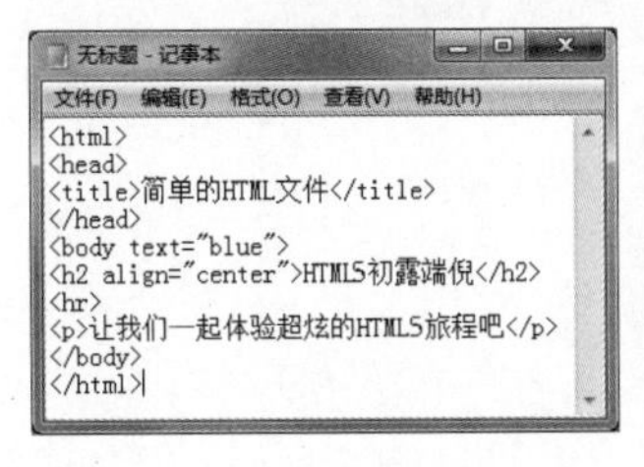

图 1.5 显示出代码的记事本

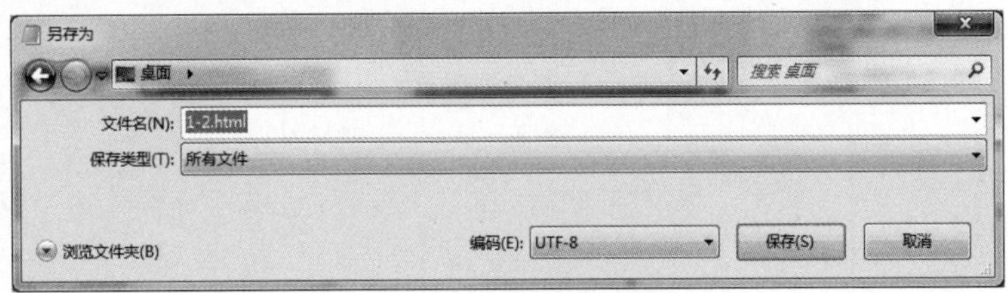

图 1.6 “另存为”对话框

（5）在“另存为”对话框中，首先选择保存的文件夹，然后在“保存类型”下拉列表中选择“所有文件”，在“编码”下拉列表中选择“UTF-8”，并填写文件名，例如，将文件命名为 1-2.html，最后单击“保存”按钮。

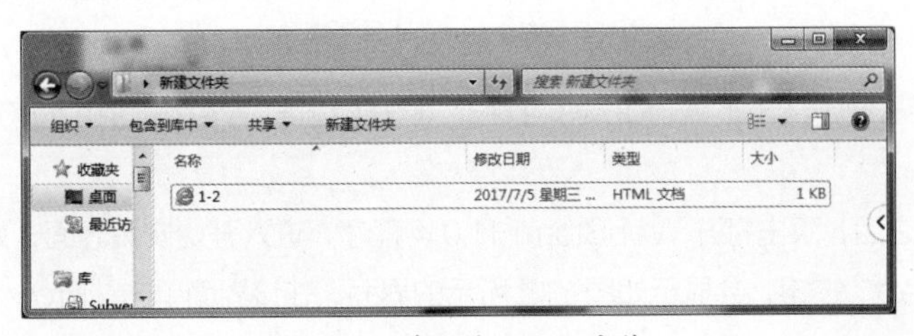

图 1.7 保存好的 HTML 文件

（6）关闭记事本，回到保存的文件夹中，双击如图 1.7 所示的 1-2.html 文件，可以在浏览器中看到最终的页面效果，如图 1.8 所示。

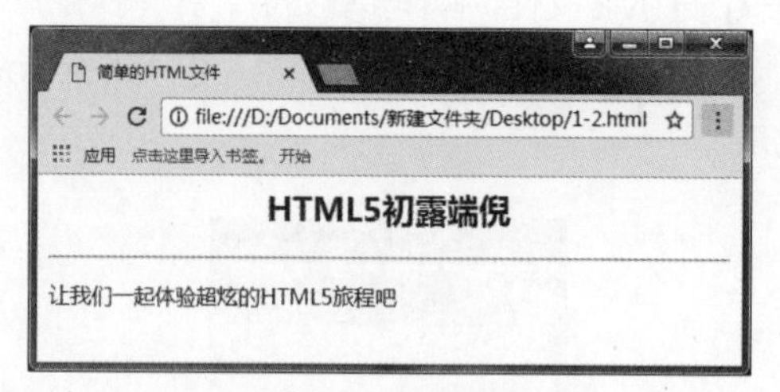

图 1.8　页面效果

1.3.3　使用可视化软件 WebStorm 制作页面

扫码看视频

WebStorm 是 JetBrains 公司旗下的一款 JavaScript 开发工具。WebStorm 支持不同浏览器的提示，还包括用户自定义的函数。其代码补全功能支持常用的库，比如 jQuery、YUI、Dojo、Prototype、MooTools 和 Bindows 等。WobStorm 被广大 JavaScript 开发者誉为“Web 前端开发神器”“最强大的 HTML5 编辑器、“最智能的 JavaScript IDE”等。

下面以 WebStorm 英文版为例，首先介绍安装 WebStorm 11.0.4 的过程，然后介绍制作 HTML5 页面的方法。

1. 下载与安装

（1）打开浏览器，进入 WebStorm 官网下载页，如图 1.9 所示。

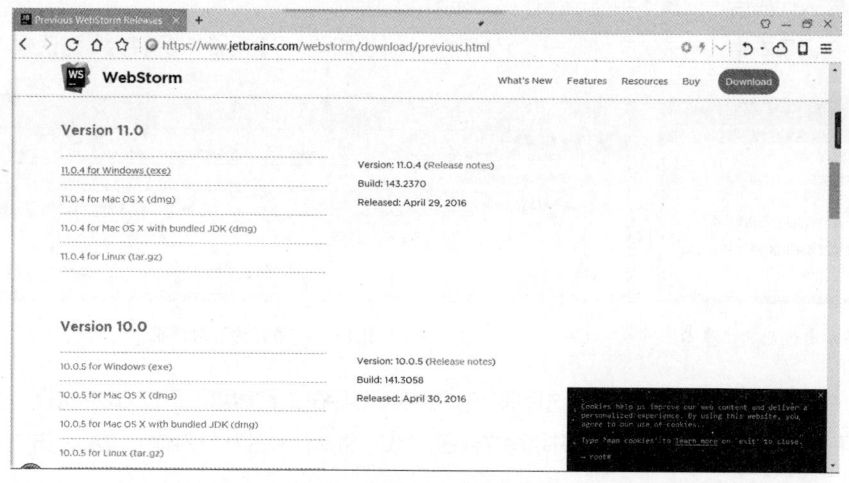

图 1.9　WebStorm 官网下载页

（2）单击链接“11.0.4 for Windows(exe)”，开始下载 WebStorm 11.0.4 程序，如图 1.10 所示。

（3）下载完成之后，双击打开 WebStorm 11.0.4 程序，进入开始安装界面，如图 1.11 所示。

（4）单击“Next”按钮，会显示如图 1.12 所示的界面，在该界面单击“Browse”按钮选择安装路径（默认的路径是“C:\Program Files\ JetBrains\ WebStorm 11.0.4”）。

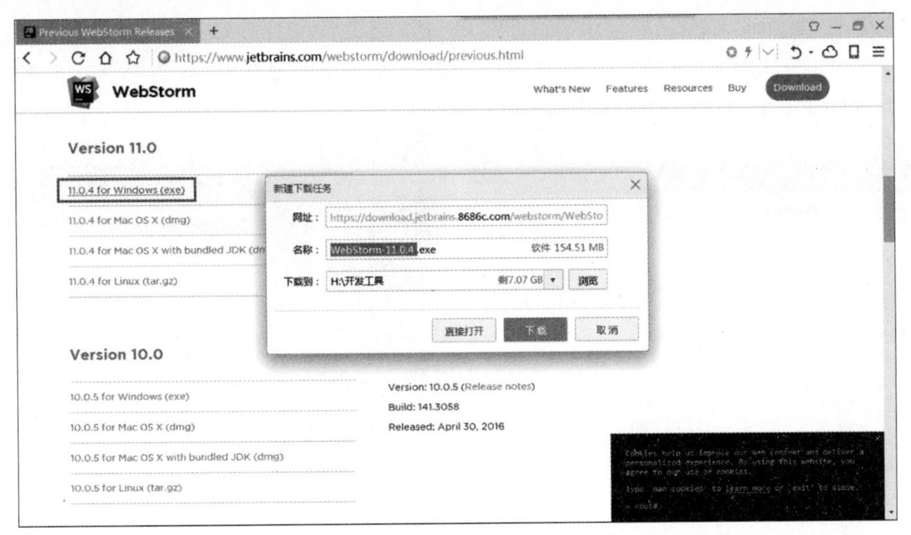

图 1.10　下载 WebStorm 11.0.4 程序

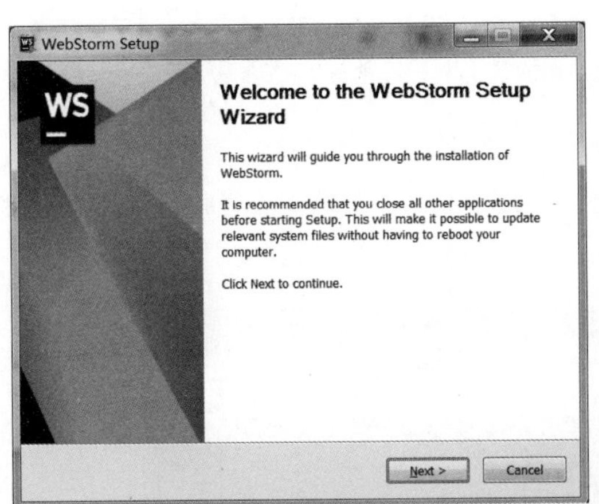

图 1.11　开始安装界面

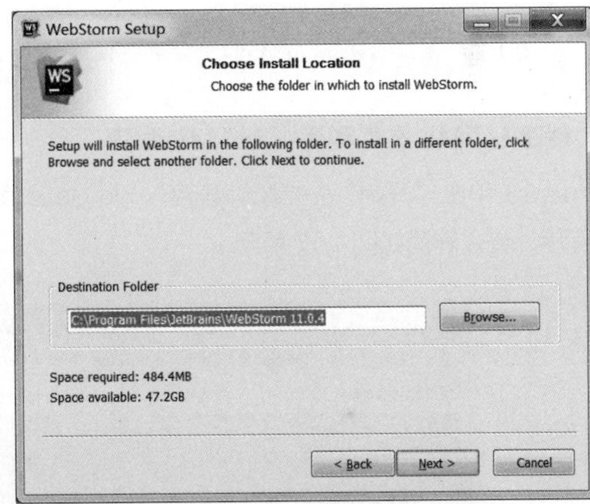

图 1.12　选择安装路径

（5）单击“Next”按钮，会显示选择安装选项的界面，这里需要勾选全部的复选框，如图 1.13 所示。

（6）单击“Next”按钮，选择开始菜单文件夹，默认为“JetBrains”，如图 1.14 所示。

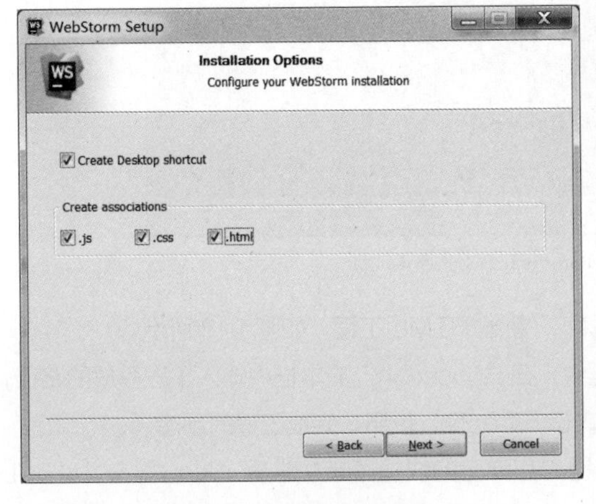

图 1.13　选择安装选项

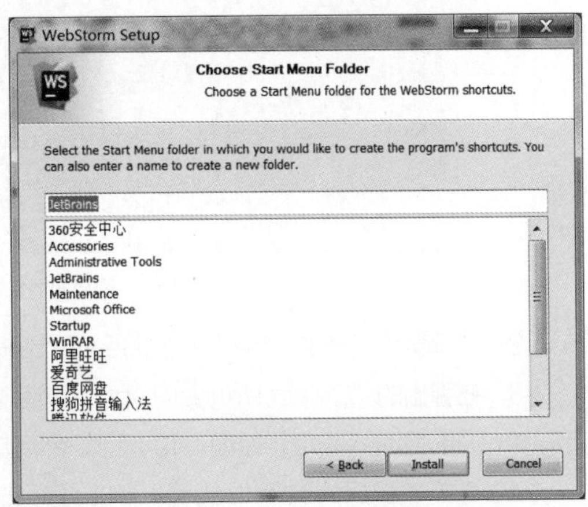

图 1.14　选择开始菜单文件夹

（7）单击“Install”按钮，会显示 WebStorm 11.0.4 的安装进程，如图 1.15 所示。

（8）安装进程达到 100% 后，单击“Next”按钮，会显示如图 1.16 所示的界面，在该界面单击“Finish”按钮，完成 WebStorm 11.0.4 的安装。

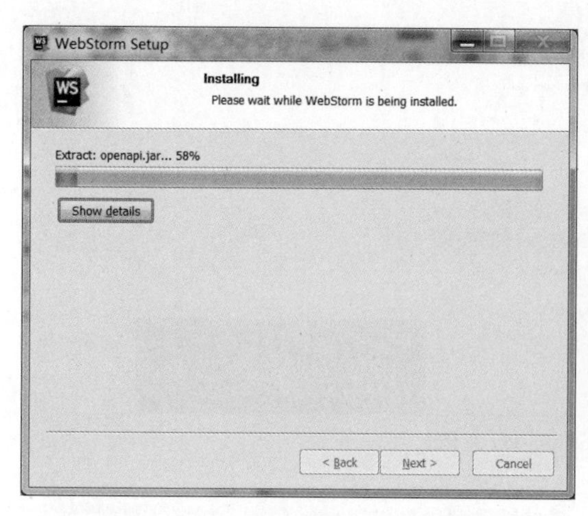

图 1.15　显示 WebStorm 11.0.4 的安装进程

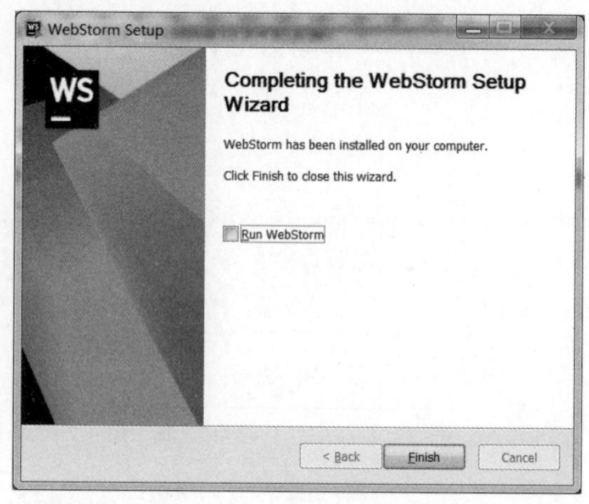

图 1.16　安装完成

2. 创建 HTML 文件和运行 HTML 程序

（1）单击“开始”→“所有程序”→“JetBrains WebStorm 11.0.4”，启动 WebStorm 软件的主程序，其主界面如图 1.17 所示。

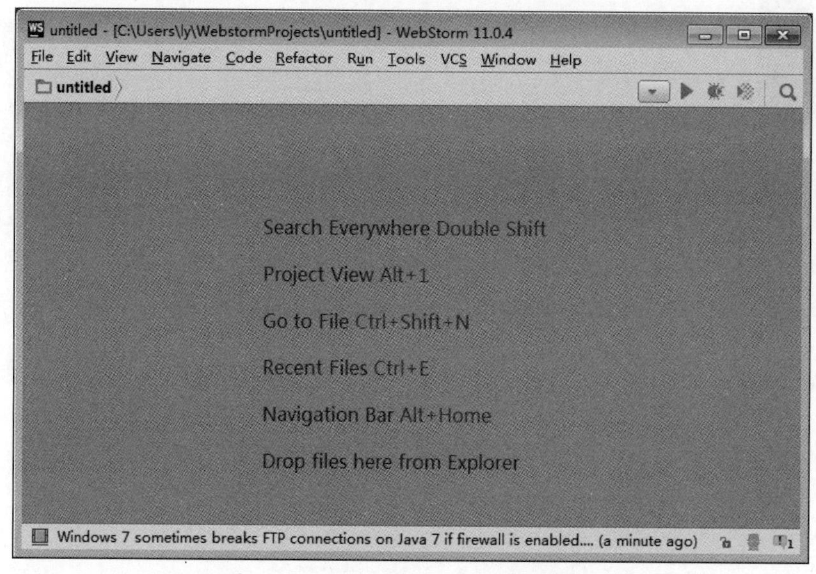

图 1.17　JetBrains WebStorm 11.0.4 主界面

（2）选择菜单栏中的“File”→“New Project”，新建 HTML 工程，如图 1.18 所示。

（3）在弹出的“Select Project Type”对话框中，在“Location”文本框中输入工程存放的路径，也可以单击▭按钮选择路径，如图 1.19 所示。然后单击“Create”按钮，完成工程的创建。

（4）选定新建好的 HTML 工程，单击鼠标右键，在弹出的快捷菜单中选择“New”→“HTML File”，创建 HTML 文件，如图 1.20 所示。

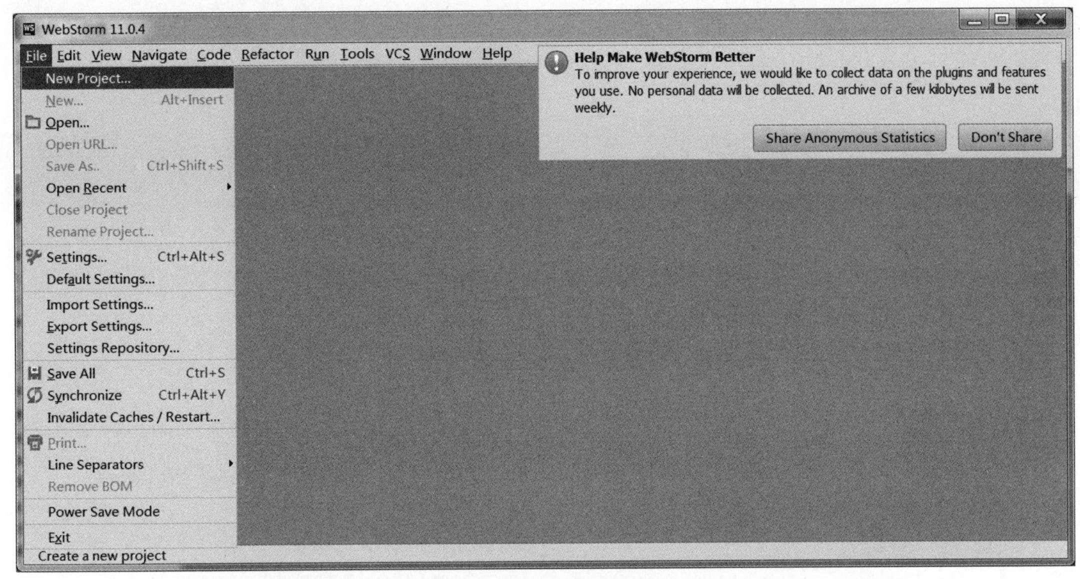

图 1.18 新建 HTML 工程

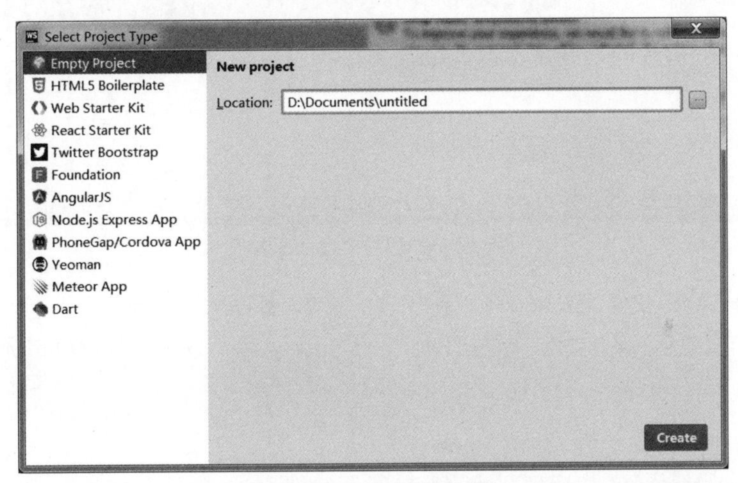

图 1.19 输入工程存放的路径

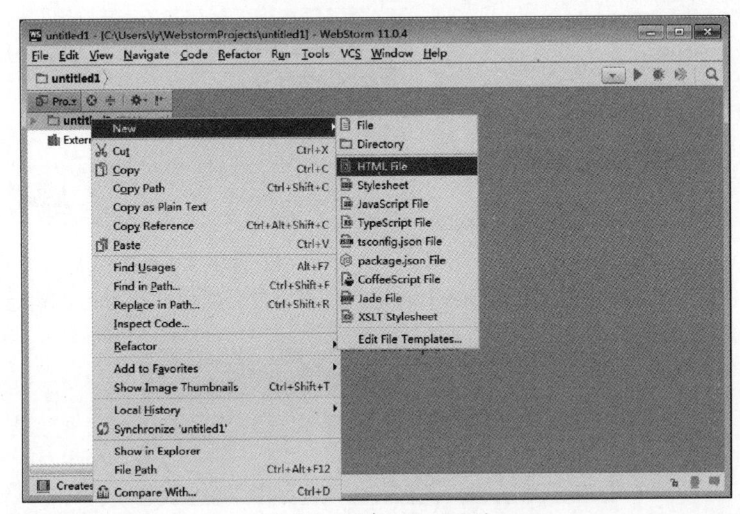

图 1.20 创建 HTML 文件

（5）选择完成之后会弹出如图 1.21 所示的对话框，在“Name”文本框中输入文件名，在这里将文件命名为“index.html”，并在“Kind”下拉列表中选择“HTML5 file”。

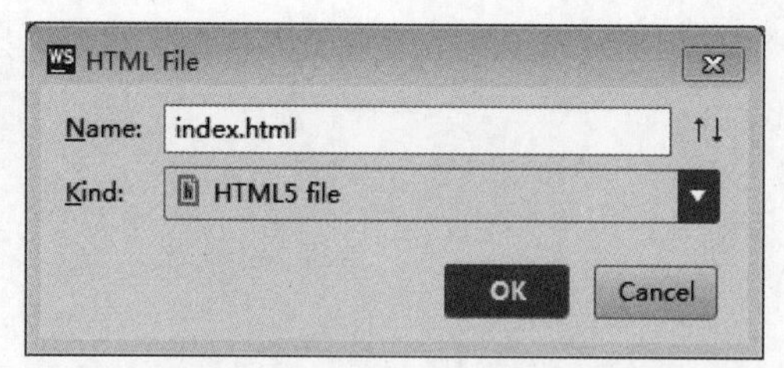

图 1.21　为 HTML5 文件命名

（6）单击“OK”按钮，会打开新建好的 HTML5 文件，如图 1.22 所示。

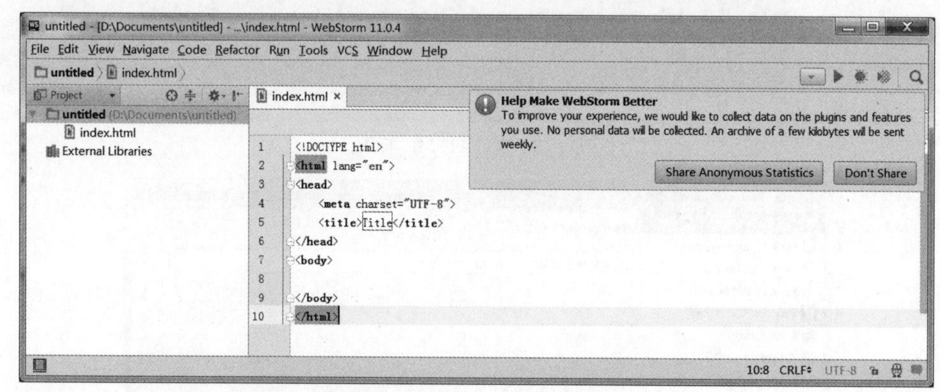

图 1.22　新建好的 HTML5 文件

（7）编辑 HTML5 文件，在 <body> 标签中输入文本，如图 1.23 所示。

（8）编辑完成之后，保存文件。单击“File”→“Save As”，选择需要保存 HTML5 文件的路径，如图 1.24 所示。

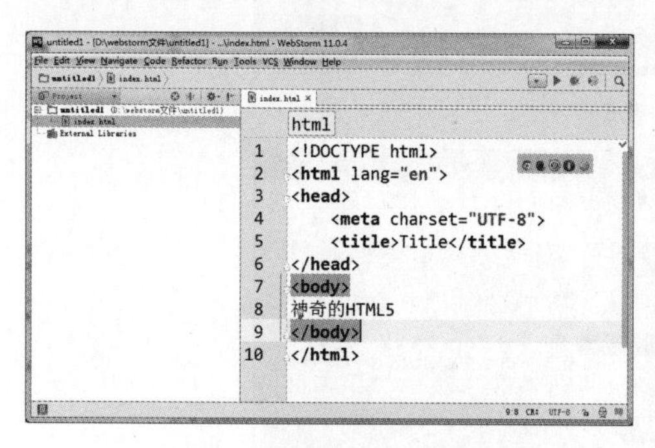

图 1.23　编辑 HTML5 文件

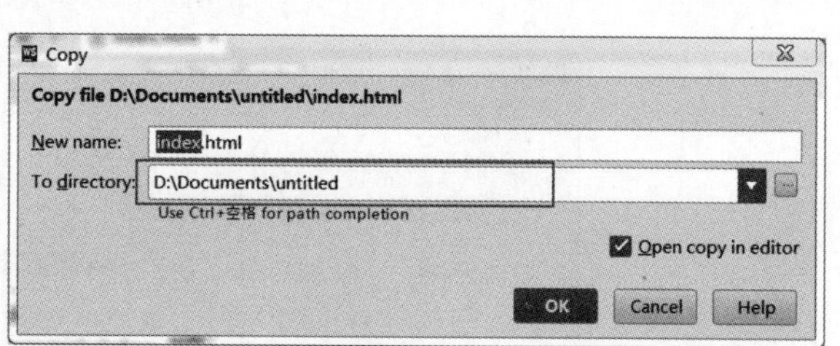

图 1.24　选择需要保存 HTML5 文件的路径

此时，双击保存好的 HTML5 文件 index.html，浏览器将显示如图 1.25 所示的运行效果。

图 1.25　运行 HTML5 程序

下面通过一个实例进一步了解 HTML 文件的基本结构和 <body> 标签的属性的运用。

实例1-1 运用 <body> 标签的属性，渲染页面效果，代码如下：

```
<!doctype html>
<html>
<head>
    <meta charset="utf-8">
    <title> 无标题文档 </title>
</head>
<!-- 设置背景图像 :background，设置背景不随页面滚动：bgproperties，文字颜色 :text，链接颜色 :link，访问过后的链接颜色 : vlink，上边距 : topmargin，左边距 : Leftmargin-->
<body background="images/bg.jpg" bgproperties="fixed" text="blue" link="red" vlink="#CCCCCC" topmargin="100px" leftmargin="50px">
长风破浪会有时 <br/><br/>
直挂云帆济沧海 <br/><br/>
<a href="www.mingrisoft.com"> 单击链接 </a>
</html>
```

保存文件后用浏览器打开该 HTML5 文件，运行效果如图 1.26 所示。

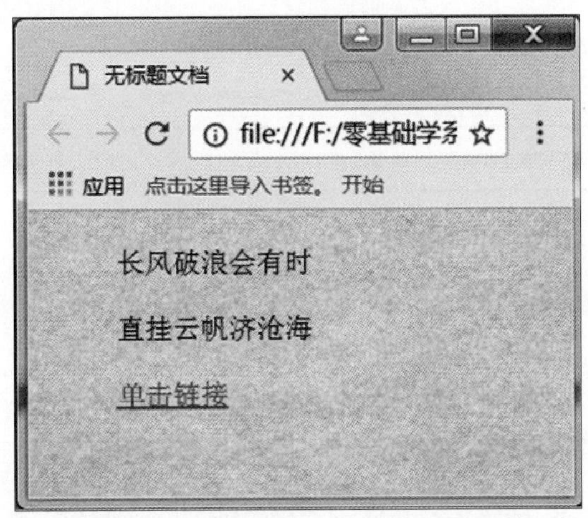

图 1.26 <body> 标签的属性运用实例效果

1.4 上机实战

（1）编写一个程序，在网页中显示电影《流浪地球 2》的相关信息，如图 1.27 所示。

（2）编写一个程序，在 <body> 标签中设置页面背景颜色为粉色（提示：设置 bgcolor="pink"），如图 1.28 所示。

（3）编写一个程序，在 <body> 标签中设置不同状态下的链接的颜色。网页初始效果如图 1.29 所示。而单击链接以后，效果如图 1.30 所示。

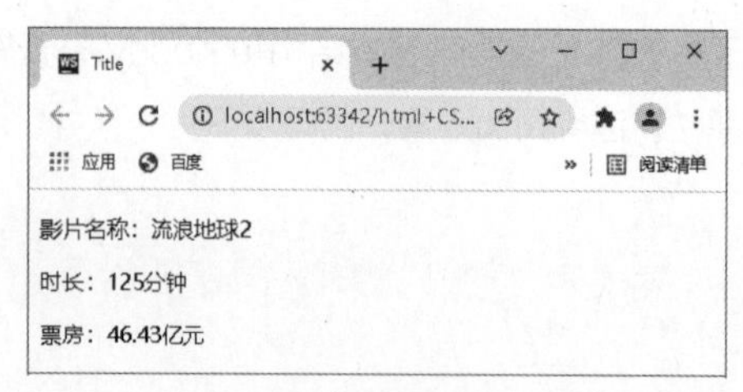

图 1.27　显示电影《流浪地球 2》的相关信息

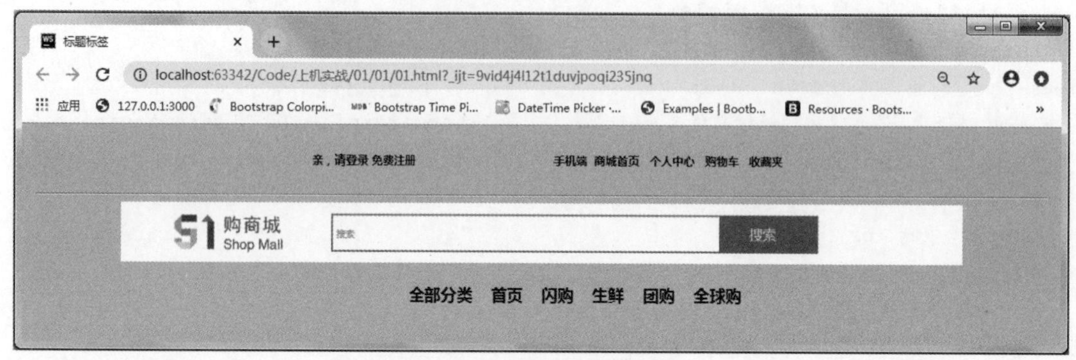

图 1.28　设置页面背景颜色

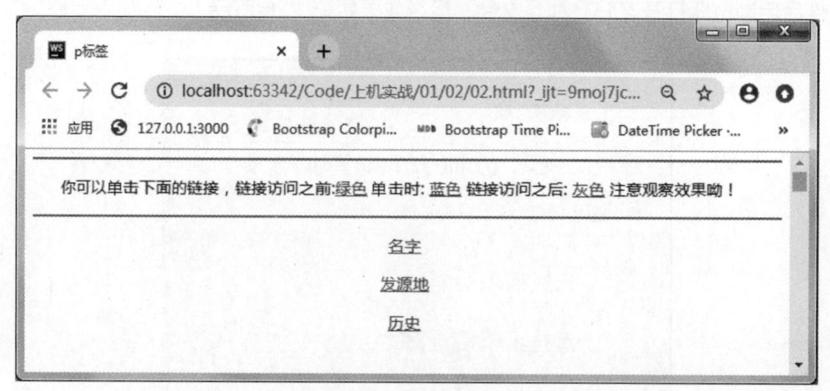

图 1.29　网页初始效果

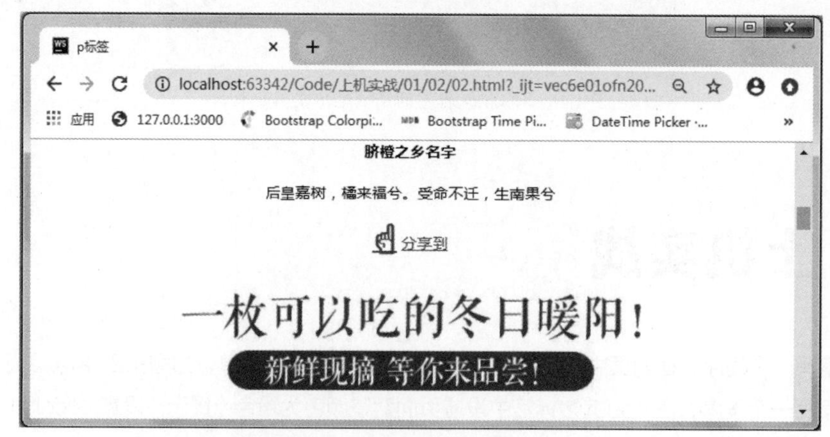

图 1.30　单击链接后的效果

文本

视频教学：92 分钟

在网页的设计制作过程中，文本是最基本的要素。文本在网页中的呈现，就如同音符在音乐中的表现，优秀的网页文本设计，给人传递信息的同时，更给人以美的视觉体验；而糟糕的网页文本设计，就好像五音不全的人在嘶吼嚎叫，使人掩耳而走，或成为笑料。本章将对网页文本的知识内容进行详细讲解。

图 2.1　较好的标题设计

2.1　标题

标题是对一段文字内容的概括和总结。书籍文本少不了标题，网页文本也不能没有标题。一篇文档的好坏，标题起到重要的作用。在越来越追求“视觉美感”的今天，一个好的标题设计，对用户的留存尤为关键。例如，图 2.1 和图 2.2 所示的界面效果，同样的标题内容，却使用了不同的页面标签，显示的效果因而大相径庭。

2.1.1　标题标签

标题标签共有 6 个，分别是 <h1>、<h2>、<h3>、<h4>、<h5> 和 <h6>，<h1> 标签用于定义最大的标题，<h6> 标签用于定义最小的标题。一般使用 <h1> 标签来定义网页中最上层的标题，但是有些浏览器会默认把 <h1> 标签定义的标题的字体显得很大，所以一些开发者会使用 <h2> 标签代替 <h1> 标签来定义最上层的标题。

扫码看视频

图 2.2　糟糕的标题设计

标题标签语法如下：

```
<h1> 文本内容 </h1>
<h2> 文本内容 </h2>
<h3> 文本内容 </h3>
<h4> 文本内容 </h4>
<h5> 文本内容 </h5>
<h6> 文本内容 </h6>
```

说明

在 HTML 中，标签大都是由开始标签和结束标签组成的。例如，使用 <h1> 标签时，首先编写 <h1> 开始标签和 </h1> 结束标签，然后将文本内容放入两个标签之间。

实例2-1 巧用标题标签，编写“开心一笑”，具体代码如下：

```
<!DOCTYPE html>
<html>
<head>
<!-- 指定页面编码格式 -->
<meta charset="UTF-8">
<!-- 指定页头信息 -->
<title> 程序员的笑话 </title>
</head>
<body>
<!-- 表示文章标题 -->
<h1> 程序员的笑话 </h1>
<!-- 表示相关发布信息 -->
<h5> 发布时间：19:20 03/24 | 发布者：程序员 | 阅读数：156 次 </h5>
<!-- 表示对话内容 -->
<h4> 甲：《C++ 面向对象程序设计》这本书怎么比《C 程序设计语言》厚了好几倍？ </h4>
<h4> 乙：当然了，有“对象”后肯定麻烦呀！ </h4>
</body>
</html>
```

运行效果如图 2.3 所示。

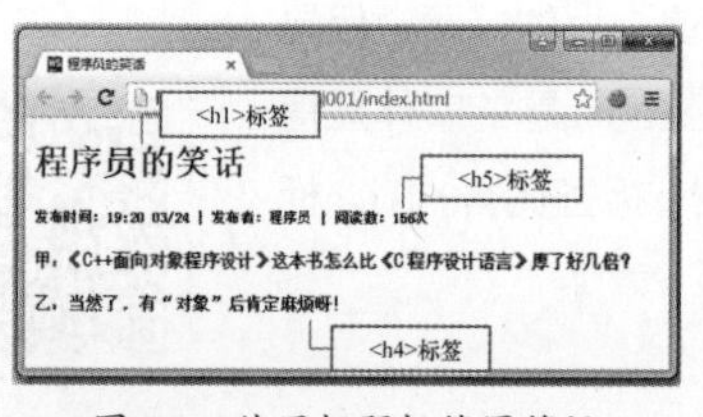

图 2.3　使用标题标签写笑话

常见错误

如果结束标签漏加“/”，比如把 </h1> 写成 <h1>，会导致浏览器认为是新标题标签的开始，从而导致页面布局错乱。例如，在下面代码的第 2 行，就将 </h1> 结束标签写成了 <h1> 开始标签。

```
<!-- 表示文章标题 -->
<h1> 程序员的笑话 <h1>
<!-- 表示相关发布信息 -->
发布时间：19:20 03/24 | 发布者：程序员 | 阅读数：156 次
<!-- 表示对话内容 -->
<h4> 甲：《C++ 面向对象程序设计》这本书怎么比《C 程序设计语言》厚了好几倍？ </h4>
<h4> 乙：当然了，有“对象”后肯定麻烦呀！ </h4>
```

将会出现如图 2.4 所示的错误。

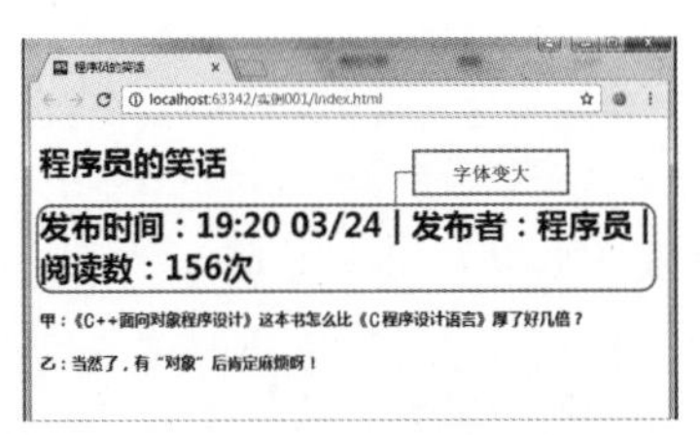

图 2.4　结束标签漏加“/”出现的错误

2.1.2　标题的对齐方式

扫码看视频

在默认情况下，标题文字是左对齐的。而在网页制作的过程中，可以实现标题文字的编排设置。最常用的关于对齐方式的设置，就是给标题标签添加 align 属性。

语法如下：

```
<h1 align=" 对齐方式 "> 文本内容 </h1>
```

在该语法中，align 属性需要设置在标题标签的后面。具体的对齐方式属性值如表 2.1 所示。

表 2.1　对齐方式属性值

属性值	含义
left	文字左对齐
center	文字居中对齐
right	文字右对齐

注意

在编写代码的过程中，一定要添加双引号。

实例2-2 活用文字居中，推荐商品信息，具体代码如下：

```
<!DOCTYPE html>
<html>
```

```
<head>
<!-- 指定页面编码格式 -->
<meta charset="UTF-8">
<!-- 指定页头信息 -->
<title>介绍图书商品</title>
</head>
<body>
<!-- 显示商品图片 -->
<h1 align="center"><img src="book.jpg"/></h1>
<!-- 显示图书名称 -->
<h5 align="center">书名：《Java 从入门到精通》</h5>
<!-- 显示图书作者 -->
<h5 align="center">作者：明日科技</h5>
<!-- 显示出版社 -->
<h5 align="center">出版社：清华大学出版社</h5>
<!-- 显示图书出版时间 -->
<h5 align="center">出版时间：2017年1月</h5>
<!-- 显示图书页数 -->
<h5 align="center">页数：436页</h5>
<!-- 显示图书价格 -->
<h5 align="center">价格：25.00元</h5>
</body>
</html>
```

注意

在代码的第11行，使用了<img>图像标签。<img>图像标签可以将外部图像引入当前网页内。<img>图像标签的具体使用方法请参考本书第3章的内容。

运行效果如图2.5所示。

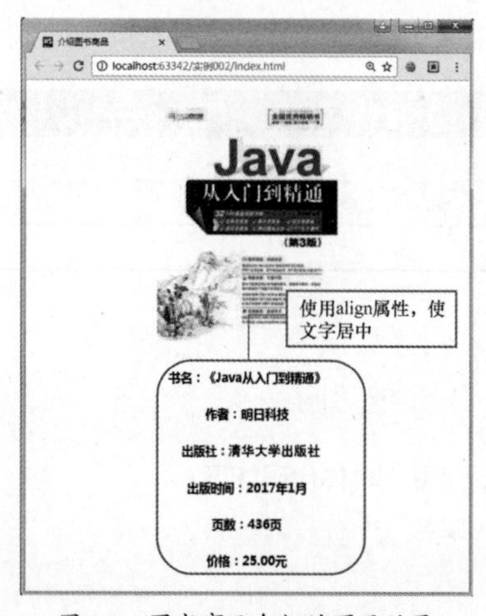

图2.5　图书商品介绍的页面效果

2.2 文字

除了标题文字外，网页中普通的文字信息也不可或缺，而多种多样的文字装饰效果可以让用户“眼前一亮”，记忆深刻。在网页的编码中，可以直接在 <body> 和 </body> 标签之间输入文字，这些文字可以显示在页面中，同时可以为这些文字添加装饰效果，如斜体、下画线等。下面将详细讲解文字装饰标签。

2.2.1 文字的斜体、下画线、删除线

扫码看视频

在浏览网页时，常常可以看到一些有特殊效果的文字，如斜体字、带下画线的文字和带删除线的文字，而这些文字效果也可以通过 HTML 标签来实现。

语法如下：

```
<em> 斜体内容 </em>
<u> 带下画线的文字 </u>
<strike> 带删除线的文字 </strike>
```

这几种文字装饰效果的语法类似，只是标签不同。其中，斜体字也可以使用标签 <I> 或 <cite> 定义。

实例2-3 活用文字装饰，推荐商品信息，具体代码如下：

```
<!DOCTYPE html>
<html>
<head>
<!-- 指定页面编码格式 -->
<meta charset="UTF-8">
<!-- 指定页头信息 -->
<title> 斜体、下画线、删除线 </title>
</head>
<body>
<!-- 显示商品图片 -->
<img src="book.jpg"/>
<!-- 显示图书名称，文字用斜体效果 -->
<h3> 书名：<em>《JavaScript 从入门到精通》</em></h3>
<!-- 显示图书作者 -->
<h3> 作者：明日科技 </h3>
<!-- 显示出版社 -->
<h3> 出版社：清华大学出版社 </h3>
<!-- 显示出版时间，文字用下画线效果 -->
<h3> 出版时间：<u>2017 年 1 月 </u></h3>
<!-- 显示页数 -->
<h3> 页数：436 页 </h3>
<!-- 显示图书价格，文字用删除线效果 -->
<h3> 原价：<strike>45.00</strike> 元  促销价格：25.00 元 </h3>
</body>
</html>
```

运行效果如图 2.6 所示。

图 2.6　活用文字装饰的页面效果

2.2.2　文字的上标与下标

扫码看视频

除了设置前面介绍的文字装饰效果外，有时还需要设置一种特殊的文字装饰效果，即上标和下标。上标和下标经常会在数学公式或方程式中出现。

语法如下：

```
<sup> 上标文字内容 </sup>
<sub> 下标文字内容 </sub>
```

在该语法中，上标标签和下标标签的使用方法基本相同，只需要将文字放在标签中间即可。

实例2-4 使用上标和下标标签，展示数学公式，具体代码如下：

```
<!DOCTYPE html>
<html>
<head>
<!-- 指定页面编码格式 -->
<meta charset="UTF-8">
<!-- 指定页头信息 -->
<title> 上标和下标 </title>
</head>
<body>
<!-- 表示文章标题 -->
<h1 align="center"> 上标和下标标签 </h1>
<h3 align="center"> 在数字计算中 :</h3>
<!-- 使用上标标签，将文字置上 -->
<h3 align="center"> 上标：X<sup>3</sup>+9X<sup>2</sup>-3=0</h3>
<!-- 使用下标标签，将文字置下 -->
<h3 align="center"> 下标：3X<sub>1</sub>+2X<sub>2</sub>=10</h3>
</body>
</html>
```

运行效果如图 2.7 所示。

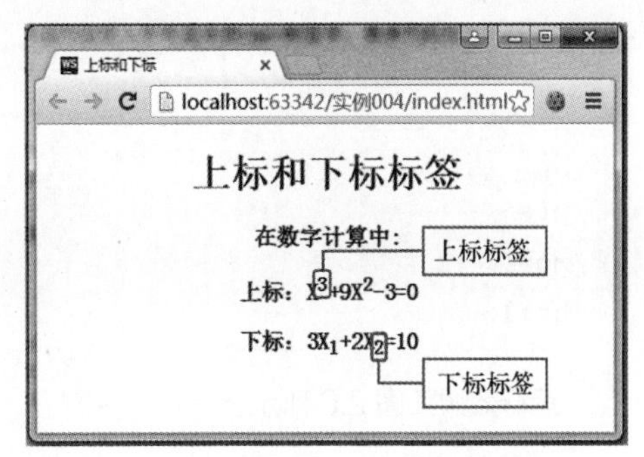

图 2.7 使用上标和下标标签的页面效果

2.2.3 特殊符号

在网页的制作过程中，特殊符号（如引号、空格等）也需要使用代码进行控制。一般情况下，特殊符号的代码由前缀“&”、字符名称和后缀“;”组成，具体如表 2.2 所示。

扫码看视频

表 2.2 特殊符号的表示

符号	代码	含义
“	"	引号
<	<	左尖括号
>	>	右尖括号
×	×	乘号
©	§	小节符号
		空格

实例2-5 巧用特殊符号，绘制小狗字符画，具体代码如下：

```
<!DOCTYPE html>
<html>
<head>
<!-- 指定页面编码格式 -->
<meta charset="UTF-8">
<!-- 指定页头信息 -->
<title> 特殊符号 </title>
</head>
<body>
<!-- 表示文章标题 -->
<h1 align="center"> 汪汪! 你想找的页面被我吃喽! </h1>
<!-- 绘制小狗字符画 -->
<pre align="center">
.----.
_.'__    '.
.--($)($$)---/#\
.' @          /###\
:         ,   #####
`-..__.-' _.-\###/
`;_:    `"'
.'"""""'.
/,  hi  ,\\
//  你好!  \\
```

```
'-._______.-'
___'. | .'___
(______|______)
</pre>
</body>
</html>
```

运行效果如图 2.8 所示。

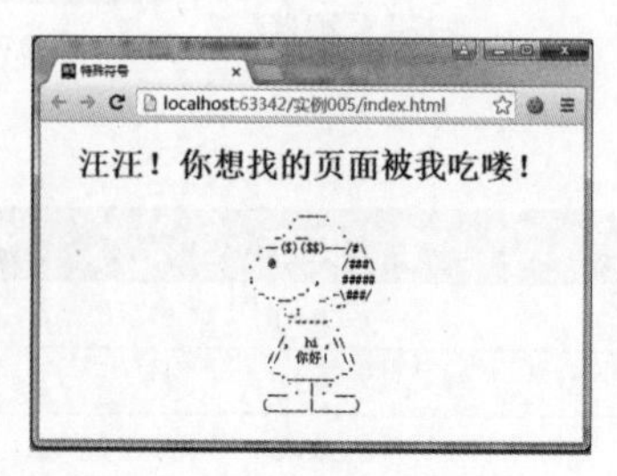

图 2.8　小狗字符画的页面效果

2.3　段落

一块块砖瓦经组合就形成了高楼大厦，一行行文字经组合就形成了段落篇章。在实际的文本编码中，输入完一段文字后，按键盘上的 <Enter> 键即可生成一个段落，但是在 HTML 中需要通过标签来实现段落的效果。下面具体介绍和段落相关的一些标签。

2.3.1　段落标签

扫码看视频

在 HTML 中，段落效果是通过 <p> 标签来实现的。<p> 标签会自动在其前后创建一些空白，浏览器则会自动添加这些空白。

语法如下：

```
<p> 段落文字 </p>
```

其中，可以使用成对的 <p> 标签来包含段落，也可以使用单独的 <p> 标签来划分段落。

实例2-6 运用段落标签，实现明日学院介绍页面，具体代码如下：

```
!DOCTYPE html>
<html>
<head>
<!-- 指定页面编码格式 -->
<meta charset="UTF-8">
<!-- 指定页头信息 -->
<title> 段落标签 </title>
```

```
</head>
<body>
<!-- 使用段落标签，进行创意性排版 -->
<p> ╭════════════┤    明日学院，专注编程教育十八年  ├════════════╮ </p>
<p> ‖           明日学院，
    是吉林省明日科技有限公司倾力打造的在线实用    ‖ </p>
<p> ‖    技能学习平台，该平台于 2016 年正式上线，主要为学习者提供海   ‖ </p>
<p> ‖    量、优质的课程，课程结构严谨，用户可以根据自身的学习程度 ,  ‖ </p>
<p> ‖    自主安排学习进度。我们的宗旨是，为编程学习者提供一站式服    ‖ </p>
<p> ‖    务，培养用户的编程思维，小白手册，视频教程，一学就会。    ‖ </p>
<p> ╰════════════┤ 网址 :http://www.mingrisoft.com  ├════════════╯  </p>
</body>
</html>
```

运行效果如图 2.9 所示。

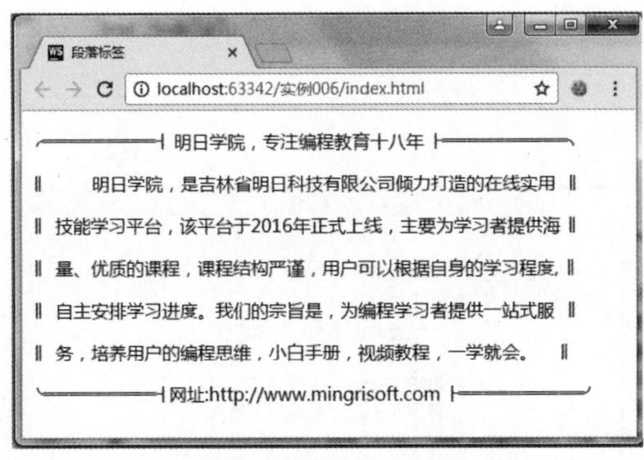

图 2.9 使用段落标签的页面效果

2.3.2 段落的换行标签

扫码看视频

段落与段落之间是“隔行换行”的，这样会导致文字的行间距过大，这时可以使用换行标签来完成文字的换行显示。

语法如下：

```
<p>
一段文字 <br/> 一段文字
</p>
```

其中，
 标签代表换行，如果要多次换行，可以连续使用多个换行标签。

实例2-7 运用换行标签，实现唐诗《望庐山瀑布》中诗句的页面布局，具体代码如下：

```
<!DOCTYPE html>
<html>
<head>
```

```
<!-- 指定页面编码格式 -->
<meta charset="UTF-8">
<!-- 指定页头信息 -->
<title>段落的换行标签</title>
</head>
<body>
<!-- 使用段落标签书写古诗 -->
<p align="center">
    <!-- 使用 2 个换行标签 -->
    望庐山瀑布    李白<br/><br/>
    <!-- 使用 1 个换行标签 -->
    日照香炉生紫烟，遥看瀑布挂前川。<br/>
    <!-- 使用 1 个换行标签 -->
    飞流直下三千尺，疑是银河落九天。<br/>
</p>
</body>
</html>
```

运行效果如图 2.10 所示。

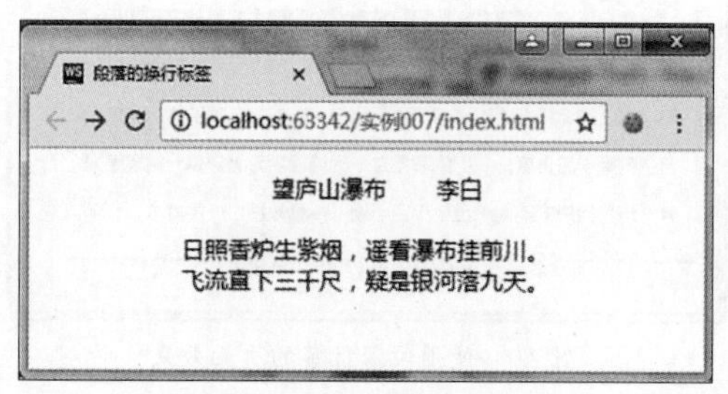

图 2.10　使用换行标签的页面效果

常见错误

换行标签的语法比较特殊，它并不是由开始标签和结束标签组成的，所以初学者经常会写错。例如，在下面代码的第 4 行，
换行标签就被写成了<b/r>。

```
<!-- 使用段落标签书写古诗 -->
<p align="center">
<!-- 使用 2 个换行标签 -->
望庐山瀑布    李白<b/r><b/r>
<!-- 使用 1 个换行标签 -->
日照香炉生紫烟，遥看瀑布挂前川。<br/>
<!-- 使用 1 个换行标签 -->
飞流直下三千尺，疑是银河落九天。<br/>
</p>
```

将会出现如图 2.11 所示的错误。

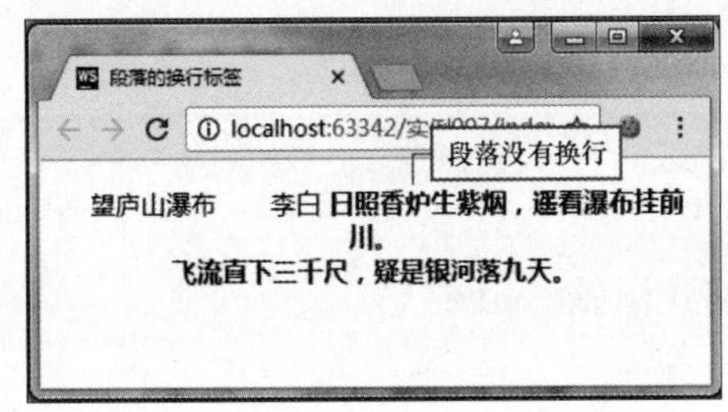

图 2.11 写错换行标签而出现的错误

2.3.3 段落的原格式标签

扫码看视频

在网页制作中，一般是通过各种标签对文字进行排版。但在实际应用中，往往需要一些特殊的排版效果，这样使用标签控制非常麻烦。解决的方法就是使用原格式标签进行排版，如空格、制表符等。运用原格式标签 <pre> 就可以解决这个问题。

语法如下：

```
<pre>
文本内容
</pre>
```

实例2-8 运用原格式标签，输出“元旦快乐”，具体代码如下：

```
<!DOCTYPE html>
<html>
<head>
<!-- 指定页面编码格式 -->
<meta charset="UTF-8">
<!-- 指定页头信息 -->
<title> 原格式标签 </title>
</head>
<body>
<h1> 原格式标签 --pre</h1>
<!-- 使用原格式标签，输入文字字符画 -->
<pre>
            oooooooo         ooooooooo      o     o          oooooooo
          ooooooooooooo      o     o      o   ooooooo       o   o
              o  o           ooooooooo    oo     o  o       ooooooooooo
              o  o           o     o    o oo  ooooooooo         o
             o   o           ooooooooo     o o   o           o  o o
            o    o    o                   o     o o         o oo   o
           o    ooooooo     ooooooooooooo   o    o   o       o   o    o
</pre>
</body>
</html>
```

运行效果如图 2.12 所示。

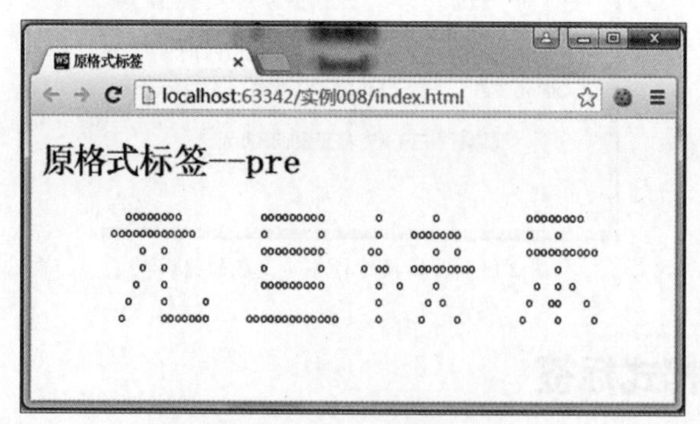

图 2.12 使用原格式标签的页面效果

2.4 水平线

水平线用于段落与段落之间的分隔，使文档结构清晰，文字的编排更整齐。水平线具有很多的属性，如宽度、高度、颜色、排列对齐等。在 HTML 中经常会用到水平线，合理使用水平线可以获得非常好的页面装饰效果。一篇内容繁杂的文档，如果合理地放置几条水平线，就会变得层次分明、便于阅读。

2.4.1 水平线标签

扫码看视频

在 HTML 中使用 <hr> 标签来创建一条水平线。水平线可以在视觉上将文档分割成多个部分。在 HTML 文件中输入一个 <hr> 标签，即可添加一条默认样式的水平线。

语法如下：

```
<hr>
```

实例2-9 运用水平线标签，实现果酱制作的原料清单页面，具体代码如下：

```
<!DOCTYPE html>
<html>
<head>
<!-- 指定页面编码格式 -->
<meta charset="UTF-8">
<!-- 指定页头信息 -->
<title> 水平线标签 </title>
</head>
<body>
<!-- 表示文章标题 -->
<h1 align="center"> 果酱制作的材料准备 </h1>
<!-- 使用水平线来画表格 -->
<hr>
```

```
<p align="center"> 苹果         &nb
sp; 两个 </p>
<!-- 使用水平线来画表格 -->
<hr>
<p align="center"> 方形酥皮         
四片 </p>
<!-- 使用水平线来画表格 -->
<hr>
<p align="center"> 柠檬汁         &n
bsp; 一匙 </p>
<!-- 使用水平线来画表格 -->
<hr>
<p align="center"> 砂糖         &nb
sp; 一匙 </p>
<!-- 使用水平线来画表格 -->
<hr>
<p align="center"> 肉桂粉         &n
bsp; 适量 </p>
<!-- 使用水平线来画表格 -->
<hr>
</body>
</html>
```

运行效果如图 2.13 所示。

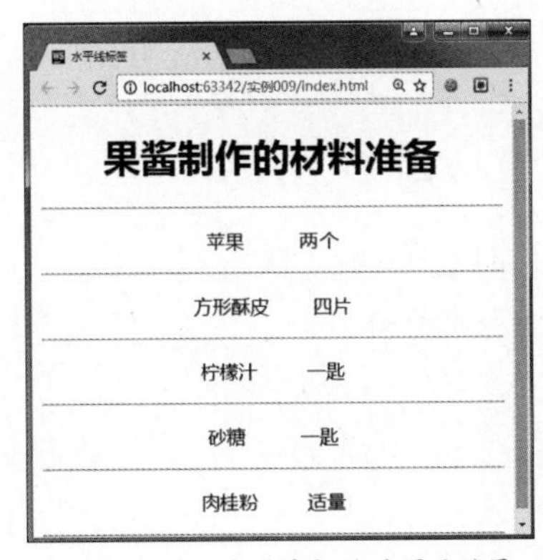

图 2.13 使用水平线标签的页面效果

2.4.2 水平线的宽度

扫码看视频

默认情况下，在网页中添加的水平线是 100% 的宽度，而在实际创建网页时，可以对水平线的宽度进行设置。

语法如下：

```
<hr width=" 水平线宽度 ">
```

在该语法中，水平线的宽度值可以是确定的像素值，也可以是窗口宽度值的百分比。

实例2-10 利用<hr>水平线标签中的宽度属性，实现一则微故事的页面文字装饰效果，具体代码如下：

```
<!DOCTYPE html>
<html lang="en">
<head>
<!-- 指定页面编码格式 -->
<meta charset="UTF-8">
<!-- 指定页头信息 -->
<title>水平线的宽度</title>
</head>
<body>
<!-- 设置水平线的宽度，居左 -->
<hr width="120" align="left">
<p>故事是这样开始的：</p>
<!-- 使用段落标签，输入故事内容 -->
<p align="center">
    当初看《简·爱》的时候，哭得稀里哗啦
</p>
<p align="center">
    泪点在哪里呢？
</p>
<p align="center">
    我喜欢悲伤的故事
</p>
<p align="center">
    不喜欢悲伤的结局
</p>
<!-- 设置水平线的宽度，居右 -->
<hr width="120" align="right">
<p align="right">故事就这样结束了<p>
</body>
</html>
```

运行效果如图2.14所示。

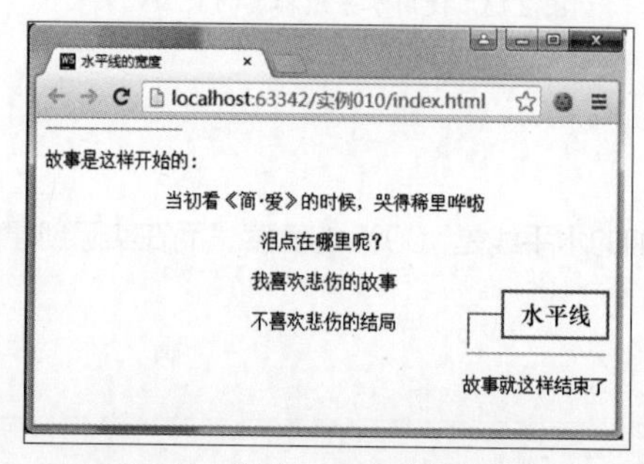

图2.14 利用<hr>标签装饰文字

2.5 上机实战

（1）使用 <strike> 标签实现打折商品清单页面，效果如图 2.15 所示。

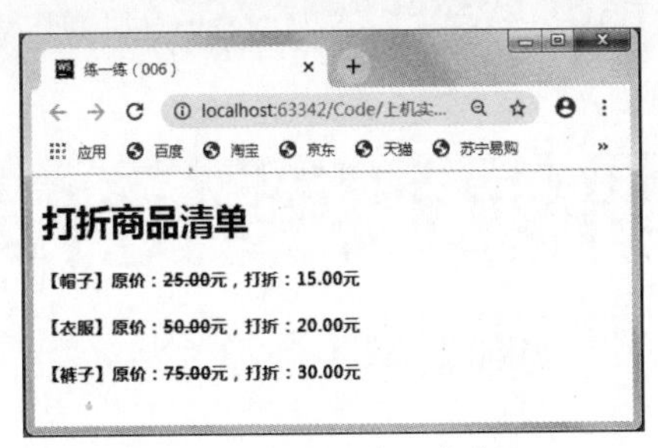

图 2.15　实现打折商品清单页面

（2）实现明日学院介绍页面，效果如图 2.16 所示。（提示：各板块标题由 <h2> 标题标签实现，文字内容由 <h4> 标题标签实现。）

（3）实现网页版祝福字符画，具体效果如图 2.17 所示。（提示：使用 <pre> 标签保留原始排版。）

（4）实现今日菜单页面，效果如图 2.18 所示。

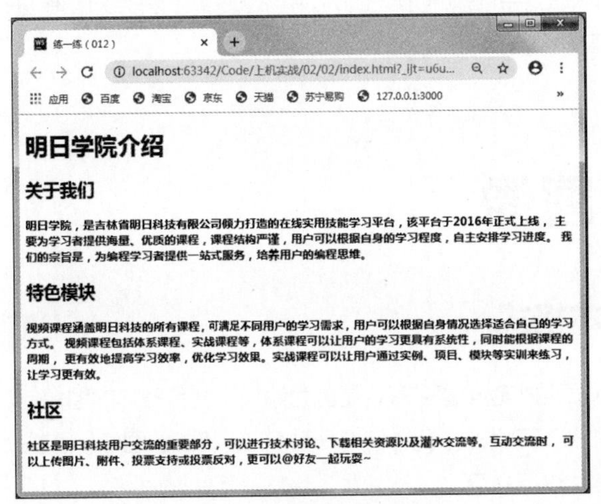

图 2.16　实现明日学院介绍页面

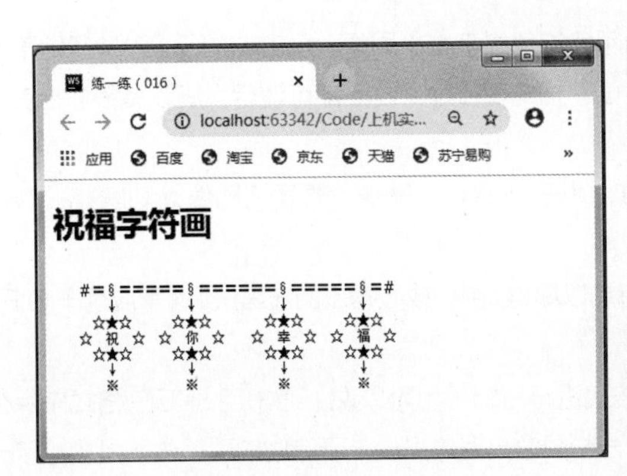

图 2.17　实现祝福字符画

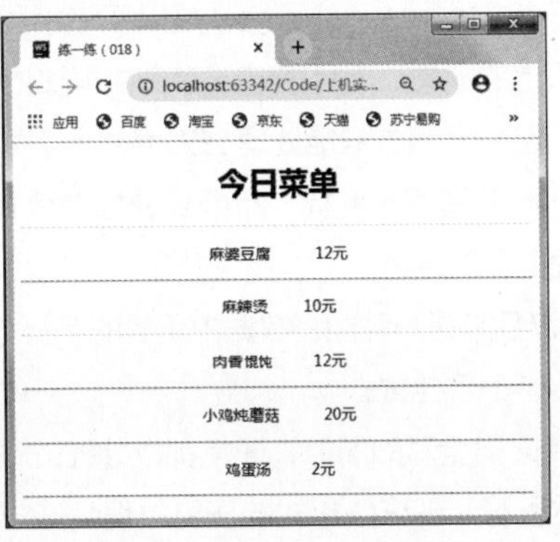

图 2.18　实现今日菜单页面

图像和超链接

视频教学：143 分钟

图像和超链接是网页必不可少的元素。图像使网页更加丰富多彩，而超链接能完成各个页面之间的跳转，实现文档互联。本章主要讲解如何在 HTML 中添加图像，并且对图像进行相关的设置，以及如何添加超链接，实现文档互联。

3.1 添加图像

扫码看视频

3.1.1 图像的基本格式

我们今天所看到的网页越来越丰富多彩，是因为添加了各种各样的图像，对网页进行了美化。当前流行的图像格式以 GIF 和 JPEG 为主，另外还有一种 PNG 格式的图像，也越来越多地被应用于网络中。以下分别对这 3 种图像格式进行介绍。

- GIF 格式。

GIF 格式采用 LZW 压缩，是以压缩相同颜色的色块来减小图像大小的。由于 LZW 压缩不会造成任何品质上的损失，而且压缩效率高，再加上 GIF 格式在各种平台上都可使用，所以其很适合在互联网上使用，但 GIF 格式只能处理 256 色。

GIF 格式适用于商标、新闻式的标题或其他小于 256 色的图像。想要将图像以 GIF 格式存储，可参考下面范例的方法。

LZW 压缩是一种能将数据中重复的字符串加以编码，制作成数据流的压缩法，通常应用于 GIF 格式。

- JPEG 格式。

照片之类全彩的图像，通常都以 JPEG 格式进行压缩，也可以说，通常用 JPEG 格式来保存超过 256 色的图像。JPEG 格式的压缩过程会造成一些图像数据的损失，所造成的“损失”是剔除了一些视觉上不容易觉察的部分。如果剔除适当，视觉上不但能够接受，而且图像的压缩效率也会提高，使图像文件变小；反之，剔除太多图像数据，则会造成图像失真。

- PNG 格式。

PNG 格式是一种非破坏性的网页图像文件格式，它应用了将图像文件以最小的方式压缩却又不造成图像失真的技术。它不仅具备 GIF 格式的大部分优点，而且支持 48-bit 的色彩、更快的交错显示、跨平台的图像亮度控制、更多层的透明度设置。

3.1.2 添加图像

扫码看视频

有了图像文件之后，就可以使用〈img〉标签将图像插入网页中，从而达到美化页面的效果。其语法如下：

```
<img src=" 图像文件的地址 ">
```

src 用来设置图像文件所在的地址，该地址可以是相对地址，也可以是绝对地址。

绝对地址就是主页上的文件或目录在硬盘上的真正路径，例如 “D:\mr\5\5-1.jpg” 。使用绝对地址定位链接目标文件比较清晰，但是其有两个缺点：一是需要输入更多的内容；二是如果该文件被移动了，就需要重新设置所有的相关链接。例如在本地测试网页时链接全部可用，但是到了网上链接就不可用了。

相对地址是最适合网站的内部文件引用的。只要文件是属于同一网站之下的，即使不在同一个目录下，相对地址也非常适用。只要是处于站点文件夹之内的，相对地址可以自由地在文件之间构建链接。这种地址形式利用的是构建链接的两个文件之间的相对关系，不受站点文件夹所处服务器位置的影响。因此这种书写形式省略了绝对地址中的相同部分。这样做的优点是：站点文件夹所在服务器地址发生改变时，文件夹的所有内部文件地址都不会出问题。

相对地址的使用方法如下。

- 如果要引用的文件位于该文件的同一目录下，则只需输入要链接文档的名称，如 5-1.jpg。
- 如果要引用的文件位于该文件的下一级目录中，只需先输入目录名，然后加“/”，再输入文件名，如 mr/5-2.jpg。
- 如果要引用的文件位于该文件的上一级目录中，则先输入“../”，再输入目录名、文件名，如 ../mr/5-2.jpg。

实例 3-1 在 HTML 文件中，通过 <h2> 标签添加网页的标题，然后分别使用 <p> 标签和〈img〉标签添加文本和图像，实现五子棋游戏简介页面，代码如下：

```
<body>
<!-- 插入五子棋游戏的简介 -->
<h2 align="center"> 五子棋游戏简介 </h2>
<p>   这款《五子棋》游戏是由明日科技研发的一款老少皆宜的休闲类棋牌游戏。玩起来妙趣横生，引人入胜，不仅能增强思维能力，而且有助于修身养性。</p>
游戏规则：
<p>   玩游戏时，既可以随机匹配玩家，也可以与朋友对弈，或者无聊时选择人机对弈。画面简单。游戏中，最先在棋盘的横向、纵向或斜向形成连续的相同的五个棋子的一方为胜。</p>
<!-- 插入五子棋游戏的图像，并且设置水平间距为 180px-->
<img src="img/wuzi.png" alt="" hspace="180">
</body>
```

编辑完代码后，在浏览器中打开文件，页面效果如图 3.1 所示。

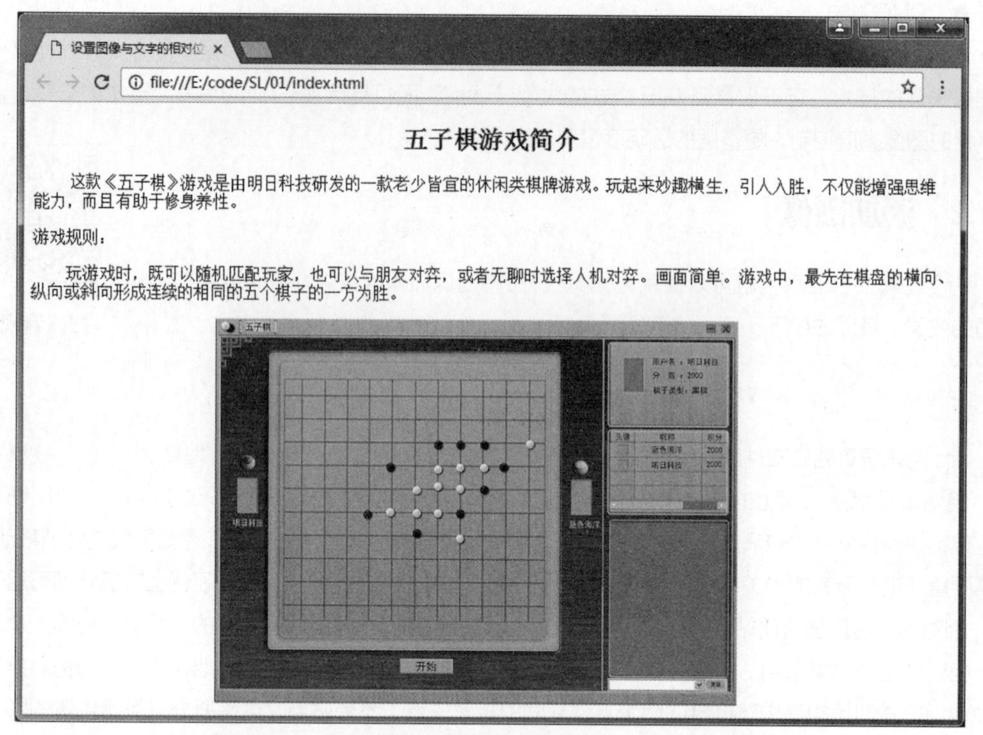

图 3.1　插入图像的效果

3.2　设置图像属性

3.2.1　图像大小与边框

扫码看视频

在网页中直接插入图像时，图像的大小和原图是相同的，而在实际应用时可以通过设置各种图像属性来调整图像的大小、分辨率等。

1. 设置图像大小

在〈img〉标签中，使用 height 属性和 width 属性可以设置图像的高度和宽度。其语法如下：

```
<img src="图像文件的地址" height="" width="">
```

- height：用于设置图像的高度，单位是 px，可以省略。
- width：用于设置图像的宽度，单位是 px，可以省略。

说明

设置图像大小时，如果只设置了高度或宽度，则另一个属性会按照相同比例进行调整。如果同时设置两个属性，且缩放比例不同，图像很可能会变形。

2. 设置图像边框

在默认情况下，页面中插入的图像是没有边框的，但是可以通过 border 属性为图像添加边框。其语法如下：

```
<img src=" 图像文件的地址 " border="">
```

其中，border 用于设置图像边框的大小，单位是 px。

实例 3-2 在商品详情页面中添加两幅手机图像，其中一幅设置宽、高为 350px，另一幅设置宽、高为 50px，并为其添加边框，代码如下：

```
<body>
<div class="mr-content">
    <!-- 添加第一幅图像，并且设置图像没有边框 -->
<img src="images/img.jpg" alt="" height="350" width="350" border="0"><br/>
    <!-- 添加第二幅图像，并且设置图像边框大小为 2px-->
<img src="images/img.jpg" alt="" height="50" width="50" border="2">
</div>
</body>
```

编辑完代码后，在浏览器中运行，页面效果如图 3.2 所示。

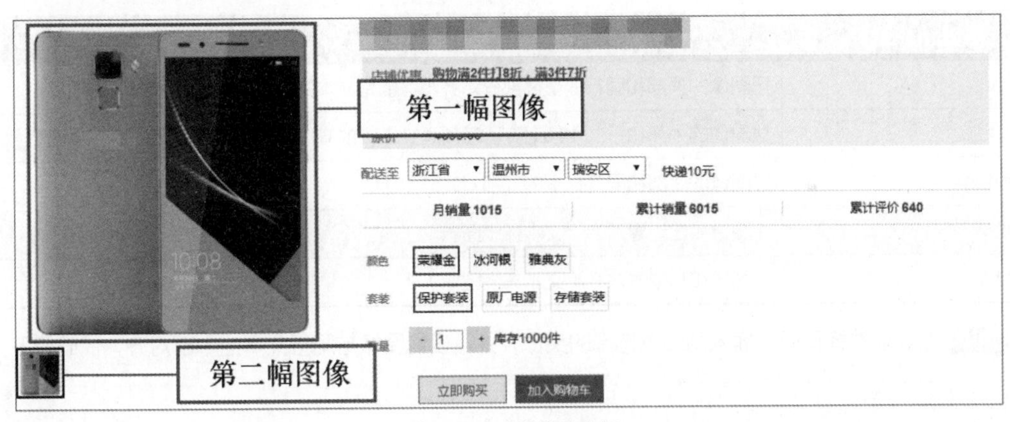

图 3.2 设置图像的边框

说明

在实例 3-2 中运用了 <div> 标签，<div> 标签是 HTML 中一种常用的块级标签，使用它可以在 CSS 中方便地设置宽、高以及内外边距等。另外，本实例还运用 CSS 给页面添加背景图像，设置页面内容居中（源码中有体现）。关于 CSS 的具体知识在第 4 章会有所讲述。本实例的具体 CSS 代码请参见资源包中的源码。

3.2.2 图像间距与对齐方式

扫码看视频

HTML 中不仅有用于添加图像的标签，而且可以调整图像在页面中的间距和对齐方式，从而改变图像的位置。

1. 调整图像间距

如果不使用
 标签或者 <p> 标签进行换行，那么添加的图像会紧跟在文字之后。但是，通过 hspace 和 vspace 属性可以调整图像与文字之间的距离，使文字和图像的排版不那么拥挤，看上去会更加协调。其语法如下：

```
<img src=" 图像文件的地址 "hspace="" vspace="">
```

- hspace：用于设置图像的水平间距，单位是 px，可以省略。
- vspace：用于设置图像的垂直间距，单位是 px，可以省略。

2. 设置图像相对文字的对齐方式

图像和文字之间的排列通过 align 属性来调整。其对齐方式可分为两类，即绝对对齐方式和相对文字的对齐方式，绝对对齐方式包括左对齐、右对齐和居中对齐 3 种，而相对文字的对齐方式则是指图像与一行文字的相对位置对齐。其语法如下：

```
<img src=" 图像文件的地址 " align=" 相对文字的对齐方式 ">
```

在该语法中，align 的取值如表 3.1 所示。

表 3.1 align 的取值表

align 的取值	表示的含义
top	把图像的顶部和同行的最高部分对齐（可能是文本的顶部，也可能是图像的顶部）
middle	把图像的中部和行的中部对齐（通常是文本行的基准线，并不是实际的行的中部）
bottom	把图像的底部和同行文本的底部对齐
left	使图像和左边界对齐（文本环绕图像）
right	使图像和右边界对齐（文本环绕图像）

实例 3-3 在头像选择页面，插入两组供选择的头像，并且设置图像与同行文字的中部对齐，代码如下：

```
<body>
    <!-- 在插入的两组图像中，分别设置图像的对齐方式为 middle-->
    第一组人物头像 <img src="images/01.gif" border="1" align="middle"/>
                <img src="images/02.gif" border="1" align=" middle "/>
                <img src="images/03.gif" border="1" align=" middle "/>
                <img src="images/04.gif" border="1" align=" middle "/>
    <br /><br />
    第二组人物头像 <img src="images/8.gif" border="1" align="middle"/>
                <img src="images/9.gif" border="1" align=" middle "/>
                <img src="images/10.gif" border="1"align=" middle "/>
                <img src="images/11.gif" border="1"align=" middle "/>
</body>
```

编辑完代码后，在浏览器中运行，页面效果如图 3.3 所示。

图 3.3 设置图像的对齐方式

3.2.3 提示文本与替换文本

扫码看视频

在 HTML 中，可以通过为图像设置提示文本和替换文本来添加提示信息，其中，提示文本在鼠标指针悬停在图像上时显示，而替换文本在图像无法正常显示时显示，用以告知用户这是什么图像。

1. 添加图像的提示文本——title

通过 title 属性可以为图像设置提示文本。当浏览网页时，如果图像下载完成，将鼠标指针放在该图像上，鼠标指针旁边会出现提示文本。也就是说，当鼠标指针指向图像时，稍等片刻，就会出现图像的提示文本，用于说明或者描述图像。其语法如下：

```
<img src=" 图像文件的地址 " title="">
```

其中，title 后面的双引号中的内容为图像的提示文本。

2. 添加图像的替换文本——alt

如果图像由于下载或者路径的问题无法显示，可以通过 alt 属性定义在图像显示位置的替换文本。其语法如下：

```
<img src=" 图像文件的地址 " alt="">
```

其中，alt 后面的双引号中的内容为图像的替换文本。

> 说明
>
> 在上面的语法中，提示文本和替换文本的内容可以是中文，也可以是英文。

实例 3-4 在五子棋游戏简介页面中，为图像添加提示文本与替换文本，代码如下：

```
<body>
<h2 align="center"> 五子棋游戏简介 </h2>
<p>   这款《五子棋》游戏是由明日科技研发的一款老少皆宜的休闲类棋牌游戏。玩起来妙趣横生，引人入胜，不仅能增强思维能力，而且有助于修身养性。</p>
游戏规则：
<p>   玩游戏时，既可以随机匹配玩家，也可以与朋友对弈，或者无聊时选择人机对弈。画面简单。游戏中，最先在棋盘的横向、纵向或斜向形成连续的相同的五个棋子的一方获胜。</p>
<!-- 插入五子棋游戏的图像，并且分别设置其提示文本和替换文本 -->
```

```
<img src="img/gamehall.jpg"alt=" 游戏大厅 " title=" 欢迎进入五子棋游戏大厅 "
hspace="50" align="top">
<img src="img/welcome.png"alt=" 五子棋欢迎界面 " title=" 欢迎体验五子棋游戏 "
height="400">
</body>
```

编辑完代码后，在浏览器中运行，页面效果如图 3.4 所示。左边图像由于图像格式错误，无法正常显示，所以图像位置显示替换文本“游戏大厅”；而将鼠标指针放置在右边图像上时，图像上会显示提示文本“欢迎体验五子棋游戏”。

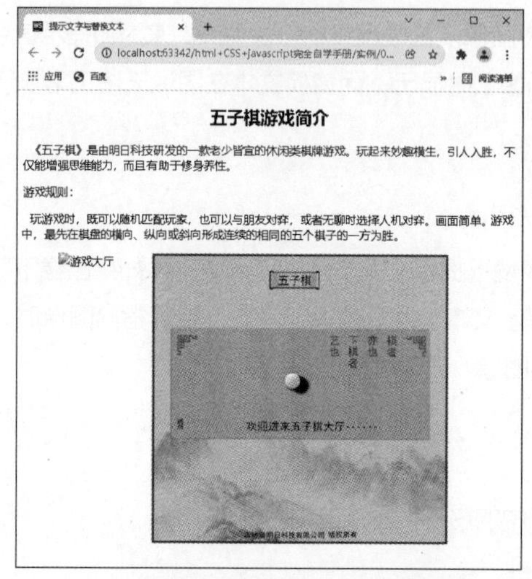

图 3.4　设置图像的提示文本和替换文本

3.3　链接标签

链接（link），全称为超文本链接，也称为超链接。它可以实现将文档中的文字或者图像与另一个文档、文档的一部分或者一幅图像链接在一起。一个网站是由多个页面组成的，页面之间依据链接确定相互的导航关系。当在浏览器中单击这些对象时，浏览器可以根据指示载入一个新的页面或者转到页面的其他位置。常用的链接分为文本链接和书签链接。下面具体介绍这两种链接的使用方法。

3.3.1　文本链接

扫码看视频

在网页中，文本链接是最常见的一种。它通过网页中的文件和其他的文件进行链接。语法如下：

```
<a href="" target=""> 链接文字 </a>
```

- href：用于设置链接地址，是 hypertext reference 的缩写。
- target：用于设置打开新窗口的方式，主要有以下 4 个属性值。

- _blank：新建一个窗口打开。
- _parent：在上一级窗口打开，常在分帧的框架页面中使用。
- _self：在同一窗口打开，默认值。
- _top：在浏览器的整个窗口打开，将会忽略所有的框架结构。

说明

在该语法中，链接地址可以是绝对地址，也可以是相对地址。

实例 3-5 在页面中添加文字导航和图像，并且通过 <a> 标签为每个文字导航添加超链接，代码如下：

```
<div class="mr-cont">
    <img src="img/logo.png" alt="51 购商城 ">   
    <a href="#"> 首页 </a>   
    <a href="link.html" target="_blank"> 手机酷玩 </a>   
    <a href="link.html"target="_blank"> 精品抢购 </a>   
    <a href="link.html"target="_blank"> 手机配件 </a><br>
    <img src="img/ban.jpg" alt="">
</div>
```

完成代码编辑后，在浏览器中运行，页面效果如图 3.5 所示。当单击“手机酷玩”“精品抢购”和“手机配件”时，会跳转到 51 购商城的欢迎页面，如图 3.6 所示。

图 3.5　51 购商城导航页面

图 3.6　单击超链接后的跳转页面

多学两招

在填写链接地址时，为了简化代码和避免文件位置改变而导致链接出错，一般使用相对地址。

3.3.2 书签链接

在浏览页面的时候，如果页面的内容较多，页面过长，就需要不断拖动滚动条，很不方便，如果要寻找特定的内容，就更加不方便。这时如果能在该页面或另外一个页面上建立目录，浏览者只要单击目录上的项目就能自动跳到网页相应的位置，这样就非常方便，并且可以在页面中设定诸如“返回页首”之类的链接。这种链接被称为书签链接。

扫码看视频

建立书签链接分为两步，一是建立书签，二是为书签制作链接。

实例3-6 在网页中添加书签链接，单击文字时，页面跳转到相应位置。其实现过程如下。

（1）建立书签。分别为每一板块的“位置”后面的文字（例如“华为荣耀”“华为p8”等）建立书签。部分代码如下：

```
    <div class="mr-txt">
 <h3>  位置: <a name="rongyao">华为荣耀</a><a href="#top">>> 回到顶部</a></h3>
   <div class="mr-phone rongyao">
      <div class="mr-pic"><img src="images/ry1.jpg" alt=""></div>
      <div class="mr-pic"><img src="images/z5.jpg" alt=""></div>
      <div class="mr-pic"><img src="images/z7.jpg" alt=""></div>
      <div class="mr-pic"><img src="images/ry4.jpg" alt=""></div>
      <div class="mr-pic"><img src="images/ry5.jpg" alt=""></div>
      <div class="mr-pic"><img src="images/ry6.jpg" alt=""></div>
      <div class="mr-pic"><img src="images/ry7.jpg" alt=""></div>
      <div class="mr-pic"><img src="images/ry8.jpg" alt=""></div>
   </div>
   <h3 class="local">  位置: <a name="mate8">华为mate8<a href="#top">>>
回到顶部</a></h3>
   <div class="mr-phone mate8">
<div class="mr-pic"><img src="images/mate81.jpg" alt=""></div>
      <div class="mr-pic"><img src="images/mate82.jpg" alt=""></div>
      <div class="mr-pic"><img src="images/mate89.jpg" alt=""></div>
      <div class="mr-pic"><img src="images/mate84.jpg" alt=""></div>
      <div class="mr-pic"><img src="images/mate85.jpg" alt=""></div>
      <div class="mr-pic"><img src="images/mate86.jpg" alt=""></div>
      <div class="mr-pic"><img src="images/mate87.jpg" alt=""></div>
      <div class="mr-pic"><img src="images/mate88.jpg" alt=""></div>
   </div>
   <h3 class="local">  位置: <a name="huaweip8">华为p8</a><a href="#top">>>
回到顶部</a></h3>
```

（2）给在网页导航部分的书签建立链接，代码如下：

```
<div class="mr-top">
    <a name="top"><div class="mr-nav">
        <ul>
            <li><a href="#rongyao">华为荣耀</a></li>
            <li><a href="#mate8">华为 mate8</a></li>
            <li><a href="#huaweip8">华为 p8</a></li>
            <li><a href="#huawei5c">华为 5a</a></li>
            <li><a href="#huaweig9">华为 g9</a></li>
        </ul>
    <img class="mr-banner"src="images/1.jpg"width='945' height="430"></a>
    </div>
</div>
```

完成代码编辑后，在浏览器中运行，页面效果如图 3.7 所示，当单击上面的“华为荣耀” “华为 mate8”等时，页面会跳转到相应位置。

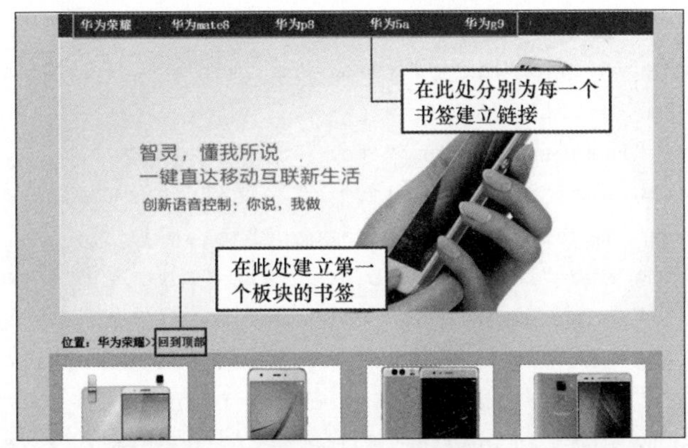

图 3.7 实现在 51 购商城手机页面中添加书签链接

说明

本实例中使用了 CSS，有关 CSS 的内容，请参见第 4 章。另外，上述代码省略了实例中添加第二、三个板块手机图像的代码，详细代码请参见资源包中的源码。

3.4 图像的超链接

扫码看视频

3.4.1 整图超链接

给一幅图像设置超链接的实现方法比较简单，且与文本链接的实现方法类似。其语法如下：

```
<a href="链接地址" target="目标窗口的打开方式"><img src="图像文件的地址"></a>
```

在该语法中，href 属性用来设置图像的链接地址，而在〈img〉标签中可以添加图像的其他属性，如 height、border、hspace 等。

实例 3-7 新建一个 HTML 文件，应用 <img> 标签添加 5 幅手机图像，并为其设置超链接，然后应用 <img> 标签添加 5 个购物车图标，代码如下：

```
<div id="mr-content">
    <div class="mr-top">
        <h2> 手机 </h2>                                 <!-- 通过 <h2> 标签添加二级标题 -->
        <p class="mr-p1"> 手机风暴 </p>         <!-- 通过 <p> 标签添加文字 -->
        <p class="mr-p2">></p>
        <p class="mr-p2"> 更多手机 </p>
        <p class="mr-p2">OPPO</p>
        <p class="mr-p2"> 联想 </p>
        <p class="mr-p2"> 魅族 </p>
        <p class="mr-p2"> 乐视 </p>
        <p class="mr-p2"> 荣耀 </p>
        <p class="mr-p2"> 小米 </p>
    </div>
    <img src="images/8-1.jpg" alt="" class="mr-img1">  <!--通过<img>标签添加图像-->
    <div class="mr-right">
        <a href="images/link.png" target="_blank">
            <img src="images/8-1a.jpg" alt="" att="a"></a>
        <a href="images/link.png" target="_blank">
            <img src="images/8-1b.jpg" alt="" att="b"></a><br/>
        <a href="images/link.png" target="_blank">
            <img src="images/8-1c.jpg" alt="" att="c"></a>
        <a href="images/link.png" target="_blank">
            <img src="images/8-1d.jpg" alt="" att="d"></a>
        <a href="images/link.png" target="_blank">
            <img src="images/8-1e.jpg" alt="" att="e"></a>
        <img src="images/8-1g.jpg" alt="" class="mr-car1">
        <img src="images/8-1g.jpg" alt="" class="mr-car2">
        <img src="images/8-1g.jpg" alt="" class="mr-car3">
        <img src="images/8-1g.jpg" alt="" class="mr-car4">
        <img src="images/8-1g.jpg" alt="" class="mr-car5">
        <p class="mr-price1">OPPO R9 Plus<br/><span>3499.00</span></p>
        <p class="mr-price2">vivo Xplay6<br/><span>4498.00</span></p>
        <p class="mr-price3">Apple iPhone 7<br/><span>5199.00</span></p>
        <p class="mr-price4">360 NS4<br/><span>1249.00</span></p>
        <p class="mr-price5"> 小米 Note4<br/><span>1099.00</span></p>
    </div>
</div>
```

编辑完代码后，在浏览器中打开文件，可以看到如图 3.8 所示的页面。单击手机图像，将会跳转到商品详情页面，如图 3.9 所示。

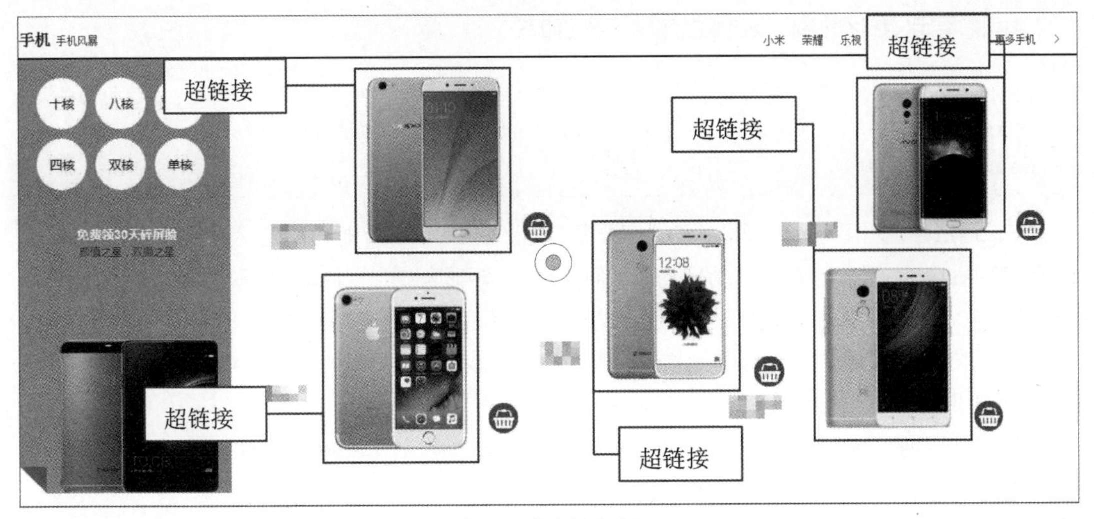

图 3.8 商品展示页面

图 3.9 跳转后的商品详情页面

说明

本实例中使用了 CSS，有关 CSS 的内容，请参见第 4 章。

3.4.2 图像热区链接

扫码看视频

除了对整幅图像进行超链接的设置外，还可以将图像划分成不同的区域进行超链接的设置。而包含热区（即进行了链接的区域）的图像也可以称为映射图像。

为图像设置热区链接时，大致需要经过以下两个步骤。

首先需要在图像文件中设置映射图像名称。在添加图像的 <img> 标签中使用 usemap 属性添加图像要引用的映射图像名称，语法如下：

```
<img src=" 图像地址 " usemap=" 映射图像名称 ">
```

然后需要定义热区图像以及热区的链接，语法如下：

```
<map name=" 映射图像名称 ">
    <area shape=" 热区形状 " coords=" 热区坐标 " href=" 链接地址 " />
</map>
```

在该语法中，引用的映射图像名称一定要提前定义。在 <area> 标签中定义热区的形状、位置和链接，其中 shape 用来定义热区形状，可以取值为 rect（矩形区域）、circle（圆形区域）以及 poly（多边形区域）；coords 则用来设置热区坐标，对于不同形状，coords 设置的方式也不同。

● 对于矩形区域，coords 包含 4 个参数，分别为 left、top、right 和 bottom，也可以将这 4 个参数看作矩形两个对角的点坐标。

● 对于圆形区域，coords 包含 3 个参数，分别为 center-x、center-y 和 tadius，也可以将这 3 个参数看作圆形的圆心坐标 (*x*、*y*) 与半径的值。

● 对于多边形区域，设置坐标参数比较复杂，与多边形的形状息息相关。coords 参数需要按照顺序（可以是逆时针，也可以是顺时针）取各个点的 *x*、*y* 坐标值。由于定义坐标比较复杂而且难以控制，一般情况下都使用可视化软件进行这种参数的设置。

实例 3-8 新建一个 HTML 文件，然后使用〈img〉标签添加图像，并且为图像添加热区链接：

```
<div id="mr-cont">
      <img class="addr" src="img/big.png" usemap="mr-hotpoint" />
      <map name="mr-hotpoint">
           <area shape="rect" coords="45,126,143,203" href="img/ad.jpg"
title=" 电脑精装 " target="_blank"/>
           <area shape="rect"coords="410,80,508,174" href="img/ad4.png"
title=" 常用家电 " target="_blank"/>
           <area shape="rect" coords="30,250,130,350" href="img/ad1.png"
title=" 手机数码 " target="_blank"/>
           <area shape="rect" coords="430,224,528,318" href="img/ad3.
png"title=" 鲜货直达 "target="_blank"/>
      </map>
</div>
```

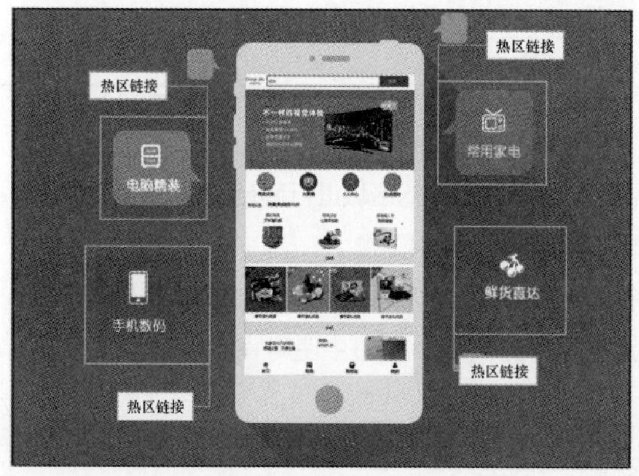

图 3.10　图像热区链接页面的效果

编辑完代码后，在浏览器中打开文件，可以看到打开的页面中包含一幅图像，如图 3.10 所示。当单击图像中的 " 电脑精装 " 彩色会话框时，页面会跳转至显示着一张电脑的图片，如图 3.11 所示。

图 3.11 单击热区链接后跳转的页面

> **说明**
> 单击图像中的其他 3 个彩色会话框，页面将会跳转到对应的页面。本实例就不一一展示了。

3.5 上机实战

（1）编写一个程序，实现网购商城的"聚惠活动"页面，具体效果如图 3.12 所示。

图 3.12 "聚惠活动"页面效果

（2）编写一个程序，实现网购商城的评价页面，效果如图 3.13 所示。

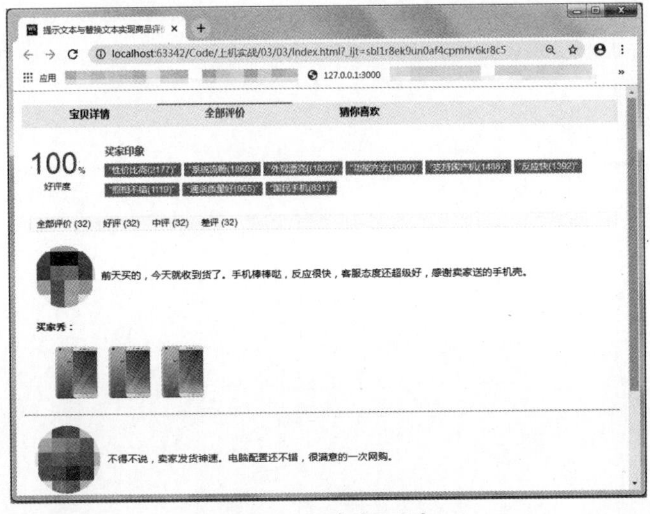

图 3.13 评价页面效果

（3）编写一个程序，实现导航页面，并为导航菜单添加链接，效果如图 3.14 所示。

图 3.14　导航页面效果

（4）实现五子棋游戏新手教程效果，即单击图 3.15 中的棋子即可进行下一步（如图 3.16 所示），并且单击图 3.16 中的“确定”即可进行下一步。

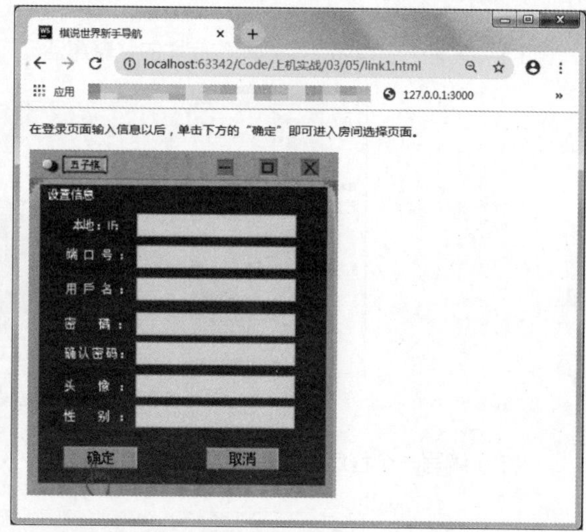

图 3.15　五子棋游戏初始效果

图 3.16　新手教程的下一步

第 2 部分　CSS

CSS 概述

视频教学：142 分钟

CSS（Cascading Style Sheet，层叠样式表）是早在二十几年前就问世的一种样式表语言，至今还没有完成所有规范化草案的制定。虽然最终的、完整的、规范的、权威的 CSS3 标准还没有尘埃落定，但是各主流浏览器已经开始支持其中的绝大部分特性。如果你想成为一名高级网页设计师，那么应该从现在开始积极去学习和实践 CSS。本章将对 CSS3 的新特性、CSS3 的常用属性以及常用的几种 CSS3 选择器进行详细讲解。

4.1 CSS 概述

本节，主要为大家介绍 CSS 的发展史，并且通过示例向大家介绍 CSS 的基本语法。而 CSS 的具体使用，在后面的小节会有具体介绍。

4.1.1 CSS 的发展史

扫码看视频

CSS 是一种网页控制技术，采用 CSS 技术，可以有效地对页面布局、字体、颜色、背景和其他效果实现更加精准的控制。网页最初是用 HTML 标签定义页面文档及样式的，例如标题标签 <h1>、段落标签 <p> 等，但是这些标签无法满足更多的文档样式需求。为了解决这个问题，W3C（World Wide Web Consortium，万维网联盟）在 1997 年发布 HTML4 标准的同时，也发布了 CSS 的第一个标准 CSS1，并在 1998 年 5 月发布了 CSS2，在这个标准中开始使用样式表结构。又过了 6 年，也就是 2004 年，CSS2.1 被正式推出。它是在 CSS2 的基础上发展而来的，删除了许多诸如 text-shadow 等不被浏览器所支持的属性。

然而，现在所使用的 CSS 基本上是在 1998 年推出的 CSS2 的基础上发展而来的。10 多年前在因特网刚开始普及的时候人们就能够使用样式表来对网页进行视觉效果的统一编辑，确实是一件可喜的事情。但是在这 10 年间 CSS 基本上没有什么很大的变化，一直到 2010 年终于推出了一个全新的版本——

CSS3。

与 CSS 以前的版本相比，CSS3 的变化是革命性的，而不是仅限于局部功能的修订和完善。尽管 CSS3 的一些特性还不能被很多浏览器支持，或者说支持得还不够好，但是它依然让我们看到了网页样式的发展方向和使命。

4.1.2 一个简单的 CSS 示例

扫码看视频

简单地说，使用 CSS3，通过几行代码就可以实现很多以前需要使用脚本才能实现的效果，这不仅简化了设计师的工作，而且能加快页面载入速度。其语法如下：

```
selector {property:value}
```

- selector：选择器。CSS 可以通过某种选择器选中想要改变样式的标签。
- property：希望改变的该标签的属性。
- value：该属性的属性值。

下面通过添加页面背景以及设置文字阴影来演示 CSS 的使用过程。效果如图 4.1 所示。

图 4.1 添加页面背景和设置

首先建立一个 HTML 文件，在 HTML 文件中通过添加标签来完成页面的基本内容，具体代码如下：

```
<div class="mr-box">
    <div class="mr-shadow"><font> 无可辨 </font> “薄” </div>
    <div class="mr-shadow1"> 薄，<font> 是仅 13mm、1.1kg 才有的意境 </font></div>
</div>
```

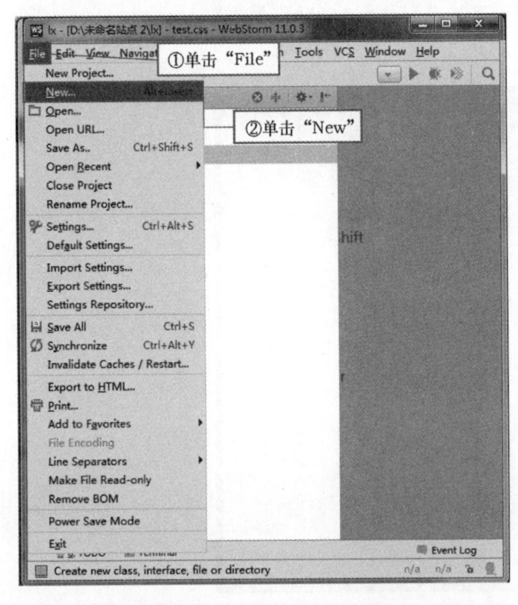

图 4.2 JetBrains WebStorm 主界面

然后建立一个 CSS 文件夹。进入 JetBrains WebStorm 主界面（如图 4.2 所示），单击“File”→“New”，进入新建文件类型选择界面（如图 4.3 所示），在新建文件类型选择界面单击“Stylesheet”，弹出“New Stylesheet”对话框（如图 4.4 所示）。

在“New Stylesheet”对话框的“Name”文本框中输入文件的名称，然后单击“OK”按钮，将显示如图 4.5 所示的页面，此时 CSS 文件创建完成。

建立 CSS 文件以后，在如图 4.5 所示的代码编辑区输入如下代码即可。

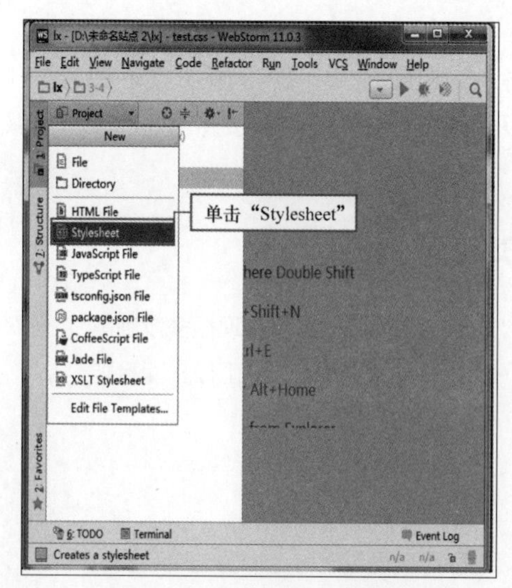

图 4.3　新建文件类型选择界面

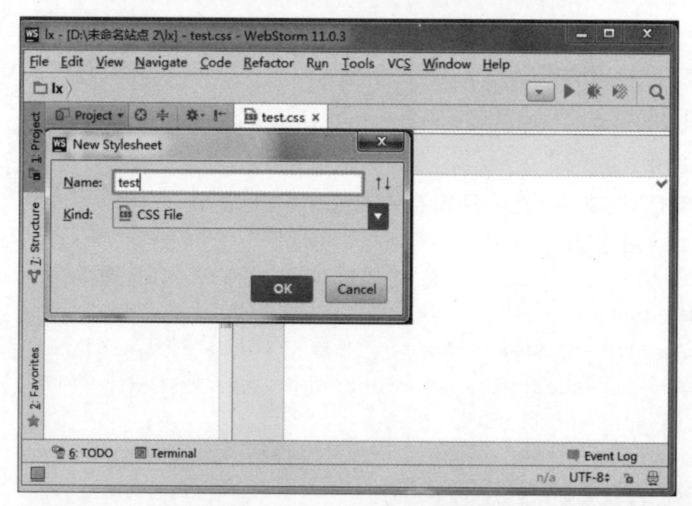

图 4.4　“New Stylesheet”对话框

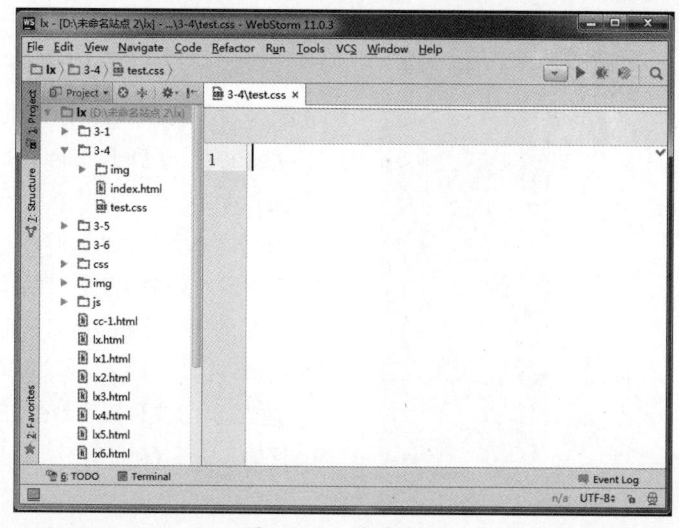

图 4.5　CSS 文件界面

```
.mr-box{                                                /*设置页面的总体样式*/
    width: 421px;                                       /*设置页面的大小*/
    height: 480px;
    margin: 0 auto;                                     /*左右外边距自动居中*/
    background: no-repeat url(../images/1.jpg) #E0D4D4 47% 43%;
                                                        /*设置页面背景*/
    background-size: 220px 254px;                       /*设置页面背景的尺寸*/
}
/*设置第一部分文字的样式*/
.mr-shadow {
    margin-left:100px;                                  /*设置文字的左边距*/
    color: #dc1844;                                     /*设置文字颜色*/
    font: 900 64px/64px sans-serif;                     /*设置文字的粗细、大小、
                                                          字体*/
/*设置文字的阴影，参数含义分别是水平方向位移、垂直方向位移、阴影宽度、阴影颜色*/
    text-shadow: -1px 0 0 #0a0a0a, -4px 0 0 #6f3b7b, -6px 0 0 #080808,
-8px 0 0 #121ff1;
}
.mr-shadow font{
    font-size:30px;
    }
.mr-shadow1 {                                           /*设置第二部分文字样式*/
    color:#6C0305;                                      /*设置文字颜色*/
    margin-top: 264px;                                  /*设置上外边距*/
    font: 100 54px/64px '黑体';
    text-shadow:0 -1px 0 #ca3636,0 2px 0 #ea1414,2px -2px 1px #c3d259,-
2px 2px 15px #674242;
    }
.mr-shadow1 font{
    font-size:35px;
}
```

最后，用户需要将CSS文件链接到HTML文件。在HTML文件的<head>标签中添加如下代码：

```
<link href="css/css.css" type="text/css" rel="stylesheet">
```

其中，href为CSS文件的地址，type表示所链接文件的类型，rel表示所链接文件与该HTML文件的关系。type和rel属性的属性值是不需要用户改变的。

说明

上面链接CSS文件的这行代码，正常可以写在HTML文件的任意位置，例如<body>标签中或〈body〉标签上方，但是，由于浏览网页时，系统加载文件的顺序是自上而下的，所以为了让页面内容加载出来时就显示其样式，上面这行代码一般写在<head>标签中或者<head>标签与<body>标签之间。

4.2 CSS 中的选择器

前面我们了解了 CSS 可以改变 HTML 中标签的样式，那么 CSS 是如何改变它的样式的呢？简单地说，就是用户需要告诉 CSS3 件事，即改变谁、改什么、怎么改。告诉 CSS 改变谁时就需要用到选择器。选择器是用来选择标签的方式，比如 ID 选择器就是通过 ID 来选择标签，类选择器就是通过类名来选择标签。改什么就是告诉 CSS 改变这个标签的什么属性。怎么改则是指定这个属性的属性值。

举个例子，如果我们要将 HTML 文件中所有由〈p〉标签定义的文字变成红色，就需要通过标签选择器告诉 CSS 要改变所有〈p〉标签，改变它的颜色属性，改为红色。清楚了这 3 件事，CSS 就可以“乖乖”地为我们服务了。

说明

通过选择器所选中的是所有符合条件的标签，所以不一定只有一个标签。

4.2.1 属性选择器

扫码看视频

属性选择器就是通过属性来选择标签，这些属性既可以是标准属性（HTML 文件中默认该有的属性，例如〈input〉标签中的 type 属性），也可以是自定义属性。

在 HTML 文件中，通过各种各样的属性，可以给元素增加很多附加信息。例如，在一个 HTML 文件中，插入了多个〈p〉标签，并且为每个〈p〉标签设定了不同的属性。示例代码如下：

```
<p font="fontsize">编程图书 </p>     <!-- 设置 font 属性的属性值为 fontsize -->
<p color="red">PHP 编程 </p>         <!-- 设置 color 属性的属性值为 red -->
<p color="red">Java 编程 </p>        <!-- 设置 color 属性的属性值为 red -->
<p font="fontsize">当代文学 </p>     <!-- 设置 font 属性的属性值为 fontsize-->
<p color="green">盗墓笔记 </p>       <!-- 设置 color 属性的属性值为 green-->
<p color="green">明朝那些事 </p>     <!-- 设置 color 属性的属性值为 green -->
```

在 HTML 文件中为标签添加属性之后，就可以在 CSS 文件中使用属性选择器选择对应的标签来改变样式。在使用属性选择器时，需要声明属性与属性值，声明方法如下：

```
[att=val]{}
```

其中 att 代表属性，val 代表属性值。例如，以下代码就可以实现为相应的〈p〉标签设置样式。

```
[color=red]{                 /* 选择所有 color 属性的属性值为 red〈p〉的标签 */
    color: red;              /* 设置其字体颜色为红色 */
 }
[color=green]{               /* 选择所有 color 属性的属性值为 green 的〈p〉标签 */
    color: green;            /* 设置其字体颜色为绿色 */
 }
[font=fontsize]{             /* 选择所有 font 属性的属性值为 fontsize 的〈p〉标签 */
    font-size: 20px;         /* 设置其字体大小为 20px*/
}
```

注意

给标签定义属性和属性值时，可以任意定义属性，但是要尽量做到“见名知意”，也就是看到这个属性和属性值，自己能明白设置这个属性的用意。

实例 4-1 使用属性选择器，实现商城首页的手机板块。具体步骤如下。

（1）新建一个 HTML 文件，通过 <img> 和〈p〉标签添加图片和文字，代码如下：

```
<div class="mr-right">
        <!-- 通过 <img> 标签添加 5 张手机图片 -->
  <img src="images/8-1a.jpg" alt="" att="a">
  <img src="images/8-1b.jpg" alt="" att="b"><br/>
  <img src="images/8-1c.jpg" alt="" att="c">
  <img src="images/8-1d.jpg" alt="" att="d">
  <img src="images/8-1e.jpg" alt="" att="e">
      <!-- 通过 <img> 标签添加购物车图片 -->
  <img src="images/8-1g.jpg" alt="" class="mr-car1">
  <img src="images/8-1g.jpg" alt="" class="mr-car2">
  <img src="images/8-1g.jpg" alt="" class="mr-car3">
  <img src="images/8-1g.jpg" alt="" class="mr-car4">
  <img src="images/8-1g.jpg" alt="" class="mr-car5">
   <!-- 通过〈p〉和〈span〉标签添加手机型号和价格等文字 -->
  <p class="mr-price1">OPPO R9 Plus<br/><span>3499.00</span></p>
  <p class="mr-price2">vivo Xplay6<br/><span>4498.00</span></p>
  <p class="mr-price3">Apple iPhone 7<br/><span>5199.00</span></p>
  <p class="mr-price4">360 NS4<br/><span>1249.00</span></p>
  <p class="mr-price5"> 小米 Note4<br/><span>1099.00</span></p>
</div>
```

（2）使用属性选择器改变页面中手机图片的大小以及位置，代码如下：

```
/* 选择 HTML 文件中“att”属性的属性值分别为“a”“b”“c”“d”“e”的标签，即选中 5 张
手机图片 */
[att=a],[att=b],[att=c],[att=d],[att=e]{
     width:180px;            /* 设置宽度 */
     height:182px;           /* 设置高度 */
}
[att=a]{                     /* 使用属性选择器设置第 1 张手机图片的位置及大小 */
     left:140px;
     top:20px;
     }
[att=b]{                     /* 使用属性选择器设置第 2 张手机图片的位置及大小 */
     left:700px;
     top:20px;
     }
```

```
[att=c]{                                /* 使用属性选择器设置第 3 张手机图片的位置及大小 */
     left:400px;
top:180px;
"[att=d]"
"[att=e]"
}
```

编辑完成代码后，在浏览器中运行，效果如图 4.6 所示。

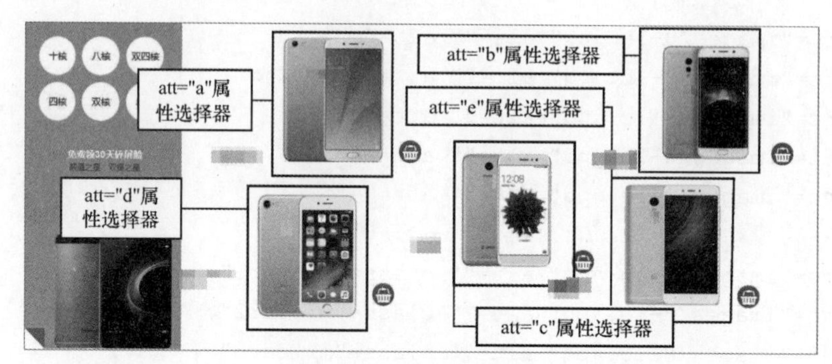

图 4.6　商城首页的手机板块

说明

本实例综合使用类选择器和属性选择器，其中类选择器主要实现购物车图片以及手机型号文字的样式。详细代码请参见资源包中的源码。

4.2.2　类和 ID 选择器

扫码看视频

在 CSS 中，除了属性选择器，类和 ID 选择器也是受到广泛支持的选择器。在某些方面，这两种选择器类似，不过也有一些重要区别。

第一个区别是 ID 选择器前面有一个“#”，也称为棋盘号或井号。语法如下：

```
#intro{color:red;}
```

而类选择器前面有一个“.”，即英文状态的半角句号。语法如下：

```
.intro{color:red;}
```

第二个区别是 ID 选择器引用 id 属性的值，而类选择器引用 class 属性的值。

注意

在一个网页中标签的 class 属性可以定义多个，而 id 属性只能定义一个。比如一个页面中只能有一个标签的 id 的属性值为“intro”。

实例 4-2 通过类选择器和 ID 选择器实现商城首页的“爆款特卖”板块。具体步骤如下。

（1）新建一个 HTML 文件，在该文件中，首先通过 <div> 标签对页面进行布局，然后通过 <img> 标签和 <p> 标签添加手机图片和手机价格、型号等文字。代码如下：

```
<div id="mr-content">
  <div class="mr-top">爆款特卖</div>
  <div class="mr-bottom">
    <div class="mr-block1"><img src="images/8-2.jpg"class="mr-img"> <!--添
加手机图片 -->
      <p class="mr-title">华为Mate8</p            <!--添加文字 -->
      <div>
        <div class="mr-mon">¥2998.00</div>
        <div class="mr-minute">秒杀</div>
      </div>
    </div>
   <div class="mr-block1"> <img src="images/8-2c.jpg"class="mr-img">
      <p class="mr-title">华为Mate9</p>
      <div>
        <div class="mr-mon">¥4798.00</div>
        <div class="mr-minute">秒杀</div>
      </div>
    </div>
  </div>
</div>
```

（2）新建一个CSS文件，通过外部样式将其引入HTML文件，然后使用ID选择器和类选择器设置图片和文字的大小、位置等。关键代码如下：

```
/*在页面中只有一个mr-content，所以使用ID选择器*/
#mr-content{
    width:1090px;                    /*设置整体页面宽度为1090px*/
    height:390px;                    /*设置整体页面高度为390px*/
    margin:0 auto;                   /*设置内容在浏览器中自适应*/
    background:#ffd800;              /*设置整体页面的背景颜色*/
    border:1px solid red;            /*设置整体内容边框*/
    text-align:left;                 /*文字的对齐方式为左对齐*/
    }
.mr-top{                             /*设置标题"爆款特卖"的属性*/
    width:1073px;                    /*设置宽度*/
    height:60px;                     /*设置高度*/
    padding:20px 0 0 10px;           /*设置内边距*/
    color:#8a5223;                   /*设置字体颜色*/
    font-size:32px;                  /*设置字体大小*/
    font-weight:bolder;              /*设置字体粗细*/
    }
.mr-bottom{
    width:1200px;                    /*设置内容部分宽度*/
    height:336px;                    /*设置内容部分高度*/
   }
```

```
.mr-block1{
    width:260px;                    /* 设置宽度 */
    height:300px;                   /* 设置高度 */
    float:left;                     /* 设置浮动 */
    text-align: center;
    margin-left:10px;               /* 设置左外边距 */
    background:#FFF;                /* 设置背景 */
}
```

完成代码编辑后，在浏览器中运行，效果如图 4.7 所示。

图 4.7　商城首页的“爆款特卖”板块

> 说明
>
> 上面的实例中省略了 HTML 文件中中间两部分的图片、文字的代码，详细代码请参见资源包中的源码。

4.2.3　伪类和伪元素选择器

当我们浏览网页时，常遇到这样一种情况，就是每当鼠标指针放在某个元素上，这个元素就会发生一些变化，例如当鼠标指针滑过导航栏时，展开导航栏里的内容。这些特效的实现都离不开伪类选择器。而伪元素选择器则用来改变使用普通标签无法轻易修改的部分，比如一段文字中的第一个文字等。

扫码看视频

1. 伪类选择器

伪类选择器是 CSS 中已经定义好的选择器，因此，程序员不能随意命名。它用来对某种特殊状态的目标元素应用样式，比如，用户正在单击的元素，或者鼠标指针正在经过的元素等。伪类选择器主要有以下 4 种。

- :link：表示对未访问的超链接应用样式。
- :visited：表示对已访问的超链接应用样式。
- :hover：表示对鼠标指针所停留的元素应用样式。
- :active：表示对用户正在单击的元素应用样式。

例如，下面的代码就是通过伪类选择器改变特定状态的标签样式。

```
a:link {                        /* 表示对未访问的超链接应用样式 */
    color: #000;                /* 设置其字体颜色为黑色 */
}
a:visited {                     /* 表示对已访问的超链接应用样式 */
    color: #f00;                /* 设置其字体颜色为红色 */
}
.hov:hover {                    /* 表示对鼠标指针所停留的类名为 hov 的元素应用样式 */
    border: 2px red solid;      /* 添加边框 */
}
.act:active {                   /* 表示对鼠标指针所停留的类名为 act 的元素应用样式 */
    background: #ffff00;        /* 添加背景颜色 */
}
```

注意

:link 和 :visited 只对链接标签起作用，对其他标签无效。

说明

在使用伪类选择器时，其在样式表中的顺序是很重要的，如果顺序不当，可能无法达到我们所希望的样式。它们的正确顺序是，:hover 伪类必须定义在 :link 和 :visited 两个伪类之后，而 :active 伪类必须定义在 :hover 伪类之后。为了方便记忆，可以采用“爱恨原则”，即“L(:link)oV(:visited)e，H(:hover)A(:active)te”。

2. 伪元素选择器

伪元素选择器用来改变文档中特定部分的效果样式，而这一部分是通过普通的选择器无法定义到的部分。CSS3 中，常用的有以下 4 种伪元素选择器。

- :first-letter：该选择器对应的 CSS 样式对指定对象内的第一个字符起作用。
- :first-line：该选择器对应的 CSS 样式对指定对象内的第一行内容起作用。
- :before：该选择器与内容相关的属性结合使用，用于在指定对象内部的前端插入内容。
- :after：该选择器与内容相关的属性结合使用，用于在指定对象内部的尾端添加内容。

例如，下面的代码就是通过伪元素选择器向页面中添加内容，并且修改类名为“txt”的标签中第一行文本的样式以及 <p> 标签中第一个字的样式。

```
.txt:first-line{                /* 设置第一行文本的样式 */
    font-size: 35px;                  /* 设置第一行文本的字体大小 */
    height: 50px;               /* 设置第一行文本的高度 */
    line-height: 50px;          /* 设置第一行文本的行高 */
    color: #000;                /* 设置第一行文本的颜色 */
}
p:first-letter{                 /* 设置〈p〉标签中第一个字的样式 */
```

```
        font-size: 30px;                          /* 设置字体大小 */
        margin-left: 20px;                        /* 设置左外边距 */
        line-height: 30px;                        /* 设置行高 */
}
.txt:after{                               /* 在类名为 txt 的 div 后面添加内容 */
        content: url("../img/phone1.png"); /* 添加的内容为一张图片，url 为图片地址 */
        position: absolute;               /* 设置所添加图片的定位方式 */
        top:75px;                                 /* 设置图片位置，相对于类名为 cont
的 div 的向下 75px*/
        left:777px;                               /* 设置图片位置，相对于类名为
cont 的 div 的向右 777px*/
}
```

实例4-3 结合类选择器、伪类选择器以及伪元素选择器实现对 vivo X9s 手机的宣传页面的美化。具体步骤如下。

（1）新建一个 HTML 文件，在 HTML 文件中添加标签以及文字介绍，并且添加超链接，由于这里的超链接没有跳转的页面，所以链接地址使用“#”代替。具体代码如下：

```
<div class="cont">
        <h1><a href="#">vivo X9s</a></h1>
        <div class="top">更强大的分屏多任务 3.0<br>新增对 QQ 浏览器、天猫等应用的分屏
功能，大幅增加了可以一屏二用的场景，不但可以边看视频边回复，更可以一边聊天一边购物、写文档、
回邮件、看新闻</div>
</div>
```

（2）新建一个 CSS 文件，在 CSS 文件中设置页面的大小、外边距等基本布局。具体代码如下：

```
.cont{                                    /* 通过类选择器设置页面的整体大小以及背景图像 */
        width: 1536px;                    /* 设置整体页面宽度为 1536px*/
        height: 840px;                    /* 设置整体页面高度为 840px*/
        margin:0 auto;                    /* 设置页面外边距上下为 0，左右自适应 */
        text-align: center;               /* 设置文字的对齐方式为居中对齐 */
        background: url("../img/bg.jpg"); /* 设置背景图像 */
}
h1{                                       /* 通过标签选择器选择〈h1〉标题标签 */
        padding-top: 80px;                /* 设置上内边距 */
}
.top{                                     /* 通过类选择器改变主体内容的样式 */
        line-height: 30px;                /* 设置行高为 30px*/
        margin: 0 auto;                   /* 设置主体部分的外边距 */
        text-align: center;               /* 设置文字的对齐方式为居中对齐 */
        width: 650px;                     /* 设置主体部分的宽度为 650px*/
      font-size: 20px                     /* 设置文字的大小为 20px*/
}
```

（3）分别使用伪类选择器、伪元素选择器向页面添加图片以及设置部分文字的样式。具体代码如下:

```
.top:after{                                  /* 在类名为 top 的 div 后面添加内容 */
    content: url("../img/phone.png");        /* 添加的内容为一张图片，url 为图片地址 */
    display: block;                          /* 设置显示方式 */
    margin-top: 50px;                        /* 设置所添加内容的上外边距 */
}
.top:first-line{                             /* 设置第一行文字的样式 */
    font-size: 30px;                         /* 设置第一行文字的字体大小 */
    line-height: 90px;                       /* 设置第一行文字的行高 */
}
a:link{                                      /* 设置未被访问的超链接的样式 */
  text-decoration: none;                     /* 取消其默认的下划线 */
    color: #000;                             /* 设置字体颜色为黑色 */
}
a:visited{                                   /* 设置访问后的超链接的样式 */
    color: purple;                           /* 设置访问后的超链接的字体颜色为紫色 */
}
a:hover{                                     /* 设置鼠标指针悬停在超链接上时的样式 */
    text-decoration: underline;              /* 设置鼠标指针滑过时在文字下方出现下划线 */
    color: #B49668;                          /* 设置鼠标指针悬停在超链接上时的字体颜色 */
}
a:active{                                    /* 设置正在被单击的超链接的样式 */
    color: red;                              /* 设置正在被单击的超链接的字体颜色为红色 */
    text-decoration: none;                   /* 取消正在被单击的超链接的下划线 */
}
```

编辑完代码以后，在浏览器中运行，可以查看页面效果，如图 4.8 所示。在页面中，超链接“vivo X9s”分别处于未被访问、鼠标指针悬停、正在被单击以及单击以后这 4 种状态时的文字效果是不相同的，这 4 种效果都是通过伪类选择器实现的。而文本内容的第一行文字的字体变大以及文本下方的图片都是通过伪元素选择器来实现的。

图 4.8　vivo X9s 手机的宣传页面

4.2.4 其他选择器

扫码看视频

在 CSS 中，除了前面所介绍的选择器外，还有很多其他的选择器。灵活运用这些选择器，可以完成一些意想不到的页面效果。表 4.1 列举了一些其他的选择器。

表 4.1　CSS3 中其他的选择器

选择器	类型	说明
D	短日期格式	YYYY-MM-dd
E {}	标签选择器	指定该 CSS 样式对所有 E 标签起作用
E F	包含选择器	匹配所有包含在E标签内部的F标签。注意，E和F不仅仅是指类型选择器，也可以是任意合法的选择器组合
*	通配选择器	选择文档中所有的标签
E > F	子包含选择器	选择匹配E标签的子标签中的F标签。注意，E和F不仅仅是指类型选择器，也可以是任意合法的选择器组合
E + F	相邻兄弟选择器	选择匹配与 E 标签同级且位于 E 标签后面相邻位置的 F 标签。注意，E 和 F 不仅仅是指类型选择器，也可以是任意合法的选择器组合
E~F	通用兄弟标签选择器	选择匹配与 E 标签同级且位于 E 标签后面的所有 F 标签。注意，这里的同级是指子标签和兄弟标签的父标签是同一个标签
E:lang(fr)	:lang() 伪类选择器	选择匹配 E 标签，且该标签显示内容的语言类型为 fr
E:first-child	结构伪类选择器	选择匹配 E 标签的第一个子标签
E:focus	用户操作伪类选择器	选择匹配 E 标签，且匹配标签获取了焦点

实例 4-4 综合使用选择器实现商城分类板块。具体步骤如下。

（1）新建一个 HTML 文件，在该文件中通过 <ul> 标签和 <li> 标签添加网页中的导航文字，并且通过 <div> 标签实现分类板块的布局和样式。关键代码如下：

```
    <nav class="mr-header">
      <ul>
        <li class="mr-li">你好，请登录</li>
        <li>我的订单</li>
        <li>我的商城</li>
        <li>商城会员</li>
        <li>企业采购</li>
        <li>客户服务</li>
        <li>网站导航</li>
        <li>手机商城</li>
      </ul>
    </nav>
<div class="mr-content">
  <div class="mr-block1">美妆会场</div>
```

```
  <div class="mr-block2">女装会场</div>
  <div class="mr-block3">男装会场</div>
  <div class="mr-block4">首饰会场</div>
  <div class="mr-block5">零食会场</div>
  <div class="mr-block6">家居会场</div>
  <div class="mr-block7">珠宝会场</div>
  <div class="mr-block8">电子会场</div>
</div>
```

（2）新建一个CSS文件，并且通过外部样式将其引入HTML文件，然后通过类选择器改变导航栏背景颜色以及鼠标指针滑过的样式。部分代码如下：

```
.mr-header {                          /*类选择器，设置网页首部导航栏部分的样式*/
   height: 30px;                      /*设置其高度为30px*/
   width: 100%;
   background: #393f52;               /*设置背景颜色*/
   color: white;                      /*设置字体颜色*/
}
/*类选择器和伪类选择器，设置鼠标指针滑过无序列表中第一项时的样式*/
.mr-li:hover {
   color: #F00;                       /*设置鼠标滑过时字体颜色为红色*/
   background: #393f52;               /*设置鼠标指针滑过时的背景颜色*/
}
nav ul {
   width: 1560px;
   padding: 0 365px;
}
ul li {                               /*元素选择器，设置无序列表项的公共样式*/
   height: 28px;                      /*设置无序列表项的高度*/
   float: left;                       /*每一项都向左浮动*/
   line-height: 28px;                 /*设置行高，使其垂直居中显示*/
   text-align: center;                /*水平对齐方式为居中*/
   cursor: pointer;                   /*鼠标指针悬停时，鼠标指针变为小手状*/
   font-size: 14px;                   /*设置字体大小*/
   }
ul .mr-li {                           /*类选择器，设置无序列表中第一项的样式*/
   margin-right: 390px;               /*右边距为390px*/
   float: left;                       /*向左浮动*/
}
```

（3）通过伪类选择器和通用兄弟标签选择器，设置页面中各板块的宽高以及鼠标指针滑过的样式。关键代码如下：

```
.mr-block1~div {                      /*通用兄弟标签选择器，设置除第一个板块以外的其他
板块的样式*/
```

```
    height: 160px;                     /* 设置其高度为 160px*/
    margin-left: 10px;                 /* 设置左边距为 10px*/
    line-height: 160px;
}
.mr-content .mr-block2 {               /* 设置第二个板块的样式 */
    width: 210px;                      /* 设置宽度为 210px*/
    background: #7ed5c2;               /* 设置背景颜色 */
}
.mr-content div:hover {                /* 伪类选择器，设置每一个板块鼠标指针滑过的样式 */
    opacity: 0.5;                      /* 设置透明度 */
    color: #000;                       /* 设置字体颜色 */
}
```

编辑完代码后，在浏览器中运行，效果如图 4.9 所示。

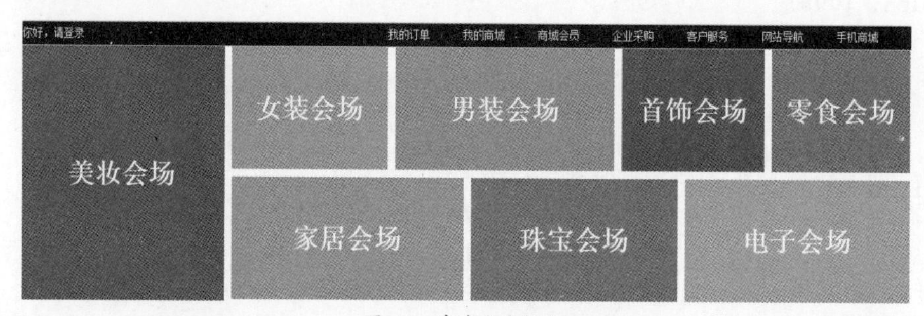

图 4.9　商城分类板块

说明

上面的实例省略了 CSS 文件中部分设置导航文字以及各板块样式的代码，详细代码请参见资源包中的源码。

4.3　常用属性

本节详细介绍 CSS 中的常用属性。在浏览网页时，页面中美观的图片、整齐划一的文字等都是通过 CSS 中的属性改变其在网页中的位置、背景以及文字样式而实现的。本节将对 CSS3 中文本、背景以及定位的相关属性进行讲解。

4.3.1　文本相关属性

本小节主要介绍 CSS3 中常用的文本相关属性。前文介绍了 HTML 中常用的文字标签以及设置文本样式的基础方法。而这些样式效果使用 CSS 同样可以实现。除此之外，文本的对齐方式、文本的换行方式等也可以通过 CSS 中的文本相关属性来设置。

扫码看视频

（1）设置字体属性 font-family，语法如下：

```
font-family: name1,[name2],[name3]
```

其中，name1 为字体的名称，而 name2 和 name3 含义类似于“备用字体”，即若计算机中含有 name1 字体则显示为 name1 字体，若计算机中没有 name1 字体则显示为 name2 字体，若计算机中也没有 name2 字体则显示为 name3 字体。

例如，下面代码的含义为，设置所有类名为“mr-font1”的标签中文字的字体为宋体，如果计算机中没有宋体，则将文字设置为黑体，如果计算机中也没有黑体，就将文字设置为楷体。

```
.mr-font1 {
    font-family: "宋体","黑体","楷体";
}
```

注意

输入字体名称时，不要输入中文状态（全角）的双引号，而要输入英文状态（半角）的双引号。

（2）设置字号属性 font-size，语法如下：

```
font-size:length
```

length 指字体的尺寸，由数字和长度单位组成。这里的单位可以是相对单位，也可以是绝对单位，绝对单位不会随着显示器的变化而变化。表 4.2 列举了常用的绝对单位及其含义。

表 4.2　绝对单位及其含义

绝对单位	含义
in	Inch，英寸
cm	centimeter，厘米
mm	millimeter，毫米
pt	point，印刷的点数，在一般的显示器中 1pt 相当于 1/72in
pc	pica，印刷行业使用的长度单位，1pc = 12pt

而常见的相对单位有 px、em 和 ex，下面将逐一介绍各相对单位的用法。

- 长度单位 px。

px 是一个长度单位，表示在浏览器上 1 个像素的大小。因为不同访问者的显示器的分辨率不同，而且每个像素的实际大小也不同，所以 px 被称为相对单位，也就是相对于 1 个像素的比例。

- 长度单位 em 和 ex。

1em 表示的长度是其父标签中字母 m 的标准宽度，1ex 则表示字母 x 的标准高度。当父标签的文字大小变化时，使用这两个单位的子标签的大小会同比例变化。在文字排版时，有时会要求第一个字比其他字大很多，并下沉显示，此时就可以使用这两个单位。

（3）设置文字颜色属性 color，语法如下：

```
Color:color
```

属性值 color 指的是具体的颜色值。颜色值的表示方法可以是颜色的英文单词、十六进制、RGB 或者 HSL。

文字的各种颜色配合其他页面标签组成了五彩缤纷的页面。在 CSS 中文字颜色是通过 color 属性设置的。例如以下代码都表示将文字颜色设置为蓝色，在浏览器中都可以正常显示。

```
h3{color:blue;}              /* 使用英文单词表示颜色 */
h3{color:#0000ff;}           /* 使用十六进制表示颜色 */
h3{color:#00f;}              /* 十六进制的简写形式，全写形式为：#0000ff*/
h3{color:rgb(0,0,255);}      /* 分别给出红、绿、蓝 3 个颜色分量的十进制数值，也就是 RGB 格式 */
```

说明

如果读者对颜色的表示方法还不熟悉，或者希望了解各种颜色的十六进制或RGB的表示方法，建议在互联网上检索相关信息。

（4）设置文字的水平对齐方式属性 text-align，语法如下：

```
text-align:left|center|right|justify
```

- left：左对齐。
- center：居中对齐。
- right：右对齐。
- justify：两端对齐。

（5）设置段首缩进属性 text-indent，语法如下：

```
text-indent:length
```

length 就是由百分比数值或浮点数和单位标识符组成的长度值，允许为负值。可以这样理解，text-indent 属性定义了两种缩进方式：一种是直接定义缩进的长度，由浮点数和单位标识符组合表示；另一种是通过百分比数值定义缩进。

实例 4-5 设置 51 购商城的商品抢购页面的文字样式。具体步骤如下。

（1）新建一个 HTML 文件，在该文件中，通过 <div> 标签、〈img〉标签以及 <p> 标签添加商品抢购页面中的图片和文字，并且在各标签中设置 class 属性。代码如下：

```
<div class="mr-box">
  <div class="mr-img"><img src="images/1.jpg"></div>
  <p class="mr-font1">HUAWEI<span>Mate</span><span>9</span><span>Pro</
span></p>
  <p class="mr-font2">进步， 再进一步 </p>
  <p class="mr-font3">每周一、周三、周五 10:08 限量抢购 </p>
  <p class="mr-font4"><span><font> ¥</font>4699</span><span><font> ¥</
font>5299</span></p>
  <p class="mr-buy">立即购买 </p>
</div>
```

（2）新建一个 CSS 文件，在该文件中，通过使用类选择器改变网页中图片和文字的样式。部分代码如下：

```
.mr-img {
    width: 405px;                /* 通过设置图片宽度改变图片的大小 */
    float: left;                 /* 设置浮动为向左浮动 */
    margin: 42px;                /* 设置图片的外边距，距离上、右、下、左都为 42px*/
}
.mr-font1 {
    width: 610px;
    float: left;                 /* 设置浮动为向左浮动 */
    font-size: 60px;             /* 设置字体大小为 60px*/
    font-weight: bolder;         /* 设置文字加粗 */
    text-align: center;          /* 设置对齐方式为居中对齐 */
}
.mr-font2 {
    float: left;
    margin-left: 130px;
    font-size: 41px;
    margin-top: -64px;
}
```

完成代码编辑后，在浏览器中运行，效果如图 4.10 所示。

图 4.10　商品抢购页面

> **说明**
>
> 在上面的代码中，为了控制页面布局和字体的样式，应用了 CSS 样式，应用的 CSS 文件的具体代码请参见资源包中的源码。

4.3.2　背景相关属性

扫码看视频

背景相关属性是给网页添加背景颜色或者背景图像所用的 CSS 中的属性，它的能力远远超过 HTML 文件。通常，我们给网页添加背景主要运用以下几个属性。

（1）添加背景颜色属性 background-color，语法如下：

```
background-color:color|transparent
```

- color：表示背景的颜色。它可以采用英文单词、十六进制、RGB、HSL、HSLA 和 RGBA 等表示方法。例如，设置 div 的背景颜色为红色，可以用以下 6 种方式：

```
div {background-color:red; }
div {background-color:#f00; }
div {background-color:#ff0000; }
div {background-color:rgd (255,0,0); }
div {background-color:HSL (0,100%,50%); }
div {background-color:HSLA (0,100%,50%,1); }
div {background-color:rgba (255,0,0,1); }
```

- transparent：表示背影颜色透明。

（2）添加 HTML 文件中的背景图像属性 background-image。这与 HTML 文件中插入图像不同，背景图像放在网页的最底层，文字和图像等都位于其上。语法如下：

```
background-image:url()
```

url 为图像的地址，可以是相对地址，也可以是绝对地址。

（3）设置图像的平铺方式 background-repeat，语法如下：

```
background-repeat:inherit|no-repeat|repeat|repeat-x|repeat-y
```

在 CSS 中，background-repeat 属性包含以上 5 个属性值。表 4.3 列举出各属性值及其含义。

表 4.3　background-repeat 的属性值及其含义

属性值	含义
inherit	从父标签继承 background-repeat 属性的设置
no-repeat	背景图像只显示一次，不重复
repeat	在水平和垂直方向上重复显示背景图像
repeat-x	只沿 *x* 轴方向重复显示背景图像
repeat-y	只沿 *y* 轴方向重复显示背景图像

（4）设置背景图像是否随页面中的内容滚动属性 background-attachment，语法如下：

```
background-attachment:scroll|fixed
```

- scroll：当页面滚动时，背景图像跟着页面一起滚动。
- fixed：将背景图像固定在页面的可见区域。

（5）设置背景图像在页面中的位置属性 background-position，语法如下：

```
background-position:length|percentage|top|center|bottom|left|right
```

在 CSS 中，background-position 属性包含以上 7 个属性值。表 4.4 列举出各属性值及其含义。

表 4.4 background-position 的属性值及其含义

属性值	含义
length	设置背景图像与页面边距水平和垂直方向的距离，单位为 cm、mm、px 等
percentage	根据页面的宽度和高度的百分比放置背景图像
top	设置背景图像顶部居中显示
center	设置背景图像居中显示
bottom	设置背景图像底部居中显示
left	设置背景图像左部居中显示
right	设置背景图像右部居中显示

说明

当需要为背景设置多个属性时，可以将属性写为“background”，然后将各属性值写在一行，并且以空格间隔。

例如，下面的 CSS 代码：

```
.mr-cont{
   background-image: url(../img/bg.jpg);
   background-position: left top;
   background-repeat: no-repeat;
}
```

上面的代码分别定义了背景图像、背景图像的位置和重复方式，但是代码比较多，为了简化代码也可以写成下面的形式：

```
.mr-cont{
   background: url(../img/bg.jpg) left top no-repeat;
}
```

实例 4-6 为 51 购商城的登录界面设置背景图像，并且设置背景图像的位置、重复方式以及背景颜色，其关键代码如下：

```
.bg{
   width: 1000px;                              /* 设置宽度为 1000px*/
   height:465px;                               /* 设置高度为 465px*/
   margin:0 auto;    /* 设置外边距，上、下外边距为 0，左、右外边距为默认外边距 */
   background-image: url("../images/1.jpg"); /* 添加背景图像 */
   background-position: 10px top;             /* 设置背景图像的位置 */
   background-repeat: no-repeat;              /* 设置背景图像的重复方式为不重复 */
   background-color: #fd7a72;                 /* 设置背景颜色 */
```

```
    border:2px solid red;          /* 设置边框宽度为 2px，线性为实线，颜色为红色 */
}
```

完成代码编辑后，在浏览器中运行，效果如图 4.11 所示。

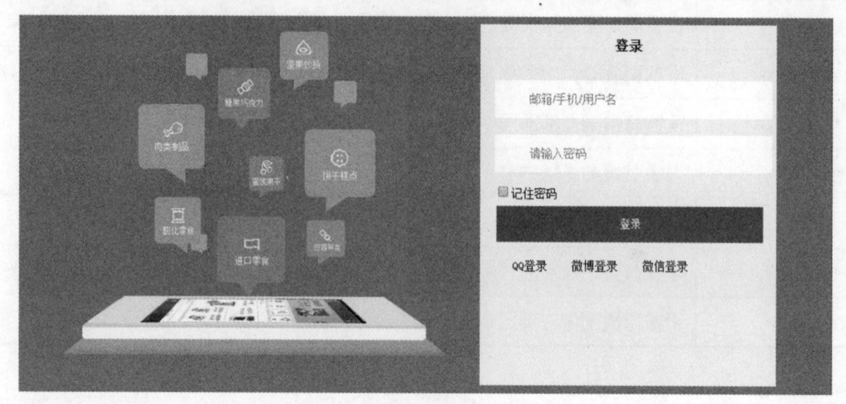

图 4.11　为登录界面设置背景图像

说明

上面的代码片段仅实现为网页插入背景图像，本实例实现登录界面的具体代码请参见资源包中的源码。

4.3.3　列表相关属性

HTML 中提供了列表标签，通过列表标签可以将文字或其他 HTML 元素以列表的形式依次排列。为了更好地控制列表的样式，CSS 中提供了一些属性，通过这些属性可以设置列表的项目符号的种类、图像以及排列位置等。下面仅列举列表中常用的 CSS 属性。

扫码看视频

- list-style：简写属性，用于把所有用于列表的属性设置于一个声明中。
- list-style-image：将图像设置为列表项标志。
- list-style-position：设置列表项标志的位置。
- list-style-type：设置列表项标志的类型。

实例 4-7 实现购物商城的导航栏，并且使用 CSS3 中的相关列表属性添加列表项的项目符号以及美化页面，具体步骤如下。

（1）建立一个 HTML 文件，在 HTML 文件中，添加无序列表标签，并且添加内容。具体代码如下：

```
<div class="cont">
    <div class="top">
        <ul>
            <li> 商品分类 </li>
            <li> 春节特卖 </li>
            <li> 会员特价 </li>
            <li> 鲜果时光 </li>
```

```
            <li>机友必看</li>
        </ul>
    </div>
    <div class="bottom">
        <ul>
            <li>女装/内衣</li>
            <li>男装/户外</li>
            <li>女鞋/男鞋</li>
            <li>手表/饰品</li>
            <li>美妆/家居</li>
            <li>零食/鲜果</li>
            <li>电器/手机</li>
        </ul>
    </div>
</div>
```

（2）建立一个CSS文件，在CSS文件中，先设置页面整体的大小以及布局，然后分别设置横向导航栏以及侧边导航栏的大小等。具体代码如下：

```
*{                                              /*通配选择器，选中页面中所有标签*/
    margin:0;                                   /*清除页面中所有标签的外边距*/
    padding:0;                                  /*清除页面中所有标签的内边距*/
}
.cont{                                          /*类选择器，设置页面的整体样式*/
    height: 400px;                              /*设置页面的整体高度*/
    width: 800px;                               /*设置页面的整体宽度*/
    margin: 0 auto;                             /*使内容在页面中左右自适应*/
    background: url("../img/bg.jpg") no-repeat; /*设置背景图像以及重复方式*/
    background-size: 100% 100%;                 /*设置背景图像的尺寸*/
}
.top{                                           /*设置上方导航栏的样式*/
    height: 30px;                               /*设置导航栏高度*/
    background: #ff0000;                        /*设置导航栏背景颜色*/
    text-align: left;                           /*设置列表对齐方式*/
}
.bottom{                                        /*设置侧边导航栏的样式*/
    width: 210px;                               /*设置侧边导航栏的宽度*/
    text-align: left;                           /*设置侧边导航栏的对齐方式*/
    margin-left: 10px;                          /*设置左外边距*/
}
```

（3）分别设置两个导航栏中列表项的样式。具体代码如下：

```
.top ul>:first-child{                           /*单独设置导航栏中第一项的样式*/
    width: 250px;                               /*设置导航栏中第一项的宽度*/
```

```
}
.top ul li{                                      /* 设置导航栏中其他列表项的样式 */
    text-align: center;                          /* 文字的对齐方式 */
    width: 130px;                                /* 其他列表项的宽度 */
    list-style-type: none;                       /* 设置列表项的项目符号的类型 */
    float: left;                                 /* 设置列表项的浮动方式 */
    line-height: 30px;                           /* 设置行高 */
}
.bottom ul li{                                   /* 设置侧边导航栏的列表项的样式 */
    text-align: center;                          /* 设置列表项中文字的对齐方式 */
    height: 40px;                                /* 设置列表项的高度 */
    list-style-image: url("../img/list1.png");  /* 设置列表项的图标 */
    list-style-position: inside;                 /* 设置列表项的图标的位置 */
    border-radius: 10px;                         /* 设置列表项的圆角边框 */
    margin-top: 5px;                             /* 设置列表项的上外边距 */
    border: 1px dashed red;                      /* 设置边框样式 */
}
.bottom ul li:hover{                             /* 设置当鼠标指针滑过列表项的样式 */
    list-style-image: url("../img/list2.png");  /* 设置列表项的项目符号 */
    background: rgba(255,255,255,0.5);           /* 设置背景颜色 */
}
```

编辑完代码以后，在浏览器中运行 HTML 文件，效果如图 4.12 所示。

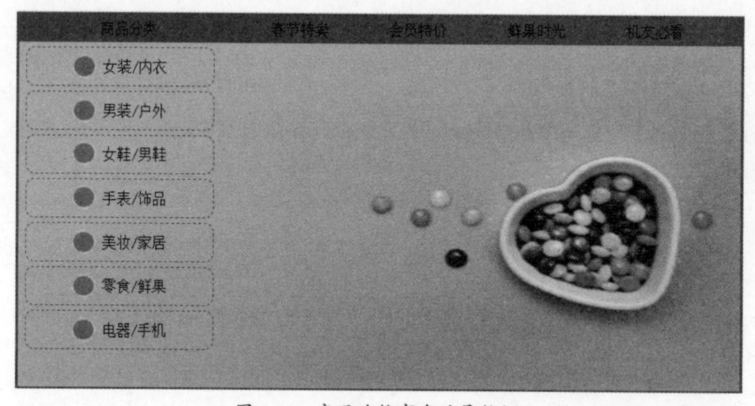

图 4.12　实现购物商城的导航栏

4.4 上机实战

（1）编写一个程序，实现登录页面，效果如图 4.13 所示。

（2）编写一个程序，实现生日贺卡，效果如图 4.14 所示。（提示：可以通过 CSS 中的 float 属性设置两端文字在同一行显示。）

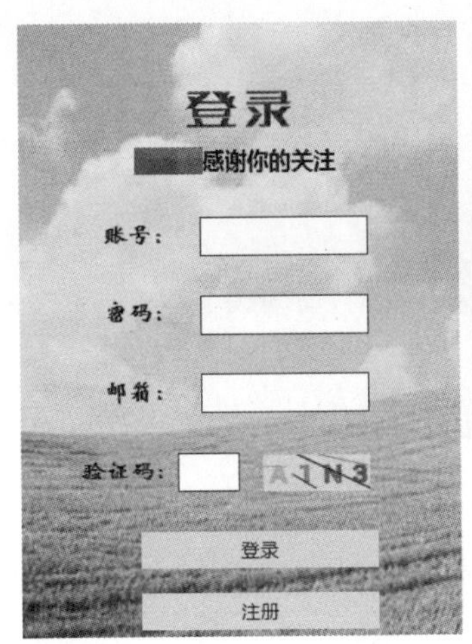

图 4.13 实现登录页面

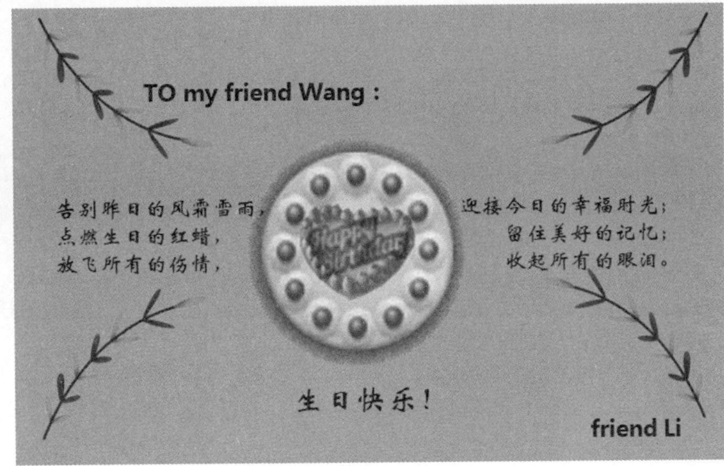

图 4.14 实现生日贺卡

（3）实现一个手机网站的换季换新机的页面，效果如图 4.15 所示。

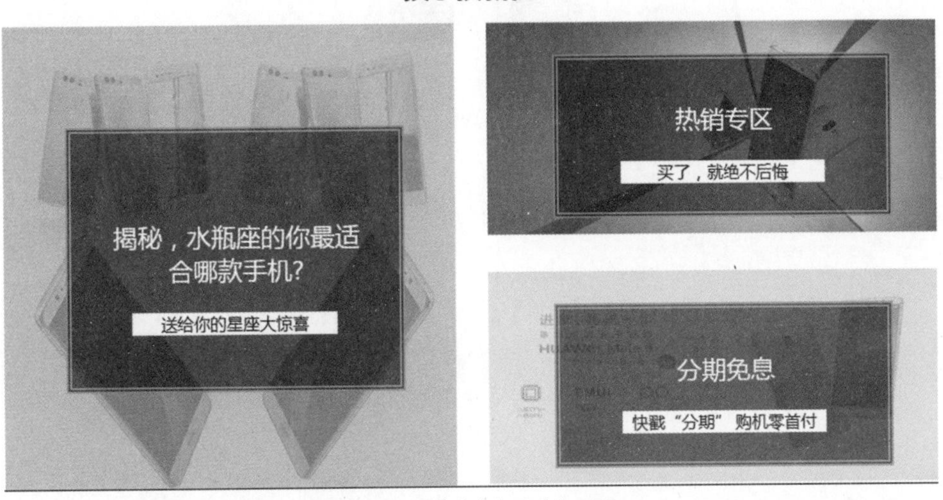

图 4.15 换季换新机的手机页面

（4）仿制 51 购商城的登录页面，效果如图 4.16 所示。

图 4.16 仿制 51 购商城的登录页面

（5）仿制个人主页，效果如图 4.17 所示。

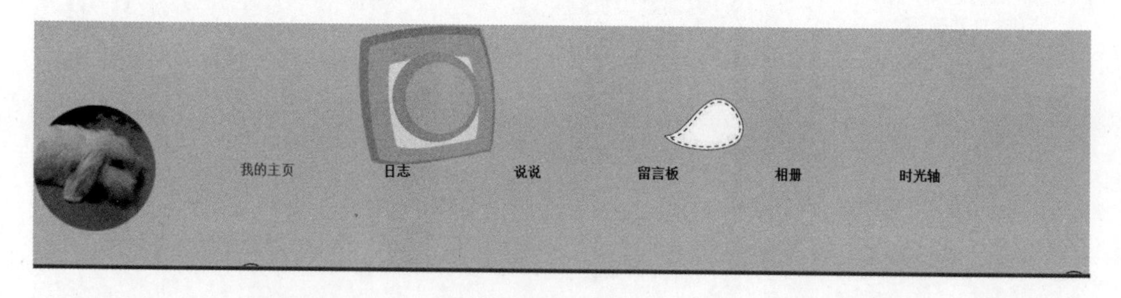

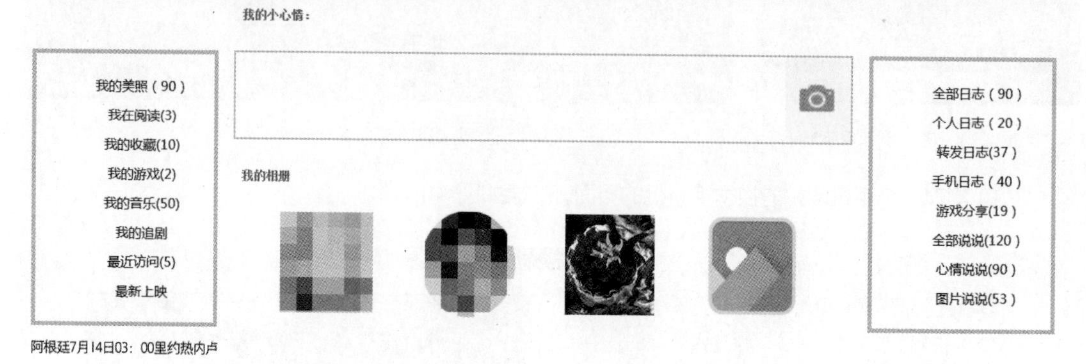

图 4.17　仿制个人主页

第 5 章

CSS3 高级应用

视频教学：156 分钟

本章主要为 CSS 3 的高级应用，主要向读者介绍布局和动画的相关应用。如果一个页面的布局一团糟，那么无论动态特效多么炫酷，也无法博人眼球。所以布局是 CSS 中相当重要的一点，而想要在 CSS 中将布局应用好，就必须理解一个重要的概念——框模型。动画与特效是 CSS3 中的新属性，使用它可以制作许多网页中的特效，为网页增加亮点。所以本章首先介绍框模型的概念，然后介绍用框模型对页面进行布局，最后介绍 CSS3 中动画与特效的制作方法。

5.1 框模型

框模型（box model，也译作“盒模型”）是 CSS 中非常重要的概念，也是比较抽象的概念。文档树中的元素都产生矩形的框（box），这些框影响了元素内容之间的距离、元素内容的位置、背景图像的位置等。而浏览器根据视觉格式化模型（visual formatting model）将这些框布局成访问者看到的样子。框模型规定了元素框处理元素内容、内边距、边框和外边距的方式。

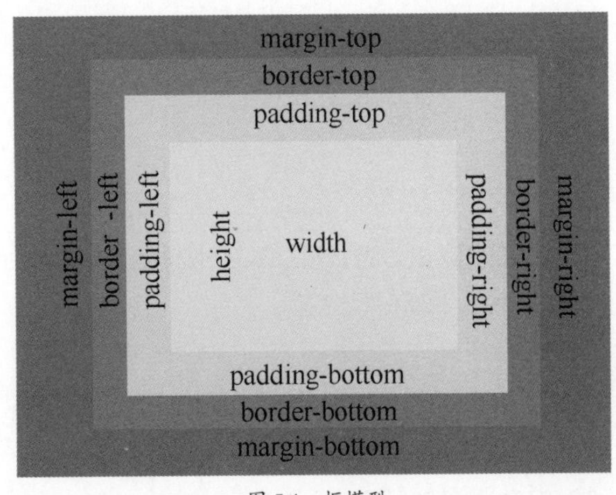

图 5.1　框模型

图 5.1 所示为框模型，可以看到，元素框的最内部分是实际的内容，它有 width（宽度）和 height（高度）两个基本属性，第 4 章的实例中经常用到这两个属性，这里不过多解释；直接包围内容的是内边距，内边距呈现了元素的背景，它的边缘是边框；边框以外是外边距，外边距默认是透明的，因此不会遮挡其后的任何元素。

> 说明
>
> 如果没有为元素设定属性，它们的值就是auto关键字，auto关键字会根据元素的类型，自动调整其大小。例如，当我们设置div元素的宽和高为auto时，其宽度将横跨所有的可用空间，而高度则是能够容纳元素内部所有内容的最小高度。

5.1.1 外边距

外边距也就是对象与对象之间的距离，它主要由4个部分组成，分别是margin-top（上外边距）、margin-right（右外边距）、margin-bottom（下外边距）、margin-left（左外边距）。我们既可以单独设置其中一个属性，也可以使用margin将4个属性一起设置。当只需要单独设置某一个外边距时，以上外边距为例，语法如下：

扫码看视频

```
margin-top:<length>| auto |;
```

- auto：表示默认的上外边距。
- length：使用百分比或者长度数值表示上外边距。

如果需要同时设置上、下、左、右4个外边距的值，可以通过margin属性简写，简写时有4种表达方式，下面一一讲解。

1. 只设置一个外边距的值

当margin只有一个属性值时，语法如下：

```
margin: 5px;
```

语法中的“5px”就表示上、下、左、右这4个外边距的值都为5px，相当于下面的表达方式：

```
margin-top: 5px;
margin-right: 5px;
margin-bottom: 5px;
margin-left: 5px;
```

2. 设置两个外边距的值

当margin有两个属性值时，语法如下：

```
margin: 5px 10px;
```

上面的语法中，两个属性值以空格间隔，其含义为该元素的上、下外边距为5px，左、右外边距为10px，相当于下面的表达方式：

```
margin-top: 5px;
margin-right: 10px;
margin-bottom: 5px;
margin-left: 10px;
```

3. 设置 3 个外边距的值

当 margin 有 3 个属性值时，语法如下：

```
margin: 5px 10px 15px;
```

上面的语法中，3 个属性值同样以空格间隔，其含义为该元素的上外边距为 5px，左、右外边距为 10px，下外边距为 15px，相当于下面的表达方式：

```
margin-top: 5px;
margin-right: 10px;
margin-bottom: 15px;
margin-left: 10px;
```

4. 设置 4 个外边距的值

当 margin 有 4 个属性值时，语法如下：

```
margin: 5px 10px 15px 20px;
```

当 margin 有 4 个属性值时，它表示从顶端开始，按照顺时针的顺序，依次描述各外边距的值，也就是依次设置上、右、下、左 4 个外边距的值，相当于下面的表达方式：

```
margin-top: 5px;
margin-right: 10px;
margin-bottom: 15px;
margin-left: 20px;
```

实例 5-1 实现手机宣传页面，首先需要在 HTML 文件中添加页面的基本内容，然后通过 CSS 对页面中的内容进行美化和布局。具体实现步骤如下。

（1）新建一个 HTML 文件，在 HTML 文件中添加内容。具体代码如下：

```
<div class="cont">
    <dl>
        <dt> 儿童模式 </dt>
        <dd> 日常生活中不可避免的会有小孩喜欢玩大人手机的情况，X9s/X9s Plus 的儿童
模式为家长提供了贴心的解决方案，减少了对儿童使用手机的担忧和困扰。</dd>
    </dl>
    <div><img src="img/phone1.png" alt=""> </div>
</div>
```

（2）新建一个 CSS 文件，在 CSS 文件中，首先清除元素默认的内外边距，然后重新设置文字以及图片等样的式。具体代码如下：

```
*{
    padding: 0;
    margin: 0
```

```
}
.cont{                                          /* 类选择器，设置页面的整体样式 */
     width: 1388px;                             /* 设置整体页面宽度为 1388px*/
     height: 840px;                             /* 设置整体页面高度为 840px*/
     margin:0 auto;                             /* 设置页面外边距上下为 0，左右自适应 */
     background: url("../img/bg1.jpg");         /* 为页面设置背景图像 */
}
dl{                                             /* 设置文本部分的样式 */
margin: 320px 0px 0 300px;                      /* 设置文本部分的外边距 */
}
dl,.cont div{                                   /* 设置文本和图片的样式 */
     float: left;                               /* 设置浮动方式，使它们在一行显示 */
}
dl dt{                                          /* 设置文本标题的样式 */
     font-size: 35px;                           /* 设置字体的大小 */
     height: 50px;                              /* 设置高度 */
     line-height: 50px;                         /* 设置行高 */
     color: #000;                               /* 设置字体颜色 */
}
dl dd{                                          /* 设置文本内容的样式 */
     width: 284px;                              /* 设置文本的宽度 */
     font-size: 18px;                           /* 设置字体大小 */
     line-height: 25px;                         /* 设置文本的行间距 */
}
.cont div{                                      /* 设置图片部分的样式 */
    margin: 40px 0px 0px 103px;                 /* 添加外边距 */
}
```

编辑完代码以后，在浏览器中运行 HTML 文件，效果如图 5.2 所示。

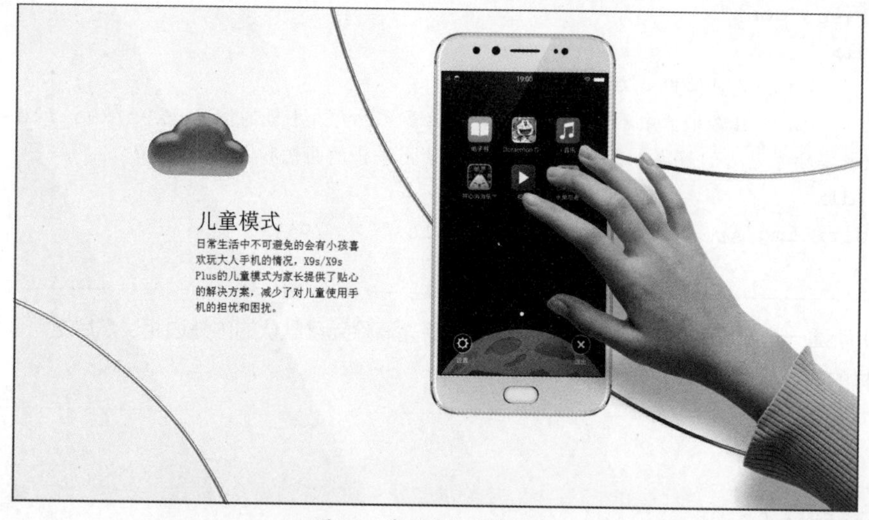

图 5.2　实现手机宣传页面

5.1.2 内边距

扫码看视频

内边距也就是对象的内容与对象边框之间的距离，它可以通过 padding 属性进行设置。它同样有 padding-top、padding-right、padding-bottom 以及 padding-left 这 4 个属性。当然，设置内边距的方法与设置外边距的方法相同，既可以单独设置某个方向的内边距，也可以简写，从而设置多个方向的内边距，此处不再重复讲解。

实例 5-2 实现手机商城中新品专区的商品页面，需要合理地结合使用 margin 和 padding 属性以改变文字和图片在网页中的位置。具体步骤如下。

（1）新建一个 HTML 文件，在 HTML 文件中，通过定义列表以及 <h1> 标题标签添加页面中的文字和图片。具体代码如下：

```
<div class="cont">
    <h1> 新品专区 </h1>
    <div class="bottom">
        <dl>
            <dt><img src="img/phone1.jpg" alt=""> </dt>
            <dd>X9s 活力蓝 </dd>
            <dd> 活力蓝新配色，预定好礼 </dd>
            <dd> ¥2698</dd>
        </dl>
        <dl>
            <dt><img src="img/phone2.jpg" alt=""> </dt>
            <dd>X9s 活力蓝 </dd>
            <dd> 活力蓝新配色，预定好礼 </dd>
            <dd> ¥2698</dd>
        </dl>
        <dl>
            <dt><img src="img/phone3.png" alt=""> </dt>
            <dd>X9s plus 全网通 </dd>
            <dd> 耳返 K 歌，护眼模式 </dd>
            <dd> ¥2998</dd>
        </dl>
    </div>
</div>
```

（2）新建一个 CSS 文件，在 CSS 文件中，设置页面的整体样式，并通过外边距调整定义列表之间的距离，通过内边距调整商品文字，再定义列表中的位置。具体代码如下：

```
*{                                        /* 清除页面中默认的内外边距 */
    padding: 0;
    margin: 0
}
.cont{                                    /* 设置页面的整体样式 */
```

```
    width: 1200px;                          /* 设置页面的整体宽度 */
    height: 620px;                          /* 设置页面的整体高度 */
    margin: 0 auto;                         /* 设置页面的整体外边距 */
    background: rgb(220,255,255);           /* 设置整体的背景颜色 */
}
h1{                                         /* 设置标题样式 */
    padding: 30px 50px 30px 525px;          /* 设置标题文字的间距 */
}
.bottom{                                    /* 设置其底部样式 */
    height: 500px;                          /* 设置其高度 */
}
dl{                                         /* 设置每一个手机部分的样式 */
    float: left;                            /* 设置浮动为向左浮动 */
    height: 511px;                          /* 设置高度 */
    width: 394px;                           /* 设置宽度 */
    margin-left: 4px;                       /* 设置左外边距 */
    background: #fff;                       /* 设置背景颜色 */
}
dd{                                         /* 设置文字介绍部分的样式 */
    border: 1px dashed #f0f;                /* 添加边框样式 */
    border-radius: 10px;                    /* 设置圆角边框 */
    padding: 10px 90px;                     /* 设置文字的内边距 */
    margin: 5px;                            /* 设置文字的外边距 */
}
img{
    width: 250px;                           /* 设置图片大小 */
    padding: 50px 65px;                     /* 设置图片的内边距 */
}
```

编辑完代码以后，在浏览器中运行 HTML 文件，效果如图 5.3 所示。

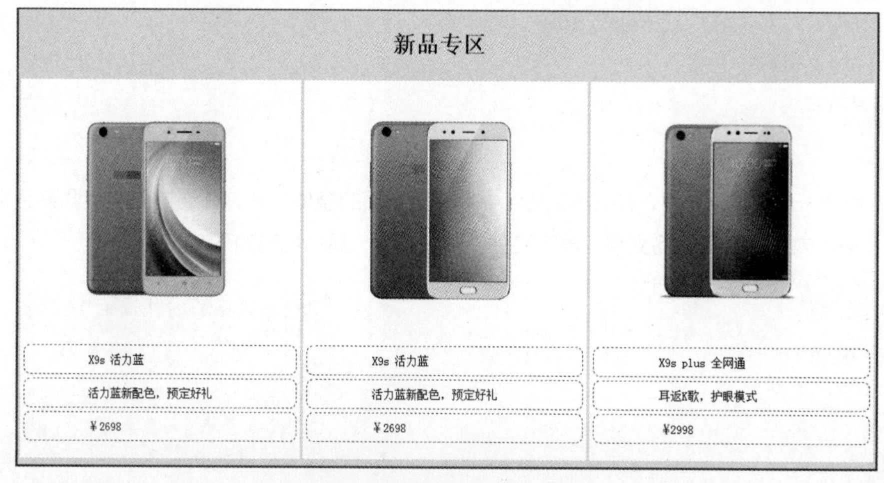

图 5.3　新品专区的商品页面

> **注意**
>
> 与外边距不同的是，关键字 auto 对 padding 属性是不起作用的。另外，padding 属性不接受负值，而 margin 属性可以。

5.1.3 边框

扫码看视频

边框的属性主要通过设置边框颜色（border-color）、边框宽度（border-width）以及边框样式（border-style）来确定。

1. 边框颜色属性 border-color

设置边框颜色需要使用 border-color 属性。可以将 4 条边设置为相同的颜色，也可以设置为不同的颜色。当设置边框为相同颜色时，语法如下：

```
border-color: color;
```

该属性的属性值为颜色名称或是表示颜色的 RGB 值。例如，红色可以用 red 表示，也可以用 #FF0000、#f00 或 rgb(255,0,0) 表示。建议使用 #rrggbb、#rgb、rgb() 等。

当然，如果为不同的边框设置不同的颜色，其语法与外边距的语法类似。这里仅列举有 4 个边框的颜色值时的用法，如下：

```
border-color:#f00 #0f0 #00f #0ff;
```

上面这行代码依次设置了上、右、下以及左边框的颜色，这行代码也可以写成下面这种形式：

```
border-top-color: #f00;
border-right-color: #0f0;
border-bottom-color: #00f;
border-left-color: #0ff;
```

2. 边框样式属性 border-style

边框样式属性主要用来设置边框的样式，语法如下：

```
border-style: dashed|dotted|double|groove|hidden|inset|outset|ridge|solid|none;
```

其属性值及其含义如表 5.1 所示。

表 5.1 border-style 的属性值及其含义

属性值	含义
dashed	设置边框样式为虚线
dotted	设置边框样式为点线
double	设置边框样式为双线
groove	设置边框样式为 3D 凹槽

续表

属性值	含义
hidden	隐藏边框
inset	设置边框样式为 3D 凹边
outset	设置边框样式为 3D 凸边
ridge	设置边框样式为菱形
solid	设置边框样式为实线
none	没有边框

图 5.4 展示了部分边框样式。

```
border-style: dashed dotted double groove;
```

图 5.4　部分边框样式

说明

虽然表 5.1 列举了多种边框样式，但是部分边框样式目前浏览器还不支持，当浏览器不支持该边框样式时，就会将边框样式显示为实线。

3. 边框宽度属性 border-width

设置边框宽度主要依赖 border-width 属性，语法如下：

```
border-width:medium|thin|thick|length
```

- medium：默认边框宽度。
- thin：比默认边框宽度窄。
- thick：比默认边框宽度宽。
- length：指定具体边框的宽度。

注意

border-color 属性只有在设置了 border-style 属性，并且 border-style 属性值不为 none、border-width 属性值不为 0px 时，才有效。

当然，除了前面这样单独设置边框的颜色、样式和宽度以外，还可以通过 border 属性综合设置边框的所有属性。综合设置其属性时，语法如下：

```
border:border-width border-style border-color;
```

上面的语法中，各属性之间以空格间隔并且无顺序性。但是，要特别注意，这种方法所定义的是元素的 4 条边框的统一样式。如果要单独设置某条边框的样式，以上边框为例，语法如下：

```
border-top:border-width border-style border-color;
```

实例 5-3 本实例为综合实例，通过运用 CSS 中的浮动、内外边距以及边框等属性实现购物商城中商品列表页面的美化。具体步骤如下。

（1）建立一个 HTML 文件，在该文件中添加 <div> 标签以便于在 CSS 中实现页面的整体布局，然后在 <div> 标签中通过定义列表和图片标签添加文字。下面仅列举向第一个定义列表中添加内容的代码，其余 3 个部分的代码与此类似。第一部分代码如下：

```
<div class="cont">
<dl>
    <dt><img src="img/phone1.jpg" alt=""> </dt>
    <dd>
        <img src="img/phones1.jpg" alt="">
        <img src="img/phones2.jpg" alt="">
        <img src="img/phones3.jpg" alt="">
        <img src="img/phones4.jpg" alt="">
    </dd>
    <dd class="price"> ¥2998</dd>
    <dd>vivo X9s Plus 前置 2000 万双摄 </dd>
    <dd>vivo 智轩优品专卖店 </dd>
</dl>
```

（2）建立一个 CSS 文件，在 CSS 文件中输入代码，设置文本以及图片的样式。具体代码如下：

```
.cont{
    width: 1120px;                  /* 设置页面的整体宽度 */
    height: 400px;                  /* 设置页面的整体高度 */
    margin: 0 auto;                 /* 设置页面的整体外边距 */
    border: 2px solid red;          /* 设置整体页面的边框，设置 4 条边框的样式相同 */
}
dl{
    width: 265px;                   /* 设置每一个商品列表的宽度 */
    height: 393px;                  /* 设置每一个商品列表的高度 */
    text-align: center;             /* 设置文字的对齐方式 */
    float: left;                    /* 设置浮动方式 */
    margin: 5px;                    /* 设置商品列表的外边距 */
}
dl:hover{                           /* 设置当鼠标指针滑过商品列表时的样式 */
    border: 2px solid #447BD3;      /* 设置边框样式 */
}
dl dt img{                          /* 设置商品图片的样式 */
    margin-top: 20px;;                      /* 设置上外边距 */
    height: 210px;                   /* 设置商品图片大小 */
}
dl dd{
    text-align: left;               /* 设置文字的总体样式 */
    margin: 8px 20px 8px;           /* 设置外边距 */
```

```
    border-bottom: 1px solid #fff;   /*设置底部边框的样式*/
}
dl dd img{                           /*设置小图标的样式*/
    height: 35px;                    /*设置小图标的大小*/
    padding: 5px;                    /*设置小图标的内边距*/
    border:2px solid #fff ;          /*设置小图标的边框*/
}
dl dd img:hover{                     /*设置当鼠标指针滑过小图标时的样式*/
    border-style: solid dashed ;     /*设置边框样式*/
    border-color:#00f #f0f;          /*设置边框颜色*/
}
.price~dd:hover{                     /*设置当鼠标指针滑过价格后面的文字时的样式*/
    border-bottom: 2px solid #00f;   /*设置下边框的样式*/
}
.price{                              /*设置价格文字的样式*/
    color: red;                      /*设置字体颜色*/
    font-size: 20px;                 /*设置文字大小*/
}
.price:first-letter{                 /*设置价格符号的样式*/
    font-size: 12px;                 /*设置字体大小*/
}
```

完成代码编辑以后，在浏览器中运行 HTML 文件，效果如图 5.5 所示。将鼠标指针放置在第一部分时，第一部分就会出现一个整体的蓝色边框；将鼠标指针放置在手机小图标上时，小图标就会出现边框，并且左、右边框为粉色虚线，上、下边框为蓝色实线。

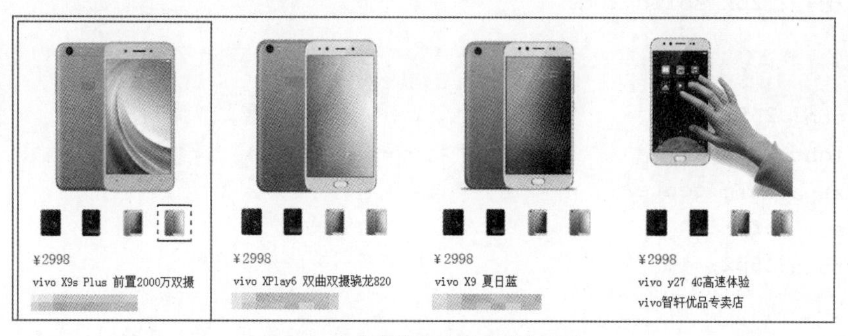

图 5.5　购物商城中的商品列表页面

5.2　布局常用属性

float（浮动）和 position（定位）是布局中常用的两个属性。在一个文本中，任何一个元素都被文本限制了自身的位置。但是，在 CSS 中通过 float 属性可以排列文档中的内容；而通过 position 属性可以改变元素的位置，它可以将元素框定义在任何位置。这些属性只要应用得当，就可以实现各种炫酷的效果。

扫码看视频

5.2.1 浮动

float 是 CSS 中的浮动属性，用于设置标签对象（如 <div> 标签、<p> 标签）的浮动布局，通过设置其浮动属性，改变元素的排列方式，其语法如下：

```
float: left|right|none;
```

- left：元素浮动在左侧。
- right：元素浮动在右侧。
- none：元素不浮动。

实例 5-4 通过使用 float 属性实现不同的表情包浮动效果。具体步骤如下。

（1）新建一个 HTML 文件，在 HTML 文件中添加表情包以及提示文字。具体代码如下：

```
<div class="cont">
    <p>当前表情包的浮动属性为 none，当鼠标指针滑过本行文字时，浮动状态为 left，而单击文字时，浮动状态为 right. 快试一试吧 .</p>
    <div><img src="img/cry.png" alt=""></div>
    <div><img src="img/amazed.png" alt=""></div>
    <div><img src="img/awkward.png" alt=""></div>
    <div><img src="img/laugh.png" alt=""></div>
</div>
```

（2）新建一个 CSS 文件，在 CSS 文件中添加 CSS 代码，并且结合伪类选择器设置不同的表情包浮动方式。具体代码如下：

```
.cont {                                /* 设置页面的整体样式 */
    background: rgb(225, 255, 255); /* 设置页面的背景颜色 */
    width: 800px;                      /* 设置页面的整体宽度 */
    height: 520px;                     /* 设置页面的整体高度 */
    margin: 0 auto;                    /* 设置页面的整体外边距 */
}
p {                                    /* 设置提示文字的样式 */
    background: #ff0;                  /* 设置提示文字的背景颜色 */
    font-size: 20px;                   /* 设置字体的大小 */
    line-height: 30px;                 /* 设置行高 */
}
img {                                  /* 设置表情包的样式 */
    height: 100px;                     /* 设置表情包的统一高度 */
    width: 100px;                      /* 设置表情包统一宽度 */
}
.cont:hover.cont div {                 /* 设置鼠标指针悬停在网页的内容上时，图片的样式 */
    float: left;                       /* 设置浮动为向左浮动 */
}
```

```
.cont:active.cont div {              /* 设置鼠标单击网页内容时，图片的样式 */
    float: right;                    /* 设置浮动为向右浮动 */
}
```

完成代码编辑以后，在浏览器中运行 HTML 文件，效果如图 5.6 所示。该效果图为没有为表情包设置浮动方式的情况，也就是浮动方式为“none”。将鼠标指针放置在页面中时，图片的浮动方式为向左浮动，也就是 float 的属性值为“left”，页面效果如图 5.7 所示；单击页面时，图片的浮动方式为向右浮动，即 float 的属性值为“right”，页面效果如图 5.8 所示。

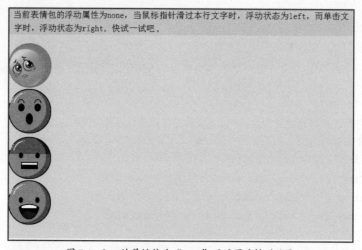

图 5.6　float 的属性值为“none”时的图片排列效果

图 5.7　float 的属性值为“left”时的图片排列效果

图 5.8　float 的属性值为“right”时的图片排列效果

5.2.2　定位相关属性

扫码看视频

定位简单来说就是利用 position 属性使元素出现在你定义的位置上。

定位的基本思想很简单，你可以将元素框定义在任何位置。

CSS 中提供了用于设置定位方式的属性——position 语法元素如下：

```
position : static|absolute|fixed|relative;
```

● static：无特殊定位，对象遵循 HTML 定位规则。使用该属性值时，top、right、bottom 和 left 等属性设置无效。

● absolute：绝对定位，使用 top、right、bottom 和 left 等属性指定绝对位置。使用该属性值可以让对象漂浮于页面之上。

● fixed：固定定位，且对象位置固定，不随滚动条移动而改变位置。

● relative：相对定位，对象遵循 HTML 定位规则，并由 top、right、bottom 和 left 等属性决定位置。

实例 5-5 实现当鼠标针滑过文字时显示对应的内容的效果。关键代码如下：

```
li {
    list-style-type: none;        /* 设置列表项的样式 */
    width: 202px;                 /* 设置列表项的宽度 */
    height: 31px;                 /* 设置列表项的高度 */
    text-align: center;           /* 设置列表项中文本的对齐方式 */
    background: #ddd;             /* 设置列表项的背景颜色 */
    line-height: 31px;            /* 设置行高 */
    font-size: 14px;              /* 设置字体大小为 14px*/
    position: relative;           /* 设置定位方式为相对定位 */
}
.mr-shop li .mr-shop-items {
    width: 864px;
    height: 496px;
    background:#eee;
    position: relative;           /* 设置定位方式为相对定位 */
    left: 202px;                  /* 距离浏览器左方 202px*/
    top: -31px;                   /* 距离浏览器上方 -31px*/
    display: none;                /* 设置图片为隐藏 */
}
```

完成代码编辑后，在浏览器中运行，效果如图 5.9 所示。

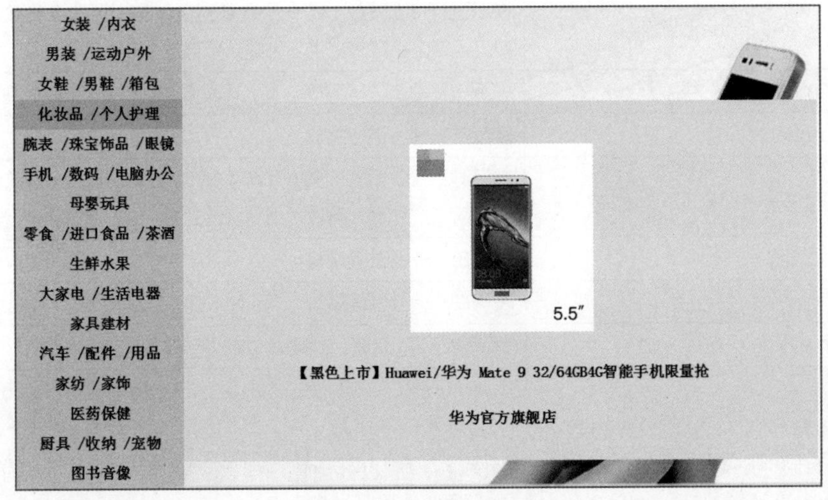

图 5.9　相对定位使用实例

说明

上面的实例仅是实现鼠标指针滑过文字时右边出现相应图片的关键代码。关于本实例的具体代码，请参照见资源包中的源码。

5.3 动画与特效

CSS3 中新增了一些用来实现动画效果的属性，通过这些属性可以实现以前通常需要使用 JavaScript 或者 Flash 才能实现的效果。例如，对 HTML 中的标签进行平移、缩放、旋转、倾斜，以及添加过渡效果等，并且可以将这些变化组合成动画效果进行展示。本节将对 CSS3 中新增的这些属性进行详细介绍。

5.3.1 变换

在CSS3中提供了transform和transform-origin两个用于实现2D变换的属性。其中，transform 属性用于实现平移、缩放、旋转和倾斜等 2D 变换，而 transform-origin 属性则用于实现中心点的变换。transform 属性的属性值（函数）及其含义如表 5.2 所示。

扫码看视频

表 5.2 transform 属性的属性值及其含义

属性值（函数）	含义
none	表示无变换
translate(<length>[,<length>])	表示进行 2D 平移。第一个参数对应 x 轴（水平方向），第二个参数对应 y 轴（垂直方向）。如果第二个参数未提供，则默认值为 0
translateX(<length>)	表示在 x 轴上实现平移。参数 length 表示移动的距离
translateY(<length>)	表示在 y 轴上实现平移。参数 length 表示移动的距离
scale(<number>[[,<number>])	表示进行 2D 缩放。第一个参数对应 x 轴，第二个参数对应 y 轴。如果第二个参数未提供，则默认取第一个参数的值
scaleX(<number>)	表示在 x 轴上进行缩放
scaleY(<number>)	表示在 y 轴上进行缩放
skew(<angle>[,<angle>])	表示进行 2D 倾斜。第一个参数对应 x 轴，第二个参数对应 y 轴。如果第二个参数未提供，则默认值为 0
skewX(<angle>)	表示在 x 轴上进行倾斜
skewY(<angle>)	表示在 y 轴上进行倾斜
rotate(<angle>)	表示进行 2D 旋转。参数 angle 用于指定旋转的角度
matrix(<number>,<number>,<number>,<number>,<number>,<number>)	代表一个基于矩阵变换的属性。它以一个包含6个值（a、b、c、d、e、f）的变换矩阵的形式指定一个 2D 变换，相当于直接应用一个 [a b c d e f] 变换矩阵。也就是基于 x 轴和 y 轴重新定位标签，此函数的使用涉及数学中的矩阵

多学两招

transform 属性支持一个或多个变换函数。也就是说，通过 transform 属性可以实现平移、缩放、旋转和倾斜等组合的变换效果。不过，在为其指定多个属性值时不是使用常用的逗号进行分隔，而是使用空格进行分隔。

实例 5-6 实现以下效果：当鼠标指针悬停在手机图片上时，图片显示对应的动画效果。具体步骤如下。

（1）新建一个 HTML 文件，在该文件中通过 <img> 标签添加 4 张要实现动画效果的图片，关键代码如下：

```
<div class="mr-content">
<div class="mr-block">
<h2> 旋转 </h2>
<img src="images/10-1.jpg" alt="img1" class="mr-img1">
</div>
<div class="mr-block">
<h2> 缩放 </h2>
<img src="images/10-1a.jpg" alt="img1" class="mr-img2">
</div>
<div class="mr-block">
<h2> 平移 </h2>
<img src="images/10-1b.jpg" alt="img1" class="mr-img3">
</div>
<div class="mr-block">
<h2> 倾斜 </h2>
<img src="images/10-1c.jpg" alt="img1" class="mr-img4">
</div>
</div>
```

（2）新建一个 CSS 文件，通过外部样式将其引入 HTML 文件，通过 transform 属性的 rotate 属性值实现旋转效果，关键代码如下：

```
.mr-content .mr-block .mr-img1:hover{
    transform:rotate(30deg);            /* 顺时针旋转 30° */
    }
```

（3）通过 transform 属性的 scale 属性值实现缩放效果，关键代码如下：

```
.mr-content .mr-block .mr-img2:hover{
    transform:scaleX(2);                /* 在 x 轴上进行缩放 */
    }
```

（4）通过 transform 属性的 translate 属性值实现平移效果，关键代码如下：

```
.mr-content .mr-block .mr-img3:hover{
    transform:translateX(60px);         /* 在 x 轴上进行平移 */
    }
```

（5）通过 transform 属性的 skew 属性值实现倾斜效果，关键代码如下：

```
.mr-content .mr-block .mr-img4:hover{
    transform:skew(3deg,30deg);                /* 在 x 和 y 轴上进行倾斜 */
  }
```

完成代码编辑后，在浏览器中运行，页面效果如图 5.10 所示。当鼠标指针悬停在图片上时，图片就会显示对应的动画效果，如图 5.11 所示。

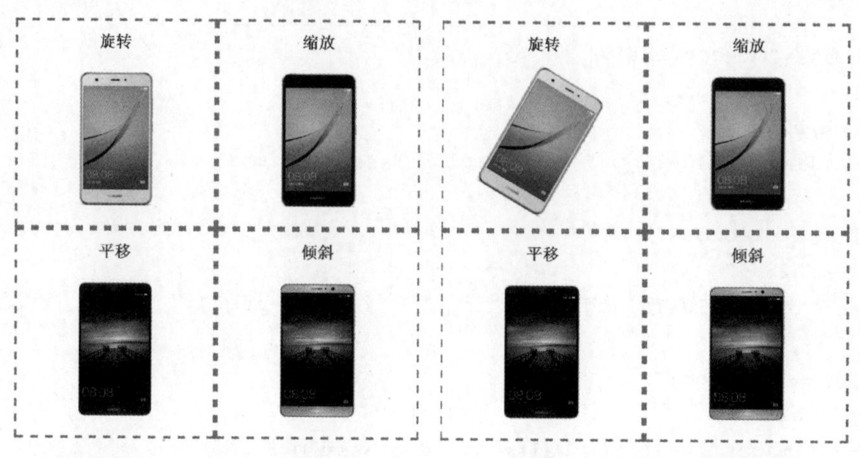

图 5.10　几种不同的变换效果　　图 5.11　变换后的动画效果

5.3.2 过渡

扫码看视频

CSS 3 中提供了用于实现过渡效果的 transition 属性，该属性可以控制 HTML 标签的某个属性发生改变时所经历的时间，并且以平滑渐变的方式发生改变，从而形成动画效果。下面逐一介绍 transition 的各属性。

（1）指定参与过渡的属性。

CSS3 中指定参与过渡的属性为 transition-property，语法如下：

```
transition-property:all | none | <property>[ ,<property> ]
```

- all：默认值，表示所有可以进行过渡的 CSS 属性。
- none：表示不指定过渡的 CSS 属性。
- <property>：表示指定要进行过渡的 CSS 属性。可以同时指定多个属性值，以英文状态的“,”进行分隔。

（2）指定过渡的持续时间的属性。

CSS3 中指定过渡的持续时间的属性为 transition-duration，语法如下：

```
transition-duration:<time>[ ,<time> ]
```

<time> 用于指定过渡的持续时间，默认值为 0。如果存在多个属性值，以英文状态的“,”进行分隔。

（3）指定过渡的延迟时间的属性。

CSS3 中指定过渡的延迟时间的属性为 transition-delay，也就是延迟多长时间才开始过渡，语法

如下:

```
transition-delay:<time>[ ,<time> ]
```

<time> 用于指定过渡的延迟时间，默认值为 0。如果存在多个属性值，以英文状态的“,”进行分隔。

（4）指定过渡的动画类型的属性。

CSS3 中指定过渡的动画类型的属性为 transition-timing-function，语法如下:

```
transition-timing-function:linear | ease | ease-in | ease-out | ease-in-out | cubic-bezier(x1,y1,x2,y2)[,linear|ease|ease-in|ease-out|ease-in-out|cubic-bezier(x1,y1,x2,y2) ]
```

transition-timing-function 属性的属性值（函数）及其含义如表 5.3 所示。

表 5.3 transition-timing-function 属性的属性值及其含义

属性值（函数）	含义
linear	线性过渡，也就是匀速过渡
ease	平滑过渡，过渡的速度会逐渐慢下来
ease-in	由慢到快过渡，也就是逐渐加速
ease-out	由快到慢过渡，也就是逐渐减速
ease-in-out	由慢到快再到慢过渡，也就是先加速后减速
cubic-bezier(x1,y1,x2,y2)	特定的贝塞尔曲线类型，由于贝塞尔曲线比较复杂，所以此处不做过多描述

实例 5-7 利用 transition 属性实现当打开网页时页面的背景自动切换，并且当鼠标指针滑过图片时页面中的图片自动展开的效果。具体步骤如下。

（1）新建一个 HTML 文件，在该文件的 <body> 部分添加手机图片。代码如下:

```
<div class="mr-bakg">
    <div class="mr-picbom">
        <div class="mr-pic"><img src="images/phone1.png" alt="" /></div>
        <div class="mr-picleft"><img src="images/phone2.png" alt="" /></div>
        <div class="mr-picright"><img src="images/phone3.png" alt="" /></
div>
    </div>
</div>
```

（2）新建一个 CSS 文件，在该文件中，将 3 张图片放到页面中间同一位置，然后设置鼠标指针滑过时手机图片展开的动画效果。代码如下:

```
.mr-picbom{                              /* 放置图片的盒子 */
    position:relative;                  /* 设置其定位方式为相对定位 */
    margin:50px 242px;                  /* 设置其上下边距和左右边距 */
    width:110px;
```

```
    height:190px;
    }
.mr-picleft,.mr-picright{          /* 通过定位将左右两张图片与中间图片重合 */
    position: absolute;             /* 设置其定位方式为绝对定位 */
    top: 0px;
    }
.mr-picbom:hover .mr-picleft{      /* 当鼠标指针悬停于中间图片时，左边图片向左边平移 */
    transform: translateX(190px);
    transition:all 1s ease;
    }
.mr-picbom:hover .mr-picright{     /* 当鼠标指针悬停于中间图片时，右边图片向右边平移 */
   transform: translateX(-190px);
   transition:all 1s ease;
}
```

完成代码编辑后，打开网页，页面的背景自动切换，如图 5.12 所示。而当鼠标指针滑过中间的手机图片时，页面效果如图 5.13 所示。

图 5.12　打开页面时的效果

图 5.13　鼠标指针滑过中间图片时的效果

说明

本实例的实现步骤中仅展示了展开手机图片的代码，关于自动切换背景图像部分的代码，请参见资源包中的源码。

5.3.3　动画

扫码看视频

使用 CSS 实现动画效果需要两步，分别是定义关键帧和引用关键帧。首先介绍关键帧的定义方法。

（1）关键帧

在实现动画效果时，需要先定义关键帧，语法如下：

```
@keyframes name { <keyframes-blocks> };
```

● name：定义一个动画名称，该动画名称将被 animation-name 属性（指定动画名称属性）所使用。

● <keyframes-blocks>：定义动画在不同时间段的样式规则。该属性值包括以下两种形式。

第一种形式为使用关键字 from 和 to 定义关键帧的位置，实现从一个状态过渡到另一个状态，语法如下：

```
from{
    属性 1: 属性值 1;
属性 2: 属性值 2;
...
属性 n: 属性值 n;
}
to{
    属性 1: 属性值 1;
属性 2: 属性值 2;
...
属性 n: 属性值 n;
}
```

例如，定义一个名称为 opacityAnim 的关键帧，用于实现从完全透明到完全不透明的动画效果，可以使用下面的代码。

```
@-webkit-keyframes opacityAnim{
   from{opacity:0;}
   to{opacity:1;}
}
```

第二种形式为使用百分比定义关键帧的位置，实现通过百分比来指定过渡的各个状态，语法如下：

```
百分比 1{
   属性 1: 属性值 1;
属性 2: 属性值 2;
...
属性 n: 属性值 n;
}
...
百分比 n{
   属性 1: 属性值 1;
属性 2: 属性值 2;
...
属性 n: 属性值 n;
}
```

例如，定义一个名称为 complexAnim 的关键帧，用于实现将对象从完全透明过渡到完全不透明，再逐渐收缩到 80%，最后从完全不透明过渡到完全透明的动画效果，可以使用下面的代码。

```
@-webkit-keyframes complexAnim{
    0%{opacity:0;}
    20%{opacity:1;}
    50%{-webkit-transform:scale(0.8);}
```

```
    80%{opacity:1;}
    100%{opacity:0;}
}
```

注意

在指定百分比时，一定要加 %，例如 0%、50% 和 100% 等。

（2）动画相关属性。

要实现动画效果，在定义关键帧以后，还需要使用动画相关属性来设置关键帧的变化。CSS 中提供了 9 个动画相关属性，如表 5.4 所示。

表 5.4　动画相关属性

属性	说明	描述
animation	复合属性，以下属性的值的综合	用于指定对象所应用的动画
animation-name	name	用于指定对象所应用的动画名称
animation-duration	time+ 单位（s）	用于指定对象动画的持续时间
animation-timing-function	其属性值与 transition-timing-function 的属性值相关	用于指定对象动画的过渡类型
animation-delay	time+ 单位（s）	用于指定对象动画的延迟时间
animation-iteration-count	number 或 infinite（无限循环）	用于指定对象动画的循环次数
animation-direction	normal（默认值，表示正常方向）或 alternate（表示正常方向与反向交替）	用于指定对象动画在循环中是否反向运动
animation-play-state	running（默认值，表示运动）或 paused（表示暂停）	用于指定对象动画的状态
animation-fill-mode	none：表示不设置动画之外的状态，默认值。 forwards：表示设置对象状态为动画结束时的状态。 backwards：表示设置对象状态为动画开始时的状态。 both：表示设置对象状态为动画结束或开始时的状态	用于指定对象动画之外的状态

说明

设置动画属性时，可以将多个动画属性值写在一行。

例如下面的代码：

```
.mr-in{
    animation-name: lun;
    animation-duration: 10s;
    animation-timing-function: linear;
    animation-direction: normal;
    animation-iteration-count: infinite;
}
```

上面的代码中设置了动画名称、动画持续时间、动画速度曲线、动画运动方向以及动画播放次数，可以将这些属性值写在一起，代码如下：

```
.mr-in{
  animation: lun 10s linear infinite normal;
  }
```

实例 5-8 通过 animation 属性实现购物商城中商品详情页面里滚动播出广告的效果，具体步骤如下。

（1）新建一个 HTML 文件，在该文件中通过 <p> 标签添加广告文字。关键代码如下：

```
<div class="mr-content">
  <div class="mr-news">
    <div class="mr-p">
      <p> 华为年度盛典 </p>        <!-- 通过< p >标签添加广告文字 -->
      <p> 惊喜连连 </p>
      <p> 新品手机震撼上市 </p>
      <p> 折扣多多 </p>
      <p> 不容错过 </p>
      <p> 惊喜购机有好礼 </p>
      <p> 满减优惠 </p>
      <p> 神秘幸运奖 </p>
      <p> 华为等你带回家 </p>
    </div>
  </div>
</div>
```

（2）新建一个 CSS 文件，通过外部样式将其引入 HTML 文件，通过 animation 属性实现滚动播出广告的效果。关键代码如下：

```
.mr-p{
   height: 30px;                          /* 设置宽度 */
   margin-top: 0;                         /* 设置外边距 */
    color: #333;                          /* 设置字体颜色 */
    font-size: 24px;                      /* 设置字体大小 */
    animation: lun 10s linear infinite;   /* 设置动画 */
   }
@-webkit-keyframes lun {                  /* 通过百分比指定过渡各个状态时间 */
    0%{margin-top:0;}
    10%{margin-top:-30px;}
    20%{margin-top:-60px;}
    30%{margin-top:-90;}
    40%{margin-top:-120px;}
    50%{margin-top:-150px;}
    60%{margin-top:-180;}
    70%{margin-top:-210px;}
```

```
    80%{margin-top:-240px;}
    90%{margin-top:-270px;}
    100%{margin-top:-310px;}
    }
```

完成代码编辑后，在浏览器中进行，效果如图 5.14 所示。

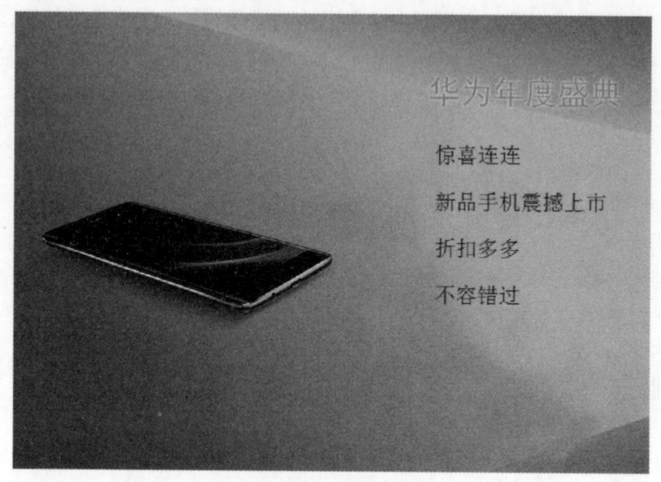

图 5.14　滚动广告

多学两招

实现 CSS 中的动画效果时，需要在页面中添加块级标签 <div>，并且设置其溢出内容显示为隐藏（overflow: hidden;），然后在其内部嵌套一个块级标签来添加动画内容（例如上面实例中的滚动文字）。

5.4　上机实战

（1）为导航菜单添加下拉菜单，将鼠标指针放置在导航菜单上时，展开下拉菜单，效果如图 5.15 所示。（提示：通过 CSS 中的 :hover 实现鼠标指针悬停在导航菜单上时展开下拉菜单的效果）

图 5.15　实现下拉菜单

（2）实现“优惠活动”页面中，鼠标指针悬停在图片上时，图片逐渐向左移动的过渡效果，具体效果如图 5.16 所示。

优惠活动
12:08

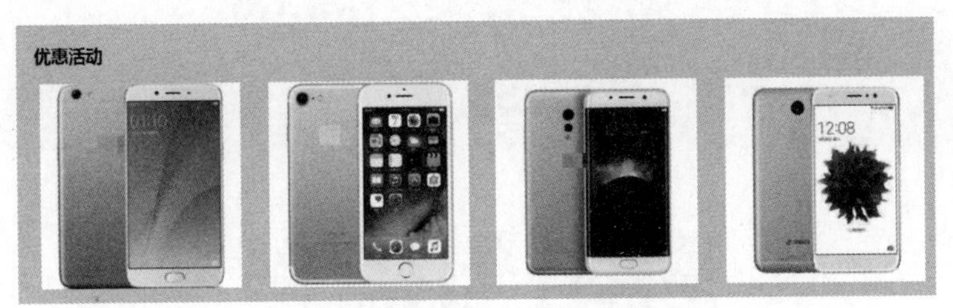

图 5.16　实现图片向左移动的过渡效果

（3）实现手机宣传页面中，文字滚动的动画效果，具体效果如图 5.17 所示。

定制
X 超长待机 为你续航
pro3 精英版

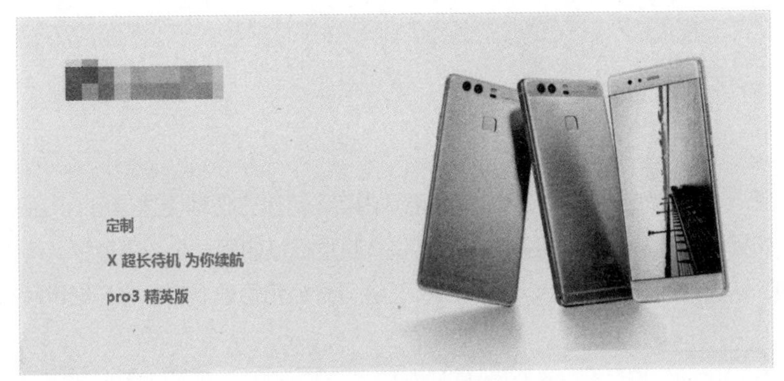

图 5.17　实现文字滚动的动画效果

（4）实现新增收货地址页面，效果如图 5.18 所示。

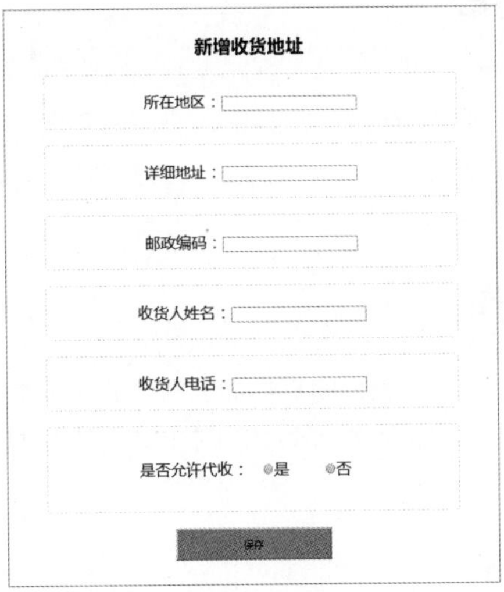

新增收货地址
所在地区：
详细地址：
邮政编码：
收货人姓名：
收货人电话：
是否允许代收：　是　否
保存

图 5.18　实现新增收货地址页面

表格与标签

视频教学：73 分钟

表格在网页设计中经常使用，表格可以存储更多内容，可以方便地传达信息。<div> 标签可以统一管理其他标签，如标题标签、段落标签等。形象地说，其他标签如同一个个小箱子，可以放入 <div> 标签这个大箱子中。这样做的好处是可以对更多的标签进行分组和管理。本章将详细讲解表格和相关标签的内容。

6.1　简单表格

表格是用于排列内容的最佳手段。在 HTML 页面中，有很多页面都是使用表格进行排版的。简单的表格是由 <table> 标签、<tr> 标签和 <td> 标签组成的。通过使用 <table> 标签，可以完成课程表、成绩单等常见的表格。

6.1.1　简单表格的制作

扫码看视频

表格标签是 <table>...</table>，表格的其他标签需要放在表格的开始标签 <table> 和表格的结束标签 </table> 之间才有效。用于制作表格的主要标签如表 6.1 所示。

表 6.1　用于制作表格的主要标签

标签	说明
<table>	表格标签
<tr>	行标签
<td>	单元格标签

语法如下:

```
<table>
<tr>
<td> 单元格内的文字 </td>
<td> 单元格内的文字 </td>
...
</tr>
<tr>
<td> 单元格内的文字 </td>
<td> 单元格内的文字 </td>
...
</tr>
...
</table>
```

在该语法中，<table> 和 </table> 标签分别表示一个表格的开始和结束； <tr> 和 </tr> 标签分别表示表格中一行的开始和结束，在表格中包含几组 <tr>...</tr>，就表示该表格有几行；<td> 和 </td> 标签分别表示一个单元格的开始和结束。

实例 6-1 使用 <table> 标签、<tr> 标签、<th> 标签和 <td> 标签，制作考试成绩表，具体代码如下:

```
<!DOCTYPE html>
<html>
<head>
<!-- 指定页面编码格式 -->
<meta charset="UTF-8">
<!-- 指定页头信息 -->
<title> 基本表格 </title>
</head>
<body>
<h1 align="center"> 基本表格——考试成绩表 </h1>
<!--<table> 为表格标签 -->
<table align="center">
    <!--<tr> 为行标签 -->
    <tr>
        <!--<th> 为表头标签 -->
        <th> 姓名 </th>
        <th> 语文 </th>
        <th> 数学 </th>
        <th> 英语 </th>
    </tr>
    <tr>
        <!--<td> 为单元格标签 -->
        <td> 王佳 </td>
```

```
            <td>94 分 </td>
            <td>89 分 </td>
            <td>56 分 </td>
        </tr>
        <tr>
            <td> 李翔 </td>
            <td>76 分 </td>
            <td>85 分 </td>
            <td>88 分 </td>
        </tr>
        <tr>
            <td> 张莹佳 </td>
            <td>89 分 </td>
            <td>86 分 </td>
            <td>97 分 </td>
        </tr>
</table>
</body>
</html>
```

运行效果如图 6.1 所示。

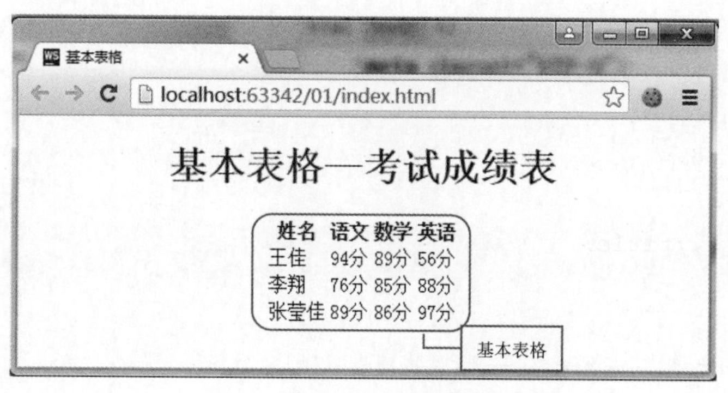

图 6.1　考试成绩表的页面效果

常见错误

开始标签与属性之间漏加空格，比如把 <table align=" center" > 写成 <tablealign=" center" >，会导致浏览器无法识别 <table> 标签，从而导致页面布局错乱。例如，在下面代码的第 1 行处，<table align=" center" > 就被写成了 <tablealign=" center" >。

```
<tablealign="center">
    <!--<tr> 为行标签 -->
    <tr>
        <!--<th> 为表头标签 -->
        <th> 姓名 </th>
```

```
        <th> 语文 </th>
        <th> 数学 </th>
        <th> 英语 </th>
    </tr>
    <!-- 省略部分代码 -->
</table>
```

将会出现如图 6.2 所示的错误。

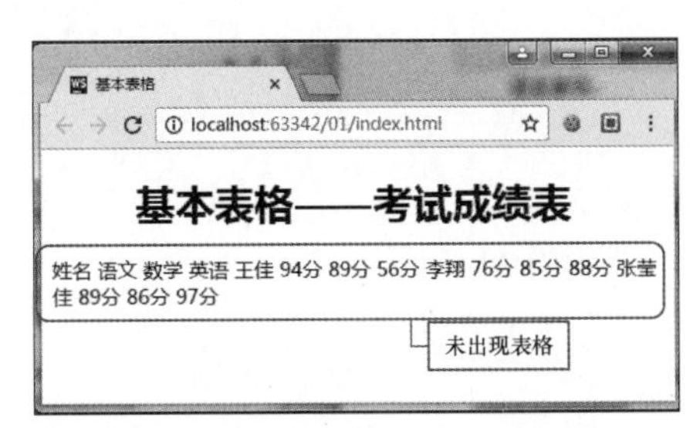

图 6.2 表格标签漏加空格出现的错误

6.1.2 表头的设置

扫码看视频

表格中还有一种特殊的单元格，称为表头。表头一般位于表格第一行，用来表明该列的内容类别，用 <th> 标签来表示。<th> 标签与 <td> 标签的使用方法相同，但是 <th> 标签中的内容是加粗显示的。

语法如下：

```
<table>
    <caption> 表格的标题 </caption>
    <tr>
            <th> 表格的表头 </th>
            <th> 表格的表头 </th>
            ...
    </tr>
    <tr>
            <td> 单元格内的文字 </td>
            <td> 单元格内的文字 </td>
            ...
    </tr>
    ...
</table>
```

注意

在编写代码的过程中，结束标签不要忘记添加“/”。

实例 6-2 使用<table>标签、<caption>标签、<th>标签、<tr>标签和<td>标签，制作一个简单的课程表，具体代码如下：

```
<!DOCTYPE html>
<html>
<head>
<!-- 指定页面编码格式 -->
<meta charset="UTF-8">
<!-- 指定页头信息 -->
<title> 简单课程表 </title>
</head>
<body>
<!--<table> 为表格标签 -->
<table align="center">
    <!--<caption> 为表格标题标签 -->
    <caption> 简单课程表 </caption>
    <!--<tr> 为行标签 -->
    <tr>
        <!--<th> 为表头标签 -->
        <th> 星期一 </th>
        <th> 星期二 </th>
        <th> 星期三 </th>
        <th> 星期四 </th>
        <th> 星期五 </th>
    </tr>
    <tr>
        <!--<td> 为单元格标签 -->
        <td> 数学 </td>
        <td> 语文 </td>
        <td> 数学 </td>
        <td> 语文 </td>
        <td> 数学 </td>
    </tr>
    <tr>
        <td> 语文 </td>
        <td> 数学 </td>
        <td> 语文 </td>
        <td> 数学 </td>
        <td> 语文 </td>
    </tr>
    <tr>
        <td> 体育 </td>
        <td> 语文 </td>
        <td> 英语 </td>
        <td> 综合 </td>
        <td> 语文 </td>
    </tr>
```

```
</table>
</body>
</html>
```

运行效果如图 6.3 所示。

图 6.3　简单课程表的页面效果

6.2　表格的高级应用

6.2.1　表格的样式

扫码看视频

除了基本表格外，表格还可以设置一些基本的样式。比如可以设置表格的宽度、高度、对齐方式、插入图片等。

语法如下：

```
<table>
    <caption> 表格的标题 </caption>
    <tr>
          <th> 表格的表头 </th>
          <th> 表格的表头 </th>
...
    </tr>
    <tr>
          <td><img src=" 引入图片路径 "></td>
          <td><img src=" 引入图片路径 "></td>
...
    </tr>
...
</table>
```

实例 6-3 在 <td> 标签中插入 <img> 标签，制作商品推荐表格，具体代码如下：

```
<!DOCTYPE html>
<html>
```

```
<head>
<!-- 指定页面编码格式 -->
<meta charset="UTF-8">
<!-- 指定页头信息 -->
<title> 商品表格 </title>
</head>
<body>
<!--<table> 为表格标签 -->
<table align="center" width="66%" height="480" align="center">
    <caption><b> 商品表格 </b></caption>
    <tr height="36" bgcolor="#DD2727">
        <th> 潮流前沿 </th>
        <th> 手机酷玩 </th>
        <th> 品质生活 </th>
        <th> 国际海购 </th>
        <th> 个性推荐 </th>
    </tr>
    <!-- 单元格中加入介绍文字 -->
    <tr align="center">
        <td> 换新 </td>
        <td> 手机馆 </td>
        <td> 必抢 </td>
        <td> 识货 </td>
        <td> 囤货 </td>
    </tr>
    <!-- 单元格中加入介绍文字 -->
   <tr align="center">
        <td> 品牌精选新品 </td>
        <td> 手机新品 </td>
        <td> 巨超值 卖疯了 </td>
        <td> 全球热卖好货 </td>
        <td> 居家必备 </td>
    </tr>
    <!-- 单元格中加入图片 -->
    <tr align="center">
        <td><img src="images/1.jpg" alt=""></td>
        <td><img src="images/2.jpg" alt=""></td>
        <td><img src="images/3.jpg" alt=""></td>
        <td><img src="images/4.jpg" alt=""></td>
        <td><img src="images/5.jpg" alt=""></td>
    </tr>
</table>
</body>
</html>
```

运行效果如图 6.4 所示。

图 6.4 商品推荐表格的页面效果

6.2.2 表格的合并

扫码看视频

表格的合并是指在复杂的表格结构中，有些单元格是跨多个列的，有些单元格是跨多个行的。

语法如下：

```
<td colspan=" 跨的列数 ">
<td rowspan=" 跨的行数 ">
```

在该语法中，跨的列数是指单元格在水平方向上所跨的列数，跨的行数是指单元格在垂直方向上所跨的行数。

实例 6-4 使用 <td> 标签中的 rowspan 属性，将多行合并成一行，制作一个较复杂的课程表，具体代码如下：

```
<!DOCTYPE html>
<html>
<head>
<!-- 指定页面编码格式 -->
<meta charset="UTF-8">
<!-- 指定页头信息 -->
<title> 复杂课程表 </title>
</head>
<body style="background-image:url(images/bg.jpg) ">
<h1 align="center"> 课   程   表 </h1>
<!--<table> 为表格标签 -->
<table align="center" border="1px" cellpadding="10%" >
      <!-- 课程表日期 -->
      <tr bgcolor="#A5FEDE">
            <th></th>
```

```
            <th></th>
            <th> 星期一 </th>
            <th> 星期二 </th>
            <th> 星期三 </th>
            <th> 星期四 </th>
            <th> 星期五 </th>
        </tr>
        <!-- 课程表内容 -->
        <tr align="center">
             <!-- 使用 rowspan 属性进行行合并 -->
            <td bgcolor="#FCD1C0" rowspan="2"> 上午 </td>
            <td bgcolor="#FCD1C0">1</td>
            <td> 数学 </td>
            <td> 语文 </td>
            <td> 英语 </td>
            <td> 体育 </td>
            <td> 语文 </td>
        </tr>
        <!-- 课程表内容 -->
        <tr align="center">
            <td bgcolor="#FCD1C0">2</td>
            <td> 音乐 </td>
            <td> 英语 </td>
            <td> 政治 </td>
            <td> 美术 </td>
            <td> 音乐 </td>
        </tr>
        <!-- 省略部分代码 -->
</table>
</body>
</html>
```

运行效果如图 6.5 所示。

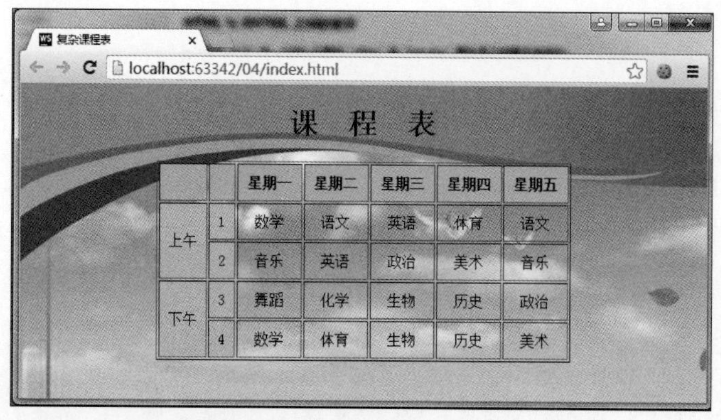

图 6.5　复杂课程表的页面效果

6.2.3 表格的分组

表格可以使用 <colgroup> 标签对列进行样式控制，比如改变单元格的背景颜色、字体大小等。

语法如下：

```
<table>
<colgroup>
  <col style="background-color: 颜色值 ">
<col style="color: 颜色值 ">
     </colgroup>
<tr>
<td> 单元格内的文字 </td>
<td> 单元格内的文字 </td>
...
</tr>
...
</table>
```

在该语法中，使用 <colgroup> 标签对表格中的列进行控制，使用 <col> 标签对具体的列进行控制。

实例 6-5 使用 <colgroup> 标签，制作学生信息表格，并且对列进行样式控制，具体代码如下：

```
<!DOCTYPE html>
<html>
<head>
<!-- 指定页面编码格式 -->
<meta charset="UTF-8">
<!-- 指定页头信息 -->
<title> 表格分组 </title>
</head>
<body style="background-image:url(images/bg.png) ">
<h1 align="center"> 学生信息表格 </h1>
<!--<table> 为表格标签 -->
<table align="center" border="1px" cellpadding="10%" >
    <!-- 使用 <colgroup> 标签进行表格分组控制 -->
    <colgroup>
         <col style="background-color: #7ef5ff">
         <col style="background-color: #B8E0D2">
         <col style="background-color: #D6EADF">
         <col style="background-color: #EAC4D5">
    </colgroup>
    <!-- 表头信息 -->
    <tr>
         <th> 姓名 </th>
         <th> 住所 </th>
```

```
            <th> 联系电话 </th>
            <th> 性别 </th>
        </tr>
        <!-- 学生内容 -->
        <tr align="center">
            <td> 张刚 </td>
            <td> 男生公寓 208 室 </td>
            <td>131****7845</td>
            <td> 男 </td>
        </tr>
        <!-- 学生内容 -->
        <tr align="center">
            <td> 李凤 </td>
            <td> 女生公寓 208 室 </td>
            <td>187****9545</td>
            <td> 女 </td>
        </tr>
        <!-- 省略部分代码 -->
</table>
</body>
</html>
```

运行效果如图 6.6 所示。

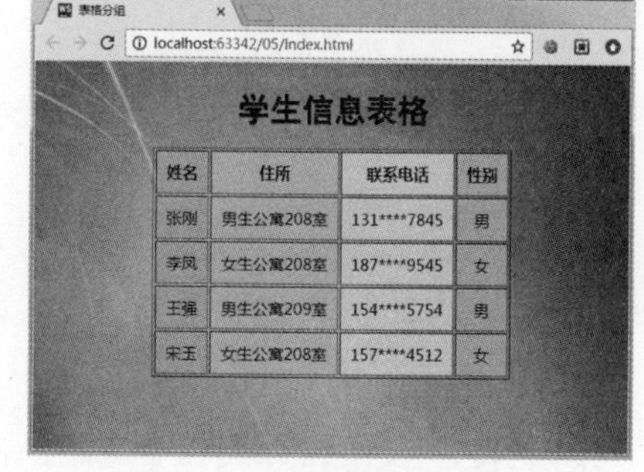

图 6.6　学生信息表格的页面效果

6.3　<div> 标签

<div> 标签是用来为 HTML 文档的内容提供结构和背景的。<div> 开始标签和 </div> 结束标签之间的所有内容都是用来构成这个块的，其中所包含标签的特性由 <div> 标签中的属性来控制，或者通过使用样式表格式化这个块来进行控制。

扫码看视频

6.3.1　<div> 标签的介绍

div 全称为 division，意为“分隔”。<div> 标签被称为分隔标签，用于设置文字、图片、表格等的摆放位置。<div> 标签是块级标签，需要结束标签 </div>。

说明

块级标签又名块级元素（block element），与其对应的是内联元素（inline element），也叫行内标签，它们都是 HTML 规范中的概念。

语法如下：

```
<div>
...
</div>
```

实例 6-6 使用 <div> 标签，对内容进行分组，对一首古诗进行布局，具体代码如下：

```
<!DOCTYPE html>
<html>
<head>
<!-- 指定页面编码格式 -->
<meta charset="UTF-8">
<!-- 指定页头信息 -->
<title> 多标签分组 --<div></title>
</head>
<!-- 插入背景图像 -->
<body style="background:url(images/bg.jpg) no-repeat">
<!-- 使用< div >标签对多个< p >标签进行分组 -->
<div align="right">
<p> 锄禾日当午，汗滴禾下土。</p>
<p> 谁知盘中餐，粒粒皆辛苦。</p>
</div>
<!-- 不属于< div >标签的，未进行分组 -->
<p align="right">-- 古诗 --</p>
</body>
</html>
```

运行效果如图 6.7 所示。

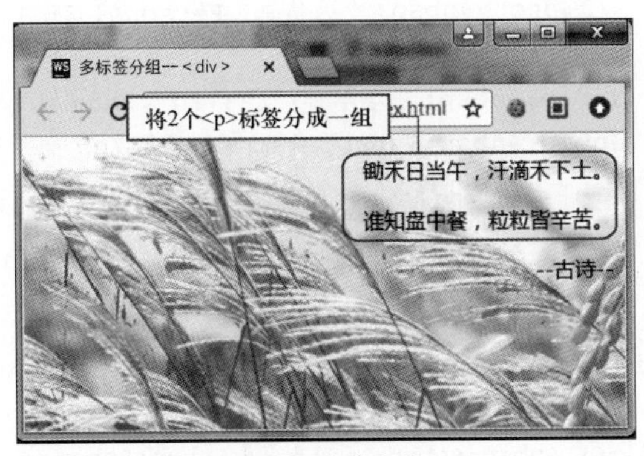

图 6.7 古诗布局

6.3.2 <div> 标签的应用

扫码看视频

在应用 <div> 标签之前，首先来了解一下 <div> 标签的属性。在页面加入层时，会经常应用 <div> 标签的属性。

语法如下：

```
<div id="value" align="value" calss="value" style="value">
</div>
```

- id：<div> 标签的 id 也可以说是它的名字，常与 CSS 样式相结合，实现对网页中元素的控制。
- align：用于设置 <div> 标签中的元素的对齐方式，其值可以是 left、center 和 right，分别用于设置元素左对齐、居中对齐和右对齐。
- class：用于设置 <div> 标签中的元素的样式，其值为 CSS 中的类选择器。
- style：用于设置 <div> 标签中的元素的样式，其值为 CSS 属性值，各属性值用分号分隔。

实例 6-7 使用 <div> 标签，制作一份个人简历。首先不使用 <div> 标签，通过 <h1> 标签和 <h5> 标签添加“个人信息”和“教育背景”内容，然后使用 <div> 标签将“个人信息”和“教育背景”内容进行分组，这样可以更好地对分组内容进行样式控制。具体代码如下：

```
<!DOCTYPE html>
<html>
<head>
<!-- 指定页面编码格式 -->
<meta charset="UTF-8">
<!-- 指定页头信息 -->
<title>< div >标签——个人简历 </title>
</head>
<!-- 插入背景图像 -->
<body style="background-image:url(images/bg.jpg) ">
<br/><br/><br/><br/>
<!-- 使用< div >标签进行分组 -->
<div>
<h1><img src="images/1.png">  个人信息（Personal Info）</h1>
<hr/>
    <h5> 姓名：李刚       出生年月：1987.05</h5>
    <h5> 民族：汉          身高：177cm</h5>
</div>
<br>
<!-- 使用< div >标签进行分组 -->
<div>
    <h1><img src="images/2.png">  教育背景（Education）</h1>
    <hr/>
    <h5>2005.07—2009.06    师范大学     市场营销（本科）</h5>
    <h5>2009.07—2012.06    师范大学     电子商务（研究生）</h5>
    <h5>2012.07—2015.06    师范大学     电子商务（博士）</h5>
</div>
</body>
</html>
```

运行效果如图 6.8 所示。

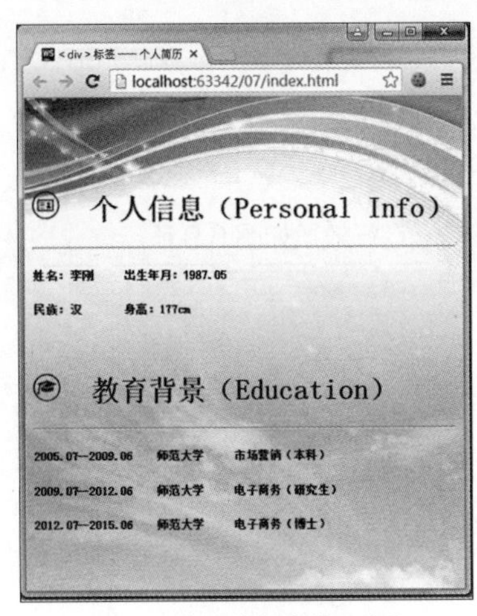

图 6.8　个人简历的页面效果

扫码看视频

6.4　<span> 标签

HTML 只是赋予内容的手段，大部分 HTML 标签都有其意义（如 <p> 标签创建段落、<h1> 标签创建标题等），然而 <span> 和 <div> 标签似乎没有任何内容上的意义，但实际上，它们与 CSS 结合使用后，应用范围非常广泛。

6.4.1　<span> 标签的介绍

<span> 标签和 <div> 标签非常类似，是 HTML 中组合用的标签，可以作为插入 CSS 的容器，或插入 class、id 等语法内容的容器。

语法如下：

```
<span>
...
</span>
```

实例 6-8 使用 <span> 标签，制作一个“我爱你”各国语言版本的便签。首先通过 <p> 标签添加便签的内容，然后在 <p> 标签内部使用 <span> 标签，将需要单独分组的内容放入 <span> 标签中，进行样式控制。具体代码如下：

```
<!DOCTYPE html>
<html>
<head>
<!-- 指定页面编码格式 -->
<meta charset="UTF-8">
<!-- 指定页头信息 -->
<title> 单标签分组——<span></title>
</head>
<!-- 插入背景图像 -->
<body style="background:url(images/bg.jpg) no-repeat ">
<!-- 界面样式控制 -->
<br><br><br><br><br><br><br><br><br><br><br>
<!-- 使用 <span> 标签对单标签进行分组 -->
<p><span style="color:red">“我爱你”</span> 这句话，不同的语言是怎么说的呢？
英语中是 <span style="color:red">"I love you"</span>,
日语中是 <span style="color:red">" 爱してる "</span>,
```

```
韩语中是 <span style="color:red">" 사랑해요 "</span>。</p>
</body>
</html>
```

运行效果如图 6.9 所示。

图 6.9　便签标签的页面效果

6.4.2 <span> 标签的应用

<span> 标签是行内标签，<span> 标签的前后不会换行，它没有格式表现，纯粹是应用样式，当其他行内标签都不合适的时候，请使用 <span> 标签。

扫码看视频

实例 6-9 使用 <span> 标签，编写一则明日学院介绍短文。首先使用 <p> 标签添加明日学院介绍短文内容，然后通过 <span> 标签，将短文中的内容进行分组，强调的内容显示为红色或是链接等。具体代码如下：

```
<!DOCTYPE html>
<html>
<head>
<!-- 指定页面编码格式 -->
<meta charset="UTF-8">
<!-- 指定页头信息 -->
<title><span> 标签的应用 </title>
</head>
<!-- 插入背景图像 -->
<body style="background:url(images/bg.jpg) no-repeat ">
<!-- 界面样式控制 -->
<br><br><br><br><br><br><br>
<!-- 使用 <span> 标签对单标签进行分组 -->
<p><span style="font-size: 24px;color: red"> 明日学院 </span>，是吉林省明日科技有限公司倾力打造的在线实用技能学习平台，该平台于 2016 年正式上线，主要为学习者提供海量、优质的
```

```
<span><a href="http://www.mingrisoft.com/selfCourse.html"> 课 程 </a></
span>，课程结构严谨，用户可以根据自身的学习程度，自主安排学习进度。
<span style="color:black"><b> 我们的宗旨是，为编程学习者提供一站式服务，培养用户的
编程思维。</b></span></p>
</body>
</html>
```

运行效果如图 6.10 所示。

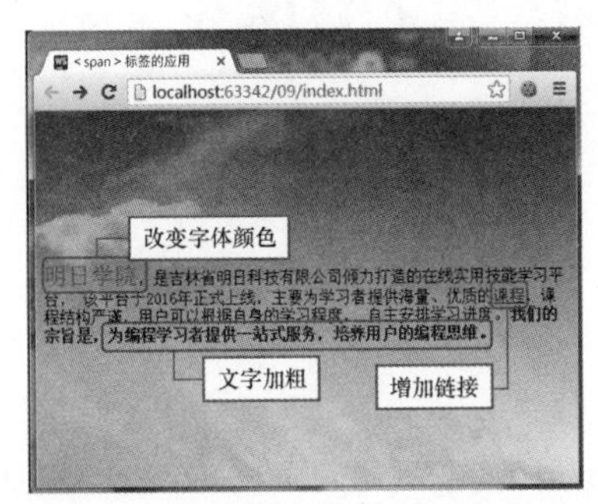

图 6.10　明日学院介绍短文的页面效果

6.5　上机实战

（1）编写一个程序，制作银行凭证，效果如图 6.11 所示。

（2）编写一个程序，制作日历，效果如图 6.12 所示。（提示：要设置单元格的边框不重复显示，可以通过 CSS 去掉一部分单元格的边框。）

（3）当我们打开美团或者饿了么订餐时，有时会弹出优惠券领取页面。编写一个程序，实现优惠券领取页面，效果如图 6.13 所示。（提示：调整图片的清晰度可以使用 CSS3 中的 opacity 属性实现，其属性值为 0~1 的小数。）

**银行			
客户通知书　CUSTOMER ADVICE			
卡号 CARD NO.			
金额 AMOUNT		受理行号 ACQUIRER NUMBER	
转入账号 TRANSFER TO			
存款金额 DEPOSIT		应答码 RESPONSE NUMBER	
存款 DEPOSIT	取款 WITHDRAWAL	转账 TRANSFER	其他 OTHER TRANSACTION
接受 ACCEPTED	取消 REJECTED	吞卡 CARD RETAINED	请与银行联系 PLEASE CONTACT BANK
日期和时间 DATE & TIME	CARD		ATM编号 ATM ID
检索参考号 TRANS REFER NO.	检索参考号 RETRIEVAL REFERENCE NUMBER		
如有疑问请持此凭条与银行联系 Please contact the bank with this advices for any questions			
客户服务热线电话 9****　Tel：9****			

图 6.11　银行凭证

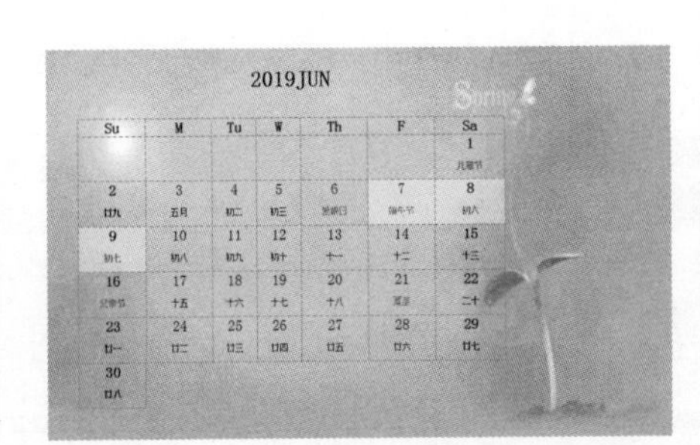

图 6.12　日历

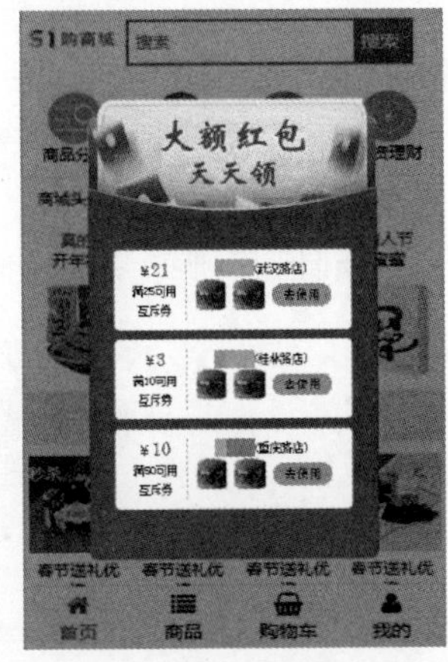

图 6.13　优惠券领取页面

第 7 章

列表

视频教学：30 分钟

本章主要讲解 HTML 中的列表。列表在网站设计中占有比较大的比重，可以使页面上的信息整齐、直观地显示出来，便于用户理解。在后面的学习中将会大量使用列表。

7.1 列表的标签

扫码看视频

列表分为两种类型，一是有序列表，二是无序列表。前者使用编号来记录项目的顺序，而后者则用项目符号来标记无序的项目。

所谓有序列表，是指按照数字或字母等顺序的排列的列表项目，如图 7.1 所示的列表。

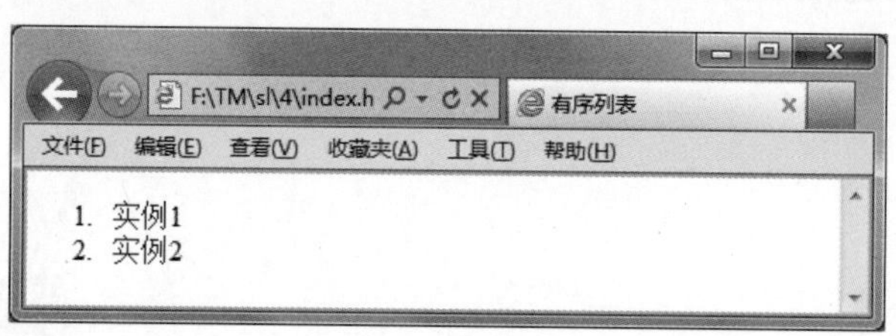

图 7.1　有序列表

所谓无序列表，是指以●、○、▽、▲等开头，没有顺序的列表项目，如图 7.2 所示的列表。

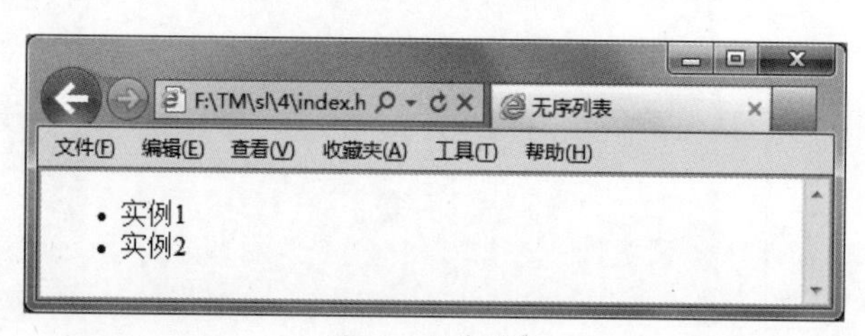

图 7.2　无序列表

列表的主要标签如表 7.1 所示。

表 7.1　列表的主要标签

标签	描述
<ul>	无序列表
<ol>	有序列表
<dir>	目录列表
<dl>	定义列表
<menu>	菜单列表
<dt>、<dd>	定义列表的标签
<li>	列表项目的标签

7.2　无序列表

在无序列表中，各个列表项之间没有顺序级别之分，它通常使用项目符号作为每个列表项的前缀。无序列表主要使用 <ul>、<dir>、<dl>、<menu>、<li> 几个标签和 type 属性。

7.2.1　无序列表标签

扫码看视频

无序列表的特征在于提供一种不编号的列表方式，而在每一个列表项之前，以符号作为分项标识。

具体语法如下：

```
<ul>
    <li> 第 1 项 </li>
    <li> 第 2 项 </li>
          ...
</ul>
```

在该语法中，< ul >和</ ul>标签表示无序列表的开始和结束，而<li>标签则表示一个列表项的开始。一个无序列表中可以包含多个列表项。

实例 7-1 使用无序列表制作编程词典的模式分类。具体代码如下：

```
<html>
<head>
<meta charset="utf-8">
    <title> 创建无序列表 </title>
</head>
<body>
```

```
<font size="+3" color="#0066FF"> 编程词典的模式分类：</font><br/><br/>
<ul>
    <li> 入门模式 </li>
    <li> 初级模式 </li>
    <li> 中级模式 </li>
</ul>
</body>
</html>
```

保存并运行这段代码，可以看到窗口中建立了一个无序列表，该列表共包含 3 个列表项，如图 7.3 所示。

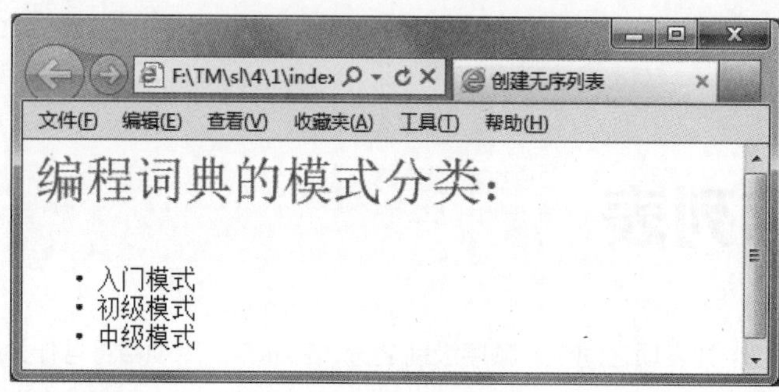

图 7.3　创建无序列表

7.2.2　无序列表属性

扫码看视频

默认情况下，无序列表的项目符号是●，而通过 type 属性可以调整无序列表的项目符号，避免项目符号的单一。

具体语法如下：

```
<ul type= 符号类型 >
    <li> 第 1 项 </li>
    <li> 第 2 项 </li>
      ...
</ul>
```

在该语法中， type 属性决定了无序列表的项目符号。它可以设置的值有 3 个，如表 7.2 所示。其中 disc 是默认的属性值。

表 7.2　type 属性的值

属性值	列表项目的符号
disc	●
circle	○
square	■

实例 7-2 在 <body> 标签中输入代码，具体代码如下：

```
<body>
<div class="box">
<div class="item">
    <a href="#"><img src='images/2.jpg'/></a>
    <p><a href="#"> 无线蓝牙耳机 </a></p>
    <div class="eval"> 超好用，比我用过的耳机都好，声音简直是从脑子里发出的 </div>
</div>
<!-- 此处代码与上面类似，省略 -->

<div class=""><div>

</div>

</body>
```

> **说明**
>
> 在上面的代码中，为了控制页面布局和字体的样式，应用了 CSS 样式，其中应用的 CSS 文件的具体代码请参见资源包 \Code\SL\07\02。

运行这段代码，可以看到 type 属性可以设置为 none，此时项目符号就不显示出来，如图 7.4 所示。

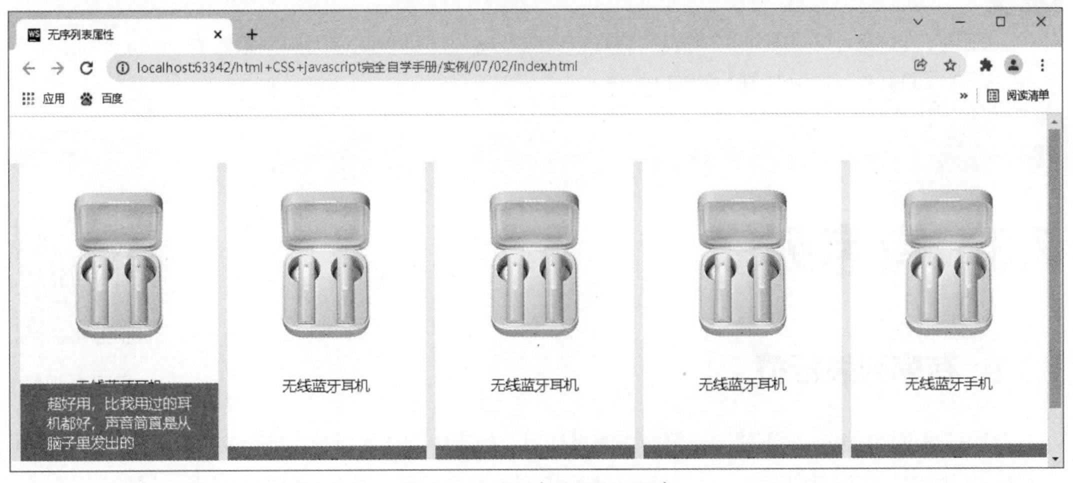

图 7.4　无序列表展示耳机列表

无序列表的类型定义也可以在 <li> 项中，其语法是 <li type= 符号类型 >，这样定义的结果是对单个项目进行定义。具体代码如下：

```
<html>
<head>
    <title> 创建无序列表 </title>
</head>
```

```
<body>
<font size="+3" color="#00FF99">明日科技部门分布：</font><br/>
<ul>
    <li type="circle">图书开发部</li>
    <li type="disc">软件开发部</li>
    <li type="square">质量部</li>
</ul>
</body>
</html>
```

运行这段代码，效果如图 7.5 所示。

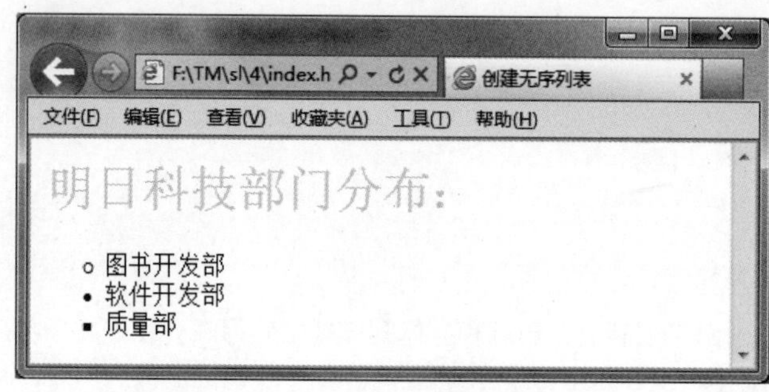

图 7.5 设置不同的项目符号

> **注意**
>
> 如果开发过程中不需要无序列表的符号，只需要将无序列表的符号类型设置为 none 即可，也可以将列表的 list-style 属性设置为 none。

7.3 有序列表

扫码看视频

7.3.1 有序列表标签

有序列表使用编号，而不是项目符号来编排项目。列表中的项目以数字或英文字母开头，通常各项目间有先后顺序。在有序列表中，主要使用 <ol> 和 <li> 两个标签以及 type 和 start 两个属性。

具体语法如下：

```
<ol>
    <li>第 1 项</li>
    <li>第 2 项</li>
    <li>第 3 项</li>
        ...
</ol>
```

在该语法中，<ol> 和 </ol> 标签标志着有序列表的开始和结束，而 <li> 标签表示一个列表项的开始，默认情况下，采用数字序号进行排列。

实例 7-3 运用有序列表输出古诗，具体代码如下：

```
</html>
<head>
    <title> 创建有序列表 </title>
</head>
<body>
<font size="+4" color="#CC6600"> 江雪 </font><br />
<ol>
    <li> 千山鸟飞绝 </li>
    <li> 万径人踪灭 </li>
    <li> 孤舟蓑笠翁 </li>
    <li> 独钓寒江雪 </li>
</ol>
</body>
</html>
```

运行这段代码，可以看到有序列表前面包含序号，如图 7.6 所示。

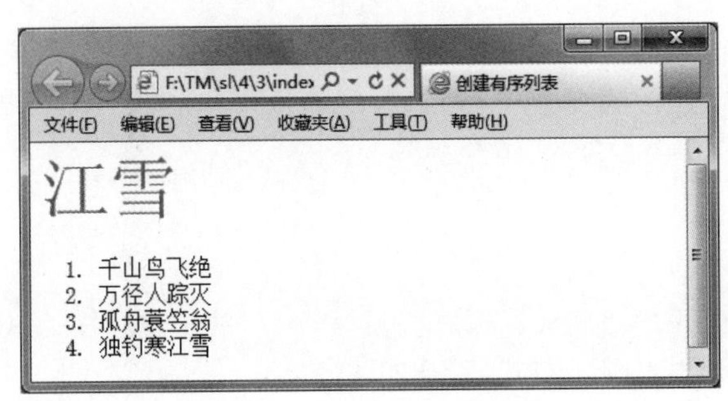

图 7.6　运用有序列表输出古诗

多学两招

默认情况下，有序列表中的列表项采用数字序号进行排列，如果需要将列表序号改为其他的类型，例如以英文字母开头，就需要改变 type 属性。

7.3.2　有序列表属性

扫码看视频

默认情况下，有序列表的序号是数字形式的，通过 type 属性可以调整序号的类型，例如将其修改成英文母等。

具体语法如下：

```
<ol type= 序号类型 >
    <li> 第 1 项 </li>
    <li> 第 2 项 </li>
```

```
    <li> 第 3 项 </li>
        ....
</ol>
```

在该语法中，序号类型有 5 种，如表 7.3 所示。

表 7.3　有序列表的序号类型

属性值	列表项目的序号
1	数字（1、2、3、4……）
a	小写英文字母（a、b、c、d……）
A	大写英文字母（A、B、C、D……）
i	小写罗马数字（i、ii、iii、iv……）
I	大写罗马数字（I、II、III、IV……）

实例 7-4 使用有序列表制作商城页面，在 <body> 标签中添加如下代码：

```
<body>
    <div class="mr-box">
        <ol>
            <li><img src="images/1.jpg"> 海外购 . 日本上线  跨境直邮 </li>
            <li><img src="images/2.jpg"> 英美复活节折扣季 国际大牌免邮 </li>
     <!-- 此处代码和上文代码相似，省略 -->
        </ol>
    </div>
</body>
```

为上面的 HTML 代码添加 CSS 样式，代码如下：

```
li{                                         /* <li> 标签的样式 */

     list-style:none;
     width:158px;
     height:55px;
     float: left;
     background:#949494;
     margin-top:300px;
     margin-left:2px;
     font-family: " 微软雅黑 ";
     font-size:14px;
     text-indent:2em;                       /* 缩进 32px*/
     text-align: center;
     line-height: 20px;
     color:#fff;
```

```
    padding-top:10px;                       /* 设置内边距 */
}
li img{
    position:absolute;                      /* 设置定位方式 */
    top:0;
    left:0;
    display:none;
}
li:hoverimg{
    display:block;
}
li:hover{                                   /* 鼠标指针滑过时的样式 */
    background:orange;
}
```

保存文件，运用浏览器打开该文件，将显示使用有序列表制作的商城页面，效果如图 7.7 所示。

图 7.7 使用有序列表制作商城页面

注意

如果开发过程中不需要有序列表的序号，只需要将有序列表的序号类型设置为 none 即可，也可以将列表的 list-style 属性设置为 none。

7.4 列表的嵌套

嵌套列表指的是多于一级层次的列表，一级项目下面可以存在二级项目、三级项目等。项目列表可以进行嵌套，以实现多级项目列表的形式。

扫码看视频

7.4.1 定义列表的嵌套

定义列表是一种有两个层次的列表，用于解释名词，名词为第一层次，解释为第二层次，并且不包含项目符号。

具体语法如下：

```
<dl>
    <dt>名词 1</dt>
<dd>解释 1</dd>
<dd>解释 2</dd>
<dd>解释 3</dd>
    <dt>名词 2</dt>
<dd>解释 1</dd>
<dd>解释 2</dd>
<dd>解释 3</dd>
    ...
</dl>
```

在定义列表中，一个 <dt> 标签下可以有多个 <dd> 标签作为名词的解释和说明，以实现定义列表的嵌套。

实例 7-5 运用定义列表输出古诗，具体代码如下：

```
<html>
<head>
    <title>定义列表的嵌套</title>
</head>
<body>
<font color="#00FF00" size="+2">古诗介绍</font><br /><br/>
<dl>
    <dt>赠孟浩然</dt><br/>
    <dd>作者：李白</dd><br/>
    <dd>诗体：五言律诗</dd><br/>
    <dd>吾爱孟夫子，风流天下闻。<br/>
        红颜弃轩冕，白首卧松云。<br/>
        醉月频中圣，迷花不事君。<br/>
        高山安可仰，徒此揖清芬。<br/>
    </dd>
    <dt>蜀相</dt><br/>
    <dd>作者：杜甫</dd><br/>
    <dd>诗体：七言律诗</dd><br/>
    <dd>丞相祠堂何处寻？锦官城外柏森森，<br/>
        映阶碧草自春色，隔叶黄鹂空好音。<br/>
        三顾频烦天下计，两朝开济老臣心。<br/>
        出师未捷身先死，长使英雄泪满襟。<br/>
    </dd>
</body>
</html>
```

运行这段代码，效果如图 7.8 所示。

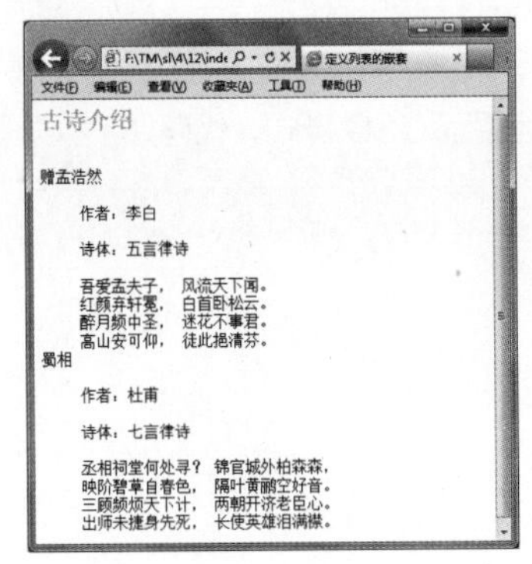

图 7.8　定义列表的嵌套

7.4.2 无序列表和有序列表的嵌套

扫码看视频

最常见的列表嵌套模式就是无序列表和有序列表的嵌套，可以重复地使用 <ul> 和 <ol> 标签组合实现。

实例 7-6 通过无序列表和有序列表的嵌套制作导航栏，具体代码如下：

```
<ul>
  <li class="mr-hover"><a href="#"> 商品分类 </a>
    <ol>
      <div class="mr-item">
        <ol>
          <li><a href="#"> 女装 / 内衣 </a></li>
          <li><a href="#"> 男装 / 运动户外 </a></li>
        </ol>
    <!-- 此处代码与上面类似 -->
</div>
    </ol>
  </li>
  <li class="mr-hover"><a href="#"> 春节特卖 </a>
    <ul>
      <div class="mr-shopbox">
        <ul>
          <li><a href="#"> 服装服饰 </a></li>
          <li><a href="#"> 母婴会场 </a></li>
          <!-- 此处代码与上面类似 -->
  </ul>
      </div>
    </ul>
  </li>
  <li class="mr-hover"><a href="#"> 会员 </a></li>
  <li class="mr-hover"><a href="#"> 电器城 </a></li>
```

```
  <li class="mr-hover"><a href="#"> 天猫会员 </a></li>
</ul>
```

为了控制页面的样式，在这里运用了 CSS 样式，代码如下：

```
/* 商品分类子导航栏 */
.mr-item li {
   width: 100%;
}
.mr-item li a {                        /*<li> 的所有子元素 a 的样式 */
   font-size: 14px;
   font-family: " 微软雅黑 ";
   color: #000;
}
.mr-item li:hover{                     /* 鼠标指针滑过 <li> 标签时的样式 */
   background: #fff;
}
.mr-item li a:hover {                  /* 鼠标指针滑过 <a> 标签时的样式 */
   color: #DD2727
}
/* 春节特卖子导航栏 */
.mr-shopbox li a {
   text-decoration: none;
   COLOR: #FFF;
   font-size: 14px;
   font-family: " 宋体 ";
}
```

说明

在上面的代码中，为了控制页面布局和字体的样式，应用了 CSS 样式，应用的 CSS 文件的具体代码请参见资源包 \Code\SL\07\06。

运行这段代码，效果如图 7.9 所示。

图 7.9　无序列表和有序列表相互嵌套的实例

7.5 上机实战

（1）使用列表制作书签，效果如图 7.10 所示。

（2）仿制 QQ 联系人列表，效果如图 7.11 所示。

（3）实现商品列表页面，效果如图 7.12 所示。

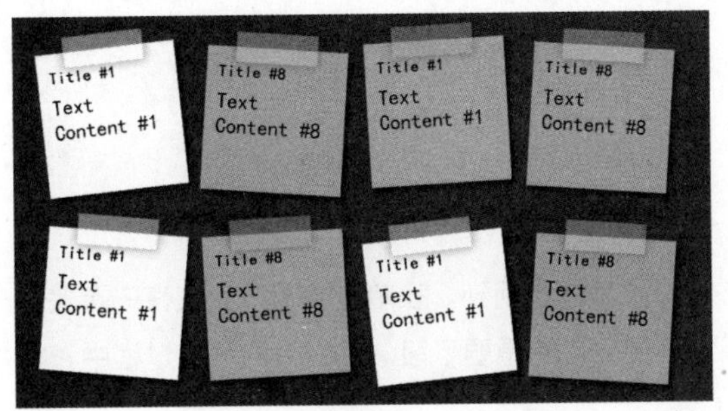

图 7.10　使用列表制作书签

图 7.11　QQ 联系人列表

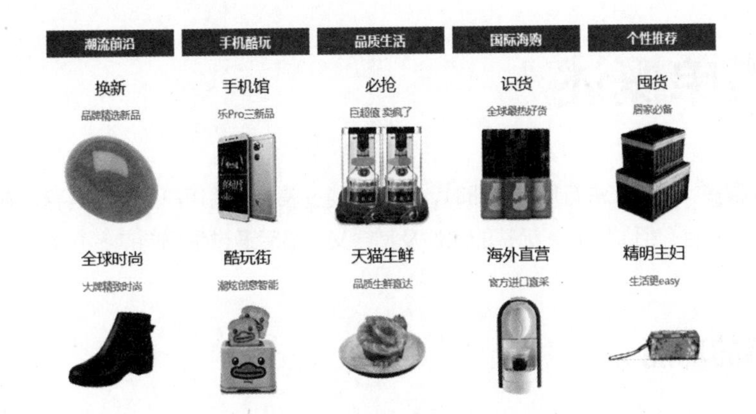

图 7.12　实现商品列表页面

（4）使用列表添加图片，并且设置鼠标指针悬停图片上时为图片添加边框的效果，如图 7.13 所示。

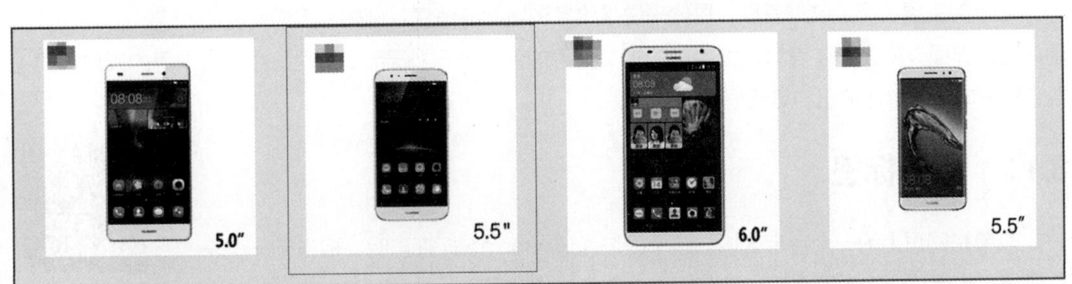

图 7.13　实现手机展示页面

表单

视频教学：45 分钟

表单的用途很多，在制作网页，特别是制作动态网页时常常会用到。表单主要用来收集客户端提供的相关信息，使网页具有交互的功能，它是用户与网站实现交互的重要手段。在网页的制作过程中，常常需要使用表单。本章重点介绍表单中各标签的使用方法。

8.1 表单概述

表单的用处很多，例如在进行用户注册时，就必须通过表单填写用户的相关信息。本节主要介绍表单的概念和用途，并且介绍 <form> 标签的属性及其含义，最后通过举例向读者介绍 <form> 标签的实际应用。

8.1.1 表单的功能

扫码看视频

表单通常设计在 HTML 文件中，当用户填写完信息后提交表单，将表单的内容从客户端传送到服务器上，经过服务器处理后，再将用户所需信息传回客户端，这样网页就具有了交互性。表单是用户与网站实现交互的重要手段。

表单的主要功能是收集信息，具体来说是收集浏览者的信息。例如，天猫商城的用户登录界面，就是通过表单收集用户的相关信息的，如图 8.1 所示。在网页中，最常见的表单形式主要包括文本框、单选按钮、复选框、按钮等。

8.1.2 表单标签

扫码看视频

表单是网页上的一个特定区域。这个区域通过 <form> 标签声明，相当于一个表单容器，表示其他的标签需要在其范围内才有效，也就是说，在 <form> 与 </form>

图 8.1 用户登录界面

标签之间的一切都属于表单的内容。这里的内容可以包含所有的表单控件，以及任何必需的伴随数据，如控件的标签、处理数据的脚本或程序的位置等。

在 <form> 标签中，还可以设置表单的基本属性，包括表单的名称、处理程序、传送方式等。其语法如下：

```
<form action="" name=""  method="" enctype=""  target="">
    ...
</form>
```

在上述语法中，相关属性及其含义和说明如表 8.1 所示。

表 8.1 <form> 标签的属性及其含义和说明

属性	含义	说明
action	表单的处理程序，也就是表单中收集到的资料将要提交的程序地址	这一地址可以是绝对地址，也可以是相对地址，还可以是一些其他的地址，例如 E-mail 地址等
name	为了防止表单信息在提交到后台处理程序时出现混乱而设置的名称	表单的名称尽量与表单的功能相符，并且名称中不含空格和特殊符号
method	定义处理程序从表单中获得信息的方式，有 get（默认值）和 post 两个值	get 方法指将表单数据附在 action 参数之后进行发送，表单数据与 action 参数值以问号进行分隔； post 方法指表单数据是与 URL 分开发送的，用户端的计算机会通知服务器来读取数据
enctype	表单信息提交的编码形式。其属性值有 text/plain、application/x-www-form-urlencoded 和 multipart/form-data 这 3 个	text/plain 指以纯文本的形式传送； application/x-www-form-urlencoded 指默认的编码形式； multipart/form-data 指 MIME 编码，上传文件的表单必须选择该项
target	目标窗口的打开方式	其属性值和含义与链接标签中的 target 相同

例如，下面的这段 HTML 代码就可以实现甜橙音乐网的登录界面：

```
<div class="mr-cont">
    <form class="form" action="login.html" method="get" target="blank">
        <label class="login">
            <img src="img/user.png">
            <input type="text" placeholder="username">
        </label>
        <label class="login">
            <img src="img/pass.png">
            <input type="password" placeholder="password">
        </label>
        <input type="submit" value="ok" class="ok">
        <input type="reset" value="clear" class="clear">
    </form>
</div>
```

为了使整体页面美观整齐，使用 CSS 代码改变网页中各标签的样式和位置。具体 CSS 代码如下：

```
* {
      margin: 0;
      padding: 0;
}
.mr-cont{
      width: 715px;
      margin: 0 auto;
      border: 1px solid #f00;
      background: url(../img/login.jpg);
}
.form{
      width: 350px;
      padding: 130px 415px;
}
.login, .ok, .clear {
      display: block;
      margin-top: 40px;
      position: relative;
}
.login img{
      height: 42px;
      border: 1px rgba(215, 209, 209, 1.00) solid;
      background-color: rgba(215, 209, 209, 1.00);
}
.login input {
      position: absolute;
      height: 40px;
```

```
        width: 170px;
        font-size: 20px;
}
.ok, .clear {
        width: 215px;
        height: 40px;
        border: none;
        background: rgba(240, 62, 65, 1.00)
}
```

上面代码中，首先通过 <form> 标签声明此为表单模式，然后在 <form> 标签内部设置表单信息的提交地址、传送信息的方式以及打开新窗口的方式等，最后在 <form> 标签内部添加其他标签。在浏览器中打开文件，效果如图 8.2 所示。

图 8.2　甜橙音乐网的登录界面

8.2 输入标签

输入标签是 <input> 标签，通过设置 type 的属性值改变其输入方式，而不同的输入方式又导致其他参数变化。例如当 type 的属性值为 text 时，其输入方式为单行文本框。根据输入方式的功能，可以将其分为文本框、单选按钮 / 复选框、按钮以及图像域和文件域四大类。下面将具体介绍 <input> 标签的使用方法。

8.2.1 文本框

扫码看视频

表单中的文本框主要有两种，分别是单行文本框和密码文本框。不同的文本框对应的 type 的属性值不同，其对应的表现形式和应用方式也各有差异。下面分别介绍单行文本框和密码文本框的功能和使用方式。

1. 单行文本框

text属性值用来设定在表单的文本框中，输入任何类型的文本、数字或字母。输入的内容以单行显示。其语法如下：

```
<input type="text" name=" " size=" " maxlength=" " value=" ">
```

- name：用于定义文本框的名称，以和页面中其他控件加以区别，命名时不能包含特殊字符，也不能以 HTML 预留符号作为名称。
- size：用于定义文本框在页面中显示的长度，以字符作为单位。
- maxlength：用于定义在文本框中最多可以输入的文字数。
- value：用于定义文本框中的默认值。

2. 密码文本框

在表单中还有一种文本框为密码文本框，输入文本域中的文字均以“*”或圆点显示。其语法如下：

```
<input type="password" name="" size="" maxlength="" value=""
```

该语法中，各属性的含义和取值与单行输入框相同，此处不再重复解释。

实例8-1 在 51 购商城的登录界面中，添加单行输入框和密码文本框。具体步骤如下。

（1）新建一个 HTML 文件，在该文件中通过将 <input> 标签的 type 属性的属性值设置为 text，实现输入账号文本框。具体代码如下：

```
<div class="mr-cont">
    <form>
        <!-- 使用 <label> 标签绑定单行文本框，实现单击图片时文本框也能获取焦点 -->
        <label><imgsrc="img/user.png"><input type="text"></label>
        <!-- 密码文本框 -->
        <label><imgsrc="img/pass.png"><input type="password"></label>
    </form>
</div>
```

（2）新建一个CSS文件，并且将其链接到HTML文件，然后设置表单的背景等样式。具体代码如下：

```
/* 页面整体布局 */
.mr-cont{
   width: 365px;                          /* 整体大小 */
   height: 375px;
   margin: 20px auto;
   border: 1px solid #f00;
   background: url(../img/4-2.png);       /* 添加背景图像 */
}
/* 表单整体位置 */
form{
   padding: 65px 50px;
```

```
}
label{
   color: #fff;
   display: block;
   padding-top: 10px;
   position: relative;
}
/* 设置单行文本框和密码文本框的样式 */
label input{
   height: 25px;
   width: 200px;
   position: absolute;
}
label img{
   height: 28px;
}
```

编辑完代码后，在浏览器中运行，效果如图 8.3 所示。

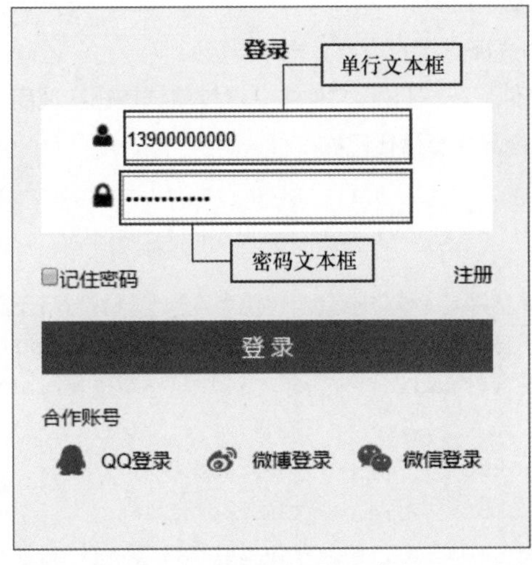

图 8.3　在页面中添加文本框

说明

在上面的实例中使用了 <label> 标签，<label> 标签可以绑定元素，简单地说，正常情况下要使某个 <input> 标签获取焦点只有单击该标签才可以实现，而使用 <label> 标签以后，单击与该标签绑定的文字或图片就可以获取焦点。

8.2.2　单选按钮和复选框

扫码看视频

单选按钮和复选框经常被用于问卷调查和购物车页面中结算商品等。其中单选按钮实现在一组选项中只选择其中一个，而复选框则与之不同，可以多选甚至全选。

1. 单选按钮

在网页中，单选按钮用来让浏览者在答案之间进行单一选择，以圆框表示。其语法如下：

```
<inputtype="radio"value=" 单选按钮的取值 "name=" 单选按钮名称 "checked="checked"
```

- value：用于设置用户选中该项目后，传送到处理程序中的值。
- name：用于定义单选按钮的名称。需要注意的是，一组单选按钮中，往往名称相同，这样在传递时才能更好地对某一个选择内容的取值进行判断。
- checked：用于设置这一单选按钮默认被选中，在一组单选按钮中只能有一个单选按钮被设置为 checked。

2. 复选框

浏览者填写表单时，有一些内容可以通过让浏览者进行多项选择来获取。例如收集个人信息时，要求在个人爱好的选项中进行选择等。复选框用于让浏览者进行项目的多项选择，以方框表示。其语法如下：

```
<inputtype="checkbox"value=" 复选框的取值 "name=" 复选框名称 "checked="checked"
```

在该语法中，各属性的含义和取值与单选按钮相同，此处不赘述。但与单选按钮不同的是，一组复选框中可以设置多个复选框被默认选中。

实例8-2 实现在购物车界面中选择商品的功能。具体步骤如下。

（1）新建一个 HTML 文件，在 HTML 文件中，通过单选按钮实现商品的“全选”和“全不选”，并且通过复选框实现逐个选择商品。具体代码如下：

```
<div class="mr-cont">
    <form>
    <!-- 使用<label>标签绑定单选按钮，单击汉字“全选”或“全不选”时，也能选中对应按钮 -->
    <label><input type="radio" name="all"> 全选 </label>
    <label><input type="radio" name="all"> 全不选 </label>
    <!-- 复选框 -->
    <input type="checkbox" class="checkbox1">
    <input type="checkbox" class="checkbox1">
    <input type="checkbox" class="checkbox1">
    </form>
</div>
```

（2）新建一个 CSS 文件，在 CSS 文件中设置整体页面的大小和位置以及复选框的位置等。具体代码如下：

```
/* 页面整体布局 */
.mr-cont{
  width: 510px;
  height: 405px;
  margin: 20px auto;
  border: 1px solid #f00;
```

```
background:url(../img/4-4.jpg);
}
/* 通过内边距调整表单位置 */
form{
   padding-top: 10px;
}
/* 属性选择器，设置复选框样式 */
[type="checkbox"]{
   display: block;
   height: 125px;
}
```

完成代码编辑以后，在浏览器中运行，效果如图 8.4 所示。

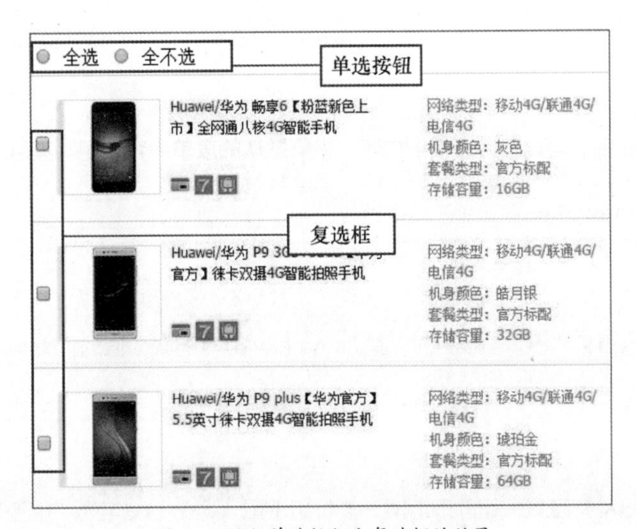

图 8.4　添加单选按钮和复选框的效果

多学两招

设置单选按钮或复选框中的某个单选按钮或复选框默认被选中时，checked="checked"可以简写为"checked"。

8.2.3　按钮

扫码看视频

按钮是表单中不可缺少的一部分，主要分为"普通"按钮、"提交"按钮和"重置"按钮，3 种按钮的用途各不相同，希望读者学习本小节后，能够灵活使用这 3 种按钮。

1. "普通"按钮

在网页中"普通"按钮很常见，在提交页面、恢复选项时常常用到。"普通"按钮一般情况下要配合 JavaScript 来进行表单处理。其语法如下：

```
<input type="button" value="按钮的取值" name="按钮名称" onclick="处理程序"
```

- value：用于定义按钮上显示的文字。
- name：用于定义按钮名称。
- onclick：用于设置当单击按钮时所进行的处理。

2. “提交”按钮

“提交”按钮是一种特殊的按钮，不需要设置 onclick 属性，在单击该类按钮时可以实现表单内容的提交。其语法如下：

```
<input type="submit"name=" 按钮名称 "value=" 按钮的取值 "
```

多学两招

当“提交”按钮没有设置按钮的取值时，其默认取值为“提交”。也就是“提交”按钮上默认显示的文字为“提交”。

3. “重置”按钮

单击“重置”按钮后，可以清除表单的内容，恢复默认的表单内容设定。其语法如下：

```
<input type="reset"name=" 按钮名称 "value=" 按钮的取值 "
```

说明

使用“提交”按钮和“重置”按钮时，其 name 和 value 的属性值的含义与“普通”按钮相同，此处不做过多描述。

多学两招

当“重置”按钮没有设置按钮的取值时，该按钮上默认显示的文字为“重置”。

实例8-3 使用表单实现收货信息填写界面。具体步骤如下。

（1）新建一个 HTML 文件，在 HTML 文件中添加 <input> 标签，并且通过设置每个 <input> 标签的 type 属性，添加单选按钮、复选框以及按钮。关键代码如下：

```
<div class="mr-cont">
  <h2> 收货信息填写 </h2>
  <form action="login.html">
    <div> 姓名：
      <input type="text"><span class="red">***** 必填项 </span>
    </div>
    <div> 电话：
      <input type="text"><span class="red">***** 必填项 </span>
    </div>
    <div> 是否允许代收：
      <label> 是 <input type="radio" name="receive" checked></label>
      <label> 否 <input type="radio" name="receive"></label>
```

```
    </div>
    <div class="addr">地址:
      <input type="text" placeholder="--省" size="5">
      <input type="text" placeholder="--市" size="5">
    </div>
    <div>
      <p>具体地址:<span class="red">*****必填项</span></p>
      <textarea></textarea>
    </div>
    <div id="btn">
      <!--"提交按钮",单击后提交表单信息-->
      <input type="submit" value="提交">
      <!--"普通"按钮,通过onclick调用处理程序-->
      <input type="button" value="保存" onclick="alert('保存信息成功')">
      <!--"重置"按钮,单击后表单恢复默认状态-->
      <input type="reset" value="重填">
    </div>
```

（2）新建一个CSS文件，在CSS文件中，设置页面的整体布局以及各标签的样式。关键代码如下：

```
/*页面整体布局*/
.mr-cont{
   height: 474px;
   width: 685px;
   margin: 20px auto;
   border: 1px solid #f00;
   background: url(../img/bg.png);
}
.mr-contdiv{
   width: 400px;
   text-align: center;
   margin: 30px 0 0 140px;
}
#btn{
   margin-top: 10px;
}
/*设置"提交""保存""重填"按钮的大小*/
#btn input{
   width: 80px;
   height: 30px;
}
```

编辑完代码后，在浏览器中运行，效果如图8.5所示。

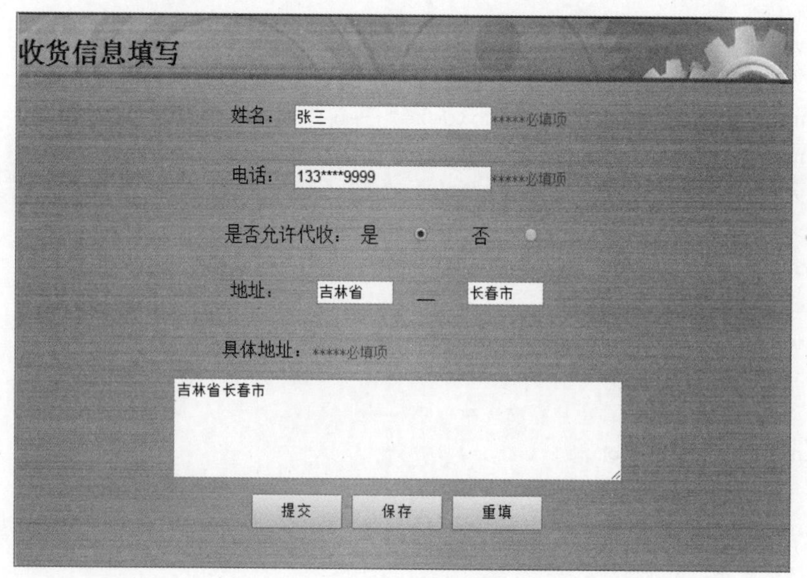

图 8.5　收货信息填写界面

8.2.4　图像域和文件域

扫码看视频

图像域和文件域在网页中也比较常见。其中图像域是为了解决表单中按钮比较单调，与页面内容不协调的问题，而文件域则常用于需要上传文件的表单。

1. 图像域

图像域是指可以用在按钮上的图像，这幅图像具有按钮的功能。使用默认的按钮形式往往会让人觉得单调。如果网页使用了较为丰富的色彩或稍微复杂的设计，再使用表单默认的按钮形式甚至会破坏网页整体的美感。这时可以使用图像域创建和网页整体效果相统一的“图像提交”按钮。其语法如下：

```
<input type="image"src=" "name=" ">
```

- src：用于设置图像地址，可以是绝对地址，也可以是相对地址。
- name：用于设置所要代表的按钮，例如 submit、button 等，默认值为 button。

2. 文件域

文件域在上传文件时常常会用到，它用于查找硬盘中的文件路径，然后通过表单将选中的文件上传。在上传头像、发送文件时常常会看到这一控件。其语法如下：

```
<input type="file"accept=""name="">
```

- accept：用于设置所接受的文件类型，有 26 种文件类型，可以省略，但不可以自定义文件类型。
- name：用于设置文件传输的名称，以和页面中其他控件加以区别。

实例 8-4 实现在注册页面中上传文件和头像的功能。具体步骤如下。

（1）新建一个 HTML 文件，在该文件中添加 <input> 标签并且分别设置其 type 的属性值为 file 和 image。具体代码如下：

```
<div class="mr-cont">
<h2>用户信息注册</h2>
   <form>
      <!-- 文件域 -->
      <input type="file" class="fill">
      <!-- 图像域 -->
      <input type="image" src="img/btn.jpg" class="btn">
   </form>
</div>
```

（2）新建一个 CSS 文件，在该文件中设置页面的背景图像以及文件域和图像域的位置。具体代码如下：

```
.mr-cont{
    width: 800px;
    height: 600px;
    margin: 20px auto;
    text-align: center;
    border: 1px solid #f00;
    background: url(../img/bg.png);
}
/*通过内边距调整标题位置*/
h2{
    padding: 40px 0 0 0;
}
/*表单整体样式*/
form{
    width: 554px ;
    height: 462px;
    margin: 0 0 0 150px;
    background: url(../img/4-9.png);
}
/*文件域样式*/
[type="file"]{
    display: block;
    padding: 100px 0 0 175px;
}
/*图像域样式*/
[type="image"]{
    margin: 304px 0 0 100px;
}
```

其运行效果如图 8.6 所示。

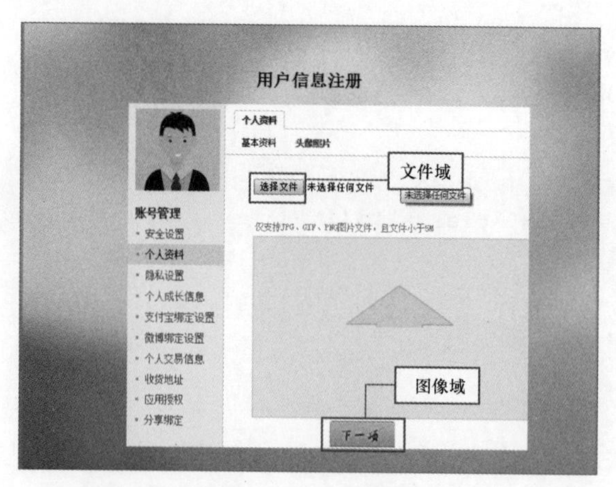

图 8.6　实现注册页面的上传头像和图片按钮

8.3　文本域和列表

本节主要讲解文本域和列表。文本域和文本框的区别在于，文本域可以添加多行文字；而列表与单选按钮或复选框相比，既可以有多个选项，又不浪费空间，还可以减少代码量。

8.3.1　文本域

扫码看视频

在 HTML 中有一种特殊定义的文本样式，称为文本域。它与文本框的区别在于可以添加多行文字，从而可以输入更多的文本。这类控件在留言板中最为常见，其语法如下：

```
<textarea name=" 文本域名称 "value=" 文本域默认值 "rows=" 行数 "cols=" 列数 "></textarea>
```

- name：用于设置文本域的名称。
- rows：用于设置文本域的行数。
- cols：用于设置文本域的列数。
- value：用于设置文本域的默认值。

实例 8-5 添加商品评价页面中的评价文本域。具体步骤如下。

（1）新建一个 HTML 文件，在 HTML 文件中添加文本域标签。其代码如下：

```
<div class="mr-content">
    <form>
        <!-- 文本域 -->
        <textarea cols="44" rows="9" class="mr-message"></textarea>
    </form>
</div>
```

（2）新建一个 CSS 文件，通过 CSS 代码设置网页的背景图像，并且改变文本域的位置。其代码如下：

```
.mr-content{
        width:695px;
        height:300px;
        margin:0 auto;
        background:url(../images/bg.png) no-repeat;
        border:1px solid red;
        }
/* 文本域样式 */
.mr-content textarea{
        margin:103px 0 0 346px;
        }
```

在浏览器中打开文件，效果如图 8.7 所示。

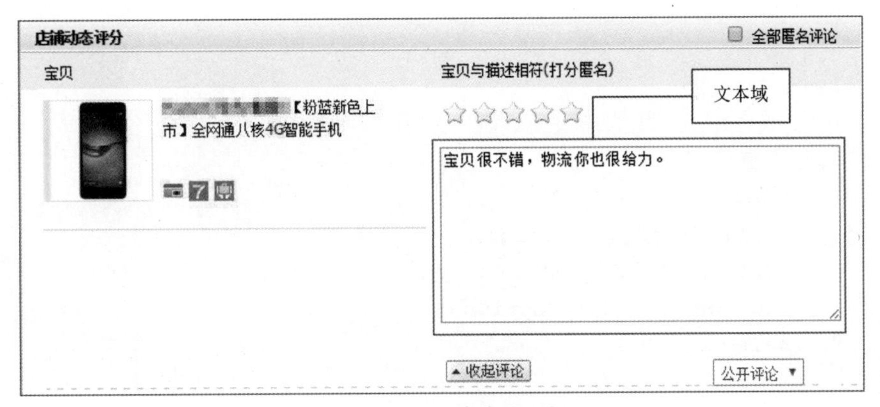

图 8.7　添加文本域的效果

8.3.2 列表 / 菜单

扫码看视频

菜单列表类的控件主要用来进行选择给定选项中的一种，这类选择往往选项比较多，使用单选按钮比较浪费空间。可以说，菜单列表类的控件主要是为了节省页面空间而设计的。菜单和列表是通过 <select> 和 <option> 标签来实现的。

菜单是一种最节省空间的形式，正常状态下只能看到一个选项，打开菜单后才能看到全部的选项。

列表可以显示一定数量的选项，如果超出了这个数量，会自动出现滚动条，浏览者可以通过拖动滚动条查看各选项。

其语法如下：

```
<select name="" size="" multiple=" multiple"  >
            <option value="" selected="selected">选项显示内容</option>
            <option value="选项值">选项显示内容</option>
...
   </select>
```

在上述语法中，其属性及其含义如表 8.2 所示。

表 8.2　菜单和列表标签属性及其含义

菜单和列表标签属性	含义
name	用于定义列表 / 菜单标签的名称，以和页面中其他控件加以区别
size	用于定义列表 / 菜单文本框在页面中显示的长度
multiple	用于设置列表 / 菜单内容可多选
value	用于定义列表 / 菜单的选项值
selected	用于设置默认被选中

实例8-6 实现个人资料填写页面。具体步骤如下。

（1）新建一个 HTML 文件，在 HTML 文件中通过下拉菜单实现星座、血型和生肖的选择。部分 HTML 代码如下：

```
<div class="mr-cont">
<form>
  <div class="mess">
        <!-- 通过下拉菜单实现星座选择 -->
      <div>星座:
          <select>
            <option>水瓶座</option>
            <option>金牛座</option>
            <option>其他星座</option>
          </select>
</div>
        <!-- 通过下拉菜单实现血型选择 -->
      <div>血型:
          <select>
            <option>A型</option>
            <option>B型</option>
            <option>AB型</option>
            <option>O型</option>
          </select>
    </div>
      <!-- 通过下拉菜单实现生肖选择 -->
    <div>生肖:
      <select>
        <option>鼠</option>
        <option>牛</option>
        <option>其他</option>
      </select>
  </div>
  </div>
</form>
</div>
```

（2）新建一个 CSS 文件，在 CSS 文件中设置各标签的样式和布局。关键代码如下：

```
.mr-cont{
    height: 360px;
    width: 915px;
    margin: 20px auto;
    border: 1px solid #f00;
    background: rgba(181, 181, 255,0.65);
}
.type{
    width: 285px;
    height: 180px;
    float: left;
}
.type div{
    width: 350px;
    height: 30px;
    margin: 30px 0 0 60px;
}
```

在浏览器中打开文件，效果如图 8.8 所示。

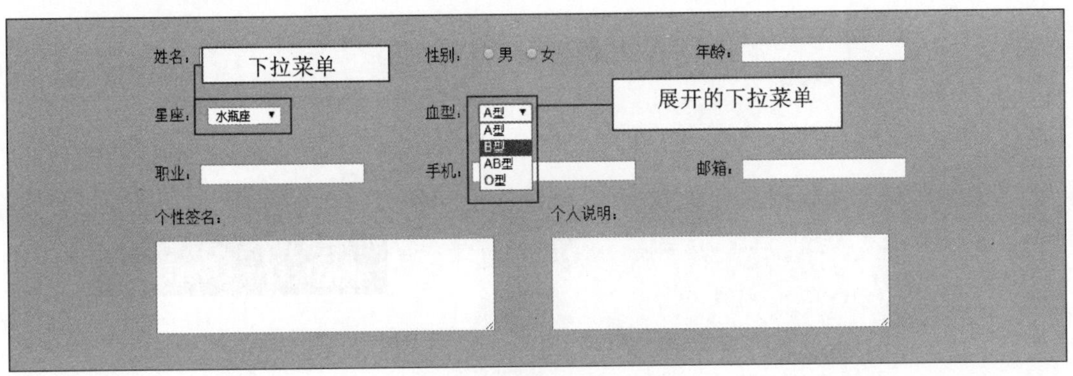

图 8.8　个人资料填写页面

8.4　上机实战

（1）实现 QQ 登录页面，效果如图 8.9 所示。
（2）实现购物商城中条件筛选功能，效果如图 8.10 所示。
（3）仿 QQ 空间页面，效果如图 8.11 所示。
（4）仿个人档案页面，效果如图 8.12 所示。
（5）仿发送朋友圈页面，效果如图 8.13 所示。

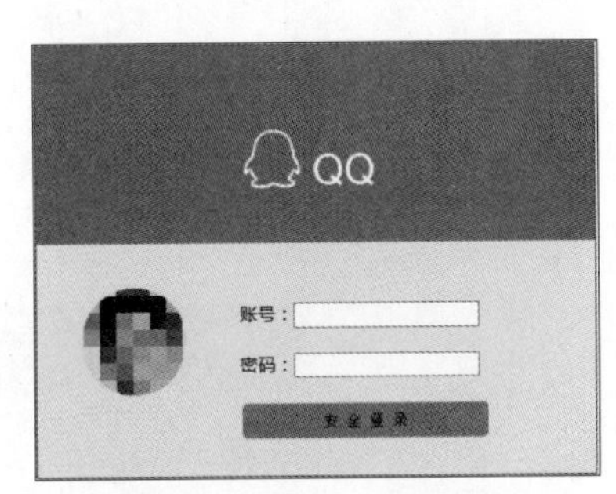

图 8.9　实现 QQ 登录页面

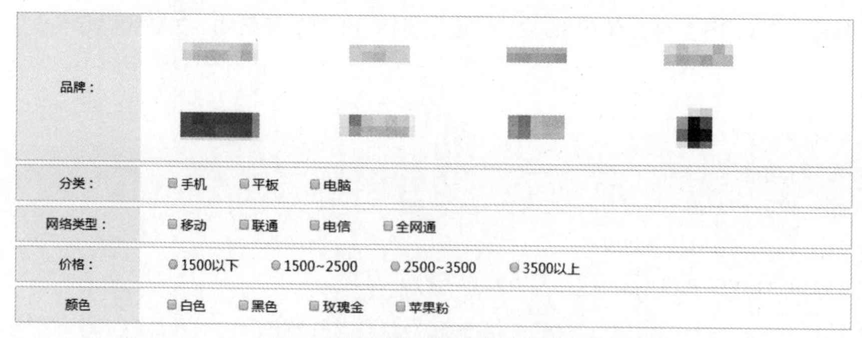

图 8.10　实现购物商城中条件筛选功能

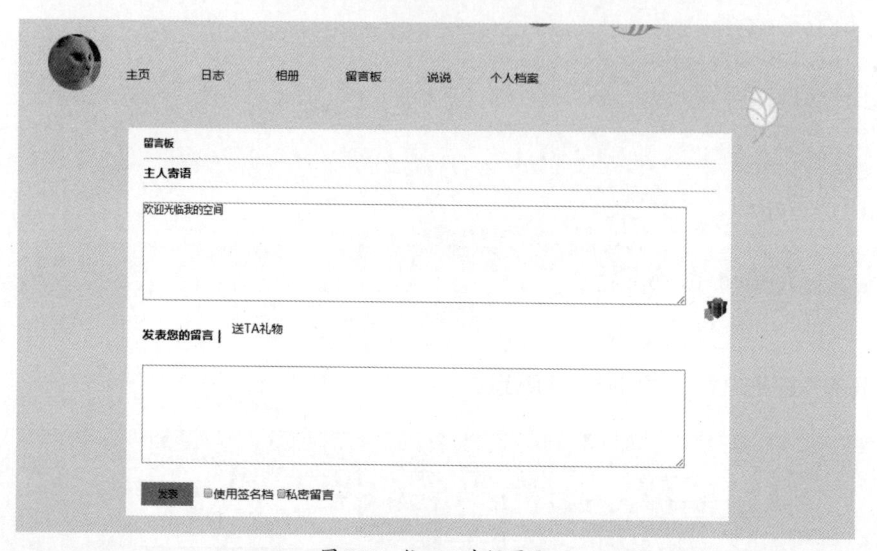

图 8.11　仿 QQ 空间页面

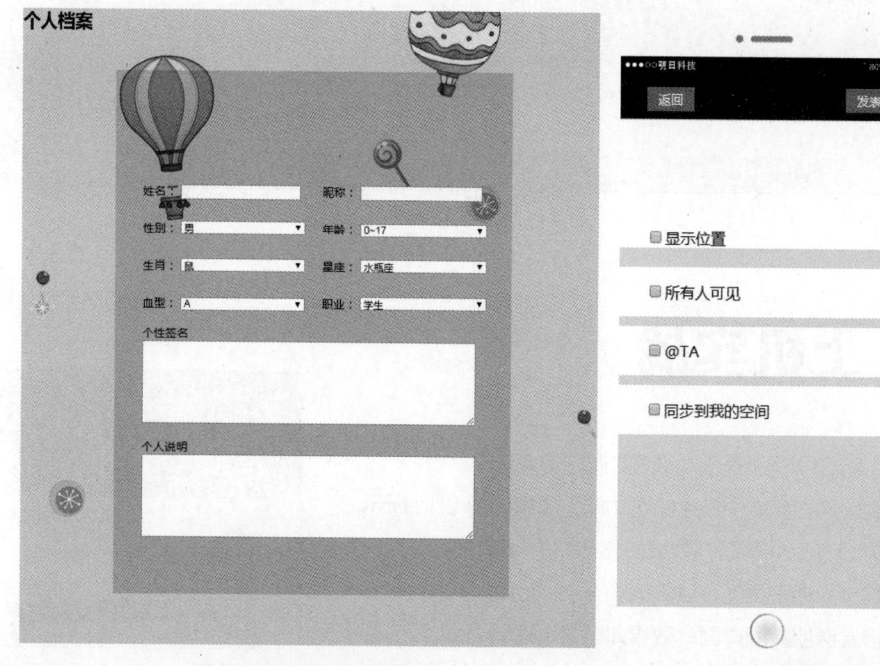

图 8.12　仿个人档案页面

图 8.13　仿发送朋友圈页面

多媒体

视频教学：90 分钟

在 HTML5 出现之前，要在网络上展示视频、音频、动画等，除了使用第三方自主开发的播放器，使用最多的工具应该是 Flash，但是它们都需要在浏览器中安装插件才能使用，并且有时加载速度很慢。HTML5 的出现解决了这个问题。在 HTML5 中，提供了音频和视频的标准接口，通过 HTML5 中的相关技术，视频、动画、音频等多媒体播放不需要安装插件，只要一个支持 HTML5 的浏览器即可。

9.1 HTML5 中多媒体的简述

Web 上的多媒体指的是音效、音乐、视频和动画等。多媒体有多种不同的格式，它可以是你听到或看到的任何内容，如文字、图片、音乐、音效、录音、电影、动画等。在 Internet 上，你会经常发现嵌入网页中的多媒体元素，现代浏览器已支持多种多媒体格式。在本章中，你将了解到不同的多媒体格式，以及如何在网页中使用它们。

9.1.1 HTML4 中多媒体的应用

扫码看视频

在 HTML5 之前，如果开发者想要在 Web 页面中添加视频，必须使用 <object> 和 <embed> 标签，而且要为这两个标签添加许多属性和参数。在 HTML4 中多媒体的应用代码如下：

```
<object width="425" height="344">
    <param name="movie" value="http://www.mingribok.com" />
    <param name="allowFullScreen" value="true" />
    <param name="aiiowscriptaccess" value="always" />
    <embed src="http://www.mingribok.com"
```

```
        type="application/x-shockwave-flash"
        allowscriptaccess="always"
        allowFullScreen="ture" width="425" height="344">
    </embed>
</object>
```

从上面的代码可以看出，在 HTML4 中使用多媒体有如下缺点。

- 代码冗长而笨拙。
- 需要使用第三方插件（Flash）。如果用户没有安装 Flash 插件，则不能播放视频，页面上会出现一片空白。

扫码看视频

9.1.2 HTML5 中的多媒体

在 HTML5 中，新增了两个元素——video 元素与 audio 元素。video 元素专门用来播放网络上的视频或电影，而 audio 元素专门用来播放网络上的音频。使用这两个元素，就不需要使用其他任何插件，只要使用支持 HTML5 的浏览器即可。表 9.1 中介绍了目前浏览器对 video 元素与 audio 元素的支持情况。

表 9.1　目前浏览器对 video 元素与 audio 元素的支持情况

浏览器	支持情况
Chrome	8 位有符号整数
Firefox	16 位有符号整数
Opera	32 位有符号整数
Safari	64 位有符号整数

这两个元素的使用方法都很简单。首先以 audio 元素为例，只要把播放音频的 URL 给指定元素的 src 属性即可。audio 元素的语法如下：

```
<audio src="http://mingri/demo/test.mp3">
您的浏览器不支持 audio 元素!
</audio>
```

通过这种方法，可以把指定的音频直接嵌入网页，其中“您的浏览器不支持 audio 元素！”为在不支持 audio 元素的浏览器中所显示的替代文字。

video 元素的使用方法也很简单，只要设定好元素的长、宽等属性，并且把播放视频的 URL 指定给该元素的 src 属性即可。video 元素的语法如下：

```
<video width="640" height="360" src=" http://mingri/demo/test.mp3">
您的浏览器不支持 video 元素!
</video>
```

另外，还可以通过使用 source 元素来为同一个媒体数据指定多种播放格式与编码方式，以确保浏览器可以从中选择一种自己支持的播放格式进行播放，浏览器的选择顺序为代码中的书写顺序，它会从上往下判断自己对该播放格式是否支持，直到选择到自己支持的播放格式为止。其语法如下：

```
<video width="640" height="360">
<!-- 在 OggTheora 格式、QuickTime 格式之间选择自己支持的播放格式 -->
<source src="demo/sample.ogv" type="video/ogg; codecs='theora, vorbis'"/>
<source src="demo/sample.mov" type="video/quicktime"/>
</video>
```

source 元素具有以下几个属性。

- src：该属性用于指定播放媒体的 URL。
- type：该属性用于指定媒体类型，其属性值为播放文件的 MIME 类型，该属性中的 codecs 参数表示所使用的媒体的编码格式。

因为各浏览器对各种媒体类型及编码格式的支持情况都各不相同，所以使用 source 元素来指定多种媒体类型是非常有必要的。

- IE9：支持 H.264 和 VP8 视频编码格式；支持 MP3 和 WAV 音频编码格式。
- Firefox 4 及以上、Opera 10 及以上：支持 Ogg Theora 和 VP8 视频编码格式；支持 Ogg Vorbis 和 WAV 音频编码格式。
- Chrome 6 及以上：支持 H.264、VP8 和 Ogg Theora 视频编码格式；支持 Ogg Vorbis 和 MP3 音频编码格式。

9.2 多媒体元素基本属性

扫码看视频

video 元素与 audio 元素所具有的属性大致相同，所以我们接下来看一下这两个元素都具有哪些属性。

- src 属性和 autoplay 属性。

src 属性用于指定媒体数据的 URL，autoplay 属性用于指定媒体数据是否在页面加载后自动播放，语法如下：

```
<video src="sample.mov"autoplay="autoplay"></video>
```

- preload 属性。

preload 属性用于指定视频或音频数据是否预加载。如果进行预加载，则浏览器会预先将视频或音频数据进行缓冲，这样可以加快播放速度，因为播放时数据已经预先缓冲完毕。该属性有 3 个可选值，分别是 none、metadata 和 auto，默认值为 auto。

- none 表示不进行预加载。
- metadata 表示只预加载媒体的元数据（媒体字节数、第一帧、播放列表、持续时间等）。
- auto 表示预加载全部视频或音频。

该属性的语法如下：

```
<video src="sample.mov"preload="auto"></video>
```

- poster 属性（video 元素独有属性）和 loop 属性。

当视频不可用时，可以使用 poster 属性向用户展示一幅图像。当视频不可用时，最好使用 poster 属性，以免展示视频的区域中出现一片空白。该属性的语法如下：

```
<video src="sample.mov"poster="cannotuse.jpg"></video>
```

loop 属性用于指定是否循环播放视频或音频，其语法如下：

```
<video src="sample.mov"autoplay="autoplay"loop="loop"></video>
```

- controls 属性、width 属性和 height 属性（后两个属性为 video 元素独有属性）。

controls 属性用于指定是否为视频或音频添加浏览器自带的控制条。控制条中有播放、暂停等按钮。其语法如下：

```
<video src="sample.mov"controls="controls"></video>
```

图 9.1 所示为 Chrome 5.0 浏览器自带的播放视频时用的控制条。

图 9.1　Chrome 5.0 浏览器自带的播放视频时用的控制条

说明

开发者也可以在脚本中自定义控制条，而不使用浏览器默认的控制条。

width 属性与 height 属性用于指定视频的宽度与高度（以 px 为单位），语法如下：

```
<video src="sample.mov"width="500"height="500"></video>
```

- error 属性。

在读取、使用媒体数据的过程中，在正常情况下，该属性的值为 null，但是任何时候只要出现错误，该属性将返回一个 MediaError 对象，该对象的 code 属性返回对应的错误状态码，其可能的值如下。

➢ MEDIA_ERR_ABORTED（数值 1）：媒体数据的下载过程由于用户的操作原因而被终止。

➢ MEDIA_ERR_NETWORK（数值 2）：确认媒体资源可用，但是在下载时出现网络错误，媒体数据的下载过程被终止。

➢ MEDIA_ERR_DECODE（数值 3）：确认媒体资源可用，但是解码时发生错误。

➢ MEDIA_ERR_SRC_NOT_SUPPORTED（数值 4）：媒体资源不可用，媒体格式不被支持。

error 属性为只读属性。

读取错误状态的代码如下：

```
<video id="videoElement" src="mingri.mov">
    <script>
        var video=document.getElementById("video Element");
        video.addEventListener("error",function(){
```

```
            {
                var error=video.error;
                switch (error.code)
                {
                    case 1:
                        alert("视频的下载过程被终止。");
                        break;
                    case 2:
                        alert("网络发生故障，视频的下载过程被终止。");
                        break;
                    case 3:
                        alert("解码失败。");
                        break;
                    case 4:
                        alert("不支持播放的视频格式。");
                        break;
                        default:
                            alert("发生未知错误。");
                }
            },false);
    </script>
```

- networkState 属性。

该属性在媒体数据加载过程中读取当前网络的状态，其值如下。

➢ NETWORK_EMPTY（数值 0）：元素处于初始状态。

➢ NETWORK_IDLE（数值 1）：浏览器已选择好用什么编码格式来播放媒体数据，但尚未建立网络连接。

➢ NETWORK_LOADING（数值 2）：媒体数据加载中。

➢ NETWORK_NO_SOURCE（数值 3）：没有支持的编码格式，不执行加载。

networkState 属性为只读属性。

读取网络状态的代码如下：

```
<script>
    var video = document.getElementById("video");
    video.addEventListener("progress", function(e)
    {
        var networkStateDisplay=document.getElementById("networkState");
        if(video.networkState==2)
        {
            networkStateDisplay.innerHTML="加载中...["+e.loaded+"/"+e.
total+"byte]";
        }
```

```
        else if(video.networkState==3)
        {
            networkStateDisplay.innerHTML=" 加载失败 ";
        }
    },false);
</script>
```

● currentSrc 属性、buffered 属性。

可以用 currentSrc 属性来读取播放中的媒体数据的 URL。该属性为只读属性。

buffered 属性返回一个实现 TimeRanges 对象的对象，以确认浏览器是否已缓存媒体数据。TimeRanges 对象表示一段时间范围，在大多数情况下，该对象表示的时间范围是一个单一的以 0 开始的范围，但是如果浏览器发出 Range Rquest 请求，这时 TimeRanges 对象表示的时间范围是多个时间范围。

TimeRanges对象具有length属性，表示有多少个时间范围，多数情况下，存在时间范围时，该值为1；不存在时间范围时，该值为 0。该对象有两个方法，即 start(index) 和 end(index)，多数情况下将 index 设置为 0 即可。当用 element.buffered 语句来实现 TimeRanges 对象时，start(0) 表示当前缓存区内从媒体数据的什么时间开始进行缓存，end(0) 表示当前缓存区内的结束时间。buffered 属性为只读属性。

● readyState 属性。

readyState 属性为只读属性。该属性返回媒体当前播放位置的就绪状态，其值如下。

➢ HAVE_NOTHING（数值 0）：没有获取到媒体的任何信息，当前播放位置没有可播放数据。

➢ HAVE_METADATA（数值 1）：已经获取到足够的媒体数据，但是当前播放位置没有有效的媒体数据（也就是说，获取到的媒体数据无效，不能播放）。

➢ HAVE_CURRENT_DATA（数值 2）：当前播放位置已经有数据可以播放，但没有获取到下一播放位置的数据。当媒体为视频时，意思是当前帧的数据已获得，但还没有获取到下一帧的数据，或者当前帧已经是视频的最后一帧。

➢ HAVE_FUTURE_DATA（数值 3）：当前播放位置已经有数据可以播放，而且获取到了下一播放位置的数据。当媒体为视频时，意思是当前帧的数据已获取，而且获取到了下一帧的数据。当前帧是视频的最后一帧时，readyState 属性不可能为 HAVE_FUTURE_DATA。

➢ HAVE_ENOUGH_DATA（数值 4）：当前播放位置已经有数据可以播放，同时也获取到了下一播放位置的数据，而且浏览器确认媒体数据以某一种速度进行加载，可以保证有足够的后续数据进行播放。

● seeking 属性和 seekable 属性。

➢ seeking 属性返回一个布尔值，表示浏览器是否正在请求某一特定播放位置的数据，true 表示浏览器正在请求数据，false 表示浏览器停止请求数据。

➢ seekable 属性返回一个 TimeRanges 对象，该对象表示请求到的数据的时间范围。当媒体为视频时，开始时间为请求到视频数据第一帧的时间，结束时间为请求到视频数据最后一帧的时间。

这两个属性均为只读属性。

● currentTime 属性、startTime 属性和 duration 属性。

➢ currentTime 属性用于读取媒体的当前播放位置，也可以通过修改 currentTime 属性来修改当前播放位置。如果修改的位置上没有可用的媒体数据，将抛出 INVALID_STATE_ERR 异常；如果修改的位置超出了浏览器在一次请求中可以请求的数据范围，将抛出 INDEX_SIZE_ERR 异常。

➢ startTime 属性用来读取媒体播放的开始时间，通常为 0。

➢ duration 属性用来读取媒体文件总的播放时间。

● played 属性、paused 属性和 ended 属性。

➢ played 属性返回一个 TimeRanges 对象，从该对象中可以读取媒体文件已播放部分的时间段。开始时间为已播放部分的开始时间，结束时间为已播放部分的结束时间。

➢ paused 属性返回一个布尔值，表示媒体是否暂停播放，true 表示媒体暂停播放，false 表示媒体正在播放。

➢ ended 属性返回一个布尔值，表示媒体是否播放完毕，true 表示媒体播放完毕，false 表示媒体还没有播放完毕。

三者均为只读属性。

● defaultPlaybackRate 属性和 playbackRate 属性。

➢ defaultPlaybackRate 属性用于读取或修改媒体默认的播放速度。

➢ playbackRate 属性用于读取或修改媒体当前的播放速度。

● volume 属性和 muted 属性。

➢ volume 属性用于读取或修改媒体的播放音量，范围为 0 ~ 1，0 为静音，1 为最大音量。

➢ muted 属性用于读取或修改媒体的静音状态，该值为布尔值，true 表示处于静音状态，false 表示处于非静音状态。

9.3 多媒体元素常用方法

扫码看视频

9.3.1 多媒体播放时常用的方法

多媒体元素常用的方法如下。

● 使用 play() 方法播放视频，并会将 paused 属性的值强行设为 false。

● 使用 pause() 方法暂停视频，并会将 paused 属性的值强行设为 ture。

● 使用 load() 方法重新载入视频，并会将 playbackRate 属性的值强行设为 defaultPlaybackRate 属性的值，且强行将 error 属性的值设为 null。

实例 9-1 制作美观的进度条来显示播放视频的进度。具体步骤如下。

（1）在 HTML 文件中添加视频，添加播放、暂停等功能按钮。具体代码如下：

```
<body>
<!-- 添加视频  start-->
<div class="videoContainer">
```

```
  <!--ontimeupdate 事件：当前播放位置（currentTime 属性）改变 -->
  <video id="videoPlayer"  ontimeupdate="progressUpdate()" >
    <source src="butterfly.mp4" type="video/mp4">
    <source src="butterfly.webm" type="video/webm">
  </video>
</div>
<!-- 添加视频  end-->
<!-- 进度条和时间显示区域 start-->
  <div class="barContainer">
  <div id="durationBar">
    <div id="positionBar"><span id="displayStatus">进度条</span></div>
  </div>
</div>
<!-- 进度条和时间显示区域    end-->
<!--6 个功能按钮  start-->
<div class="btn">
  <button onclick="play()">播放</button>
  <button onclick="pause()">暂停</button>
  <button onclick="stop()">停止</button>
  <button onclick="speedUp()">加速播放</button>
  button onclick="slowDown()">减速播放</button>
  <button onclick="normalSpeed()">正常速度</button>
</div>
<!--6 个功能按钮   end-->
</body>
```

（2）首先，为播放、暂停、停止功能按钮绑定 3 个 onclick 事件，通过多媒体播放时的方法即可实现。然后为加速播放、减速播放、正常速度功能按钮绑定 3 个 onclick 事件，在函数内部改变 playbackRate 属性的值，即可实现不同速度的播放。最后，实现进度条内部动态显示播放时间。显示播放时间具体的实现方法是：首先，通过 currentTime 和 duration 属性，获取当前播放位置和视频播放总时间；然后利用 Math.round() 对获取的时间进行处理，保留两位小数；最后通过 innerHTML 方法将值写入 <span> 标签即可。具体代码如下：

```
<script>
     var video;
     var display;
     window.onload= function() {                        //页面加载时执行的匿名函数
       video = document.getElementById("videoPlayer"); //获取 videoPlayer 元素
       display = document.getElementById("displayStatus");//获取 displaystatus 元素
     }
     function play() {                                 //播放功能函数
       video.play();                                   //多媒体播放时的方法
     }
```

```
    function pause() {
      video.pause();                                    // 多媒体播放时的方法
    }
    //currentTime 改变当前播放位置，触发 ontimeupdate 事件
    function stop() {                                   // 停止功能函数
      video.pause();
      video.currentTime= 0;                             // 当前播放位置为 0
    }
    function speedUp() {                                // 视频加速播放函数
      video.play();
      video.playbackRate= 2;                            // 播放速度
    }
    function slowDown() {                               // 视频减速播放函数
      video.play();
      video.playbackRate= 0.5;
    }
    function normalSpeed() {                            // 视频以正常速度播放函数
      video.play();
      video.playbackRate= 1;
    }
    // 进程更新函数
     function progressUpdate() {
      var positionBar= document.getElementById("positionBar"); // 获取进度条元素
     // 时间转换为进度条的宽度
      positionBar.style.width= (video.currentTime/ video.duration* 100)  + "%";
        // 播放时间通过 innerHTML 方法添加到 <span> 标签内部（进度条），让它显示于页面
    displayStatus.innerHTML= (Math.round(video.currentTime*100)/100) + " 秒";
    }
</script>
```

本例的运行结果如图 9.2 所示。

图 9.2　多媒体播放时的方法和属性的综合运用实例

9.3.2 canPlayType(type) 方法

扫码看视频

使用 canPlayType(type) 方法测试浏览器是否支持指定的媒体类型，该方法的定义如下：

```
var support=videoElement.canPlayType(type);
```

videoElement 表示页面上的 video 元素或 audio 元素。该方法使用一个参数 type，该参数的指定方法与 source 元素的 type 属性的指定方法相同，都用播放文件的 MIME 类型来指定，可以在指定的字符串中加上表示媒体编码格式的 codecs 参数。

该方法返回 3 个可能值（均为浏览器判断的结果）。

- 空字符串：浏览器不支持此种媒体类型。
- maybe：浏览器可能支持此种媒体类型。
- probably：浏览器支持此种媒体类型。

扫码看视频

9.4 多媒体元素重要事件

9.4.1 事件处理方式

在利用 video 元素或 audio 元素读取或播放媒体数据的时候，会触发一系列的事件，如果用 JavaScript 脚本来捕捉这些事件，就可以对这些事件进行处理。对于这些事件的捕捉及其处理，可以按两种方式来进行。

一种是监听的方式。通过 addEventListener(事件名 , 处理函数 , 处理方式) 方法来对事件的发生进行监听，该方法的定义如下：

```
videoElement.addEventListener(type,listener,useCapture);
```

videoElement 表示页面上的 video 元素或 audio 元素。type 为事件名称。listener 表示绑定的函数。useCapture 是一个布尔值，表示该事件的响应顺序，该值如果为 true，则浏览器采用 Capture 响应方式；如果为 false，则浏览器采用 bubbing 响应方式，一般采用 false，默认情况下也为 false。

另一种是直接赋值的方式。事件处理方式为 JavaScript 脚本中常见的获取事件句柄的方式，代码如下：

```
<video id="video1" src="mrsoft.mov" onplay="begin_playing()"></video>
function begin_playing()
{
...
};
```

9.4.2 事件介绍

扫码看视频

浏览器在请求媒体数据、下载媒体数据、播放媒体数据一直到播放结束这一系列过程中，会触发哪些事件？接下来将具体介绍。

- loadstart 事件：浏览器开始请求媒体数据。
- progress 事件：浏览器正在获取媒体数据。
- suspend 事件：浏览器非主动获取媒体数据，但没有加载完整个媒体资源。
- abort 事件：浏览器在完全加载前终止获取媒体数据，但是并不是由错误引起的。
- error 事件：浏览器获取媒体数据出错。
- emptied 事件：媒体元素的网络状态突然变为未初始化。可能引起的原因有如下两个。①载入媒体过程中突然发生一个致命错误；②在浏览器正在选择支持的播放格式时，又调用了 load() 方法重新载入媒体。
- stalled 事件：浏览器获取媒体数据异常。
- play 事件：即将开始播放，当执行 play() 方法时触发，或数据下载后元素被设为 autoplay（自动播放）属性时触发。
- pause 事件：暂停播放，当执行 pause() 方法时触发。
- loadedmetadata 事件：浏览器获取完媒体资源的时长和字节。
- loadeddata 事件：浏览器已加载当前播放位置的媒体数据。
- waiting 事件：由于下一帧无效（例如未加载）而停止播放（但浏览器确认下一帧会马上有效）。
- playing 事件：已经开始播放。
- canplay 事件：浏览器能够开始播放媒体，但估计以当前速度播放不能直接将媒体播放完（播放期间需要缓冲）。
- canplaythrough 事件：浏览器估计以当前速度播放可以直接播放完整个媒体（播放期间不需要缓冲）。
- seeking 事件：浏览器正在请求数据（seeking 属性的值为 true）。
- seeked 事件：浏览器停止请求数据（seeking 属性的值为 false）。
- timeupdate 事件：当前播放位置（currentTime 属性）改变，可能是播放过程中的自然改变，也可能是被人为地改变，或由于播放不能连续而发生的跳变。
- ended 事件：由于媒体结束而停止播放。
- ratechange 事件：默认播放速度（defaultPlaybackRate 属性）改变或播放速度（playbackRate 属性）改变。
- durationchange 事件：媒体时长（duration 属性）改变。
- volumechange 事件：音量（volume 属性）改变或静音（muted 属性）。

9.4.3 事件实例

扫码看视频

浏览器在请求媒体数据、下载媒体数据、播放媒体数据一直到播放结束这一系列过程中，会触发一些事件，接下来我们通过一个实例，具体运用一下。

实例 9-2 在页面中显示要播放的多媒体文件的相关信息。具体步骤如下。

（1）通过 <video> 标签添加多媒体文件。具体代码如下：

```
  <!-- 添加视频 -->
<video id="video">
```

```
        <source  src="butterfly.mp4" type="video/mp4" />
        <source  src="butterfly.webm" type="video/webm" />
    </video>
```

（2）添加 <button> 和 <span> 标签，分别用于放置“播放 / 暂停”按钮和媒体的总时间、当前播放时间。具体代码如下：

```
<!-- 播放按钮和播放时间 -->
<button id="playButton"  onclick="playOrPauseVideo()"> 播放 </button>
<span id="time"></span>
```

（3）给 video 元素添加事件监听，用 addEventListener() 方法对 playEvent 事件进行监听（loadeddata 事件：浏览器已加载当前播放位置的媒体数据），在该方法中用秒来显示当前播放时间。同时触发 onclick 事件，调用 play() 方法。在 onclick 事件中对播放的进度进行判断，当播放完成后，将当前播放位置 currentTime 置为 0，并且通过三元运算执行播放或者是暂停。具体代码如下：

```
//播放暂停
var play=document.getElementById("playButton");     //获取按钮元素
play.onclick= function () {
    if(video.ended) {                                //如果媒体播放结束，播放时间从0开始
        video.currentTime= 0;
    }
    video[video.paused? 'play' : 'pause']();         //通过三元运算执行播放或暂停
};

video.addEventListener('play', playEvent, false);   //使用事件播放
video.addEventListener('pause', pausedEvent, false);//播放暂停
video.addEventListener('ended', function () {       //播放结束后停止播放
    this.pause();                                   //显示暂停播放
}, false);
}
```

（4）显示播放时间：获取 video 元素的 currentTime 和 duration 属性的值，currentTime 和 duration 属性的值默认的单位是秒，当前播放时间是以“当前时间 / 总时间”的形式输出。具体的实现方法是：首先，通过 currentTime 和 duration 属性，获取当前播放位置和视频播放总时间；然后利用 Math.floor() 对获取的时间进行取整；最后通过 innerHTML 方法将值写入 <span> 标签即可。具体代码如下：

```
//显示时间进度
function playOrPauseVideo() {
    var video = document.getElementById("video");
    //使用事件监听方式捕捉timeupdate事件
    video.addEventListener("timeupdate", function () {
        var timeDisplay = document.getElementById("time");
```

```
        //用秒数来显示当前播放进度
        timeDisplay.innerHTML = Math.floor(video.currentTime) + " / " +
Math.floor(video.duration) + "(秒)";
    }, false);
```

(5)使用 video 元素的 addEventListener() 方法对 play、pause、ended 等事件进行监听，同时绑定 playEvent()、pausedEvent() 函数，在这两个函数中，实现按钮上交替地显示文字“播放”和“暂停”。具体代码如下：

```
// 绑定 onclick 事件：播放暂停
  var play=document.getElementById("playButton");// 获取按钮元素
    play.onclick= function () {
      if (video.ended) {                          //ended 为 video 元素的属性
          video.currentTime= 0;              // 如果媒体播放结束，播放时间从 0 开始
      }
      video[video.paused? 'play' : 'pause'](); // 通过三元运算执行播放或暂停
    };
      // 按钮上交替地显示文字“播放”和“暂停”
      video.addEventListener('play', playEvent, false); // 使用事件播放
              video.addEventListener('pause', pausedEvent, false); // 播放暂停
              video.addEventListener('ended', function (){ // 播放结束后停止播放
                this.pause();     // 显示暂停播放
              }, false);
  function playEvent() {
   video.play();
   play.innerHTML= '暂停';
}
function pausedEvent() {
 video.pause();
  play.innerHTML= '播放';
}
 }
```

本例的运行结果如图 9.3 所示。

图 9.3　addEventListener() 方法添加多媒体事件实例

9.5 上机实战

（1）为视频自定义播放与暂停按钮，效果如图9.4所示。

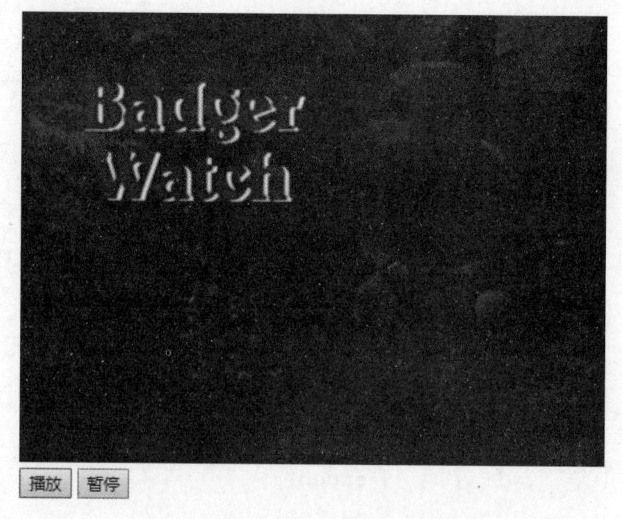

图9.4 为视频自定义播放与暂停按钮

（2）为视频添加工具栏以及播放按钮、暂停按钮和重载按钮，效果如图9.5所示。

图9.5 自定义视频工具栏和按钮

（3）实现视频的放大和缩小，效果如图9.6所示。

图9.6 实现视频的放大和缩小

第10章 HTML5

视频教学：77分钟

HTML5自正式推出以来，就受到了各大浏览器厂商的热烈欢迎与支持。HTML5在HTML4的基础上进行了改进。本章将从总体上介绍到底HTML5有哪些修改，HTML5与HTML4之间比较大的区别是什么。

10.1 谁在开发HTML5

扫码看视频

HTML5的开发主要是由以下3个重要组织完成的。

- WHATWG：由来自Apple、Mozilla、Google、Opera等浏览器厂商的人组成，成立于2004年。WHATWG开发HTML和Web应用API，同时为各浏览器厂商以及其他有意向的组织提供开放式合作。
- W3C（World Wide Web委员会）：W3C下辖的HTML工作组目前负责发布HTML5规范。
- IETF（Internet Engineering Task Force，因特网工程任务组）：这个任务组下辖HTTP（Hyper Text Transfer Protocol，超文本传输协议）等负责Internet协议的团队。HTML5定义的一种新API（WebSocket API）依赖于新的WebSocket协议，IETF正在开发这个协议。

HTML5的正式徽标如图10.1所示。

图10.1 HTML5的正式徽标

10.2 HTML5的新特性

扫码看视频

HTML5给人们带来了众多惊喜，增加了以下新特性。

- 新特性基于HTML、CSS、DOM和JavaScript。

- 减少了对外部插件的需求（比如 Flash）。
- 更优秀的错误处理。
- 更多取代脚本的标签。
- 独立于设备。
- 用于绘画的 canvas 元素。
- 用于媒体回放的 video 和 audio 元素。
- 对本地离线存储的更好的支持。
- 新元素和表单控件。

这些新特性在当前浏览器最新版本中得到越来越普遍的支持，越来越多的开发者开始学习和使用这些新特性。

1．兼容性

虽然如今到了“HTML5 时代”，但并不代表现在用 HTML4 创建出来的网站必须全部要重建。HTML5 并不是颠覆性的革新。相反，实际上 HTML5 的一个核心理念就是保持一切新特性平滑过渡。一旦浏览器不支持 HTML5 的某项功能，针对功能的备选行为就会悄悄进行。另外，互联网上有些 HTML 文档已经存在 20 多年，因此，支持所有现存 HTML 文档是非常重要的。

尽管 HTML5 的一些特性非常具有革命性，但是 HTML5 旨在进化而非革命。这一点正是通过兼容性体现出来的。正是因为保障了兼容性，人们才能毫不犹豫地选择用 HTML5 开发网站。

2．实用性和用户优先

HTML5 规范是基于用户优先准则编写的，其宗旨是“用户即上帝”，这意味着在遇到无法解决的冲突时，HTML5 规范会把用户放到第一位，其次是页面的作者，然后是实现者（或浏览器），接着是规范制定者，最后才考虑理论的纯粹实现。因此，HTML5 的绝大部分是实用的，只是有些情况下还不够完美。实用性是指能够解决实际问题。HTML5 内只封装切实有用的功能，不封装复杂而没有实际意义的功能。

3．化繁为简

HTML5 要的就是简单，避免不必要的复杂性。HTML5 的口号是“简单至上，尽可能简化”。因此，HTML5 做了以下改进。

- 以浏览器原生能力替代复杂的 JavaScript 代码。
- 新的简化的 DOCTYPE。
- 新的简化的字符集声明。
- 简单而强大的 HTML5 API。

我们会在以后的章节中详细讲解这些改进。

为了实现所有的这些简化操作，HTML5 规范已经变得非常大，因为它需要更精确。实际上，HTML5 规范比以往任何版本的 HTML 规范都要精确。为了能够真正实现浏览器互通的目标，HTML5 规范规定了一系列定义明确的行为，任何存在歧义和意思含糊的表述都可能延缓这一目标的实现。

另外，HTML5 规范比以往任何版本的 HTML 规范都要详细，为的是避免造成误解。HTML5 规范的目标是完全、彻底地给出定义，特别是对 Web 应用。

基于多种改进过的、强大的错误处理方案，HTML5 具备良好的错误处理机制。非常有现实意义的一点是，HTML5 提倡重大错误的平缓恢复，再次把用户的利益放在第一位。例如，如果页面中有错误，在以前可能会影响整个页面的显示，而 HTML5 不会出现这种情况，取而代之的是以标准方式显示“broken”标记，这要归功于 HTML5 中精确定义的错误恢复机制。

4．无插件范式

过去，很多功能只能通过插件或者复杂的 hack（本地绘图 API、本地 Socket 等）来实现，但在 HTML5 中提供了对这些功能的原生支持。插件的方式存在以下问题。

- 插件安装可能失败。
- 插件可能被禁用或者是屏蔽。
- 插件自身会成为被攻击的对象。
- 插件不容易与 HTML 文档的其他部分集成（因为插件边界、剪裁和透明度问题）。

虽然一些插件的安装率很高，但在控制严格的公司内部网络环境中经常会被封锁。此外，由于插件经常会给用户推送烦人的广告，一些用户也会选择屏蔽此类插件。如果这样做的话，一旦用户禁用了插件，就意味着依赖该插件显示的内容也无法表现出来。

在我们已经设计好的页面中，要想把插件显示的内容与页面上的其他元素集成也比较困难，因为会引起剪裁和透明度等问题。插件使用的是自带的模式，与普通 Web 页面所使用的不一样，所以当弹出菜单或者其他可视化元素与插件重叠时，会特别麻烦。这时就需要 HTML5 应用原生功能来解决，它可以直接用 CSS 和 JavaScript 的方式控制页面布局。实际上这也是 HTML5 的最大亮点，显示了先前任何 HTML 版本都不具备的强大能力。HTML5 不仅仅提供新元素、支持新功能，更重要的是添加了脚本和布局之间的原生交互能力，鉴于此我们可以实现以前不能实现的效果。

以 HTML5 中的 canvas 元素为例，有很多非常底层的事情以前是没办法做到的（比如在 HTML4 的页面中就很难画出对角线），而有了 canvas 元素就可以很容易实现。更为重要的是新 API 释放出来的潜能，以及仅需寥寥几行 CSS 代码就能完成布局的能力。基于 HTML5 的各类 API 的优秀设计，我们可以轻松地对它们进行组合应用。HTML5 的不同功能组合应用为 Web 开发注入了一股强大的新生力量。

10.3 HTML5 和 HTML4 的区别

扫码看视频

10.3.1 HTML5 的语法变化

在 HTML5 中，语法发生了很大的变化，主要有以下几个原因。

（1）现有浏览器与规范背离。

HTML 的语法是用 SGML（Standard General Markup Language，标准通用标记语言）规定的。但是由于 SGML 的语法非常复杂，文档结构解析程序的开发也不太容易，多数 Web 浏览器不作为 SGML 解析器运行。由此，HTML 规范中虽然要求“应遵循 SGML 的语法”，但实际情况却是遵循规范的实现（Web 浏览器）几乎不存在。

（2）规范向实现靠拢。

如前文所述，HTML5 中提高 Web 浏览器间的兼容性也是重大的目标之一。要确保兼容性，必须消除规范与实现背离的现象。因此 HTML5 以近似现有的实现重新定义了新的 HTML 语法，即使规范向实现靠拢。

由于文档结构解析的算法也有着详细的记载，Web浏览器厂商可以专注于遵循规范去进行实现工作。在新版本的 FireFox 和 WebKit（Nightly Builder 版）中，已经内置了遵循 HTML5 规范的解析器。IE 和 Opera 也为了更好地实现兼容性而努力着。

10.3.2 HTML5 中的标记方法

扫码看视频

在 HTML5 中，标记方法主要包括以下几种。

1. 内容类型

HTML5 文件的扩展名和内容类型(ContentType)没有发生变化，即扩展名还是".html"或".htm"，内容类型还是".text/html"。

2. DOCTYPE 声明

要使用 HTML5 标签，必须先进行 DOCTYPE 声明。Web 浏览器通过判断文件开头有没有这个声明，让解析器和渲染类型切换成对应 HTML5 的模式。代码如下：

```
<!DOCTYPE html>
```

另外，当使用工具时，也可以在 DOCTYPE 声明中加入 SYSTEM 标识（不区分大小写，此外可将双引号换为单引号来使用），代码如下：

```
<!DOCTYPE HTML SYSTEM "about:legacy-compat">
```

3. 字符编码的设置

字符编码的设置方法也有些新的变化。以前，设置 HTML 文件的字符编码时，需要使用 meta 元素，代码如下：

```
<meta http-equiv="Content-Type" content="text/html;charset=UTF-8">
```

在 HTML5 中，可以使用 meta 元素的新属性 charset 来设置字符编码，代码如下：

```
<meta charset="UTF-8">
```

以上两种方法都有效，因此也可以继续使用前一种方法（通过 content 属性来设置），但要注意两种方法不能同时使用。例如，以下代码是错误的。

```
<!-- 不能混合使用 charset 属性和 content 属性 -->
<meta charset="UTF-8" http-equiv="Content-Type" content="text/html;charset=UTF-8">
```

注意

从 HTML5 开始，文件的字符编码推荐使用 UTF-8。

10.3.3 HTML5 语法中需要掌握的几个要点

扫码看视频

HTML5 中规定的语法，在设计上兼顾了与现有 HTML 之间最大程度的兼容性。例如，在 Web 上充斥着“<p> 没有结束标签”等 HTML 现象。HTML5 没有将这些视为错误，反而允许这些现象存在，并明确记录在规范中。因此，尽管与 XHTML 相比 HTML5 的标签比较简洁，但在遵循 HTML5 的 Web 浏览器中也能保证生成相同的 DOM。下面就来看看具体的 HTML5 语法。

1．可以省略标签的元素

在 HTML5 中，有些元素可以省略标签，主要有以下两种情况。

- 可以省略结束标签的元素，主要有 li、dt、dd、p、rt、rp、optgroup、option、colgroup、thead、tbody、tfoot、tr、td 和 th 元素。
- 可以省略整个标签的元素（连开始标签都不用写明），主要有 html、head、body、colgroup 和 tbody 元素。需要注意的是，虽然这些元素的标签可以省略，但实际上它们是隐式存在的。例如 <body> 标签可以省略，但在 DOM 树上它是存在的，可以永恒访问到“document.body”。

2．不允许写结束标签的元素

不允许写结束标签的元素是指，不允许使用开始标签与结束标签将元素括起来的形式，只允许使用 < 元素 /> 的形式进行书写的元素。例如，
...</br> 的写法是错误的，应该写成
。当然，沿袭下来的
 这种写法也是允许的。不允许写结束标签的元素有 area、base、br、col、command、embed、hr、img、input、keygen、link、meta、param、source、track 和 wbr。

3．允许省略属性值的属性

取得布尔值的属性，例如 disabled、readonly 等，通过省略属性值来表达“值为 true”。如果要表达“值为 false”，则直接省略属性本身即可。此外，在写明属性值来表达“值为 true”时，可以将属性值设为属性名称本身，也可以将值设为空字符串。例如：

```
<!-- 以下的 checked 属性的值皆为 true -->
<input type="checkbox" checked>
<input type="checkbox" checked="checked">
<input type="checkbox" checked="">
```

表 10.1 列出了 HTML5 中允许省略属性值的属性。

表 10.1　HTML5 中允许省略属性值的属性

属性	值
checked	checked=" checked"
readonly	readonly=" readonly"
disabled	disabled=" disabled"
selected	selected=" selected"
defer	defer=" defer"

续表

属性	值
ismap	ismap="ismap"
nohref	nohref="nohref"
noshade	noshade="noshade"
nowrap	nowrap="nowrap"
multiple	multiple="multiple"
noresize	noresize="noresize"

4. 可以省略引用符的属性

设置属性值时，“`”可以使用双引号或单引号来引用。而在HTML5语法中，要是属性值不包含空格、“<”和“>”（尖括号）、“'”（双引号）和“=”（等于号）等字符，都可以省略属性的引用符。例如：

```
<input type="text">
<input type='text'>
<input type=text>
```

在上面这3行代码中，type的属性值为text，没有上面提及的几种字符，所以可以省略双引号和单引号。

实例10-1 运用<area>标签，制作区域图像映射，当单击<area>标签所指定的区域（coords）的时候，页面就会跳转，跳转的链接就是href所指定的URL。具体代码如下：

```
<!DOCTYPE html>
<html>
<head>
<meta charset="utf-8">
<title><area>标签</title>
</head>
<body>
    <p>单击太阳或其他行星，注意变化</p>
    <img src="images/planets.gif" width="145" height="129" alt="Planets"
usemap="#planetmap">
    <map name="planetmap">
    <!--shape规定区域的形状-->
    <!--coords规定区域的坐标-->
    <!--href规定区域的目标URL-->
    <area shape="rect" coords="0,10,82,400" alt="Sun" href="images/sun.
gif">
    <area shape="circle" coords="150,90,20" alt="Venus" href="images/
venglobe.gif">
    <area shape="circle" coords="110,93,8" alt="Mercury" href="#">
</map>
</body>
</html>
```

运行效果如图10.2所示。

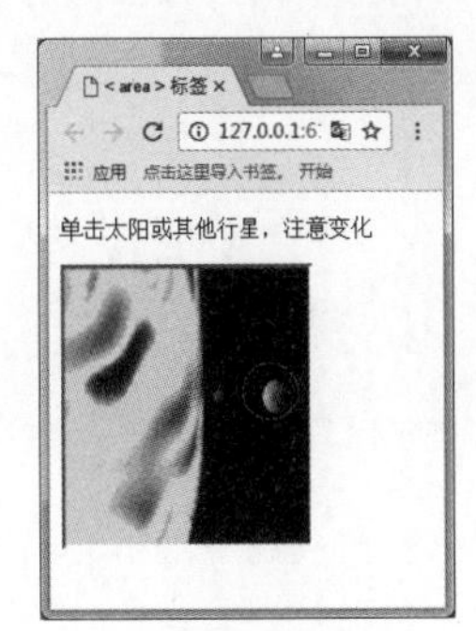

图 10.2 <area> 标签的区域图像映射实例

10.4 新增和废除的元素

扫码看视频

10.4.1 新增的结构元素

在 HTML5 中，新增了以下与结构相关的元素。

1. section 元素

section 元素用于定义文档或应用程序中的一个区段，比如章节、页眉、页脚或文档中的其他部分。它可以与 h1、h2、h3、h4、h5 以及 h6 元素结合起来使用，标示文档结构。

HTML5 中代码示例:

```
<section>...</section>
```

HTML4 中代码示例:

```
<div>...</div>
```

2. article 元素

article 元素用于定义文档中的一块独立的内容，例如博客中的一篇文章或报纸中的一篇文章。

HTML5 中代码示例:

```
<article>...</article>
```

HTML4 中代码示例:

```
<div class="article">...</div>
```

3. header 元素

header 元素用于定义页面中一个内容区块或整个页面的标题。

HTML5 中代码示例:

```
<header>...</header>
```

HTML4 中代码示例：

```
<div>...</div>
```

4. nav 元素

nav 元素用于定义导航链接的部分。

HTML5 中代码示例：

```
<nav>...</nav>
```

HTML4 中代码示例：

```
<ul>...</ul>
```

5. footer 元素

footer 元素用于定义整个页面或页面中一个内容区块的脚注。一般来说，脚注包含创建者的姓名、文档的创建日期以及创建者的联系信息等。

HTML5 中代码示例：

```
<footer>...</footer>
```

HTML4 中代码示例：

```
<div>...</div>
```

实例 10-2 使用nav元素实现导航菜单。第一个nav元素用于页面外的导航，将页面跳转到其他页面上（跳转到网站主页或开发文档目录页面）；第二个 nav 元素放置在 article 元素中，用作这篇文章中组成部分的页内导航。关键代码如下：

```
<body>
<h1> 明日学院 </h1>
<!-- 第一个 nav 元素用于页面外的导航，将页面跳转到其他页面上 -->
<nav>
    <ul>
        <li><a href="www.mingrosoft.com"> 主页 </a></li>
        <li><a href="www.mingrisoft.com/login.html"> 登录 www.</a></li>
        ...more...
    </ul>
</nav>
<article>
    <header>
        <h1> 编程词典功能介绍 </h1>
        <!-- 第二个 nav 元素用作页内导航 -->
        <nav>
            <ul>
                <li><a href="#gl"> 管理功能 </a></li>
```

```
                <li><a href="#kf">开发功能</a></li>
<br/><br/><br/><br/><br/><br/><br/><br/><br/><br/><br/><br/><br/><br/><br
/><br/><br/><br/><br/><br/><br/><br/><br/><br/><br/><br/><br/><br/><br/><
br/><br/><br/><br/><br/><br/><br/><br/><br/><br/><br/><br/>
                ...more...
            </ul>
        </nav>
    </header>
    <section id="gl">
        <h1>编程词典的入门模式</h1>
        <p>编程词典的入门模式介绍</p>
    </section>
    <section id="kf">
        <h1>编程词典的开发模式</h1>
        <p>编程词典的开发模式介绍</p>
    </section>
    ...more...
    <footer>
        <p>
            <a href="?edit">编辑</a> |
            <a href="?delete">删除</a> |
            <a href="?rename">重命名</a>
        </p>
      </footer>
</article>
<footer>
      <p><small>版权所有：明日科技</small></p>
</footer>
</body>
```

运行代码，效果如图 10.3 所示，图中的蓝色文字（下划线文字）均为超链接，第一部分为外链接，第二部分为页面内链接。当单击“管理功能”时，页面跳转到这篇文章对应的部分，如图 10.4 所示。

图 10.3　nav 元素的页面导航应用

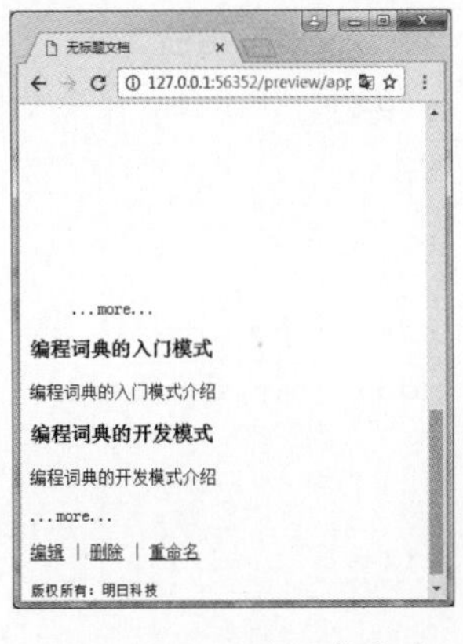

图 10.4　nav 元素用作文章中组成部分的页内导航

> **注意**
>
> 在 HTML5 中不要用 menu 元素代替 nav 元素。因为 menu 元素是用在一系列发出命令的菜单上的，是一种交互性的元素，更确切地说是使用在 Web 应用程序中的。

10.4.2 新增的块级的语义元素

扫码看视频

在 HTML5 中，新增了以下与块级（block）的语义相关的元素。

1. aside 元素

aside 元素用于定义 article 元素的内容之外的与 article 元素的内容相关的内容。

HTML5 中代码示例：

```
<aside>...</aside>
```

例如，运用 aside 元素添加诗词的注释。HTML5 文件中的关键代码如下：

```
<body background="images/3.png">
<center>
    <!-- 使用 <figure> 标签标记文档中的一张图片 -->
    <figure><imgsrc="images/4.png"></figure>
    <header>
        <h1> 宋词赏析 </h1>
    </header>
    <article>
        <h1><strong> 水调歌头 </strong></h1>
        <p>... 但愿人长久，千里共婵娟（文章正文）</p>
        <aside>
            <!-- 因为 aside 元素被放置在 article 元素内部，
              所以分析器将 aside 元素的内容理解成是和 article 元素的内容相关联的。-->
            <br/>
            <h1> 名词解释 </h1>
            <dl>
                <dt> 宋词 </dt>
                <dd> 词，是我国古代诗歌的一种。它始于梁代，形成于唐代而极盛于宋代。（全
部文章）</dd>
            </dl>
            <dl>
                <dt> 婵娟 </dt>
                <dd> 美丽的月光 </dd>
            </dl>
        </aside>
    </article>
</center>
</body>
```

运行效果如图 10.5 所示。

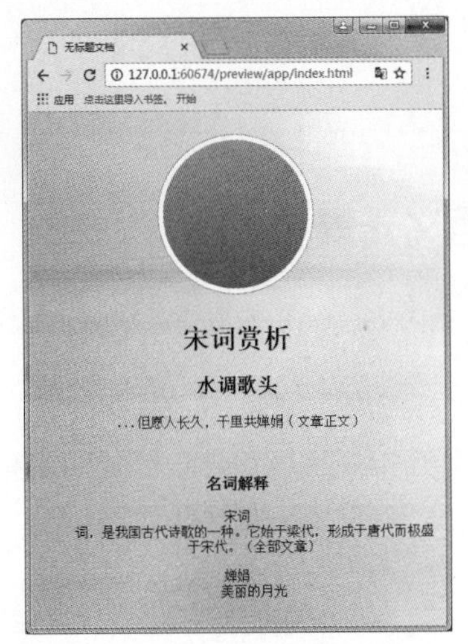

图 10.5 运用 aside 元素添加诗词的注释

2. figure 元素

figure 元素用于定义一段独立的流内容，一般表示文档主体内容中的一个独立单元。使用 figcaption 元素为 figure 元素添加标题。

HTML5 中代码示例：

```
<figure>
<figcaption>PRC</figcaption>
<p>My brother was born in 1949...</p>
</figure>
```

HTML4 中代码示例：

```
<dl>
<h1>PRC</h1>
<p> My brother was born in 1949...</p>
</dl>
```

3. dialog 元素

dialog 元素用于定义对话内容。

注意

对话中的每个句子都必须属于 <dt> 或 <dd> 标签所定义的部分。

HTML5 中代码示例：

```
<dialog>
<dt> 老师 :</dt>
<dd>2+2 等于? </dd>
<dt> 学生 :</dt>
```

```
<dd>4</dd>
<dt> 老师 :</dt>
<dd> 答对了！ </dd>
</dialog>
```

10.4.3 新增的行内的语义元素

扫码看视频

在 HTML5 中，新增了以下与行内（inline）的语义相关的元素。

1. mark 元素

mark 元素主要用来在视觉上向用户呈现那些需要突出显示或高亮显示的文字。mark 元素的一个比较典型的应用就是在搜索结果中向用户高亮显示搜索关键词。

HTML5 中代码示例：

```
<mark>...</mark>
```

HTML4 中代码示例：

```
<span>...</span>
```

2. time 元素

time 元素用于定义日期或时间，也可以用于同时定义两者。

HTML5 中代码示例：

```
<time>...</time>
```

HTML4 中代码示例：

```
<span>...</span>
```

3. progress 元素

progress 元素用于指定运行中的进程。可以使用 progress 元素来显示 JavaScript 中耗费时间的函数的进程。

HTML5 中代码示例：

```
<progress>...</progress>
```

4. meter 元素

meter 元素用于定义度量衡，仅用于已知最大值和最小值的度量，且必须定义度量的范围，既可以在元素的文本中定义，也可以在 min/max 属性中定义。

HTML5 中代码示例：

```
<meter>...</meter>
```

实例10-3 通过设置 meter 元素的 min 属性、max 属性、low 属性和 height 属性，制作条形图。HTML5 文件中的具体代码如下：

```
<!doctype html>
<html>
<head>
<meta charset="utf-8">
<title>meter 元素 </title>
</head>

<body>
<h3>2017 年上半年某公司销售额 </h3><!--low 被界定为低值的范围  -->
<!--high 被界定为高值的范围 -->
<!--min 为最小值 -->
<!--max 为最大值 -->
<p> 编程类图书：<meter min="0" max="100" low="30" height="80" value="85"></
meter>85 万元 </p>
<p> 设计类图书：<meter min="0" max="100" low="30" height="80" value="65"></
meter>65 万元 </p>
<p> 数据库类图书：<meter min="0" max="100" low="30" height="80" value="25"></
meter>25 万元 </p>
<p> 幼儿教育类图书：<meter min="0" max="100" low="30" height="80" value="15"></
meter>15 万元 </p>
<br/>
<p style="color:red;font-weight: bold;"> 注意：IE 不支持 meter 元素！ </p>
</body>
</html>
```

运行效果如图 10.6 所示。

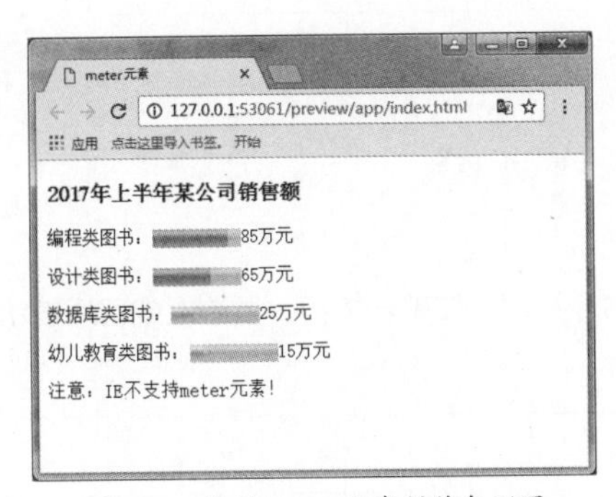

图 10.6　使用 meter 元素制作条形图

10.4.4　新增的多媒体元素与交互性元素

扫码看视频

在 HTML5 中，新增了 video 和 audio 元素，分别用来插入视频和音频。值得注意的是，可以在开始标签和结束标签之间放置文本内容，这样旧版本的浏览器就可以显示出不支持该标签的信息。例如：

```
<video src="somevideo.wmv"> 您的浏览器不支持 video 元素。</video>
```

HTML5也叫Web Applications 1.0，因此其也进一步发展了交互能力。以下这些元素可以增强用户浏览页面时的交互体验感受。

- details元素。

details元素用于定义用户要求得到并且可以得到的细节信息。它可以与summary元素配合使用。summary元素用于定义标题或图例。标题是可见的，用户单击标题时，会显示出details。summary元素应该是details元素的第一个子元素。

HTML5中代码示例：

```
<details><summary>HTML5</summary>
This document teaches you everything you have to learn about HTML5.
</details>
```

- datagrid元素。

datagrid元素用于定义可选数据的列表，通常用于显示树列表。

HTML5中代码示例：

```
<datagrid>...</datagrid>
```

- menu元素。

menu元素用于定义菜单列表，通常用于列出表单控件。

HTML5中代码示例：

```
<menu>
<li><input type="checkbox">red</li>
<li><input type="checkbox">blue</li>
</menu>
```

注意

在HTML4中不推荐使用menu元素。

- command元素。

command元素用于设置命令按钮，如单选按钮、复选框或普通按钮。

HTML5中代码示例：

```
<command onclick="cut()" label="cut">
```

10.4.5 新增的input元素的类型

扫码看视频

在HTML5中，input元素新增了以下类型。

- email类型，用于应该包含E-mail地址的输入域。
- url类型，用于应该包含URL的输入域。
- number类型，用于应该包含数值的输入域。
- range类型，用于应该包含一定范围内数值的输入域。
- search类型，用于搜索域，比如站点搜索。search域显示为常规的文本域。

- date pickers（日期检出器），用于选择日期和时间。

HTML5 中拥有多个可供选取日期和时间的新输入类型，具体如下。

- date：选取日、月、年。
- month：选取月、年。
- week：选取周和年。
- time：选取时间（小时和分钟）。
- datetime：选取时间、日、月、年（世界协调时）。
- datetime-local：选取时间、日、月、年（本地时间）。

10.4.6 废除的元素

扫码看视频

在 HTML5 中，不仅新增了一些元素，还废除了很多元素。下面简单介绍一下被废除的元素。

1. 能使用 CSS 代替的元素

对于 basefont、big、center、font、s、strike、tt、u 这些元素，由于它们的功能都是纯粹为画面展示服务的，而在 HTML5 中提倡把画面展示功能放在 CSS 中统一编辑，所以将这些元素废除，并使用编辑 CSS 的方式进行替代。

2. 不再支持 frame（框架）

由于 frame 对页面存在负面影响，所以在 HTML5 中已不再支持 frame，只支持 iframe，或者用服务器创建的由多个页面组成的复合页面的形式，同时将 frameset 元素、frame 元素和 noframes 元素废除。

3. 只有部分浏览器支持的元素

由于只有部分浏览器支持 applet、bgsound、blink、marquee 等元素，所以在 HTML5 中将这几个元素废除。其中，applet 元素可由 embed 元素替代，bgsound 元素可由 audio 元素替代，marquee 元素可由 JavaScript 编程的方式所替代。

10.5 新增的属性和废除的属性

10.5.1 新增的属性

扫码看视频

在 HTML5 中，新增了一些属性，也废除了一些属性。下面将详细介绍这些属性。

1. 与表单相关的属性

在 HTML5 中，新增的与表单相关的属性如下。

（1）autocomplete 属性。

autocomplete 属性规定 form 或 input 域应该拥有自动完成功能。该属性适用于 <form> 标签，也

适用于 <input> 标签的类型，如 text、search、url、telephone、email、password、date pickers、range 和 color。

（2）autofocus 属性。

autofocus 属性规定在页面加载时，域自动获得焦点。该属性适用于所有 <input> 标签的类型。

（3）form 属性。

form 属性规定输入域所属的一个或多个表单。该属性适用于所有 <input> 标签的类型。

（4）表单重写属性。

表单重写属性（form override attribute）允许重写 form 元素的某些属性。表单重写属性如下。

- formaction：重写表单的 action 属性。
- formenctype：重写表单的 enctype 属性。
- formmethod：重写表单的 method 属性。
- formnovalidate：重写表单的 novalidate 属性。
- formtarget：重写表单的 target 属性。

表单重写属性适用于 <input> 标签的 submit 和 image 类型。

（5）height 属性和 width 属性。

height 和 width 属性规定用于 image 类型的 <input> 标签的图像高度和宽度。这两个属性只适用于 image 类型的 <input> 标签。

（6）list 属性。

list 属性规定输入域的 datalist。datalist 是输入域的选项列表。该属性适用于以下类型的 <input> 标签：text、search、url、telephone、email、date pickers、number、range 以及 color。

（7）min、max 和 step 属性。

min、max 和 step 属性用于为包含数字或日期的 <input> 类型规定限定（约束）。

max 属性规定输入域所允许的最大值；min 属性规定输入域所允许的最小值；step 属性为输入域规定合法的数字间隔（如果 step="3"，则合法的数是 -3、0、3、6 等）。min、max 和 step 属性适用于 <input> 标签的 date pickers、number 以及 range 类型。

（8）multiple 属性。

multiple 属性规定输入域中可选择多个值。该属性适用于以下类型的 <input> 标签：email 和 file。

（9）novalidate 属性。

novalidate 属性规定在提交表单时不应该验证 form 或 input 域。该属性适用于 <form> 标签，还适用于 <input> 标签的类型，如 text、search、url、telephone、email、password、date pickers、range 和 color。

（10）pattern 属性。

pattern 属性规定用于验证 input 域的模式（pattern）。模式是正则表达式。该属性适用于 <input> 标签的 text、search、url、telephone、email 和 password 类型。

（11）placeholder 属性。

placeholder 属性提供一种提示（hint），描述输入域所期待的值。该属性适用于 <input> 标签的 text、search、url、telephone、email 以及 password 类型。

（12）required 属性。

required 属性规定必须在提交表单之前填写输入域（不能为空）。该属性适用于以下类型的 <input> 标签：text、search、url、telephone、email、password、date pickers、number、checkbox、 radio 以及 file。

2. 与链接相关的属性

在 HTML5 中，新增的与链接相关的属性如下。

（1）media 属性。

为 a 与 area 元素增加了 media 属性，该属性规定目标 URL 是为什么类型的媒体 / 设备进行优化的。该属性只能在 href 属性存在时使用。

（2）hreflang 属性与 rel 属性。

为 area 元素增加了 hreflang 属性与 rel 属性，以保持与 a 元素、link 元素的一致。

（3）sizes 属性。

为 link 元素增加了 sizes 属性，该属性可以与 icon 元素结合使用（通过 rel 属性），用于指定关联图标（icon 元素）的大小。

（4）target 属性。

为 base 元素增加了 target 属性，主要目的是保持与 a 元素的一致，同时由于 target 元素在 Web 应用程序中，尤其在与 iframe 结合使用时，是非常有用的。

3. 其他属性

除了前文介绍的与表单和链接相关的属性外，HTML5 还增加了如下属性。

（1）reversed 属性。

为 ol 元素增加了 reversed 属性，它用于指定列表倒序显示。li 元素的 value 属性与 ol 元素的 start 属性因为不是被显示在界面上的，所以不再是不赞成使用的了。

（2）charset 属性。

为 meta 元素增加了 charset 属性，因为这个属性已经被广泛支持，而且它为文档的字符编码的指定提供了一种比较良好的方式。

（3）type 属性与 label 属性。

为 menu 元素增加了两个新的属性 type 与 label。label 属性为菜单定义一个可见的标注，type 属性让菜单能够以上下文菜单、工具条和列表菜单 3 种形式出现。

（4）scoped 属性与 async 属性。

为 style 元素增加了 scoped 属性，用来规定样式的作用范围，譬如只对页面上的某个树起作用；为 script 元素增加了 async 属性，用来定义脚本是否异步执行。

（5）manifest 属性、sandbox 属性、seamless 属性和 srcdoc 属性。

为 html 元素增加了 manifest 属性，开发离线 Web 应用程序时它与 API 结合使用，定义一个 URL，在这个 URL 上描述文档的缓存信息；为 iframe 元素增加了 sandbox、seamless 和 srcdoc 这 3 个属性，用来提高页面安全性，防止不信任的 Web 页面执行某些操作。

10.5.2 废除的属性

扫码看视频

HTML4 中的一些属性在 HTML5 中不再被使用，而是采用其他属性或其他方案进行替代，具体如表 10.2 所示。

表 10.2　HTML5 中被废除替代属性

在 HTML4 中使用的属性	使用该属性的元素	在 HTML5 中的替代方案
rev	link、a	rel
charset	link、a	在被链接的资源中使用 HTTP Content-type 头元素
shape、coords	a	使用 area 元素代替 a 元素
longdesc	img、iframe	使用 a 元素链接到较长描述
target	link	多余属性，被废除
nohref	area	多余属性，被废除
profile	head	多余属性，被废除
version	html	多余属性，被废除
name	img	id
scheme	meta	只为某个表单域使用 scheme
archive、classid、codebase、codetype、declare、standby	object	使用 data 与 type 属性调用插件。需要使用这些属性设置参数时，使用 PARAM 属性
valuetype、type	param	使用 name 与 value 属性，不声明值的 MIME 类型
axis、abbr	td、th	使用以明确、简洁的文字开头、后跟详述文字的形式。可以对更详细的内容使用 title 属性，来使单元格的内容变得简短
scope	td	在被链接的资源中使用 HTTP content-type 头元素
align	caption、input、legend、div、h1、h2、h3、h4、h5、h6、p	使用 CSS 替代
align、bgcolor、border、cell-padding、cellspacing、frame、rules、width	table	使用 CSS 替代
alink、link、text、vlink、background、bgcolor	body	使用 CSS 替代
align、char、charoff、height、nowrap、valign	tbody、thead、tfoot	使用 CSS 替代
align、bgcolor、char、charoff、height、nowrap、valign、width	td、th	使用 CSS 替代
align、bgcolor、char、charoff、valign	tr	使用 CSS 替代
align、char、charoff、valign、width	col、colgroup	使用 CSS 替代
align、border、hspace、vspace	object	使用 CSS 替代
clear	br	使用 CSS 替代
compact、type	ol、ul、li	使用 CSS 替代

续表

在 HTML4 中使用的属性	使用该属性的元素	在 HTML5 中的替代方案
compact	dl	使用 CSS 替代
compact	menu	使用 CSS 替代
width	pre	使用 CSS 替代
align、hspace、vspace	img	使用 CSS 替代
align、noshade、size、width	hr	使用 CSS 替代
align、frameborder、scrolling、marginwidth	iframe	使用 CSS 替代

10.6 上机实战

（1）试着运用 <area> 标签制作区域图像映射，效果如图 10.7 所示。

（2）试着运用 <base> 标签制作图片链接，<head> 标签中的 <base> 标签相关代码为“<base href=”images/” target=”_blank”></base>”，并未指定图片路径，但是图片依然显示，效果如图 10.8 所示。

（3）试着运用 <meter> 标签制作学生成绩统计条形图，效果如图 10.9 所示。

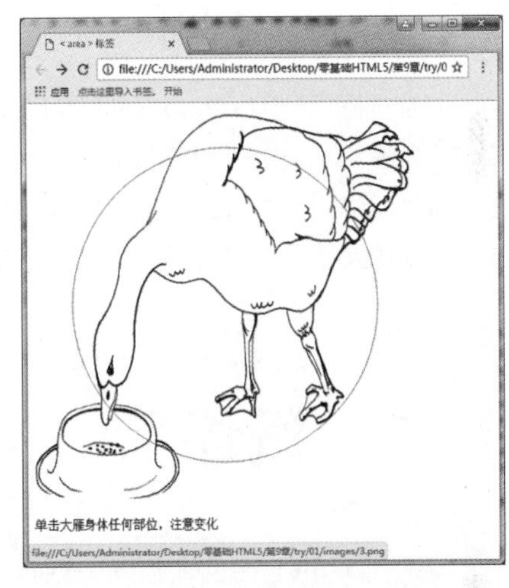

图 10.7　运用 <area> 标签制作区域图像映射

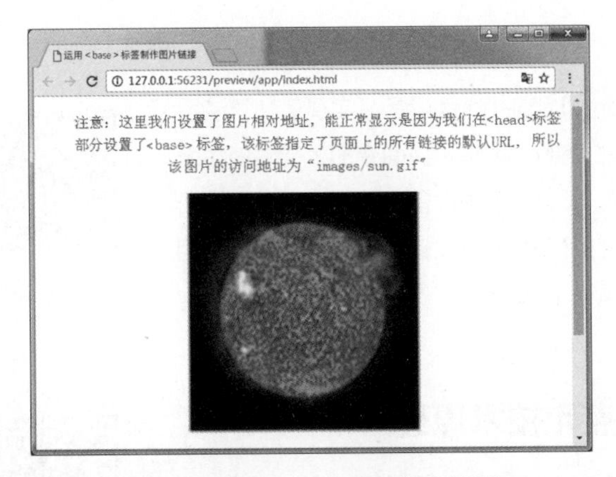

图 10.8　运用 <base> 标签制作图片链接

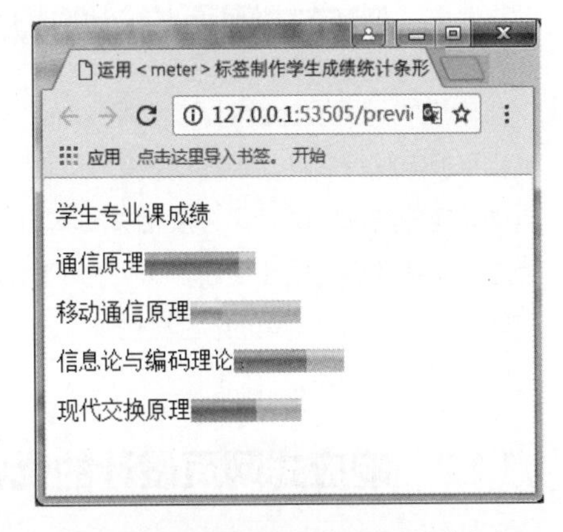

图 10.9　运用 <meter> 标签制作学生成绩统计条形图

响应式网页设计

视频教学：39 分钟

响应式网页设计（responsive web design）指的是，网页设计应根据设备环境（屏幕尺寸、屏幕定向、系统平台等）以及用户行为（改变窗口大小等）进行相应的响应和调整。具体的实现方式由多方面组成，包括弹性网格和布局、图片和 CSS 媒体查询的使用等。无论用户正在使用台式计算机还是智能手机，无论屏幕是大屏还是小屏，网页都能进行自动响应式布局，使用不同设备，为用户提供良好的使用体验。

11.1 概述

响应式网页设计是目前流行的一种网页设计形式，主要特色是页面布局能根据不同设备（平板电脑、台式计算机或智能手机等）让内容适应性地展示，从而让用户在不同设备上都能够方便地浏览网页内容。

11.1.1 响应式网页设计的概念

响应式网页设计针对 PC、iPhone、Android 和 iPad 等设备，实现了在智能手机和平板电脑等多种智能移动设备上浏览效果的流畅，可防止页面变形，能够使页面自动切换分辨率、图片尺寸及相关脚本功能等，以适应不同设备，并且可在不同设备上进行网站数据的同步更新，可以为不同设备的用户提供更加舒适的界面和更好的用户体验。本书第 20 章的综合案例——51 购商城，便设计并实现了响应式网页布局，主页如图 11.1 所示。

扫码看视频

11.1.2 响应式网页设计的优缺点和技术原理

扫码看视频

1. 响应式网页设计的优缺点

响应式网页设计是最近几年才流行的前端技术，在提升用户使用体验的同时，其也有自身的不足，下面简单介绍一下。

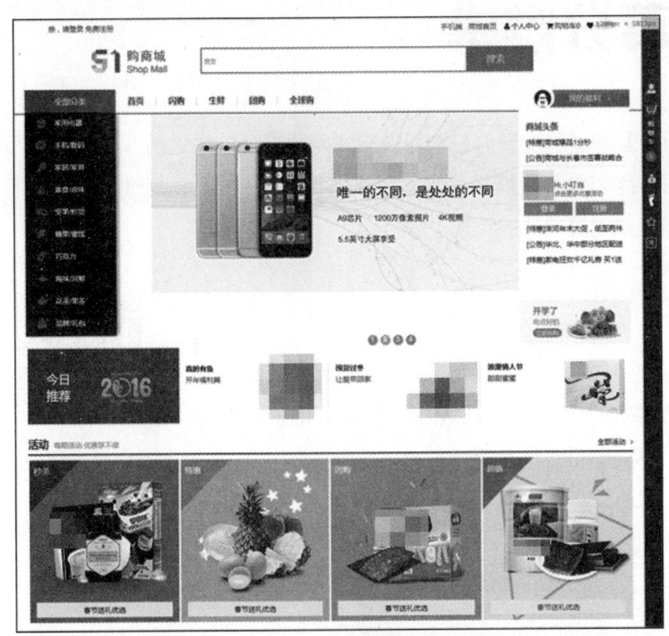

图 11.1　51 购商城的主页（PC 端和手机端）

- 优点。

（1）对用户友好。响应式网面设计可以向用户提供友好的网页界面，可以适应几乎所有设备的屏幕。

（2）后台数据库统一，即在 PC 端编辑了网站内容后，手机和平板电脑等能够同步显示修改之后的内容，网站数据的管理能够更加及时和便捷。

（3）方便维护。如果开发一个独立的手机端（移动端）网站和 PC 端网站，无疑会增加更多的网站维护工作。但如果开发一个响应式网站，维护的成本将会很小。

- 缺点。

（1）增加加载时间。在响应式网页设计中，增加了很多检测设备特性（比如设备的宽度、分辨率和类型等）的代码，同样也增加了页面读取代码的加载时间。

（2）开发时间。比起开发一个仅适配 PC 端的网站，开发响应式网站是一项耗时的工作。因为考虑的设计因素会更多，比如各个设备中网页布局的设计、图片在不同终端中大小的处理等。

2. 响应式网页设计的技术原理

（1）<meta> 标签。<meta> 标签位于文档的头部，不包含任何内容。<meta> 标签是对网站设计而言非常重要的标签，它可以用于鉴别作者、设定页面格式、标注内容提要和关键字以及刷新页面等；它回应给浏览器一些有用的信息，以帮助其正确和精确地显示网页内容。

（2）使用媒体查询适配对应样式。通过不同的媒体类型和条件定义样式表规则，获取的值可以设置设备的手持方向（水平或垂直）、设备的分辨率等。

（3）使用第三方框架。比如使用 Bootstrap 框架，更快捷地实现网页的响应式设计。

> **说明**
>
> Bootstrap 框架是基于 HTML5 和 CSS3 开发的响应式前端框架，包含丰富的网页组件，如下拉菜单、按钮组件、下拉菜单组件和导航组件等。

11.2 像素和屏幕分辨率

响应式网页设计的关键是适配不同类型的显示设备。在学习响应式网页设计技术之前，读者应先了解物理设备中关于屏幕适配的常用术语，比如像素、屏幕分辨率、设备像素（device-width）和CSS像素（width）等，这样做有助于理解响应式网页设计的实现过程。

11.2.1 概念

扫码看视频

像素，全称为图像元素，表示数字图像中的一个最小单位。像素是尺寸单位，而不是画质单位。如果将一幅数字图像放大数倍，会发现图像是由许多色彩相近的小方点所组成的。51购商城的Logo放大后，效果如图11.2所示。

图 11.2 51购商城Logo的放大效果

屏幕分辨率，就是屏幕上显示的像素个数，以水平分辨率和垂直分辨率来衡量像素大小。屏幕分辨率低（例如640px×480px）时，屏幕上显示的像素少，但尺寸比较大。屏幕分辨率高（例如1600px×1200px）时，屏幕上显示的像素多，但尺寸比较小。分辨率1600px×1200px的意思是水平方向含有的像素数为1600个，垂直方向含有的像素数为1200个。屏幕尺寸一样的情况下，分辨率越高，显示效果就越精细和细腻。手机屏幕分辨率示意如图11.3所示。

图 11.3 手机屏幕分辨率示意

11.2.2 设备像素和CSS像素

扫码看视频

1. 设备像素

设备像素是物理概念，指的是设备中使用的物理像素。比如iPhone 5的屏幕分辨率为640px×1136px。衡量一个物理设备的屏幕分辨率高低使用ppi，即像素密度，表示每英寸所拥有的像素数目。ppi的数值越大，代表屏幕能以越高的密度显示图像。1in等于2.54cm，iPad的宽度为9.7in，则我们可以大致想象1in有多长了。表11.1列出了常见机型的设备参数信息。

表 11.1　常见机型的设备参数信息

设备	屏幕大小 /in	屏幕分辨率 /px	像素密度 /ppi
MacBook	13.3	1280×800	113
华硕 R405	14	1366×768	113
iPad	9.7	1024×768	132
iPhone 4S	3.5	960×640	326
小米手机 2	4.3	1280×720	342
魅族 MX	4.7	1280×800	347

2. CSS 像素

CSS 像素是网页编程的概念，指的是 CSS 代码中使用的逻辑像素。在 CSS 规范中，长度单位可以分为两类，即绝对（absolute）单位和相对（relative）单位。像素是一个相对单位，相对的是设备像素。

设备像素和 CSS 像素的换算是通过设备像素比来完成的，设备像素比即缩放比例，获得设备像素比后，便可得知设备像素与 CSS 像素之间的比例。当这个比例为 1:1 时，使用 1 个设备像素显示 1 个 CSS 像素。当这个比例为 2:1 时，使用 4（2×2）个设备像素显示 1 个 CSS 像素。当这个比例为 3:1 时，使用 9（3×3）个设备像素显示 1 个 CSS 像素。

关于设计师和前端工程师之间的协同工作，一般由设计师按照设备像素制作设计稿，前端工程师参照相关的设备像素比进行换算以及编码。

> **说明**
>
> 关于 CSS 像素和设备像素之间的换算，不是响应式网页设计的关键内容，了解相关基本概念即可。

11.3　视口

视口（viewport）和窗口（window）是对应的概念。视口是与设备相关的一个矩形区域，坐标与设备相关。在使用代码布局时，使用的坐标总是窗口坐标，而实际的显示或输出设备却有各自的坐标。

11.3.1　视口的概念

扫码看视频

1. 桌面浏览器中的视口

视口的概念，在桌面浏览器中，相当于窗口的概念。视口中的像素指的是 CSS 像素，视口的大小决定了页面布局的可用宽度。桌面浏览器中的视口如图 11.4 所示。

2. 移动浏览器中的视口

移动浏览器中的视口分为可见视口和布局视口。由于移动浏览器的宽度限制，在有限的宽度内可见部分（可见视口）装不下所有内容（布局视口），因此移动浏览器中通过 <meta> 标签引入 viewport，用来处理可见视口与布局视口的关系。代码如下：

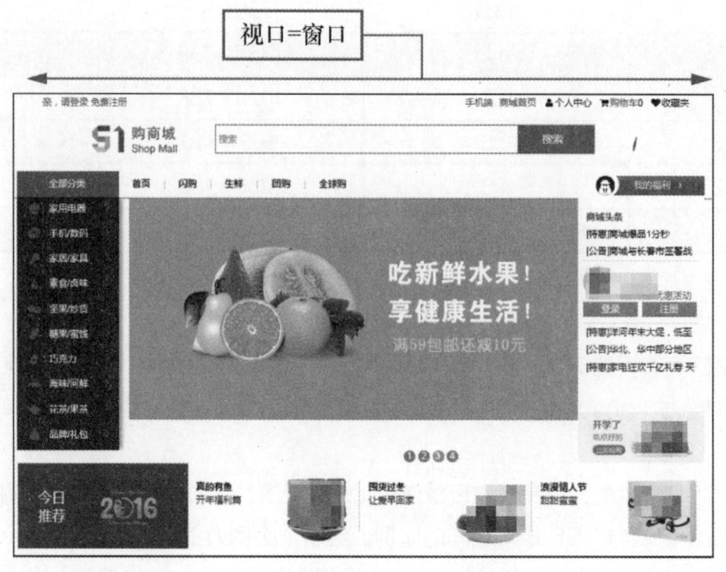

图 11.4　桌面浏览器中的视口

```
<meta name="viewport" content="width=device-width, initial-scale=1.0">
```

11.3.2　视口常用属性

扫码看视频

viewport 属性表示设备屏幕上能用来显示网页的区域，具体而言，就是移动浏览器上用来显示网页的区域，但 viewport 属性表示的区域又不局限于浏览器可视区域的大小，它可能比浏览器的可视区域要大，也可能比浏览器的可视区域要小，如表 11.2 所示。

表 11.2　常见设备及浏览器的 viewport 宽度

设备	宽度 /px
iPhone	980
iPad	980
Android HTC	980
Chrome	980
IE	1024

<meta> 标签中的 viewport 属性首先是由 Applec（苹果），公司在 Safari 浏览器中引入的，目的就是解决移动设备的视口问题。后来安卓以及各大浏览器厂商也都纷纷效仿，引入了对 viewport 属性的支持。事实证明，viewport 属性对于响应式网页设计起了重要作用。表 11.3 列出了 viewport 属性中常用的属性值及其含义。

表 11.3 viewport 属性中常用的属性值及其含义

属性值	含义
width	设定布局视口宽度
height	设定布局视口高度
initial-scale	设定页面初始缩放比例（0 ~ 10）
user-scalable	设定用户是否可以缩放
minimum-scale	设定最小缩小比例（0 ~ 10）
maximum-scale	设定最大放大比例（0 ~ 10）

11.3.3 媒体查询

媒体查询可以根据设备显示器的特性（如视口宽度、屏幕比例和设备方向）设定 CSS 的样式。媒体查询由媒体类型和一个或多个检测媒体特性的条件表达式组成。媒体查询中可用于检测的媒体特性有 width、height 和 color 等。使用媒体查询，可以在不改变页面内容的情况下，为特定的一些输出设备定制显示效果。

扫码看视频

使用媒体查询的步骤如下。

（1）在 <meta> 标签中添加 viewport 属性。代码如下：

```
<meta name="viewport "content="width=device-width,
initial-scale=1,maximum-scale=1,user-scalable=no"/>
```

其中，各属性值及其含义如表 11.4 所示。

表 11.4 viewport 的属性值及其含义

属性值	含义
width=device-width	设定布局视口宽度
initial-scale=1	设定页面初始缩放比例（0 ~ 10）
maximum-scale=1	设定最大放大比例（0 ~ 10）
user-scalable=no	设定用户是否可以缩放

（2）使用 media 关键字，编写 CSS 媒体查询代码。举例说明，当设备屏幕宽度在 320px 和 720px 之间时，媒体查询中设置 body 背景色 background-color 的属性值为 red，会覆盖原来的 body 背景色；当设备屏幕宽度小于等于 320px 时，媒体查询中设置 body 背景色 background-color 的属性值为 blue，会覆盖原来的 body 背景色。代码如下：

```
/* 当设备屏幕宽度在 320px 和 720px 之间时 */
@media screen and (max-width:720px) and (min-width:320px){
   body{
       background-color:red;
```

```
    }
/* 当设备屏幕宽度小于等于 320px 时 */
    @media screen and (max-width:320px){
        body{
            background-color:blue;
        }
    }
}
```

11.4 响应式网页的布局设计

响应式网页设计涉及的知识点很多，比如图片的响应式处理、表格的响应式处理和布局的响应式设计等内容。响应式网页布局设计的主要特色是页面布局能根据不同设备（平板电脑、台式电脑和智能手机等）让内容适应性地展示，从而使用户在不同设备中都能方便地浏览网页内容。响应式网页的布局设计如图 11.5 所示。

图 11.5 响应式网页的布局设计

11.4.1 常用布局类型

扫码看视频

以网站的列数来划分的话，网页布局类型可以分成单列布局和多列布局。其中，多列布局又可分成均分多列布局和不均分多列布局。下面详细介绍。

1. 单列布局

单列布局适合内容较少的网站布局，一般由顶部的 Logo 和菜单（一行）、中间的内容区（一行）和底部的网站相关信息（一行）组成。效果如图 11.6 所示。

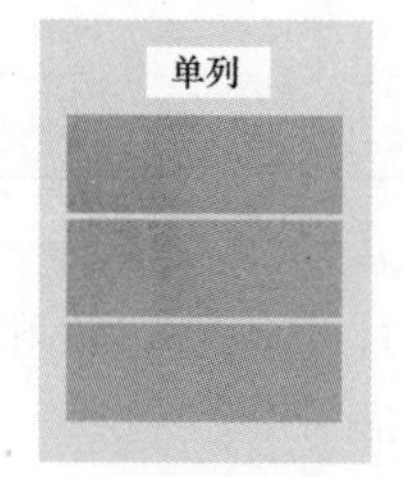

图 11.6 单列布局

2. 均分多列布局

均分多列布局为列数大于等于 2 列的布局类型，每列宽度相同，列与列间距相同，适合列表展示。效果如图 11.7 所示。

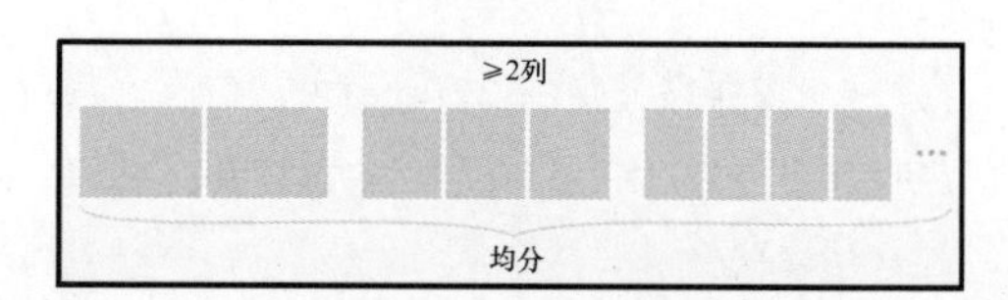

图 11.7 均分多列布局

3. 不均分多列布局

不均分多列布局列数大于等于 2 列的布局类型，

每列宽度不同，列与列间距不同，适合博客类文章内容页面的布局，一列布局文章内容，一列布局广告链接等内容。效果如图 11.8 所示。

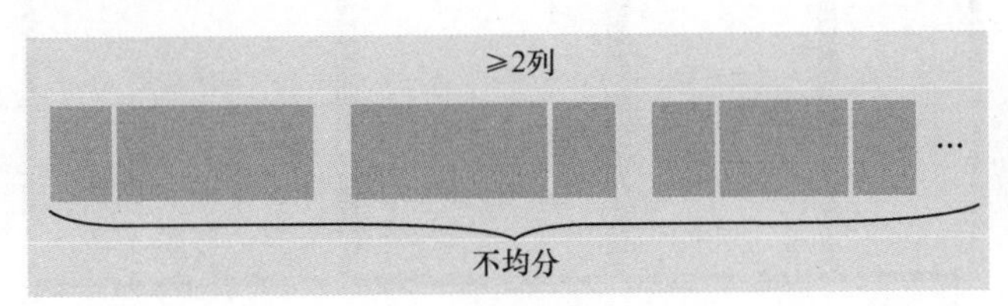

图 11.8 不均分多列布局

11.4.2 布局的实现方式

扫码看视频

不同的布局设计有不同的实现方式，以页面的宽度表示方式（单位为像素，或以百分比表示）来划分，实现方式可以分为单一式固定布局、响应式固定布局和响应式弹性布局 3 种。下面具体介绍。

1．单一式固定布局

以像素作为页面宽度的基本单位，不考虑多种设备屏幕及浏览器的宽度，只设计一套固定宽度的布局。单一式固定布局技术简单，但适配性差，适合用于在单一设备中进行网站布局，比如以安全为首位的机关事业单位，可以仅设计适配指定浏览器和设备的布局。效果如图 11.9 所示。

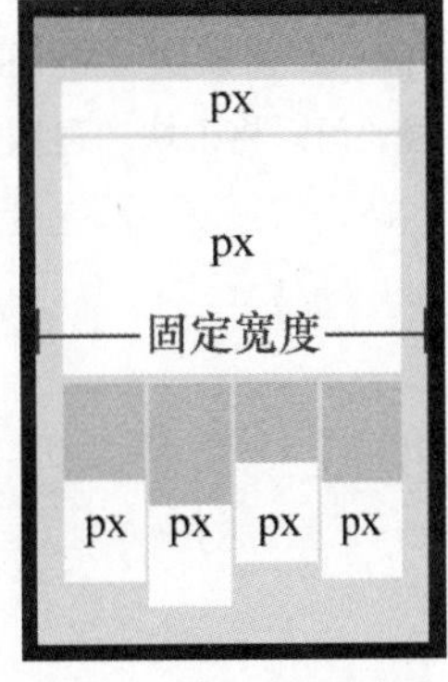

图 11.9 单一式固定布局

2．响应式固定布局

同样以像素作为页面宽度的基本单位，同时参考主流设备的尺寸，设计几套不同宽度的布局。设计者可以通过媒体查询技术识别不同屏幕或浏览器的宽度，选择符合条件的宽度布局。效果如图 11.10 所示。

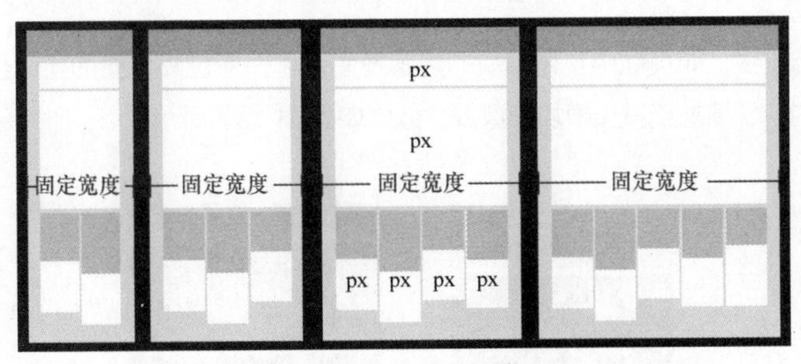

图 11.10 响应式固定布局

3．响应式弹性布局

以百分比来表示页面的宽度，可以适应一定范围内所有设备屏幕及浏览器的宽度，并能完美利用有效空间展现最佳效果。效果如图 11.11 所示。

响应式固定布局和响应式弹性布局都是目前可被采用的响应式布局实现方式。其中响应式固定布局的实现成本最低，但拓展性比较差；响应式弹性布局是比较理想的响应式布局实现方式。只是对于不同类型的页面排版布局，实现响应式设计需要采用不同的方式。

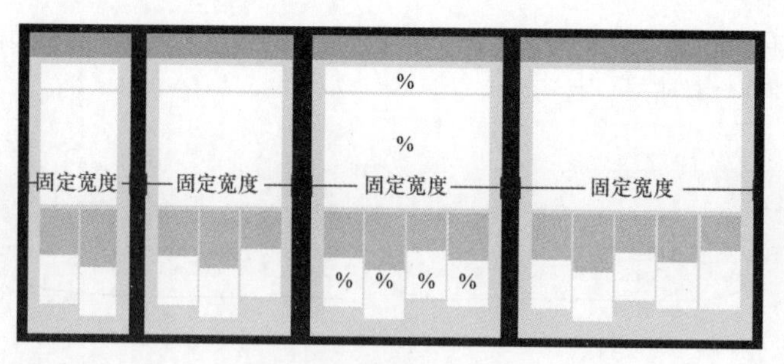

图 11.11　响应式弹性布局

11.4.3　响应式布局的设计与实现

扫码看视频

对页面进行响应式布局的设计与实现，需要对相同内容进行不同宽度的布局设计，通常有两种方式：桌面 PC 端优先（从桌面 PC 端开始设计）和手机端优先（从手机端开始设计）。无论以哪种方式设计，都要兼容所有设备，都不可避免地需要对内容布局做一些调整，有模块内容不变和模块内容改变两种调整方式，下面详细介绍。

（1）模块内容不变，即页面中整体模块的内容不发生变化，通过调整模块的宽度，可以将模块内容从挤压调整到拉伸，从平铺调整到换行。效果如图 11.12 所示。

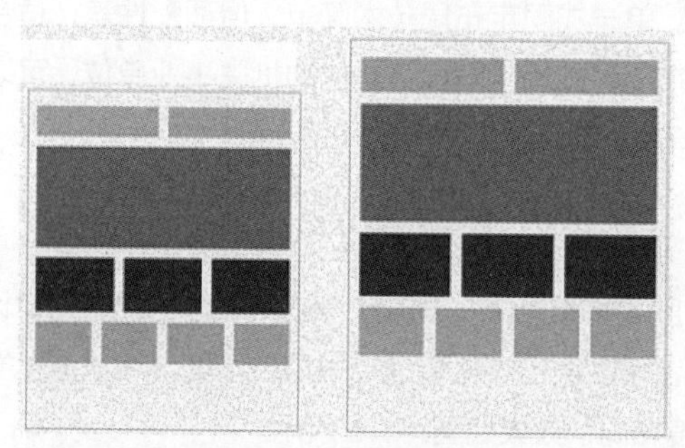

图 11.12　模块内容不变

（2）模块内容改变，即页面中整体模块的内容发生变化，通过媒体查询检测当前设备的宽度，动态隐藏或显示模块内容，增加或减少模块的数量。效果如图 11.13 所示。

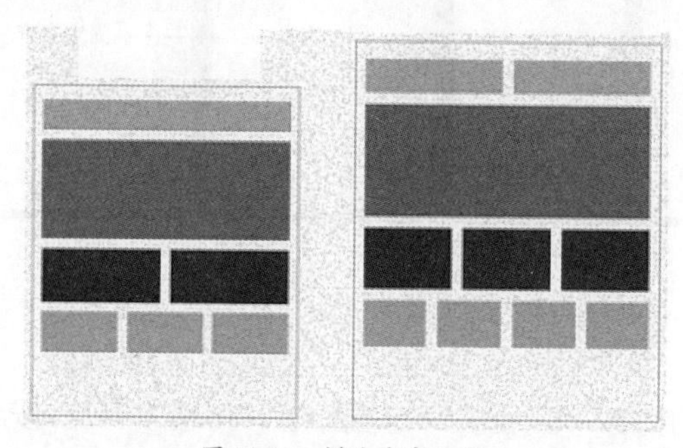

图 11.13　模块内容改变

实例 11-1 实现 51 购商城的登录页面。本实例的响应式设计采用"模块内容改变"的方式，根据当前设备的宽度，动态显示或隐藏相关模块的内容。效果如图 11.14 所示。

具体步骤如下。

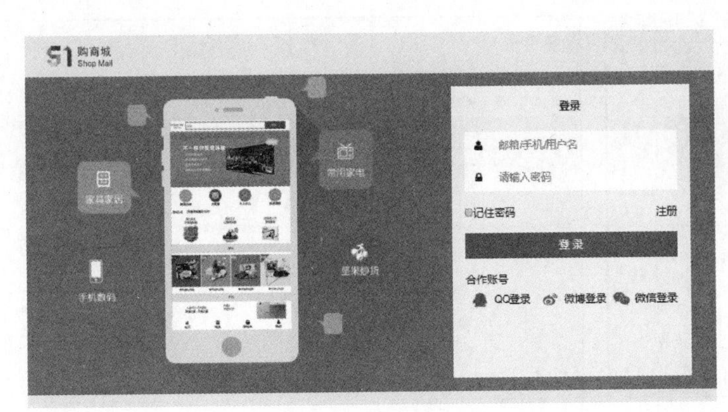

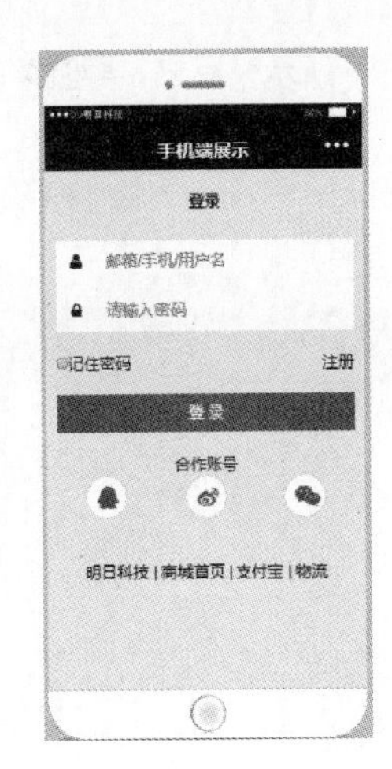

图 11.14　51 购商城的登录页面（PC 端和手机端）

（1）添加视口代码。在 <meta> 标签中，添加浏览器设备识别的视口代码。设置编码的 CSS 像素宽度 width 等于设备像素宽度 device-width，initial-scale 缩放比等于 1。代码如下：

```
<meta name="viewport" content="width=device-width, initial-scale=1.0,
minimum-scale=1.0, maximum-scale=1.0, user-scalable=no">
```

（2）在 style.css 文件中添加媒体查询 CSS 代码。以 PC 端背景图像为例，通过对样式类的媒体查询，默认宽度下，display 的属性值为 none，表示隐藏背景图像；当查询检测到最小屏幕宽度大于等于 1025px 时，设置 display 的属性值为 block，因此背景图像可以适应设备的宽度隐藏或显示。

关键代码如下：

```
.login-banner-bg{
    display: none;
}
@mediascreen and (min-width: 1025px) {
    /* 背景 */
    .login-banner-bg {
        display: block;
        float: left;
}
```

11.5　上机实战

（1）使用媒体查询，实现当屏幕宽度小于 640px 时，网页背景变为浅绿色（颜色值：#b9feba），如图 11.15 所示；当屏幕宽度大于 640px 时，网页背景变为粉红色（颜色值：#ffd1ea），如图 11.16 所示。

（2）使用媒体查询实现响应式导航菜单，即当浏览器宽度小于 420px 时，导航菜单垂直显示，如

图 11.17 所示；反之，导航菜单水平显示，如图 11.18 所示。

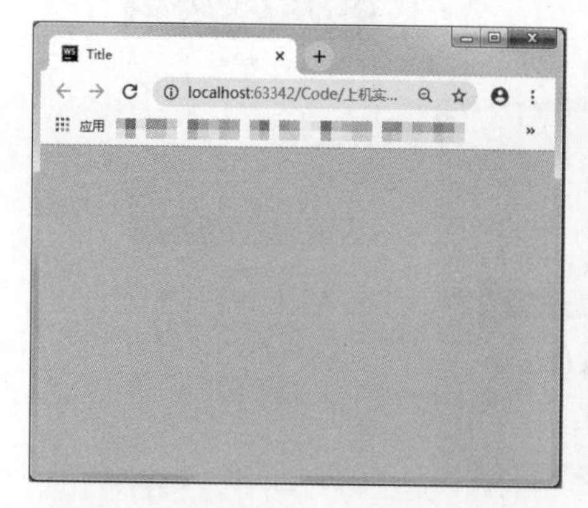

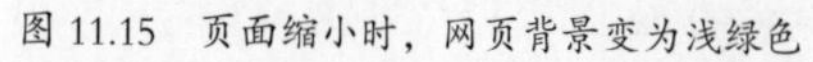

图 11.15　页面缩小时，网页背景变为浅绿色

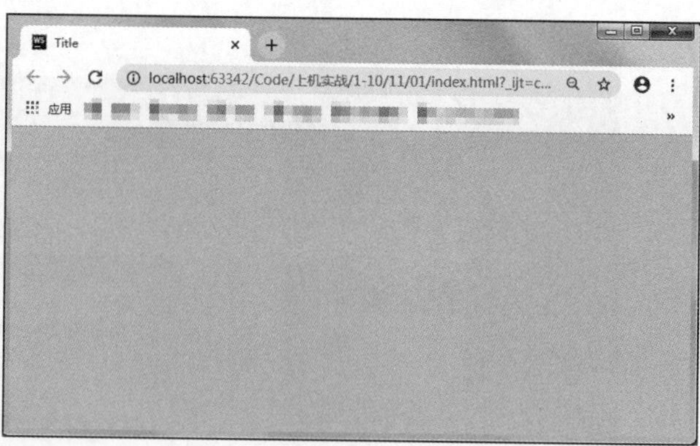

图 11.16　页面放大时，网页背景变为粉红色

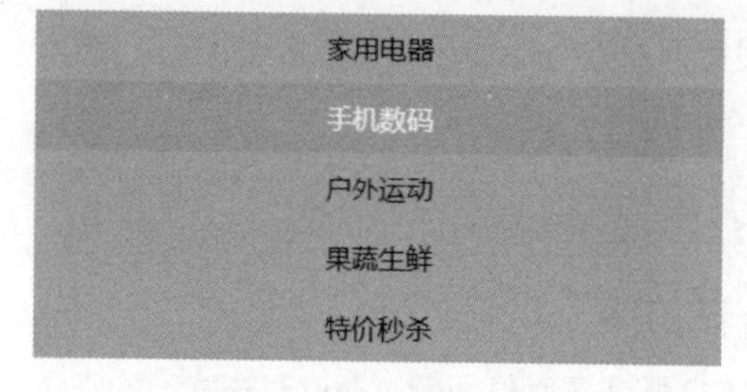

图 11.17　垂直导航菜单

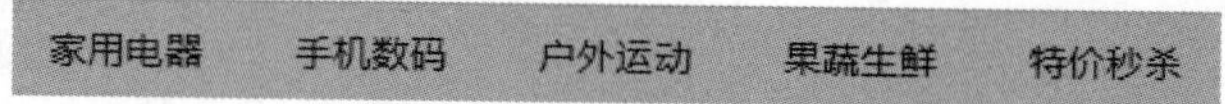

图 11.18　水平导航菜单

（3）实现响应式登录页面，即打开登录页面时，随意改变浏览器窗口的大小，该登录页面内容始终不会发生混乱且表单始终居中，如图 11.19 所示。

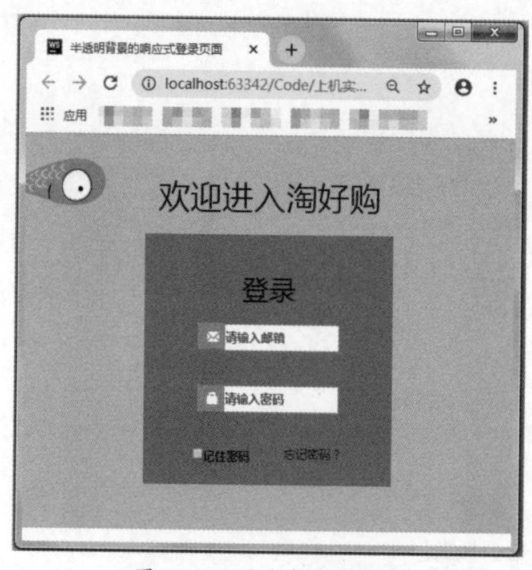

图 11.19　响应式登录页面

响应式组件

视频教学：77 分钟

响应式组件是什么意思呢？组件，就是封装在一起的物件，比如服饰中的运动套装、饮食里的礼品套装。响应式组件指的是，在响应式网页设计中，将常用的页面功能（如图片集、列表、菜单和表格等功能）编码实现后的组件共同封装在一起，从而便于日后的使用和维护。第 11 章已经讲解了响应式网页设计的基础知识，本章将讲解响应式组件方面的内容。

12.1 响应式图片

响应式图片是响应式网站中的基础组件。处理响应式图片表面上看似简单，只要把图片元素的宽高属性值移除，然后设置 max-width 属性为 100% 即可，但实际上仍要考虑很多因素，比如同一张图片，在不同的设备中的显示效果是否一致；图片本身的放大和缩小问题等。这里介绍两种常见的响应式图片处理方法：使用 <picture> 标签和使用 CSS 图片。

12.1.1 使用 <picture> 标签

扫码看视频

<picture> 标签的使用方法与 <audio> 标签和 <video> 标签非常相似。使用 <picture> 标签不仅可以适配响应式屏幕的大小，还可以根据屏幕的大小调整图片本身的宽高。

语法如下：

```
<picture>
  <sourcesrcset="1.jpg"media="(max-width: 800px)">
  <imgsrc="2.jpg">
</picture>
```

<picture> 标签又包含 <source> 标签和 <img> 标签。其中 <source> 标签的作用是，可以针对

不同屏幕大小，显示不同的图片。上述代码表示，当屏幕的宽度小于 800px 时，显示 1.jpg 图片，否则显示 <img> 标签所代表的 2.jpg 图片。

实例 12-1 巧用<picture>标签、<source>标签和<img>标签，实现根据不同屏幕宽度，显示不同的图片。首先使用<picture>标签，将<source>标签和<img>标签放入<picture>标签中，然后利用media 属性，将属性值与屏幕宽度进行比较，当屏幕宽度大于 800px 时，显示 big.jpg 图片，否则显示 small.png 图片。具体代码如下：

```
<!DOCTYPE html>
<html>
<head>
    <!-- 指定页面编码格式 -->
    <meta charset="UTF-8">
    <!-- 指定页头信息 -->
    <title><picture> 标签的使用 </title>
</head>
<body>
<picture>
    <source srcset="big.jpg" media="(min-width: 800px)">
    <imgsrcset="small.png">
</picture>
</body>
</html>
```

运行效果如图 12.1（PC 端）和图 12.2（手机端）所示。

图 12.1　PC 端界面效果

图 12.2　手机端界面效果

12.1.2　使用 CSS 图片

扫码看视频

所谓 CSS 图片，就是利用媒体查询技术，使用 CSS 中的 media 关键字，针对不同的屏幕宽度定义不同的样式，从而控制图片的显示。

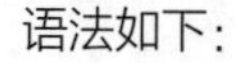

语法如下：

```
@media screen and (min-width: 800px) {
    CSS 代码
}
```

上述代码表示，当屏幕宽度大于 800px 时，将应用花括号内的 CSS 代码。

表 12.1 为支持 media 关键字的浏览器及其版本。

表 12.1　支持 media 关键字的浏览器及其版本

浏览器关键字的浏览器及其脚本	支持 media 关键字的版本
Chrome	21 版本以上
IE	9 版本以上
Firefox	3.5 版本以上
Safari	4.0 版本以上

实例 12-2 巧用媒体查询中的 media 关键字，根据屏幕宽度的不同，显示不同大小的响应式图片。首先编写 HTML 代码 <div class=" changImg" ></div>，引入 CSS 的样式类 changImg，便于使用媒体查询技术。然后在 CSS 代码中，利用 media 关键字，当屏幕宽度大于 641px 时，显示 large.jpg 图片；当屏幕宽度小于 641px 时，显示 small.png 图片。具体代码如下：

```
<!DOCTYPE html>
<html>
<head>
    <!-- 指定页面编码格式 -->
    <meta charset="UTF-8">
    <!-- 指定页头信息 -->
    <title> 使用 CSS 技术，控制响应式图片 </title>
    <style>
        /* 当屏幕宽度大于 641px 时 */
        @mediascreen and (min-width: 641px) {
            .changeImg{
                background-image:url(large.jpg);
                background-repeat: no-repeat;
                height: 440px;
            }
        }
        /* 当屏幕宽度小于 641px 时 */
        @mediascreen and (max-width: 641px) {
            .changeImg{
                background-image:url(small.png);
                background-repeat: no-repeat;
                height: 440px;
            }
        }
    </style>
</head>
<body>
```

```
<div class="changeImg"></div>
</body>
</html>
```

运行效果如图 12.3（PC 端）和图 12.4（手机端）所示。

图 12.3　PC 端界面效果

图 12.4　手机端界面效果

12.2　响应式视频

视频，对网站而言，已经成为极其重要的营销工具。在响应式网站中，对视频的处理也是最常见的功能需求。如同响应式图片，响应式视频的处理也是比较复杂的事情。这不仅仅是关于视频播放器的尺寸问题，同样也包含视频播放器的整体效果和体验问题。这里将介绍两种常见的响应式视频处理方法：使用 <meta> 标签和使用 HTML5 手机播放器。

12.2.1　使用 <meta> 标签

扫码看视频

<meta> 标签是 HTML 网页中非常重要的一个标签。<meta> 标签中可以添加一个描述 HTML 网页文档的属性，如作者、日期、关键词等。其中，与响应式网站相关的是 viewport 属性，viewport 属性可以规定网页设计的宽度与实际屏幕宽度的大小关系。

语法如下：

```
<metaname="viewport" content="width=device-width,initial-scale=1,maximum-scale=1,user-scalable=no">
```

实例 12-3 巧用 <meta> 标签，实现视频在手机端的正常显示与播放。首先使用 <iframe> 标签引入一个测试视频；然后通过 <meta> 标签，添加 viewport 属性；最后设置属性值为 width=device-width 和 initial-scale=1，规定布局视口宽度等于设备宽度，页面的缩放比例为 1。具体代码如下：

```
<!DOCTYPE html>
<html>
```

```
<head>
    <!-- 指定页面编码格式 -->
    <meta charset="UTF-8">
    <!-- 通过 <meta> 标签，使网页宽度与设备宽度一致 -->
    <meta name="viewport" content="width=device-width,initial-scale=1">
    <!-- 指定页头信息 -->
    <title></title>
</head>
<body>
<div align="center">
    <!-- 使用 <iframe> 标签，引入视频 -->
    <iframesrc="test.mp4" frameborder="0" allowfullscreen></iframe>
</div>
</body>
</html>
```

运行效果如图 12.5（手机端）所示。

图 12.5　手机端界面效果

12.2.2　使用 HTML5 手机播放器

扫码看视频

使用第三方封装好的手机播放器组件，也是实际开发中经常采用的方法。第三方组件通过 JavaScript 和 CSS 技术，不仅完美实现了视频的响应式解决方案，更大大扩展了视频播放的功能，如点赞、分享等功能。实际开发中，这样封装好的手机播放器组件有很多，这里主要通过一个实例，介绍 willesPlay 手机播放器组件的使用方法。

实例 12-4 使用第三方组件 willesPlay，实现一个好看又好用的手机播放器。首先根据第三方组件的示例文档，引入必要的 CSS 和 JavaScript 文件，如 willesPlay.css 文件和 willesPlay.js 文件等。然后将示例文档中的视频文件替换为将要使用的视频文件，这样一个简易、好用的手机播放器就完成了。具体代码如下：

```
<!DOCTYPE html>
<html lang="en">
<head>
```

```
    <meta charset="utf-8">
    <meta name="viewport"
     content="width=device-width,initial-scale=1.0,maximum-scale=1.0,
user-scalable=0"/>
    <title>HTML5 手机播放器 </title>
    <link rel="stylesheet" type="text/css" href="css/reset.css"/>
    <link rel="stylesheet" type="text/css" href="css/bootstrap.css">
    <link rel="stylesheet" type="text/css" href="css/willesPlay.css"/>
    <script src="js/jquery.min.js"></script>
    <script src="js/willesPlay.js" type="text/javascript" charset=
"utf-8"></script>
</head>
<body>
<div class="container">
    <div class="row">
        <div class="col-md-12">
            <div id="willesPlay">
                <div class="playHeader">
                    <div class="videoName"> 响应式设计 </div>
                </div>
                <div class="playContent">
                    <div class="turnoff">
                        <ul>
                            <li><a href="javascript:;" title=" 喜欢 "
                                class="glyphicon glyphicon-heart-
empty"></a></li>
                            <li><a href="javascript:;" title=" 关灯 "
                                class="btnLight on
glyphicon glyphicon-sunglasses"></a></li>
                             <li><a href="javascript:;" title=" 分享 "
                          class="glyphicon glyphicon-share"></a></li>
                        </ul>
                    </div>
                    <video width="100%" height="100%" id="playVideo">
                        <source src="test.mp4" type="video/mp4">
                        </source>
             当前浏览器不支持 video 直接播放，单击这里下载视频：<a href="/"> 下
载视频 </a></video>
                    <div class="playTip glyphicon glyphicon-play"></div>
                </div>
                <div class="playControll">
                    <div class="playPause playIcon"></div>
                    <div class="timebar"><span class="currentTime">
0:00:00</span>
                        <div class="progress">
                     <div class="progress-bar progress-bar-danger
progress-bar-striped"
                        role="progressbar"  aria-valuemin="0" aria-
valuemax="100"
```

```
                    style="width: 0%"></div>
                </div>
                <span class="duration">0:00:00</span></div>
            <div class="otherControl"><span
                class="volume glyphicon glyphicon-volume-
down"></span><span
                    class="fullScreen glyphicon glyphicon-
fullscreen"></span>
                <div class="volumeBar">
                    <div class="volumewrap">
                        <div class="progress">
                            <div class="progress-bar
progress-bar-danger"
                            role="progressbar" aria-
valuemin="0"
                    aria-valuemax="100" style="width:
8px;height: 40%;"></div>
                        </div>
                    </div>
                </div>
            </div>
        </div>
    </div>
  </div>
</div>
</div>
</body>
</html>
```

运行效果如图 12.6（手机端）所示。

图 12.6　手机端界面效果

12.3　响应式导航菜单

导航菜单也是网站中必不可少的组成部分。大家熟知的 QQ 空间已经将导航菜单封装成五花八门的装饰性组件，可以进行虚拟商品的交易。在响应式网站越发成为一种标配的同时，响应式导航菜单的实现方式也变得多种多样。这里介绍两种常用的响应式导航菜单：CSS3 响应式导航菜单和 JavaScript 响应式导航菜单。

12.3.1 CSS3 响应式导航菜单

扫码看视频

CSS3 响应式导航菜单本质上仍旧是使用 CSS 中媒体查询的 media 关键字，得到当前设备屏幕的宽度，再根据不同的宽度，设置不同的 CSS 代码，从而适配不同设备的布局内容。这里通过一个具体实例，讲解如何实现 CSS3 响应式导航菜单。

实例 12-5 巧用 media 关键字，实现网站首页的响应式导航菜单。具体步骤如下。

（1）新建一个 index.html 文件，编写 HTML 代码，通过 <ul> 标签、<li> 标签和 <p> 标签等，添加菜单中的文本内容。具体代码如下：

```
<!-- 引入背景图像 -->
<body style="background-image: url(bg.jpg)">
<h2> 明日科技在线学院 </h2>
<!-- 导航菜单区域 -->
<nav class="nav">
    <ul>
        <li class="current"><a href="#"> 课程 </a></li>
        <li><a href="#"> 读书 </a></li>
        <li><a href="#"> 社区 </a></li>
        <li><a href="#"> 服务中心 </a></li>
    </ul>
</nav>
<p> 明日学院，是吉林省明日科技有限公司倾力打造的在线实用技能学习平台，
    该平台于 2016 年正式上线，主要为学习者提供海量、优质的课程，课程结构严谨，
    用户可以根据自身的学习程度，自主安排学习进度。
    我们的宗旨是，为编程学习者提供一站式服务，培养用户的编程思维。
</p>
</body>
```

（2）添加 CSS 代码，对菜单内容进行样式控制。使用 media 关键字，当检测到设备的屏幕宽度小于 600px 时，调整导航菜单的布局，设置 width 为 180px，position 为 absolute（绝对布局），使得菜单适配手机端。关键代码如下：

```
@media screen and (max-width: 600px) {
   .nav {
        position: relative;
        min-height: 40px;
   }
   .nav ul {
        width: 180px;
```

```
        padding: 5px 0;
        position: absolute;
        top: 0;
        left: 0;
        border: solid 1px #aaa;
        border-radius: 5px;
        box-shadow: 0 1px 2px rgba(0,0,0,.3);
    }
    .nav li {
        display: none; /* 隐藏所有<li>标签 */
        margin: 0;
    }
    .nav .current{
        display: block; /* 显示<nav>标签 */
    }
    .nav a {
        display: block;
        padding: 5px 5px5px32px;
        text-align: left;
    }
    .nav .current a {
        background: none;
        color: #666;
    }
    .nav ul:hover{
        background-image: none;
        background-color: #fff;
    }
    .nav ul:hover li {
        display: block;
        margin: 0 0 5px;
    }
    .nav.right ul {
        left: auto;
        right: 0;
    }
    .nav.center ul {
        left: 50%;
        margin-left: -90px;
    }
}
```

运行效果如图12.7（PC端）和图12.8（手机端）所示。

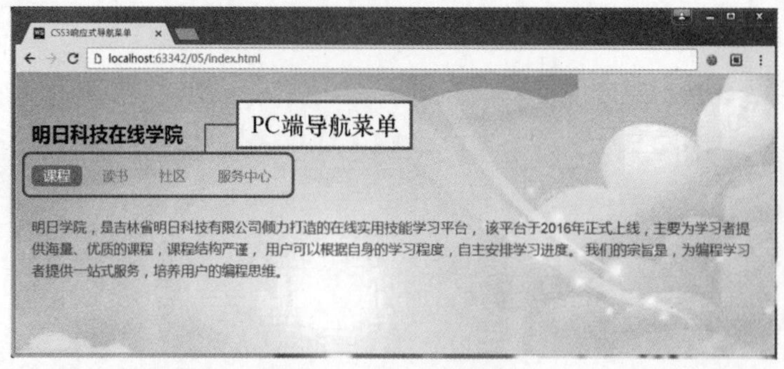

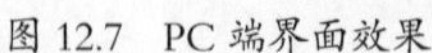
图 12.7　PC 端界面效果

图 12.8　手机端界面效果

12.3.2　JavaScript 响应式导航菜单

扫码看视频

如同 HTML5 手机播放器，JavaScript 响应式导航菜单使用第三方封装好的响应式导航菜单组件 responsive-menu。在使用这类组件时，需要注意的是，一定要根据官方的实例学习和使用。这里通过一个实例，讲解 responsive-menu 响应式导航菜单组件的使用方法。

实例 12-6 巧用第三方组件 responsive-menu，实现响应式导航菜单。首先一定要根据官方的实例代码进行使用，将必要的 CSS 文件和 JavaScript 文件引入，如 responsive-menu.css 文件和 responsive-menu.js 文件等。然后替换 HTML 代码中的测试文字，换成自己将要使用的菜单文本内容，如课程、读书、社区和服务中心等。这样一个简洁且好用的响应式导航菜单就完成了。具体代码如下：

```
<!DOCTYPE html>
<html>
<head>
    <meta charset="UTF-8">
    <meta name="viewport" content="width=device-width, initial-scale=1">
    <title>JavaScript 响应式导航菜单 </title>
    <link href="css/responsive-menu.css" rel="stylesheet">
    <link href="css/styles.css" rel="stylesheet">
    <script src="js/modernizr.min.js" type="text/javascript"></script>
    <script src="js/modernizr-custom.js" type="text/javascript"></script>
    <script src="js/jquery-1.8.3.min.js"></script>
    <script src="js/responsive-menu.js" type="text/javascript"></script>
    <script>
         jQuery(function ($) {
             var menu = $('.rm-nav').rMenu({
                  minWidth: '960px',
             });
         });
    </script>
</head>
```

```
<body style="background-image: url(images/bg.png)">
<header>
    <div class="wrapper">
        <div class="brand">
            <p><a href="#" class="logo">明日科技</a></p>
        </div>
        <div class="rm-container">
            <a class="rm-toggle rm-button rm-nojs" href="#">导航菜单</a>
            <nav class="rm-nav rm-nojs rm-lighten">
                <ul>
                    <li><a href="#">课程</a>
                        <ul>
                            <li><a href="#">Java从入门到精通</a></li>
                            <li><a href="#">Java项目实战系列</a></li>
                            <li><a href="#">Java入门第一季</a></li>
                        </ul>
                    </li>
                    <li><a href="#">读书</a>
                        <ul>
                            <li><a href="#">后端开发</a></li>
                            <li><a href="#">手机端开发</a></li>
                            <li><a href="#">数据库开发</a></li>
                            <li><a href="#">前端开发</a></li>
                            <li><a href="#">其他</a></li>
                        </ul>
                    </li>
                    <li><a href="#">社区</a>
                        <ul>
                            <li><a href="#">Java答疑区</a></li>
                            <li><a href="#">官方公告</a></li>
                            <li><a href="#">Android答疑区</a></li>
                            <li><a href="#">C++答疑区</a></li>
                            <li><a href="#">PHP答疑区</a></li>
                        </ul>
                    </li>
                    <li><a href="#">服务中心</a>
                        <ul>
                            <li><a href="#">VIP权益</a></li>
                            <li><a href="#">课程需求</a></li>
                            <li><a href="#">意见反馈</a></li>
                            <li><a href="#">学分说明</a></li>
                            <li><a href="#">代金券</a></li>
                        </ul>
                    </li>
                </ul>
```

```
            </nav>
        </div>
    </div>
</header>
</html>
```

运行效果如图 12.9（PC 端）和图 12.10（手机端）所示。

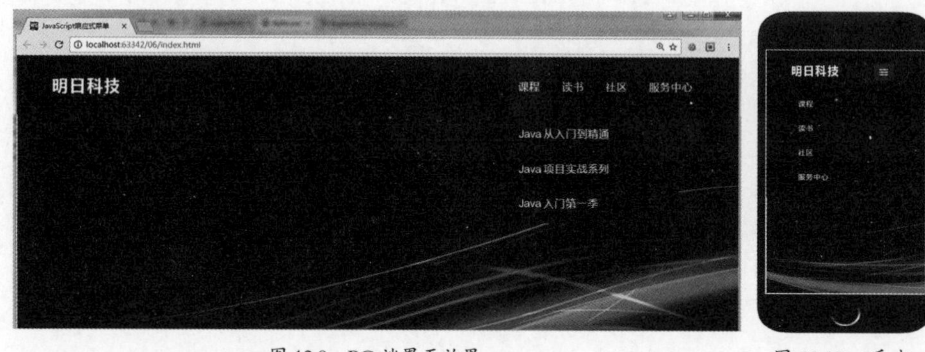

图 12.9　PC 端界面效果

图 12.10　手机端界面效果

12.4　响应式表格

表格同样也是网站中必不可少的部分。淘宝中的“我的订单”页面，使用的就是表格技术。在响应式网站中，响应式表格的实现方法也有很多，这里介绍 3 种：隐藏表格中的列、滚动表格中的列和转换表格中的列。

12.4.1　隐藏表格中的列

扫码看视频

隐藏表格中的列，是指在手机端中隐藏表格中不重要的列，从而达到适配手机端的布局效果。实现方法：应用 CSS 中媒体查询的 media 关键字，当检测为移动设备时，根据设备的宽度，将不重要的列设置为“display:none”。

实例 12-7　应用 CSS 中媒体查询的 media 关键字，实现招聘信息表格的手机端适配。具体步骤如下。

（1）新建一个 index.html 文件，在该文件中编写 HTML 代码，完成 PC 端的表格内容。首先使用 <table> 标签，创建一个表格框架；然后使用 <tr> 标签和 <td> 标签，完成表格的行和单元格的内容。具体代码如下：

```
<body style="background-image: url(bg.png);color: #fff">
<h1 align="center">招聘信息</h1>
<table width="100%" cellspacing="1" cellpadding="5" border="1">
    <thead>
    <tr>
        <th>序号</th>
```

```
            <th> 职位名称 </th>
            <th> 招聘人数 </th>
            <th> 工作地点 </th>
            <th> 学历要求 </th>
            <th> 年龄要求 </th>
            <th> 薪资 </th>
        </tr>
        </thead>
        <tbody align="center">
        <tr>
            <td>1</td>
            <td>Java 高级工程师 </td>
            <td>1</td>
            <td> 北京 </td>
            <td> 本科 </td>
            <td>30 岁以上 </td>
            <td> 面议 </td>
        </tr>
        <tr>
            <td>2</td>
            <td>Java 初级工程师 </td>
            <td>3</td>
            <td> 长春 </td>
            <td> 本科 </td>
            <td>25 岁以上 </td>
            <td> 面议 </td>
        </tr>
        <!-- 省略部分代码 -->
        </tbody>
</table>
</body>
```

（2）添加 CSS 代码，改变手机端的表格样式。使用 media 关键字，检测移动设备的宽度，当宽度大于 640px 且小于 800px 时，使用选择器 table td:nth-child(4)，表示表格中的第 4 列，添加隐藏样式“display:none”，便隐藏了第 4 列。当宽度小于 640px 时，也采用同样的方法，隐藏不重要的列。具体代码如下：

```
<style>
    @media only screen and (max-width: 800px) {
        table td:nth-child(4),
        table th:nth-child(4) {display: none;}
    }
    @media only screen and (max-width: 640px) {
```

```
        table td:nth-child(4),
        table th:nth-child(4),
        table td:nth-child(6),
        table th:nth-child(6),
        table td:nth-child(8),
        th:nth-child(8){display: none;}
    }
</style>
```

运行效果如图 12.11（PC 端）和图 12.12（手机端）所示。

序号	职位名称	招聘人数	工作地点	学历要求	年龄要求	薪资
1	Java高级工程师	1	北京	本科	30岁以上	面议
2	Java初级工程师	3	长春	本科	25岁以上	面议
3	前端UI设计师	2	长春	本科	25岁以上	面议
4	PHP高级工程师	2	北京	本科	30岁以上	面议
5	产品经理	1	长春	本科	28岁以上	面议
6	测试工程师	3	北京	本科	28岁以上	面议
7	高级用户研究经理	1	北京	本科	30岁以上	面议
8	高级Android开发工程师	3	长春	本科	30岁以上	面议

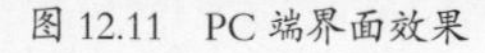

图 12.11　PC 端界面效果

序号	职位名称	招聘人数	学历要求	薪资
1	Java高级工程师	1	本科	面议
2	Java初级工程师	3	本科	面议
3	前端UI设计师	2	本科	面议
4	PHP高级工程师	2	本科	面议
5	产品经理	1	本科	面议
6	测试工程师	3	本科	面议

图 12.12　手机端界面效果

12.4.2　滚动表格中的列

扫码看视频

滚动表格中的列，是指采用滚动条的方式，将手机端看不到的列进行滚动查看。实现方法：使用 CSS 中媒体查询的 media 关键字，检测屏幕的宽度，同时改变表格的样式，将表格的表头从横向排列变成纵向排列。

实例 12-8 在实例 12-7 的基础上，不改变 HTML 代码，实现滚动查看信息列的手机端适配。首先 HTML 代码的部分不变，仅替换背景图片 bg.png 即可。然后改变 CSS 代码，对选择器 table、thead 和 td 等重新进行样式调整。关键代码如下：

```
<style>
    @media only screen and (max-width: 800px) {
        *:first-child+html.cf{ zoom: 1; }
        table { width: 100%; border-collapse: collapse; border-spacing: 0; }
        th,
```

```
        td { margin: 0; vertical-align: top; }
        th{ text-align: left; }
        table { display: block; position: relative; width: 100%; }
        thead{ display: block; float: left; }
        tbody{ display: block; width: auto; position: relative;
                overflow-x: auto; white-space: nowrap; }
        thead tr { display: block; }
        th{ display: block; text-align: right; }
        tbody tr { display: inline-block; vertical-align: top; }
        td { display: block; min-height: 1.25em; text-align: left; }
        th{ border-bottom: 0; border-left: 0; }
        td { border-left: 0; border-right: 0; border-bottom: 0; }
        tbody tr { border-left: 1px solid #babcbf; }
        th:last-child,
        td:last-child{ border-bottom: 1px solid #babcbf; }
    }
</style>
```

运行效果如图 12.13（PC 端）和图 12.14（手机端）所示。

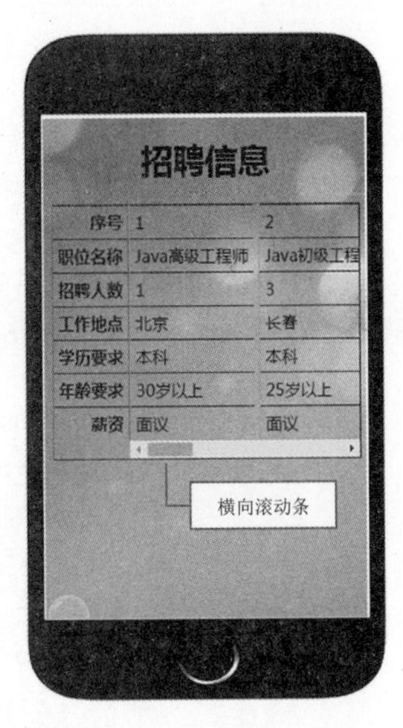

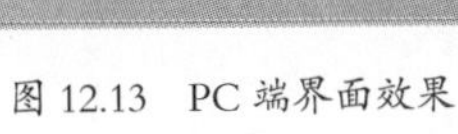

图 12.13 PC 端界面效果

图 12.14 手机端界面效果

12.4.3 转换表格中的列

扫码看视频

转换表格中的列，是指在手机端中彻底改变表格的样式，使其不再有表格的形态，以列表的样式进行展示。实现方法：使用 CSS 中媒体查询的 media 关键字，检测屏幕的宽度，然后利用 CSS 技术重新改造，让表格变成列表。CSS 的强大功能在这里得以体现。

实例12-9 在实例12-7的基础上，不改变HTML代码，实现表格变成列表的招聘信息手机端适配。首先不改变HTML代码，可以替换一下背景图像。然后重新编写CSS代码，使用media关键字，将CSS中的标签选择器table、tr和td等，改变成列表的样式。具体代码如下：

```
<style>
    @media only screen and (max-width: 800px) {
        /* 强制表格为块状布局 */
        table, thead, tbody, th, td, tr {
            display: block;
        }
        /* 隐藏表格头部信息 */
        thead tr {
            position: absolute;
            top: -9999px;
            left: -9999px;
        }
        tr { border: 1px solid #ccc; }
        td {
            /* 显示列 */
            border: none;
            border-bottom: 1px solid #eee;
            position: relative;
            padding-left: 50%;
            white-space: normal;
            text-align:left;
        }
        td:before{
            position: absolute;
            top: 6px;
            left: 6px;
            width: 45%;
            padding-right: 10px;
            white-space: nowrap;
            text-align:left;
            font-weight: bold;
        }
        /* 显示数据 */
        td:before{ content: attr(data-title); }
    }
</style>
```

运行效果如图12.15（PC端）和图12.16（手机端）所示。

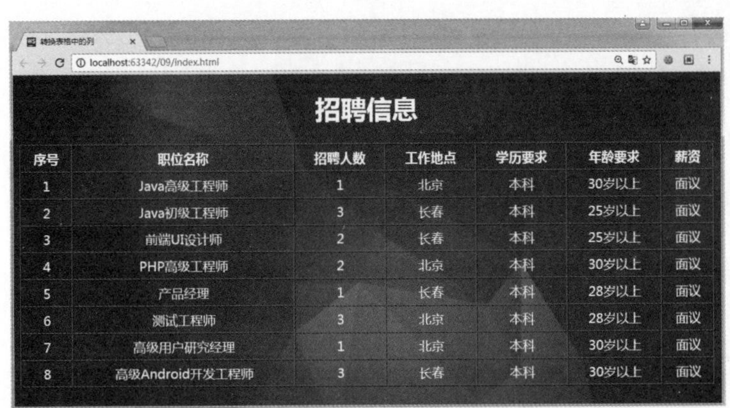

序号	职位名称	招聘人数	工作地点	学历要求	年龄要求	薪资
1	Java高级工程师	1	北京	本科	30岁以上	面议
2	Java初级工程师	3	长春	本科	25岁以上	面议
3	前端UI设计师	2	长春	本科	25岁以上	面议
4	PHP高级工程师	2	北京	本科	30岁以上	面议
5	产品经理	1	长春	本科	28岁以上	面议
6	测试工程师	3	北京	本科	28岁以上	面议
7	高级用户研究经理	1	北京	本科	30岁以上	面议
8	高级Android开发工程师	3	长春	本科	30岁以上	面议

图 12.15　PC 端界面效果

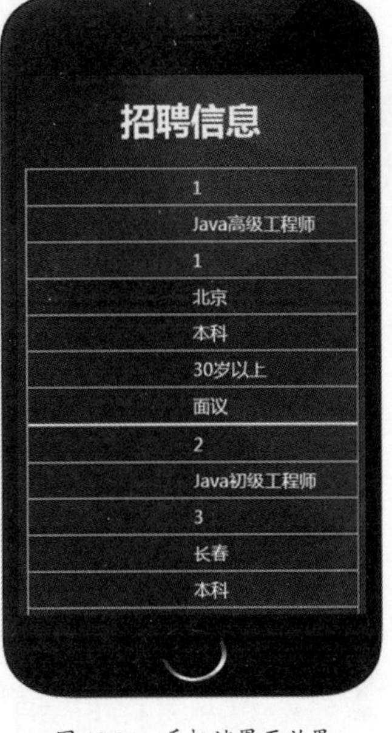

图 12.16　手机端界面效果

12.5　上机实战

（1）请试着利用 JavaScript 响应式导航菜单技术，对导航菜单新闻、图片、视频、社区实现响应式布局。具体效果如图 12.17 和图 12.18 所示。

图 12.17　屏幕缩小时折叠导航菜单

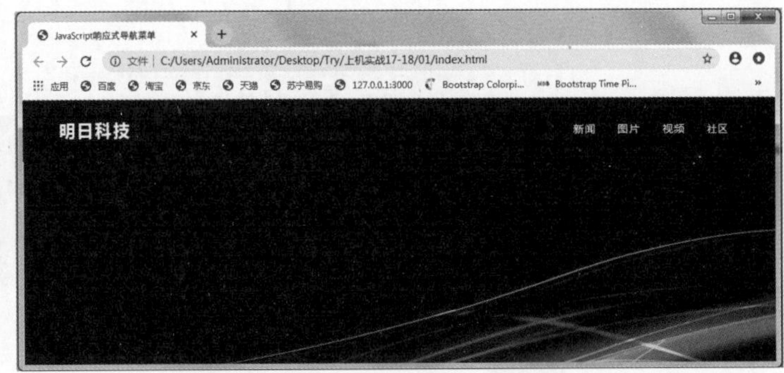

图 12.18　屏幕放大时展开导航菜单

（2）请试着利用 CSS 中媒体查询的 media 关键字，实现在不同屏幕宽度下，分别显示不同的图片。具体效果如图 12.19 和图 12.20 所示。

（3）请试着利用第三方播放器组件，实现在不同屏幕宽度下，正常显示一个 MP4 视频。具体效果如图 12.21 所示。

图 12.19　屏幕放大时显示大图

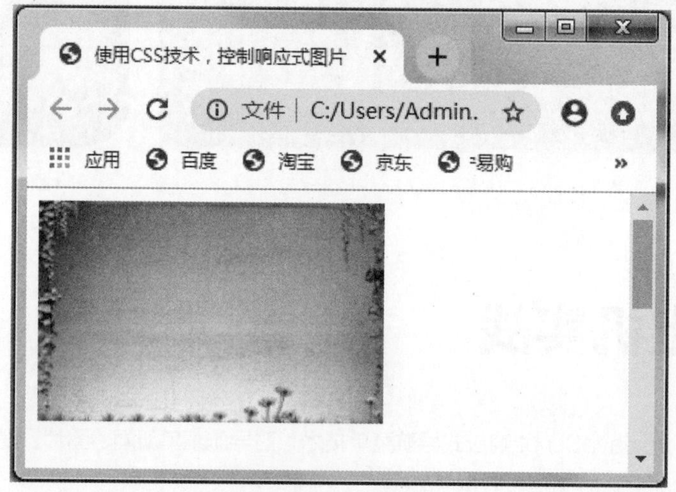

图 12.20　屏幕缩小时显示小图

图 12.21　第三方播放器组件的使用

第 3 部分 JavaScript

JavaScript 简介

视频教学：45 分钟

扫码看视频

13.1　JavaScript 简述

JavaScript 是 Web 页面中的一种脚本编程语言，也是一种通用的、跨平台的、基于对象和事件驱动的并具有安全性的脚本语言。它不需要进行编译，而是直接嵌入 HTML 页面，把静态页面转变成支持用户交互并响应相应事件的动态页面。

1. JavaScript 的起源

JavaScript 语言的前身是 LiveScript 语言，是由美国 Netscape（网景）公司的布兰登 · 艾奇（Brendan Eich）为在 1995 年发布的 Navigator 2.0 浏览器的应用而开发的脚本语言。在与 Sun（升阳）公司合作完成了 LiveScript 语言的开发后，就在 Navigator 2.0 即将正式发布前，Netscape 公司将其改名为 JavaScript，也就是最初的 JavaScript 13.0。虽然当时 JavaScript 13.0 还有很多缺陷，但拥有着 JavaScript 13.0 的 Navigator 2.0 浏览器几乎主宰着浏览器市场。

因为 JavaScript 13.0 很成功，Netscape 公司在 Navigator 3.0 中发布了 JavaScript 13.13。同时 Microsoft（微软）公司开始进军浏览器市场，发布了 Internet Explorer 3.0 并搭载了一个 JavaScript 的类似版本，其注册名称为 JScript，这成为 JavaScript 语言发展过程中的重要一步。

Microsoft 公司进入浏览器市场后，有 3 种不同的 JavaScript 版本同时存在，Navigator 中的 JavaScript、IE 中的 JScript 以及 CEnvi 中的 ScriptEase。与其他编程语言不同的是，JavaScript 并没有一个标准来统一其语法或特性，而这 3 种不同的版本恰恰突出了这个问题。1997 年，JavaScript 13.13 作为一个草案提交给欧洲计算机制造商协会（European Computer Munufacturers Association, ECMA）。最终由 Netscape、Sun、Microsoft、Borland 和其他一些对脚本编程感兴趣的公司的程序员组成了 TC39 委员会，该委员会被委派来标准化一个通用、跨平台、中立于厂商的脚本语言的语法和语义。TC39 委员会制定了“ECMAScript 程序语言的规范书”（又称为“ECMA-262 标准”），该标准通过国际标准化组织（International Organization for Standardization, ISO）采纳，作为各种浏览器生产开发所使用的脚本程序的统一标准。

2. JavaScript 的主要特点

JavaScript 的主要特点如下。

- 解释性。

JavaScript 不同于一些编译性的程序语言，例如 C、C++ 等，它是一种解释性的程序语言，它的源代码不需要经过编译，而直接在浏览器中运行时被解释。

- 基于对象。

JavaScript 是一种基于对象的语言。这意味着它能运用自己已经创建的对象。

- 事件驱动。

JavaScript 可以直接对用户的输入做出响应，无须经过 Web 服务程序。它对用户的响应，是以事件驱动的方式进行的。所谓事件驱动，就是指在主页中执行了某种操作所产生的动作，此动作称为“事件”。比如单击按钮、移动窗口、选择菜单等都可以视为事件。当事件发生后，可能会引起相应的事件响应。

- 跨平台。

JavaScript 依赖于浏览器本身，与操作环境无关，只要有能运行浏览器的计算机，并有支持 JavaScript 的浏览器就可以正确执行。

- 安全性。

JavaScript 是一种具有安全性的语言，它不允许访问本地的硬盘，并且不能将数据存入服务器，不允许对网络文档进行修改和删除，只能通过浏览器实现信息浏览或动态交互。这样可有效地防止数据的丢失。

3. JavaScript 的应用

使用 JavaScript 实现的动态页面，在 Web 上随处可见。下面将介绍几种 JavaScript 常见的应用。

- 验证用户输入的内容。

使用 JavaScript 可以在客户端对用户输入的数据进行验证。例如在制作用户注册页面时，要求用户确认密码，以确定用户输入的密码是否准确。如果用户在“确认密码”文本框中输入的信息与在“密码”文本框中输入的信息不同，将弹出相应的提示信息，如图 13.1 所示。

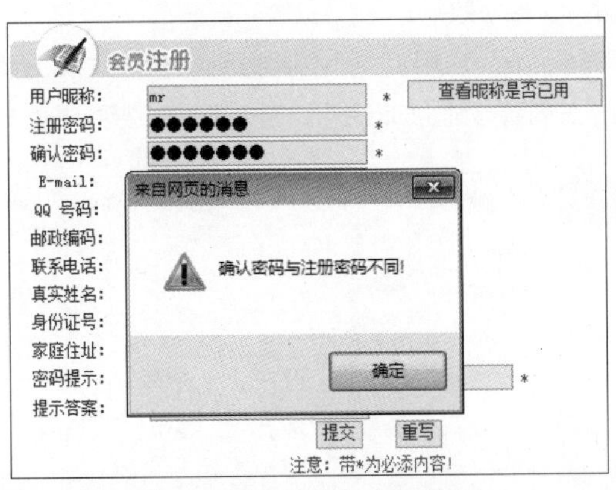

图 13.1 验证两次密码是否相同

- 动画效果。

在浏览网页时，经常会看到一些动画效果，使页面更加生动。使用 JavaScript 也可以实现动画效果。例如在页面中实现下雪的效果，如图 13.2 所示。

- 窗口的应用。

在打开网页时经常会看到一些浮动的广告窗口，这些广告窗口是某些网站的盈利手段之一。我们也可以通过 JavaScript 来实现，例如，图 13.3 所示的广告窗口。

图 13.2　动画效果

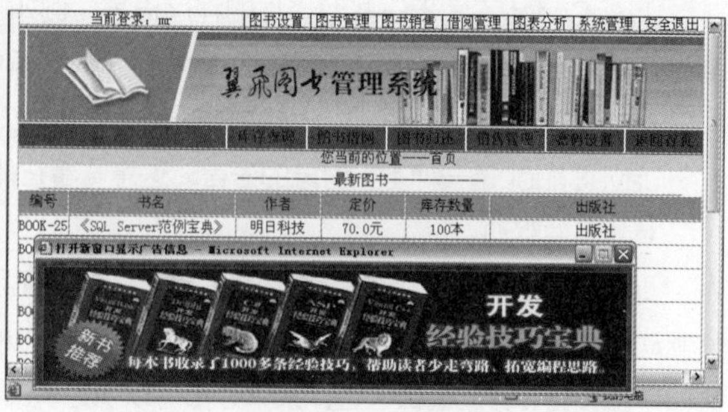

图 13.3　窗口的应用

- 文字特效。

使用 JavaScript 可以使文字实现多种特效。例如使文字旋转，如图 13.4 所示。

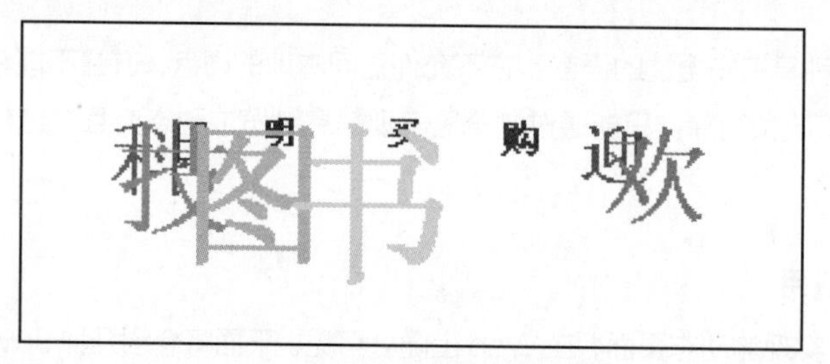

图 13.4　文字特效

- 明日学院应用的 jQuery 效果。

在明日学院的"读书"栏目中，应用 jQuery 实现了滑动显示和隐藏子菜单的效果。当单击某个主菜单时，将滑动显示相应的子菜单，而其他子菜单将会滑动隐藏，如图 13.5 所示。

- 京东网上商城应用的 jQuery 效果。

在京东网上商城的话费充值页面，应用 jQuery 实现了标签页的效果。当单击"话费快充"选项卡时，标签页中将显示话费快充的相关内容，如图 13.6 所示。当单击其他选项卡时，标签页中将显示相应的内容。

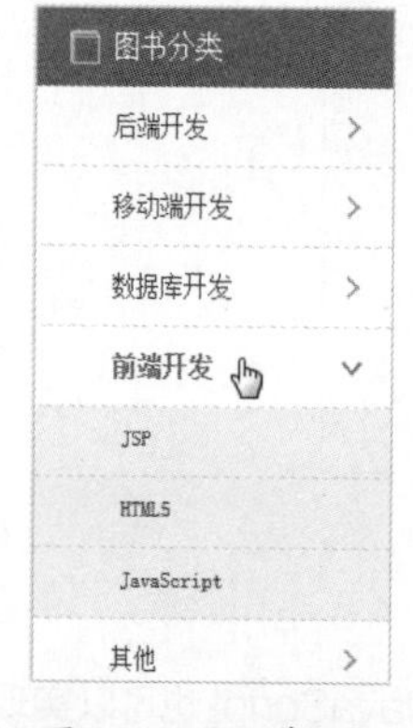

图 13.5　明日学院应用的 jQuery 效果

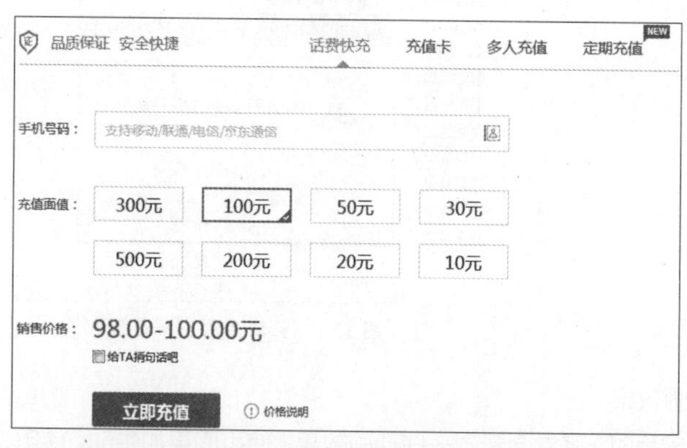

图 13.6　京东网上商城应用的 jQuery 效果

- 应用 Ajax 技术实现百度搜索提示。

在百度页面中，应用 Ajax 技术实现了百度搜索提示效果，在百度首页的搜索文本框中输入要搜索的关键字时，下方会自动给出相关提示。如果给出的提示有符合要求的内容，可以直接选择，这样可以方便用户搜索。例如，输入“明日科”后，在下面将显示提示信息，如图 13.7 所示。

图 13.7 百度搜索提示页面

13.2 JavaScript 在 HTML 中的使用

通常情况下，在 Web 页面中使用 JavaScript 有以下 3 种方法，一种是在页面中直接嵌入 JavaScript 代码，另一种是链接外部 JavaScript 文件，还有一种是作为特定标签的属性值使用。下面分别对这 3 种方法进行介绍。

13.2.1 在页面中直接嵌入 JavaScript 代码

在 HTML 文件中可以使用 <script>...</script> 标签将 JavaScript 脚本嵌入其中。在 HTML 文件中可以使用多个 <script> 标签，每个 <script> 标签中可以包含多个 JavaScript 的代码集合，并且各个 <script> 标签中的 JavaScript 代码之间可以相互访问，与将所有代码放在一对 <script>...</script> 标签之中的效果相同。<script> 标签常用的属性及其说明如表 13.1 所示。

扫码看视频

表 13.1 <script> 标签常用的属性及其说明

属性	说明
language	用来指定所使用的脚本语言及版本
src	用来指定外部脚本文件的路径
type	用来指定所使用的脚本语言，此属性已代替 language 属性
defer	此属性表示当 HTML 文件加载完毕后再执行脚本

- language 属性。

language 属性用来指定 HTML 中使用的脚本语言及版本。language 属性的语法如下：

```
<script language="JavaScript 13.5">
```

说明

如果不定义 language 属性，浏览器默认脚本语言为 JavaScript 13.0。

● src 属性。

src 属性用来指定外部脚本文件的路径。外部脚本文件通常使用 JavaScript 脚本，其扩展名为 .js。src 属性的语法如下：

```
<script src="013.js">
```

● type 属性。

type 属性用来指定 HTML 中使用的脚本语言。自 HTML4 标准开始，推荐使用 type 属性来代替 language 属性。type 属性的语法如下：

```
<script type="text/javascript">
```

● defer 属性。

defer 属性的作用是当 HTML 文件加载完毕后再执行脚本，当脚本不需要立即执行时，设置 defer 属性后，浏览器将不必等待脚本装载。这样页面加载会更快。但有一些脚本需要在页面加载过程中或加载完成后立即执行，此时就不需要使用 defer 属性。defer 属性的语法如下：

```
<script defer>
```

实例 13-1 编写第一个 JavaScript 程序，在 WebStorm 工具中直接嵌入 JavaScript 代码，在页面中输出“我喜欢学习 JavaScript”。具体步骤如下。

（1）启动 WebStorm，如果未创建过任何项目，会弹出如图 13.8 所示的欢迎界面。

（2）单击图 13.8 中的“Create New Project”，打开“New Project”窗口，如图 13.9 所示。在该窗口中选择项目存储路径并输入项目名称，然后单击“Create”按钮创建项目。

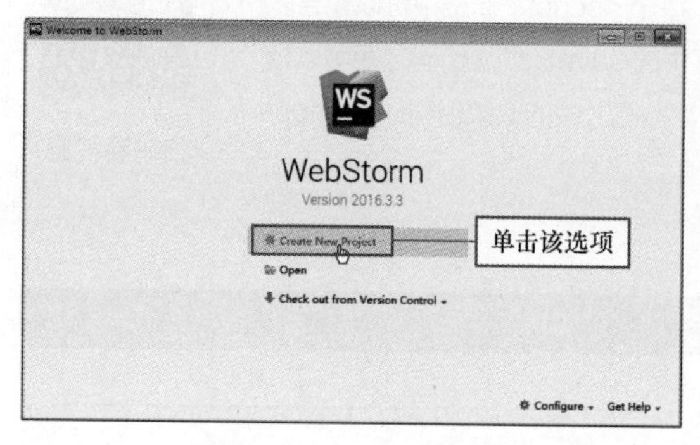

图 13.8　WebStorm 欢迎界面

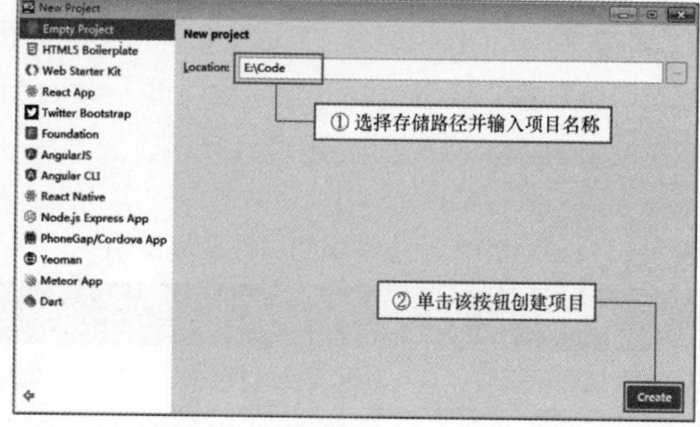

图 13.9　“New Project”窗口

（3）在项目名称“Code”上单击鼠标右键，然后选择“New”→“Directory”，如图 13.10 所示。

（4）之后会弹出“New Directory”对话框，如图 13.11 所示，在文本框中输入文件夹名称“SL”，然后单击“OK”按钮，完成文件夹 SL 的创建。

（5）按照同样的方法，在文件夹 SL 下创建本章实例文件夹 01，在该文件夹下创建第一个实例文件夹 01。

（6）在第一个实例文件夹 01 上单击鼠标右键，然后选择“New”→“HTML File”，如图 13.12 所示。

（7）之后会弹出“HTML File”对话框，如图 13.13 所示，在文本框中输入文件名称“index”，然后单击“OK”按钮，完成 index.html 文件的创建。此时，开发工具会自动打开刚刚创建的文件，如图 13.14 所示。

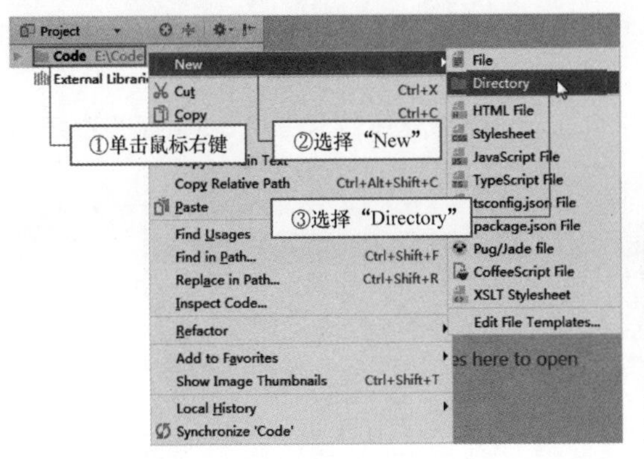

图 13.10 在项目中创建文件夹

图 13.11 输入文件夹名称

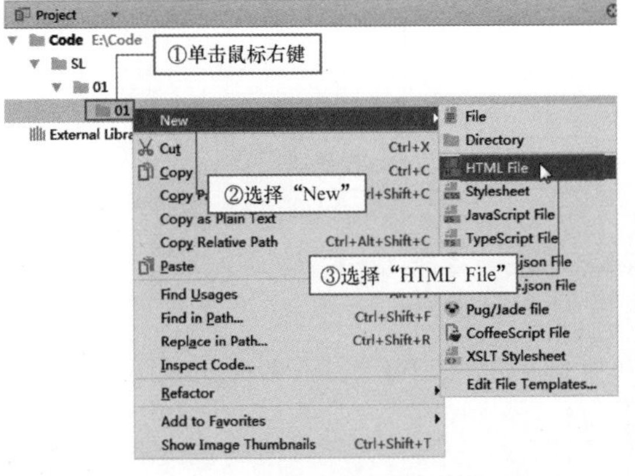

图 13.12 在文件夹下创建 HTML 文件

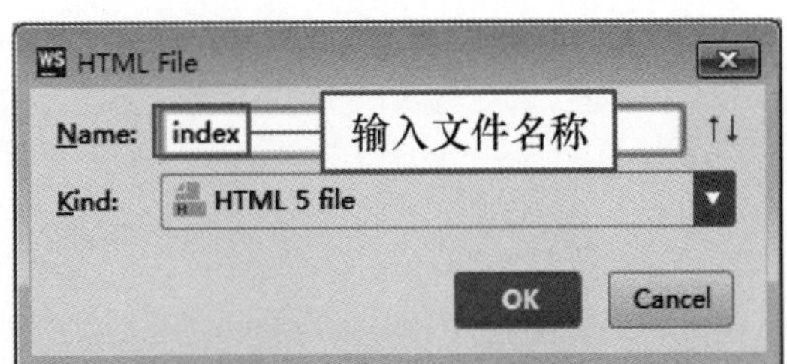

图 13.13 输入文件名称

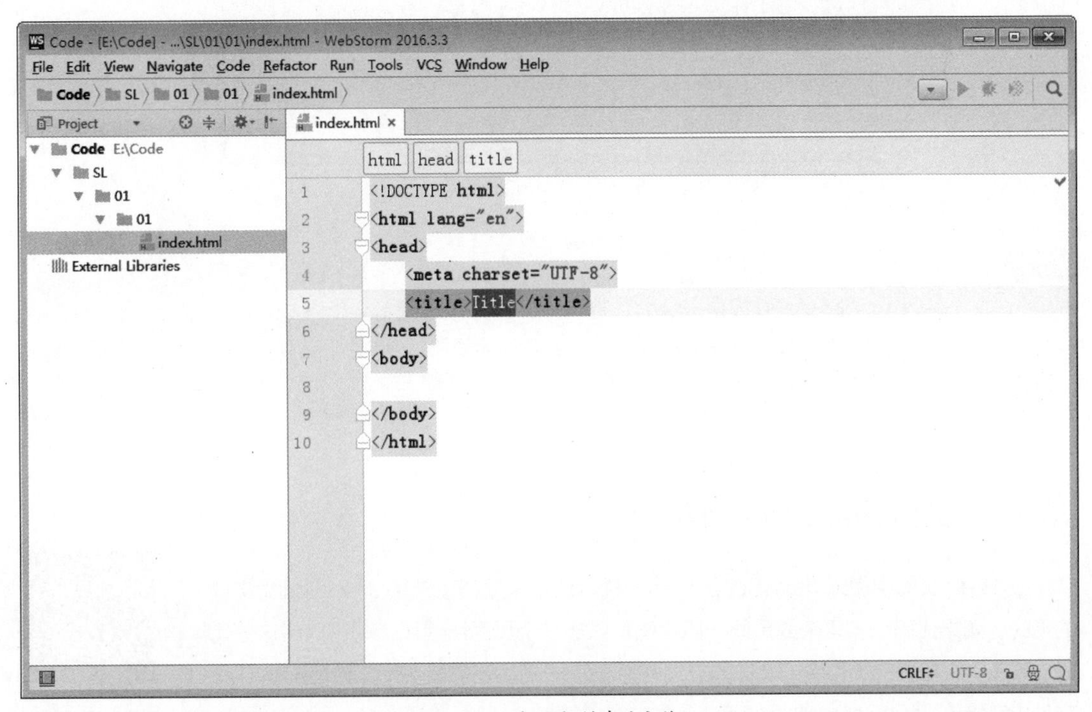

图 13.14 打开新创建的文件

（8）将实例背景图像 bg.gif 复制到 E:\Code\SL\01\01 目录下，背景图像的存储路径为光盘\Code\SL\01\01。

（9）在 <title> 标签中将标题设置为“第一个 JavaScript 程序”，在 <body> 标签中编写 JavaScript 代码，如图 13.15 所示。

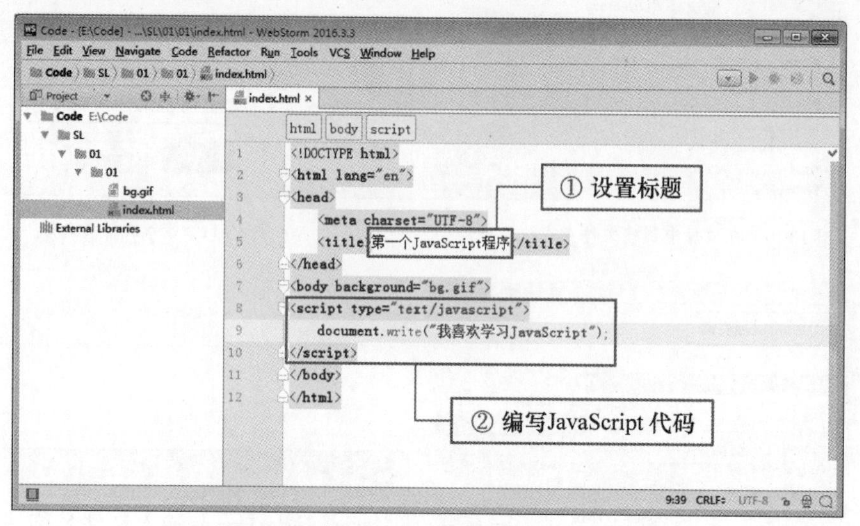

图 13.15　在 WebStorm 中编写 JavaScript 代码

（10）双击 E:\Code\SL\01\01 目录下的 index.html 文件，在浏览器中将会看到运行结果，如图 13.16 所示。

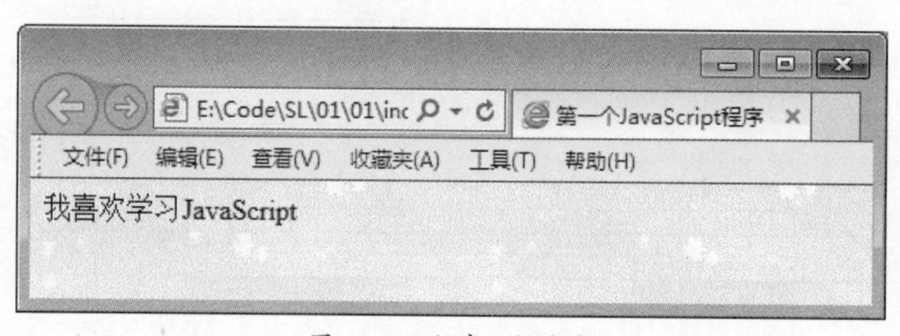

图 13.16　程序运行结果

说明

（1）<script> 标签可以放在 <head> 标签中，也可以放在 <body> 标签中；

（2）脚本中使用的 document.write 是 JavaScript 语句，其功能是直接在页面中输出括号中的内容。

13.2.2　链接外部 JavaScript 文件

在 Web 页面中引入 JavaScript 的另一种方法是采用链接外部 JavaScript 文件的形式。如果代码比较复杂或是同一段代码可以被多个页面所使用，则可以将这些代码放置在一个单独的文件中（文件的扩展名为 .js），然后在需要使用该代码的 HTML 文件中链接该 JavaScript 文件即可。

扫码看视频

在 HTML 文件中链接外部 JavaScript 文件的语法如下：

```
<script type="text/javascript" src="javascript.js"></script>
```

说明

如果外部 JavaScript 文件保存在本机中，src 属性可以指定绝对路径或是相对路径；如果外部 JavaScript 文件保存在其他服务器中，src 属性需要指定绝对路径。

实例 13-2 在 HTML 文件中调用外部 JavaScript 文件，运行时在页面中弹出对话框，对话框中显示“我喜欢学习 JavaScript”。具体步骤如下。

（1）在本章实例文件夹 01 下创建第二个实例文件夹 02。

（2）在文件夹 02 上单击鼠标右键，然后选择“New”→“JavaScript File”，如图 13.17 所示。

（3）之后会弹出“New Java Script file”对话框，如图 13.18 所示，在文本框中输入 JavaScript 文件的名称“index”，然后单击“OK”按钮，完成 index.js 文件的创建。此时，开发工具会自动打开刚刚创建的文件。

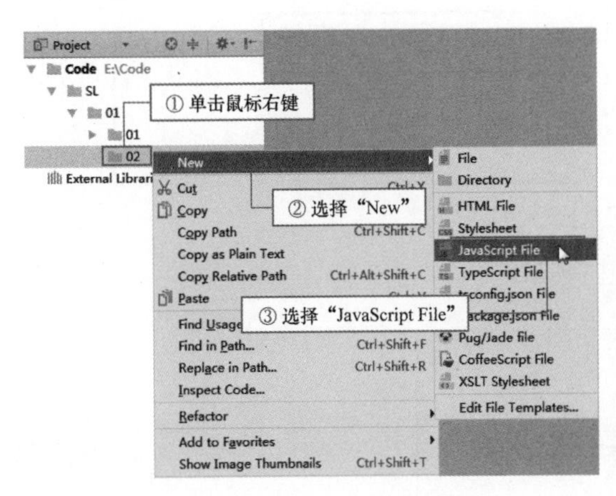

图 13.17 在文件夹下创建 JavaScript 文件

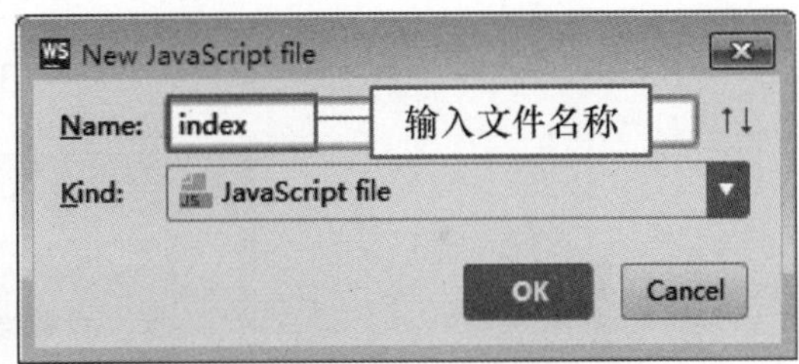

图 13.18 输入文件名称

（4）在 index.js 文件中编写 JavaScript 代码，代码如图 13.19 所示。

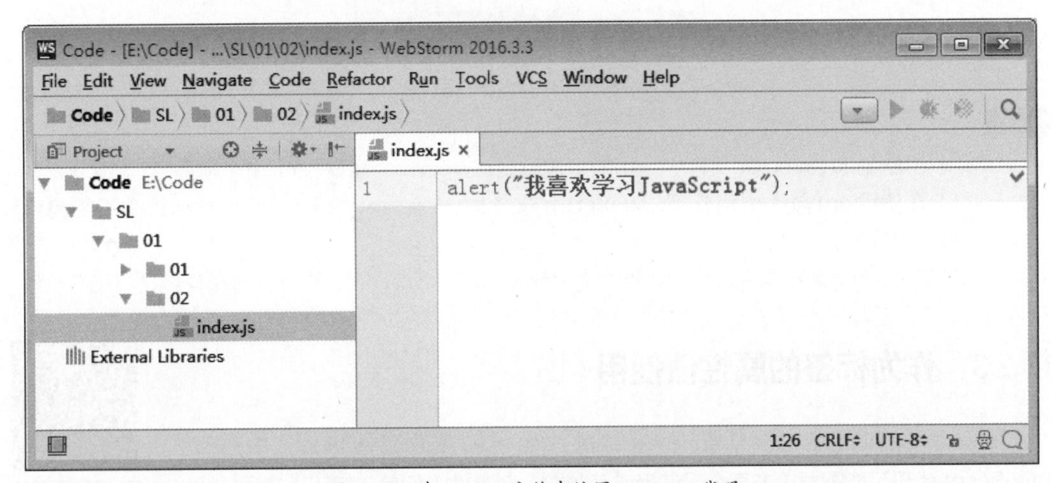

图 13.19 在 index.js 文件中编写 JavaScript 代码

说明

代码中使用的alert是JavaScript语句，其功能是在页面中弹出一个对话框，对话框中显示括号中的内容。

（5）在文件夹02下创建index.html文件，在该文件中调用外部JavaScript文件index.js，代码如图13.20所示。

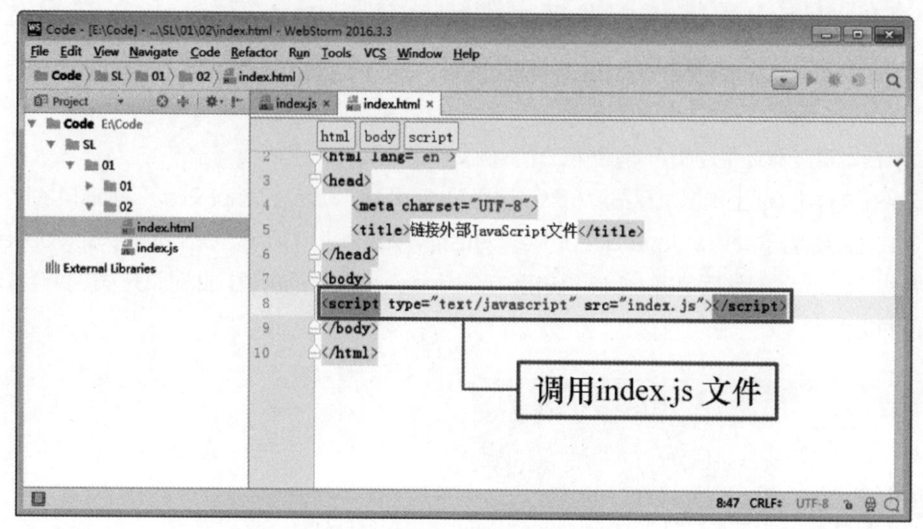

图13.20　调用外部JavaScript文件

（6）双击index.html文件，运行结果如图13.21所示。

图13.21　程序运行结果

注意

（1）在外部JavaScript文件中，不能将代码写在<script>和</script>标签中；

（2）在使用src属性引用外部JavaScript文件时，<script>和</script>标签中不能包含其他JavaScript代码；

（3）在<script>标签中使用src属性引用外部JavaScript文件时，</script>标签不能省略。

13.2.3　作为标签的属性值使用

扫码看视频

在JavaScript脚本中，有些JavaScript代码可能需要立即执行，而有些JavaScript代码可能需要单击某个超链接或者触发一些事件（如单击按钮）之后才会执行。下面介绍如何将 JavaScript 代码作为标签的属性值使用。

1. 通过“javascript:”调用

在 HTML 中，可以通过“javascript:”的方式来调用 JavaScript 的函数或方法。示例代码如下：

```
<a href="javascript:alert('您单击了这个超链接')">请单击这里</a>
```

在上述代码中通过使用“javascript:”来调用 alert() 方法，但该方法并不是在浏览器解析到“javascript:”时立刻执行，而是在单击该超链接时才会执行。

2. 与事件结合调用

JavaScript 支持很多事件，事件可以影响用户的操作。比如单击按钮、按键盘上的某个键或移动鼠标指针等。与事件结合，可以调用执行 JavaScript 的方法或函数。示例代码如下：

```
<input type="button" value="单击按钮" onclick="alert('您单击了这个按钮')" />
```

在上述代码中，onclick 是单击事件，意思是当单击对象时将会触发 JavaScript 的方法或函数。

扫码看视频

13.3 JavaScript 基本语法

JavaScript 作为一种脚本语言，其语法规则和其他语言有相同之处也有不同之处。下面简单介绍 JavaScript 的一些基本语法。

1. 执行顺序

JavaScript 程序按照在 HTML 文件中出现的顺序逐行执行。如果需要在整个 HTML 文件中执行（如函数、全局变量等），最好将其放在 HTML 文件的 <head>...</head> 标签中。某些代码，比如函数体内的代码，不会被立即执行，只有当所在的函数被其他程序调用时，该代码才会被执行。

2. 大小写敏感

JavaScript 对字母大小写是敏感（严格区分字母大小写）的，也就是说，在输入语言的关键字、函数名、变量以及其他标识符时，都必须采用正确的大小写形式。例如，变量 username 与变量 userName 是两个不同的变量，这一点要特别注意，因为与 JavaScript 紧密相关的 HTML 是不区分大小写的，所以很容易混淆。

> **注意**
>
> HTML 并不区分大小写。由于 JavaScript 和 HTML 紧密相连，这一点很容易混淆。许多 JavaScript 对象和属性都与其代表的 HTML 标签或属性同名，在 HTML 中，这些名称能够以任意的大小写形式输入而不会引起混乱，但在 JavaScript 中，这些名称通常都是小写的。例如，HTML 中的事件处理器属性 ONCLICK 通常被声明为 onClick 或 OnClick，而在 JavaScript 中只能使用 onclick。

3. 空格、换行和制表符

在 JavaScript 中会忽略程序中的空格、换行符和制表符，除非这些符号是字符串或正则表达式中的一部分。因此，可以在程序中随意使用这些特殊符号来进行排版，让代码更加易于阅读和理解。

JavaScript 中的换行有“断句”的意思，即换行能判断一个语句是否已经结束。例如，以下代码表示两个不同的语句。

```
a = 1300
return false
```

如果将第二行代码写成：

```
return
false
```

此时，JavaScript 会认为这是两个不同的语句，这样就会产生错误。

4. 每行结尾的分号可有可无

与 Java 语言不同，JavaScript 并不要求必须以分号作为语句的结束标记。如果语句的结束处没有分号，JavaScript 会自动将该行代码的结尾作为语句的结尾。

例如，下面的两行代码都是正确的。

```
alert("您好！欢迎访问我公司网站！")
alert("您好！欢迎访问我公司网站！");
```

注意

良好的代码编写习惯是在每行代码的结尾处加上分号，这样可以保证每行代码的准确性。

5. 注释

为程序添加注释可以起到以下两种作用。

（1）解释程序某些语句的作用和功能，使程序更易于理解，通常用于代码的解释说明。

（2）暂时屏蔽某些语句，使浏览器对其暂时忽略，等需要时再取消注释，这些语句就会发挥作用，通常用于代码的调试。

JavaScript 提供了两种注释符号：“//”和“/*...*/”。其中，“//”用于单行注释，“/*...*/”用于多行注释。多行注释符号分为开始和结束两部分，即在需要注释的内容前输入“/*”，同时在注释内容结束后输入“*/”表示注释结束。下面是单行注释和多行注释的示例。

```
//这是单行注释的例子
/*这是多行注释的第一行
这是多行注释的第二行
...
*/
/*这是多行注释在一行中应用的例子*/
```

13.4 上机实战

（1）通过 JavaScript 脚本在网页中显示图片，效果如图 13.22 所示。

（2）通过 JavaScript 脚本在对话框中显示一首古诗，效果如图 13.23 所示。（提示：使用 alert() 方法。）

图 13.22 在网页中显示图片

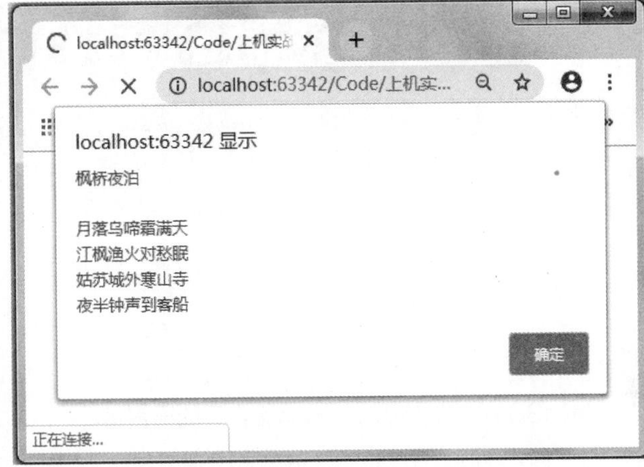

图 13.23 在对话框中显示古诗

（3）通过 Java Script 脚本在对话框中显示当前时间，效果如图 13.24 所示。（提示：获取当前时间需要使用 Date 对象的 toLocaleString() 方法。）

图 13.24 在对话框中显示当前时间

JavaScript 语言基础

视频教学：128 分钟

JavaScript 与其他语言一样有着自己的语言基础，从本章开始将介绍 JavaScript 的基础知识，本章将对 JavaScript 的数据类型、常量和变量以及运算符和表达式进行详细讲解。

14.1　数据类型

JavaScript 的数据类型分为基本数据类型和复合数据类型。关于复合数据类型中的对象、数组和函数等，将在后面的章节进行介绍。在本节中，将详细介绍 JavaScript 的基本数据类型。JavaScript 的基本数据类型有数值型、字符串型、布尔型以及两个特殊的数据类型。

14.1.1　数值型

数值型（number）是 JavaScript 中最基本的数据类型。JavaScript 和其他程序设计语言（如 C 语言和 Java）的不同之处在于，它并不区别整型数值和浮点型数值。在 JavaScript 中，所有的数值都是由浮点型表示的。JavaScript 采用 IEEE 754 标准定义的 64 位浮点格式表示数字，这意味着它能表示的最大值是 1.7976931348623157e+308，最小值是 5e-324。

扫码看视频

当一个数字直接出现在 JavaScript 程序中时，我们称它为数值直接量（numericliteral）。JavaScript 支持数值直接量的形式有几种，下面将对这几种形式进行详细介绍。

> **注意**
>
> 在任何数值直接量前加负号（-）可以构成它的负数。但是负号是一元求反运算符，它不是数值直接量语法的一部分。

1. 十进制

在 JavaScript 程序中，十进制的整数是一个由 0 ~ 9 组成的数字序列。例如：

```
0
6
-2
100
```

JavaScript 的数字格式允许精确地表示 -9007199254740992（-2^{53}）和 9007199254740992（2^{53}）之间的所有整数（包括 -9007199254740992 和 9007199254740992）。但是使用超过这个范围的整数，就会失去尾数的精确性。需要注意的是，JavaScript 中的某些整数运算是对 32 位的整数执行的，它们的范围为 -2147483648（-2^{31}）~ 2147483647（$2^{31}-1$）。

2. 八进制

尽管 ECMAScript 标准不支持八进制数据，但是 JavaScript 的某些实现却允许采用八进制（以 8 为基数）的整型数据。八进制数据以数字 0 开头，其后跟随一个数字序列，这个序列中的每个数字都在 0 和 7 之间（包括 0 和 7）。例如：

```
07
0366
```

由于有些 JavaScript 实现支持八进制数据，而有些则不支持，所以最好不要使用以 0 开头的整型数据，因为不知道某个 JavaScript 实现是将其解释为十进制还是解释为八进制。

3. 十六进制

JavaScript 不但能够处理十进制数据，还能识别十六进制（以 16 为基数）数据。十六进制数据以 0X 或 0x 开头，其后跟随十六进制的数字序列。十六进制的数字可以是 0 ~ 9 中的某个数字，也可以是 a（A）~ f（F）中的某个字母，它们用来表示 0 ~ 15（包括 0 和 15）的某个值。下面是十六进制整型数据的例子：

```
0xff
0X123
0xCAFE911
```

实例 14-1 在页面中分别输出 RGB 颜色 #6699FF 的 3 种颜色的色值。代码如下：

```
<script type="text/javascript">
document.write("RGB 颜色 #6699FF 的 3 种颜色的色值分别为：");        //输出字符串
document.write("<p>R: "+0x66);                                  //输出红色色值
document.write("<br>G: "+0x99);                                 //输出绿色色值
document.write("<br>B: "+0xFF);                                 //输出蓝色色值
</script>
```

执行上面的代码，运行结果如图 14.1 所示。

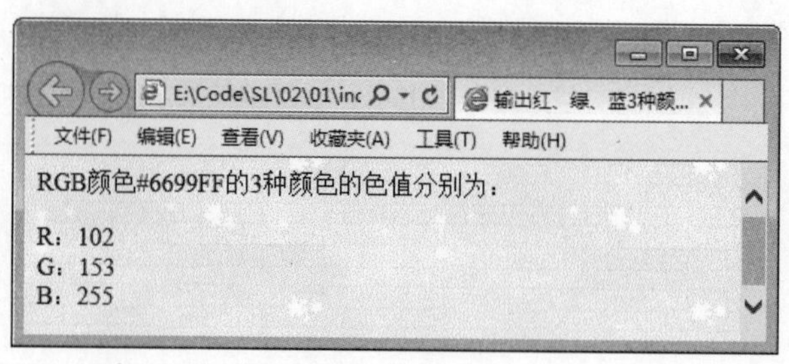

图 14.1 输出 RGB 颜色 #6699FF 的 3 种颜色的色值

4. 浮点型数据

浮点型数据可以有小数点，它的表示方法有以下两种。

（1）传统记数法。

传统记数法是将一个浮点数分为整数部分、小数点和小数部分，如果整数部分为 0，则可以省略整数部分。例如：

```
1.2
56.9963
.236
```

（2）科学记数法。

此外，还可以使用科学记数法表示浮点型数据，即实数后跟随字母 e 或 E，后面加上一个带正号或负号的整数指数，其中正号可以省略。例如：

```
6e+3
3.12e11
1.234E-12
```

说明

在科学记数法中，e（或 E）后面的整数表示 10 的指数次幂，因此，这种记数法表示的数值等于前面的实数乘 10 的指数次幂。

实例 14-2 在页面中输出 3e+6、3.5e3、1.236E-2 这 3 种不同形式的科学记数法表示的浮点型数据。代码如下：

```
<script type="text/javascript">
document.write("科学记数法表示的浮点型数据的输出结果：");   //输出字符串
document.write("<p>");                                      //输出段落标签
document.write(3e+6);                                       //输出浮点型数据
document.write("<br>");                                     //输出换行标签
document.write(3.5e3);                                      //输出浮点型数据
document.write("<br>");                                     //输出换行标签
document.write(1.236E-2);                                   //输出浮点型数据
</script>
```

执行上面的代码，运行结果如图 14.2 所示。

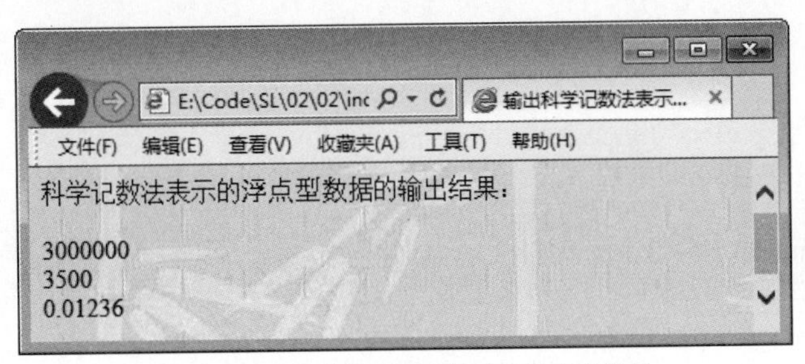

图 14.2　输出科学记数法表示的浮点型数据

5. 特殊值 Infinity

在 JavaScript 中有一个特殊的数值 Infinity（无穷大），如果一个数值超出了 JavaScript 所能表示的最大值的范围，JavaScript 就会输出 Infinity；如果一个数值超出了 JavaScript 所能表示的最小值的范围，JavaScript 就会输出 -Infinity。例如：

```
document.write(1/0);/            / 输出 1 除 0 的值
document.write("<br>");          // 输出换行标签
document.write(-1/0);            // 输出 -1 除 0 的值
```

运行结果为：

```
Infinity
-Infinity
```

6. 特殊值 NaN

JavaScript 中还有一个特殊的数值 NaN（Not a Number 的简写），即“非数字”。在进行数学运算时产生了未知的结果或错误，JavaScript 就会返回 NaN，它表示该数学运算的结果是一个非数字。例如，用 0 除 0 的输出结果就是 NaN，代码如下：

```
alert(0/0);                      // 输出 0 除 0 的值
```

运行结果为：

```
NaN
```

14.1.2　字符串型

字符串（string）是由 0 个或多个字符组成的序列，它可以包含大小写字母、数字、标点符号或其他字符，也可以包含汉字。它是 JavaScript 用来表示文本的数据类型。程序中的字符串型数据是包含在单引号或双引号中的，由单引号定界的字符串中可以含有双引号，由双引号定界的字符串中也可以含有单引号。

扫码看视频

说明

空字符串不包含任何字符，也不包含任何空格，用一对引号表示，即 "" 或 ''。

（1）用单引号标注的字符串，代码如下：

```
'你好 JavaScript'
'mingrisoft@mingrisoft.com'
```

（2）用双引号标注的字符串，代码如下：

```
""
"你好 JavaScript"
```

（3）由单引号定界的字符串中可以含有双引号，代码如下：

```
'abc"efg'
'你好 "JavaScript"'
```

（4）由双引号定界的字符串中可以含有单引号，代码如下：

```
"I'm legend"
"You can call me 'Tom'!"
```

注意

包含字符串的引号必须匹配，如果字符串前面使用的是双引号，那么在字符串后面也必须使用双引号，反之都使用单引号。

有的时候，字符串中使用的引号会造成匹配混乱的问题。例如：

```
"字符串是包含在单引号'或双引号"中的"
```

对于这种情况，必须使用转义字符。JavaScript 中的转义字符是“\”，通过转义字符可以在字符串中添加不可显示的特殊字符，或者防止出现引号匹配混乱的问题。例如，字符串中的单引号可以使用“\'”来代替，双引号可以使用“\"”来代替。因此，上面一行代码可以写成如下形式：

```
"字符串是包含在单引号\'或双引号\"中的"
```

JavaScript 中常用的转义字符如表 14.1 所示。

表 14.1　JavaScript 中常用的转义字符

转义字符	描述	转义字符	描述
\b	退格符	\v	垂直制表符
\n	换行符	\r	回车符
\t	水平制表符	\\	反斜线
\f	换页符	\OOO	八进制整数，范围为 000 ~ 777
\'	单引号	\xHH	十六进制整数，范围为 00 ~ FF
\"	双引号	\uhhhh	十六进制编码的 Unicode 字符

例如，在 alert 语句中使用转义字符“\n”的代码如下：

```
alert(" 网页设计基础：\nHTML\nCSS\nJavaScript");// 换行输出字符串
```

运行结果如图 14.3 所示。

图 14.3　换行输出字符串

由图 14.3 可知，转义字符“\n”在对话框中会产生换行。但是在 document.write(); 语句中使用转义字符时，只有将其放在格式化文本块中才会起作用，所以脚本必须放在 <pre> 和 </pre> 标签内。

例如，应用转义字符使字符串换行，代码如下：

```
document.write("<pre>");                          // 输出 <pre> 标签
document.write(" 轻松学习 \nJavaScript 语言！ ");   // 换行输出字符串
document.write("</pre>");                         // 输出 </pre> 标签
```

运行结果如图 14.4 所示。

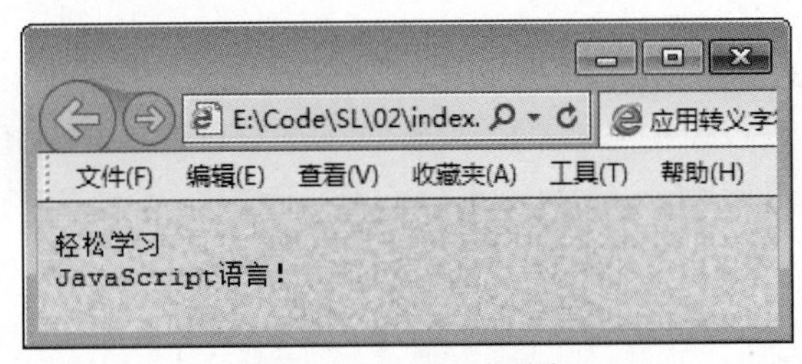

图 14.4　换行输出字符串

如果上述代码不使用 <pre> 和 </pre> 标签，则转义字符不起作用，代码如下：

```
document.write(" 轻松学习 \nJavaScript 语言！ ");   // 输出字符串
```

运行结果为：

```
轻松学习 JavaScript 语言！
```

实例 14-3 在 <pre> 和 </pre> 标签内使用转义字符，分别输出运动员奥尼尔的中文名、英文名以及别名。关键代码如下：

```
<script type="text/javascript">
document.write('<pre>');                          // 输出 <pre> 标签
```

```
document.write(' 中文名：沙奎尔·奥尼尔 ');                    // 输出奥尼尔的中文名
document.write('\n 英文名：Shaquille O\'Neal');               // 输出奥尼尔的英文名
document.write('\n 别名：大鲨鱼 ');                            // 输出奥尼尔的别名
document.write('</pre>');                                     // 输出 </pre> 标签
</script>
```

运行结果如图 14.5 所示。

图 14.5　输出奥尼尔的中文名、英文名和别名

由上面的实例可以看出，在单引号定义的字符串内出现单引号，必须使用转义字符才能正确输出。

14.1.3　布尔型

扫码看视频

数值数据类型和字符串数据类型的值都无穷多，但是布尔数据类型只有两个值，一个是 true（真），另一个是 false（假），它说明了某个事物是真还是假。

布尔值通常在 JavaScript 程序中用来作为比较所得的结果。例如：

```
n==1
```

这行代码检测变量 n 的值是否和数值 1 相等。如果相等，比较的结果就是 true，否则结果就是 false。

布尔值通常用于 JavaScript 的控制结构。例如，JavaScript 的 if...else 语句就是在布尔值为 true 时执行一个动作，而在布尔值为 false 时执行另一个动作。通常将一个创建布尔值与使用这个比较的语句结合在一起。例如：

```
if (n==1)                          // 如果 n 的值等于 1
      m=m+1;                       //m 的值加 1
else
      n=n+1;                       //n 的值加 1
```

本段代码检测 n 是否等于 1。如果相等，就给 m 的值加 1，否则给 n 的值加 1。

有时候可以把两个可能的布尔值看作 on（true）和 off（false），或者看作 yes（true）和 no（false），这样比将它们看作 true 和 false 更为直观。有时候把它们看作 1（true）和 0（false）会更加有用（实际上 JavaScript 确实是这样做的，在必要时会将 true 转换成 1，将 false 转换成 0）。

14.1.4　特殊数据类型

扫码看视频

1. 未定义值

未定义值就是 undefined，表示变量还没有赋值（如 var a;）。

2. 空值

JavaScript 中的关键字 null 是一个特殊的值，它表示为空值，用于定义空的或不存在的引用。这里必须要注意的是：null 不等同于空的字符串（“”）或 0。当使用对象进行编程时可能会用到这个值。

由此可见，null 与 undefined 的区别是，null 表示变量被赋予了一个空值，而 undefined 则表示该变量尚未被赋值。

14.2 常量和变量

每一种编程语言都有自己的数据结构。在 JavaScript 中，常量和变量是数据结构的重要组成部分。本节将介绍常量和变量的概念以及变量的使用方法。

14.2.1 常量

扫码看视频

常量是指在程序运行过程中保持不变的数据。例如，123 是数值型常量，“JavaScript 脚本”是字符串型常量，true 或 false 是布尔型常量等。在 JavaScript 脚本编程中可直接输入这些值。

14.2.2 变量

扫码看视频

变量是指程序中一个已经命名的存储单元，它的主要作用就是为数据操作提供存放信息的容器。变量是相对常量而言的。常量是一个不会改变的固定值，而变量的值可能会随着程序的执行而改变。变量有两个基本特征，即变量名和变量值。为了便于理解，可以把变量看作贴着标签的盒子，标签上的名字就是这个变量的名字，而盒子里面的东西就相当于变量的值。对于变量的使用必须明确变量的命名、变量的声明、变量的赋值以及变量的类型。

1. 变量的命名

JavaScript 变量的命名规则如下。

- 变量名必须以字母或下划线开头，其他字符可以是数字、字母或下划线。
- 变量名不能包含空格、加号或减号等符号。
- JavaScript 的变量名是严格区分大小写的。例如，UserName 与 username 代表两个不同的变量。
- 不能使用 JavaScript 中的关键字作为变量名。

JavaScript 中的关键字如表 14.2 所示。

说明

JavaScript 中的关键字是指在 JavaScript 语言中有特定含义，成为了 JavaScript 语法中的一部分。JavaScript 中的关键字是不能作为变量名和函数名使用的。使用 JavaScript 中的关键字作为变量名或函数名，会使 JavaScript 在载入过程中出现语法错误。

表 14.2　JavaScript 中的关键字

abstract	continue	finally	instanceof	private	this
boolean	default	float	int	public	throw
break	do	for	interface	return	typeof
byte	double	function	long	short	true
case	else	goto	native	static	var
catch	extends	implements	new	super	void
char	false	import	null	switch	while
class	final	in	package	synchronized	with

说明

虽然 JavaScript 的变量可以任意命名，但是在编程的时候，最好还是使用便于记忆且有意义的变量名，以增加程序的可读性。

2. 变量的声明

在 JavaScript 中，JavaScript 变量由关键字 var 声明，语法如下：

```
var variablename;
```

variablename 是声明的变量名。例如，声明一个变量 username，代码如下：

```
var username;                        // 声明变量 username
```

另外，可以使用一个关键字 var 同时声明多个变量，例如：

```
var a,b,c;                           // 同时声明 a、b 和 c 这 3 个变量
```

3. 变量的赋值

在声明变量的同时也可以使用等于符号（=）对变量进行赋值。例如，声明一个变量 lesson 并对其进行赋值，值为一个字符串“零基础学 JavaScript”，代码如下：

```
var lesson="零基础学 JavaScript";    // 声明变量并进行赋值
```

另外，还可以在声明变量之后再对变量进行赋值，例如：

```
var lesson;                          // 声明变量
lesson="零基础学 JavaScript";        // 对变量进行赋值
```

在 JavaScript 中，变量可以不声明而直接对其进行赋值。例如，对一个未声明的变量赋值，然后输出这个变量的值，代码如下：

```
str = "这是一个未声明的变量";        // 对未声明的变量赋值
document.write(str);                 // 输出变量的值
```

运行结果为：

```
这是一个未声明的变量
```

虽然在 JavaScript 中可以对一个未声明的变量直接进行赋值，但是建议在使用变量前就对其声明，因为声明变量的最大好处就是能及时发现代码中的错误。由于 JavaScript 是动态编译的，而动态编译是不易于发现代码中的错误的，特别是变量命名方面的错误。

常见错误

使用变量时忽略了字母的大小写。例如，下面的代码在运行时就会出现错误。

```
var name = "张三";                    //声明变量并赋值
document.write(NAME);                 //输出变量 NAME 的值
```

上述代码中，定义了一个变量 name，但是在使用 document.write 语句输出变量的值时忽略了字母的大小写，因此在运行时就会出现错误。

说明

（1）如果只是声明了变量，并未对其赋值，则其值默认为 undefined；

（2）可以使用 var 语句重复声明同一个变量，也可以在重复声明变量时为该变量赋一个新值。

例如，声明一个未赋值的变量 a 和一个进行重复声明的变量 b，并输出这两个变量的值，代码如下：

```
var a;                                //声明变量 a
var b = "你好 JavaScript";            //声明变量 b 并赋值
var b = "零基础学 JavaScript";        //重复声明变量 b 并赋值
document.write(a);                    //输出变量 a 的值
document.write("<br>");               //输出换行标签
document.write(b);                    //输出变量 b 的值
```

运行结果为：

```
undefined
零基础学 JavaScript
```

注意

在 JavaScript 中的变量必须先定义（用 var 关键字声明或对一个未声明的变量直接赋值）后使用，没有定义过的变量不能直接使用。

常见错误

直接输出一个未定义的变量。例如，下面的代码在运行时就会出现错误。

```
document.write(a);                    //输出未定义的变量 a 的值
```

上述代码中，并没有定义变量 a，但是却使用 document.write(a); 语句直接输出 a 的值，因此在运行时就会出现错误。

4. 变量的类型

变量的类型是指变量的值所属的数据类型，可以是数值型、字符串型和布尔型等。因为 JavaScript 是一种弱类型的程序语言，所以可以把任意类型的数据赋值给变量。

例如，先将一个数值型数据赋值给一个变量，在程序运行过程中，可以将一个字符串型数据赋值给同一个变量，代码如下：

```
var num=100;                                  //定义数值型变量
num="有一条路，走过了总会想起" ;              //定义字符串型变量
```

实例14-4 科比 · 布莱恩特是 NBA 著名的篮球运动员。将科比的别名、身高、总得分、主要成就以及场上位置分别定义在不同的变量中，并输出这些信息。关键代码如下：

```
<script type="text/javascript">
var alias = "小飞侠";                         //定义别名变量
var height = 198;                             //定义身高变量
var score = 33643;                            //定义总得分变量
var achievement = "五届NBA总冠军";            //定义主要成就变量
var position = "得分后卫/小前锋";             //定义场上位置变量
document.write("别名：");                     //输出字符串
document.write(alias);                        //输出变量alias的值
document.write("<br>身高：");                 //输出换行标签和字符串
document.write(height);                       //输出变量height的值
document.write("厘米<br>总得分：");           //输出换行标签和字符串
document.write(score);                        //输出变量score的值
document.write("分<br>主要成就：");           //输出换行标签和字符串
document.write(achievement);                  //输出变量achievement的值
document.write("<br>场上位置：");             //输出换行标签和字符串
document.write(position);                     //输出变量position的值
</script>
```

本实例运行结果如图 14.6 所示。

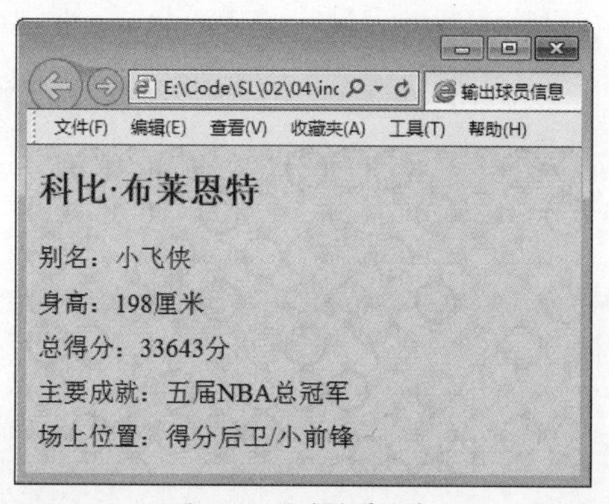

图 14.6 输出球员信息

14.3 运算符

运算符也称为操作符，它是用于完成一系列操作的符号。运算符用于将一个或几个值进行计算而生成一个新的值，对其进行计算的值称为操作数，操作数可以是常量或变量。

JavaScript 的运算符按操作数的个数可以分为单目运算符、双目运算符和三目运算符；按运算符的功能可以分为算术运算符、比较运算符、赋值运算符、字符串运算符、逻辑运算符、条件运算符和其他运算符。

14.3.1 算术运算符

扫码看视频

算术运算符用于在程序中进行加、减、乘、除等运算。JavaScript 中常用的算术运算符如表 14.3 所示。

表 14.3 JavaScript 中常用的算术运算符

算术运算符	描述	示例
+	加运算符	4+6 // 返回值为 10
-	减运算符	7-2 // 返回值为 5
*	乘运算符	7*3 // 返回值为 21
/	除运算符	12/3 // 返回值为 4
%	求模运算符	7%4 // 返回值为 3
++	自增运算符。该运算符有两种情况：i++（在使用 i 之后，使 i 的值加 1）；++i（在使用 i 之前，先使 i 的值加 1）	i=1; j=i++ //j 的值为 1，i 的值为 2

--	自减运算符。该运算符有两种情况：i--（在使用 i 之后，使 i 的值减 1）；--i（在使用 i 之前，先使 i 的值减 1）	i=6; j=i-- //j 的值为 6，i 的值为 5
		i=6; j=--i //j 的值为 5，i 的值为 5

实例 14-5 美国使用华氏度作为计量温度的单位。将华氏度转换为摄氏度的公式为“摄氏度 =5/9×(华氏度 -32)”。假设洛杉矶市的当前气温为 68 华氏度，分别输出该城市以华氏度和摄氏度表示的气温。关键代码如下：

```
<script type="text/javascript">
var degreeF=68;                                        //定义表示华氏度的变量
var degreeC=0;                                         //定义表示摄氏度的变量
degreeC=5/9*(degreeF-32);                              //将华氏度转换为摄氏度
document.write("华氏度："+degreeF+"&deg;F");            //输出以华氏度表示的气温
document.write("<br>摄氏度："+degreeC+"&deg;C");        //输出以摄氏度表示的气温
</script>
```

本实例运行结果如图 14.7 所示。

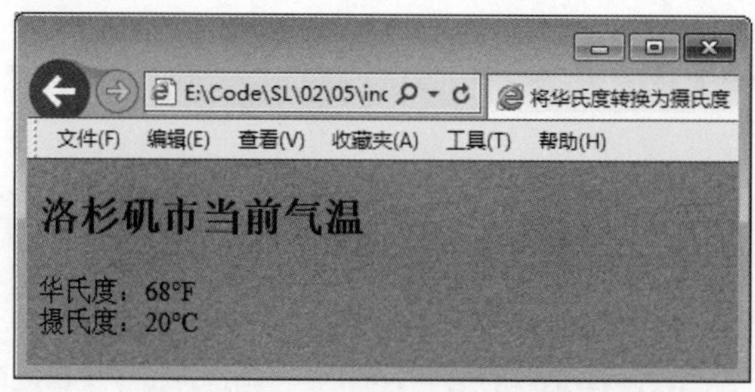

图 14.7 输出以华氏度和摄氏度表示的气温

注意

在使用“/”运算符进行除法运算时，如果被除数不是 0，除数是 0，得到的结果为 Infinity；如果被除数和除数都是 0，得到的结果为 NaN。

说明

“+”除了可以作为算术运算符，还可作为字符串运算符（用于连接字符串）。

14.3.2 字符串运算符

字符串运算符是用于两个字符串型数据之间的运算符，它的作用是将两个字符串连接起来。在 JavaScript 中，可以使用“+”和“+=”运算符对两个字符串进行连接运算。其中，“+”运算符用于连接两个字符串，而“+=”运算符则用于连接两个字符串并将结果赋给第一个字符串。表 14.4 给出了 JavaScript 中的字符串运算符。

扫码看视频

表 14.4 JavaScript 中的字符串运算符

字符串运算符	描述	示例
+	连接两个字符串	“零基础学”+“JavaScript”
+=	连接两个字符串并将结果赋给第一个字符串	var name+=“零基础学”

实例 14-6 将电影《流浪地球 2》的影片名称、时长和票房分别定义在变量中，应用字符串运算符对多个变量和字符串进行连接并输出。代码如下：

```
<script type="text/javascript">
var movieName, director,type,actor,boxOffice;          //声明变量
movieName= "流浪地球 2";                                //定义影片名称
duration = "125";                                        //定义时长
boxOffice= 46.43;                                        //定义票房
alert("影片名称: "+movieName+"\n时长: "+duration+"分钟"+"\n票房: "+boxOffice+"亿元");
//连接字符串并输出
</script>
```

本实例运行结果如图 14.8 所示。

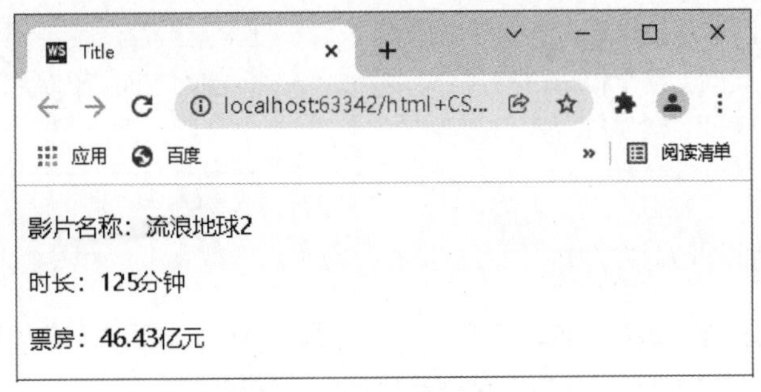

图 14.8 对多个字符串进行连接

说明

JavaScript 脚本会根据操作数的数据类型来确定表达式中的“+”是算术运算符还是字符串运算符。在两个操作数中只要有一个是字符串类型，那么这个“+”就是字符串运算符，而不是算术运算符。

常见错误

使用字符串运算符对字符串进行连接时，字符串变量未进行初始化。例如下面的代码：

```
var str;                          //正确代码：var str="";
str+="零基础学";                  //连接字符串
str+="JavaScript";                //连接字符串
document.write(str);              //输出变量的值
```

上述代码中，在声明变量 str 时并没有对变量初始化，这样在运行时会出现非预期的结果。

14.3.3 比较运算符

扫码看视频

比较运算符的基本操作过程是：首先对操作数进行比较（这个操作数可以是数字也可以是字符串），然后返回一个布尔值 true 或 false。JavaScript 中常用的比较运算符如表 14.5 所示。

表 14.5 JavaScript 中常用的比较运算符

比较运算符	描述	示例
<	小于	1<6 // 返回值为 true
>	大于	7>10 // 返回值为 false
<=	小于或等于	10<=10 // 返回值为 true
>=	大于或等于	3>=6 // 返回值为 false
==	等于。只根据表面值进行判断，不涉及数据类型	“17”==17 // 返回值为 true
===	绝对等于。根据表面值和数据类型同时进行判断	“17”===17 // 返回值为 false
!=	不等于。只根据表面值进行判断，不涉及数据类型	“17”!=17 // 返回值为 false
!==	不绝对等于。根据表面值和数据类型同时进行判断	“17”!==17 // 返回值为 true

常见错误

对操作数进行比较时，将比较运算符“==”写成“=”。例如下面的代码：

```
var a=10;                                   //声明变量并初始化
document.write(a=10);                       //正确代码：document.write(a==10);
```

上述代码中，在对操作数进行比较时使用了“=”，而正确的比较运算符应该是“==”。

实例14-7 应用比较运算符实现两个数值之间的大小比较。代码如下：

```
<script type="text/javascript">
var age = 25;                               //定义变量
document.write("age变量的值为："+age);      //输出字符串和变量的值
document.write("<p>");                      //输出换行标签
document.write("age>20：");                 //输出字符串
document.write(age>20);                     //输出比较结果
document.write("<br>");                     //输出换行标签
document.write("age<20：");                 //输出字符串
document.write(age<20);                     //输出比较结果
document.write("<br>");                     //输出换行标签
document.write("age==20：");                //输出字符串
document.write(age==20);                    //输出比较结果
</script>
```

本实例运行结果如图14.9所示。

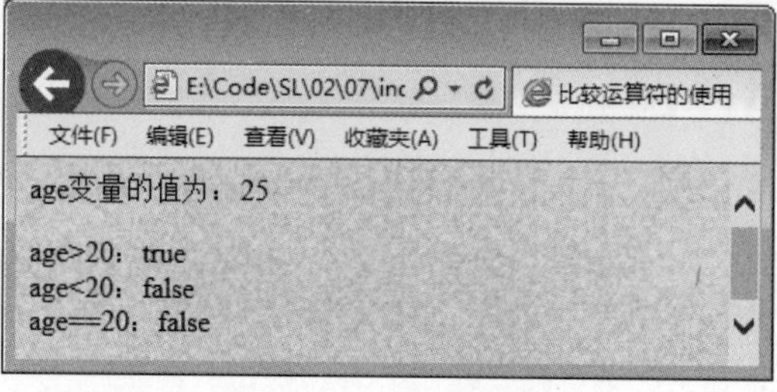

图14.9 输出比较结果

比较运算符也可用于两个字符串之间的比较，返回结果同样是一个布尔值true或false。当比较两个字符串A和B时，JavaScript会首先比较A和B中的第一个字符，例如第一个字符的ASCII值分别是a和b，如果a大于b，则字符串A大于字符串B，否则字符串A小于字符串B。如果第一个字符的ASCII值相等，就比较A和B中的下一个字符，依此类推。如果A和B中每个字符的ASCII值都相等，那么字符数多的字符串大于字符数少的字符串。

例如，在下面字符串的比较中，结果都是true。

```
document.write("abc"=="abc");               //输出比较结果
document.write("ac"<"bc");                  //输出比较结果
document.write("abcd">"abc");               //输出比较结果
```

14.3.4 赋值运算符

扫码看视频

JavaScript 中的赋值运算可以分为简单赋值运算和复合赋值运算。简单赋值运算是将赋值运算符（=）右边表达式的值赋给左边的变量；而复合赋值运算混合了其他运算（例如算术运算）和赋值运算。例如：

```
sum+=i;        // 等同于 sum=sum+i;
```

JavaScript 中的赋值运算符如表 14.6 所示。

表 14.6 JavaScript 中的赋值运算符

赋值运算符	描述	示例
=	将运算符右边表达式的值赋给左边的变量	userName=" mr"
+=	将运算符左边的变量加上右边表达式的值并赋给左边的变量	a+=b // 相当于 a=a+b
-=	将运算符左边的变量减去右边表达式的值并赋给左边的变量	a-=b // 相当于 a=a-b
*=	将运算符左边的变量乘右边表达式的值并赋给左边的变量	a*=b // 相当于 a=a*b
/=	将运算符左边的变量除右边表达式的值并赋给左边的变量	a/=b // 相当于 a=a/b
%=	将运算符左边的变量用右边表达式的值求模，并将结果赋给左边的变量	a%=b // 相当于 a=a%b

实例 14-8 应用赋值运算符实现两个数值之间的运算并输出结果。代码如下：

```
<script type="text/javascript">
var a = 2;                              // 定义变量
var b = 3;                              // 定义变量
document.write("a=2,b=3");              // 输出 a 和 b 的值
document.write("<p>");                  // 输出段落标签
document.write("a+=b 运算后：");        // 输出字符串
a+=b;                                   // 执行运算
document.write("a="+a);                 // 输出此时变量 a 的值
document.write("<br>");                 // 输出换行标签
document.write("a-=b 运算后：");        // 输出字符串
a-=b;                                   // 执行运算
document.write("a="+a);                 // 输出此时变量 a 的值
document.write("<br>");                 // 输出换行标签
document.write("a*=b 运算后：");        // 输出字符串
a*=b;                                   // 执行运算
document.write("a="+a);                 // 输出此时变量 a 的值
document.write("<br>");                 // 输出换行标签
document.write("a/=b 运算后：");        // 输出字符串
a/=b;                                   // 执行运算
document.write("a="+a);                 // 输出此时变量 a 的值
document.write("<br>");                 // 输出换行标签
document.write("a%=b 运算后：");        // 输出字符串
```

```
a%=b;                                   // 执行运算
document.write("a="+a);                 // 输出此时变量 a 的值
</script>
```

本实例运行结果如图 14.10 所示。

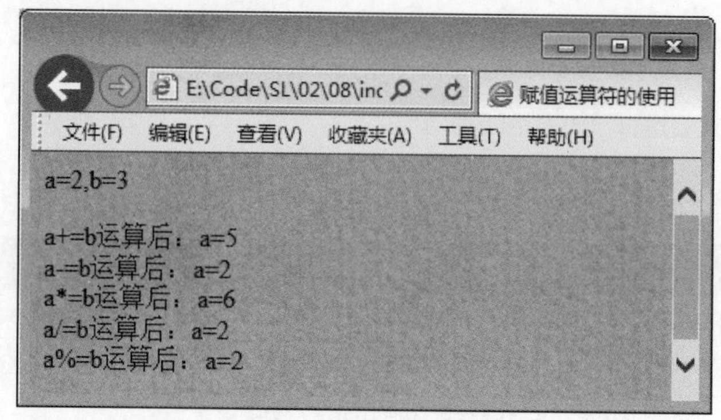

图 14.10 输出赋值运算结果

14.3.5 逻辑运算符

扫码看视频

逻辑运算符用于对一个或多个布尔值进行逻辑运算。在 JavaScript 中有 3 个逻辑运算符，如表 14.7 所示。

表 14.7 Java Script 中的逻辑运算符

逻辑运算符	描述	示例
&&	逻辑与	a && b //当 a 和 b 都为真时，结果为真，否则为假
||	逻辑或	a || b //当 a 为真或者 b 为真时，结果为真，否则为假
!	逻辑非	!a //当 a 为假时，结果为真，否则为假

实例 14-9 应用逻辑运算符对逻辑表达式进行运算并输出结果。代码如下：

```
<script type="text/javascript">
var num = 20;                                      // 定义变量
document.write("num="+num);                        // 输出变量的值
document.write("<p>num>0 && num<10 的结果：");      // 输出字符串
document.write(num>0 &&num<10);                    // 输出运算结果
document.write("<br>num>0 || num<10 的结果：");     // 输出字符串
document.write(num>0 || num<10);                   // 输出运算结果
document.write("<br>!num<10 的结果：");             // 输出字符串
document.write(!num<10);                           // 输出运算结果
</script>
```

本实例运行结果如图 14.11 所示。

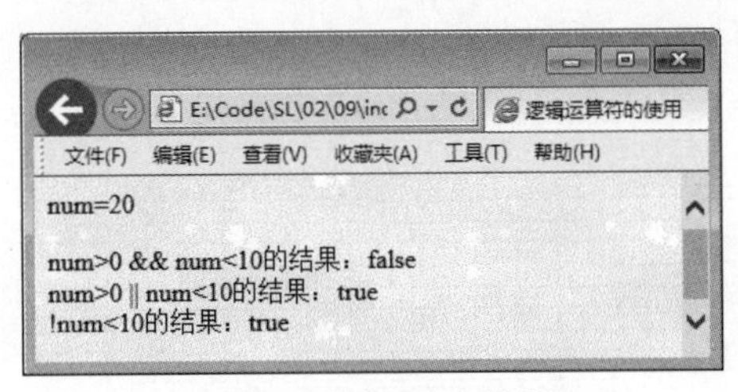

图 14.11　输出逻辑运算结果

扫码看视频

14.3.6　条件运算符

条件运算符是 JavaScript 支持的一种特殊的三目运算符，其语法如下：

```
表达式 ? 结果 1: 结果 2
```

如果“表达式”的值为 true，则整个表达式的结果为“结果 1”，否则为“结果 2”。

例如，定义两个变量，值都为 10，然后判断两个变量是否相等，如果相等则输出“相等”，否则输出“不相等”，代码如下：

```
var a=10;                                   //定义变量
var b=10;                                   //定义变量
alert(a==b?"相等":"不相等");                //应用条件运算符进行判断并输出结果
```

运行结果如图 14.12 所示。

图 14.12　判断两个变量是否相等

实例 14-10 如果某年的年份值是 4 的倍数并且不是 100 的倍数，或者该年份值是 400 的倍数，那么这一年就是闰年。应用条件运算符判断 2017 年是否是闰年。代码如下：

```
<script type="text/javascript">
var year = 2017;                            //定义年份变量
//应用条件运算符进行判断
result = (year%4 == 0 &&year%100 != 0) || (year%400 == 0)?"是闰年":"不是闰年";
alert(year+"年"+result);                    //输出判断结果
</script>
```

本实例运行结果如图 14.13 所示。

图 14.13　判断 2017 年是否是闰年

14.3.7　其他运算符

扫码看视频

1. 逗号运算符

逗号运算符用于将多个表达式排在一起，整个表达式的值为最后一个表达式的值。例如：

```
var a,b,c,d;                         // 声明变量
a=(b=3,c=5,d=6);                     // 使用逗号运算符为变量 a 赋值
alert("a 的值为 "+a);                 // 输出变量 a 的值
```

执行上面的代码，运行结果如图 14.14 所示。

图 14.14　输出变量 a 的值

2. typeof 运算符

typeof 运算符用于判断操作数的数据类型。它可以返回一个字符串，该字符串说明了操作数是什么数据类型。这对于判断一个变量是否已被定义特别有用。其语法如下：

```
typeof 操作数
```

不同数据类型的操作数使用 typeof 运算符的返回值如表 14.8 所示。

表 14.8　不同数据类型的操作数使用 typeof 运算符的返回值

数据类型	返回值	数据类型	返回值
数值	number	null	object
字符串	string	对象	object
布尔值	boolean	函数	function
undefined	undefined		

例如，应用 typeof 运算符分别判断 4 个变量的数据类型，代码如下：

```
var a,b,c,d;                         // 声明变量
a=3;                                 // 为变量赋值
b="name";                            // 为变量赋值
c=true;                              // 为变量赋值
d=null;                              // 为变量赋值
alert("a 的数据类型为 "+(typeofa)+"\nb 的数据类型为 "+(typeofb)+"\nc 的数据类型为
"+(typeofc)+"\nd 的数据类型为 "+(typeofd));// 输出变量的数据类型
```

执行上面的代码，运行结果如图 14.15 所示。

来自网页的消息
a的数据类型为number
b的数据类型为string
c的数据类型为boolean
d的数据类型为object
确定

图 14.15 输出不同的数据类型

3. new 运算符

在 JavaScript 中有很多内置对象，如字符串对象、日期对象和数值对象等，通过 new 运算符可以创建一个新的内置对象实例。

语法如下：

```
对象实例名称 = new 对象类型 ( 参数 )
对象实例名称 = new 对象类型
```

当创建对象实例时，如果没有用到参数，则可以省略圆括号，这种省略方式只限于 new 运算符。

例如，应用 new 运算符来创建新的对象实例，代码如下：

```
Object1 = new Object;                    //创建自定义对象
Array2 = new Array();                    //创建数组对象
Date3 = new Date("August 8 2008");       //创建日期对象
```

14.3.8 运算符优先级与结合性

扫码看视频

JavaScript 运算符都有明确的优先级与结合性。优先级较高的运算符将先于优先级较低的运算符进行运算。结合性则是指具有同等优先级的运算符将按照怎样的顺序进行运算。JavaScript 运算符的优先级及其结合性如表 14.9 所示。

表 14.9 JavaScript 运算符的优先级及其结合性

优先级	结合性	运算符
最高	向左	.、[]、()
由高到低依次排列	–	++、--、-、!、delete、new、typeof、void
	向左	*、/、%
	向左	+、-
	向左	<<、>>、>>>
	向左	<、<=、>、>=、in、instanceof

续表

优先级	结合性	运算符
由高到低依次排列	向左	==、!=、===、!===
	向左	&
	向左	^
	向左	|
	向左	&&
	向左	||
	向右	?:
	向右	=
	向右	*=、/=、%=、+=、-=、<<=、>>=、>>>=、&=、^=、|=
最低	向左	,

例如，下面的代码显示了运算符优先顺序的作用。

```
var a;                          // 声明变量
a = 20-(5+6)<10&&2>1;           // 为变量赋值
alert(a);                       // 输出变量的值
```

运行结果如图 14.16 所示。

当在表达式中连续出现的几个运算符优先级相同时，其运算的优先顺序由其结合性决定。结合性有向左结合和向右结合，例如，由于“+”是向左结合的，所以在计算表达式“a+b+c”的值时，会先计算“a+b”，即“(a+b)+c”；而“=”是向右结合的，所以在计算表达式“a=b=1”的值时，会先计算“b=1”。下面的代码说明了“=”的结合性。

```
var a = 1;                      // 声明变量并赋值
b=a=10;                         // 对变量 b 赋值
alert("b="+b);                  // 输出变量 b 的值
```

运行结果如图 14.17 所示。

图 14.16　输出结果

图 14.17　输出结果

实例 14-11 假设手机的话费余额是 10 元，通话资费为 0.2 元 / 分钟，流量资费为 0.5 元 / 兆字节，在使用了 10 兆字节流量后，计算手机还可以进行多长时间的通话。代码如下：

```
<script type="text/javascript">
var balance = 10;                                         // 定义手机话费余额变量
var call = 0.2;                                           // 定义通话资费变量
var traffic = 0.5;                                        // 定义流量资费变量
var minutes = (balance-traffic*10)/call;                  // 计算可通话分钟数
document.write(" 手机话费余额还可以通话 "+minutes+" 分钟 "); // 输出字符串
</script>
```

运行结果如图 14.18 所示。

图 14.18 输出手机可以进行通话的分钟数

14.4 上机实战

（1）已知某小区的房屋单价为 8500 元 / 平方米，一套房屋的面积为 80 平方米，输出该套房屋的单价、面积和总价，运行结果如图 14.19 所示。

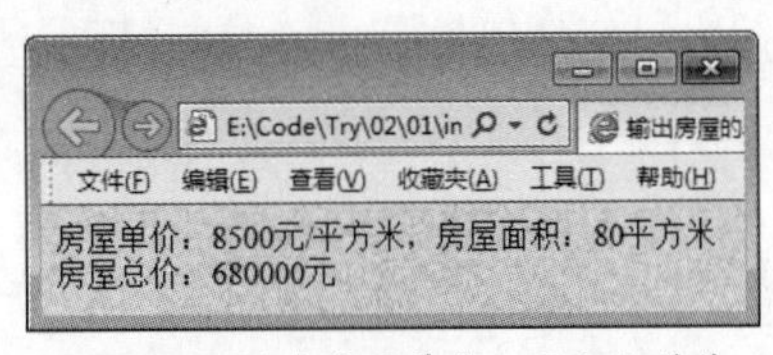

图 14.19 输出房屋单价、面积和总价

（2）将存款人姓名、存款账号、存款金额分别定义在变量中，并输出存款单中的信息，运行结果如图 14.20 所示。

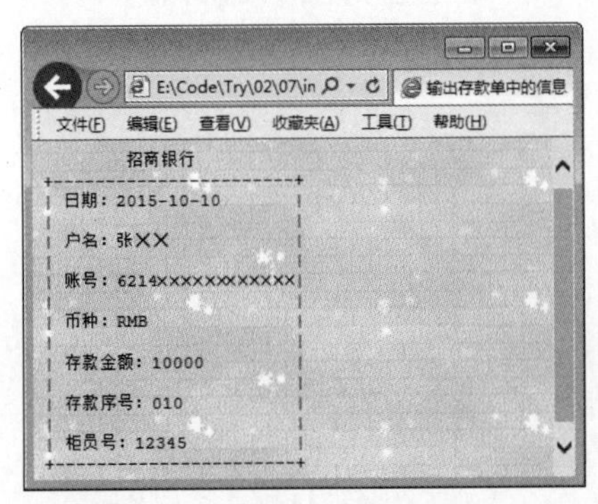

图 14.20 输出存款单中的信息

（3）模拟输出手机话费余额的功能。将截至日期和当前的话费余额分别定义在变量中，并输出截至指定日期的话费余额，运行结果如图 14.21 所示。

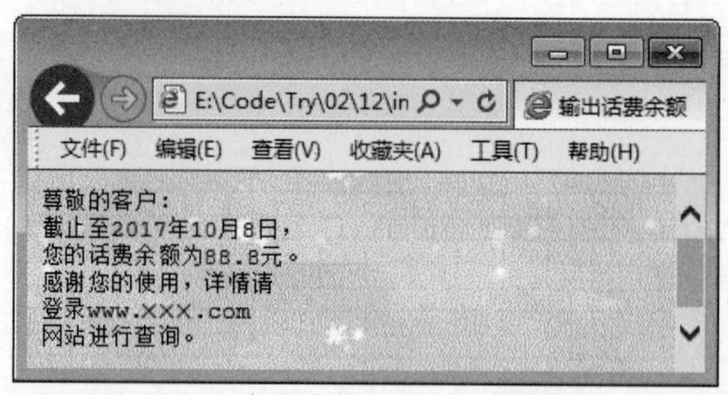

图 14.21　输出截至指定日期的话费余额

（4）假设商业贷款利率为 5%，贷款金额为 100000 元，贷款期限为 3 年，计算贷款到期后需要还款的总额，运行结果如图 14.22 所示。

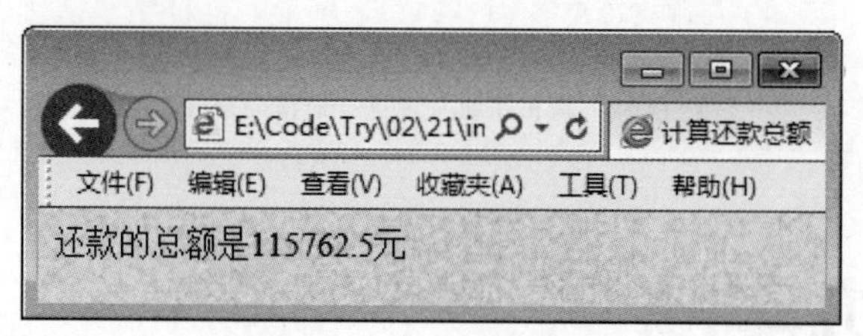

图 14.22　输出还款的总额

（5）将个人简历信息定义在变量中，并输出个人简历信息，运行结果如图 14.23 所示。

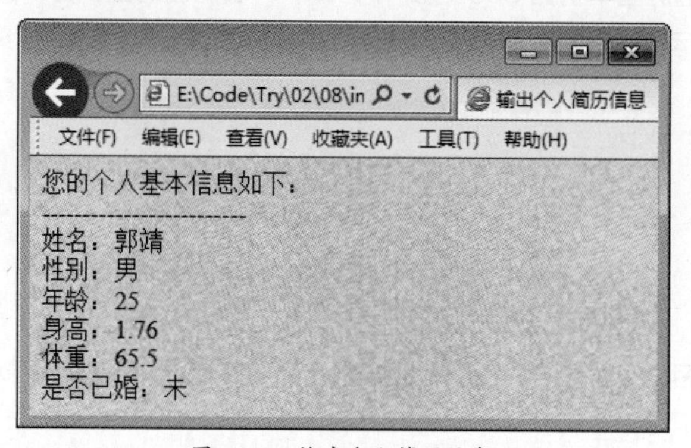

图 14.23　输出个人简历信息

第 15 章

JavaScript 基本语句

视频教学：116 分钟

15.1　条件判断语句

在日常生活中，人们可能会根据不同的条件做出不同的选择。例如，根据路标选择走哪条路，根据当天的天气情况选择做什么事情。在编写程序的过程中也经常会遇到这样的情况，这时就需要使用条件判断语句。所谓条件判断语句就是对语句中不同条件的值进行判断，进而根据不同的条件执行不同的语句。条件判断语句主要包括两类：一类是 if 语句，另一类是 switch 语句。下面对这两种类型的条件判断语句进行详细的讲解。

15.1.1　if 语句

扫码看视频

if 语句是最基本、最常用的条件判断语句，通过判断条件表达式的值来确定是否执行一段语句，或者选择执行哪部分语句。

1．简单 if 语句

在实际应用中，if 语句有多种表现形式。简单 if 语句的语法如下：

```
if(表达式){
    语句
}
```

- 表达式：必选项，用于指定条件表达式，可以使用逻辑运算符。
- 语句：用于指定要执行的语句序列，可以是一条语句或多条语句。当表达式的值为 true 时，执行该语句序列。

简单 if 语句的执行流程如图 15.1 所示。

在简单 if 语句中，首先对表达式的值进行判断，如果它的值是 true，则执行相应的语句，否则不执行。

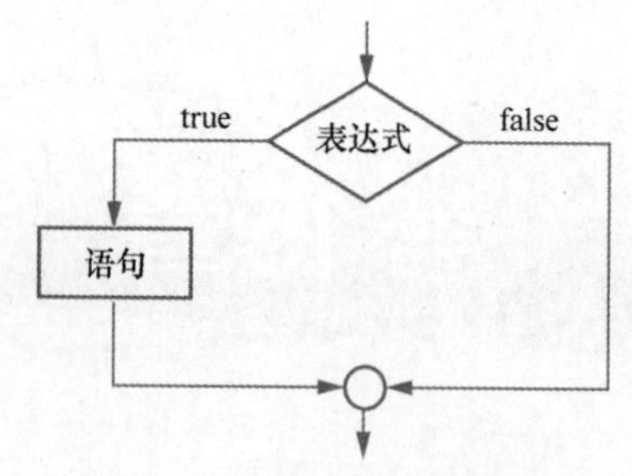

图 15.1　简单 if 语句的执行流程

例如，通过比较两个变量的值，输出比较的结果，代码如下：

```
var a=200;                          //定义变量a，值为200
var b=100;                          //定义变量b，值为100
if(a>b){                            //判断变量a的值是否大于变量b的值
    document.write("a大于b");       //输出a大于b
}
if(a<b){                            //判断变量a的值是否小于变量b的值
    document.write("a小于b");       //输出a小于b
}
```

运行结果为：

```
a大于b
```

说明

当要执行的语句为单一语句时，语句两边的花括号可以省略。

例如，下面的这段代码和上面代码的执行结果是一样的，都可以输出“a 大于 b”。

```
var a=200;                          //定义变量a，值为200
var b=100;                          //定义变量b，值为100
if(a>b)                             //判断变量a的值是否大于变量b的值
    document.write("a大于b");       //输出a大于b
if(a<b)                         //判断变量a的值是否小于变量b的值
    document.write("a小于b");       //输出a小于b
```

常见错误

在 if 语句的条件表达式中，应用比较运算符“==”对操作数进行比较时，将比较运算符“==”写成“=”。例如下面的代码：

```
var a=20;
if(a=10){                           //正确代码：if(a==10)
    alert("a的值是10");
}
```

上述代码中，在对操作数进行比较时使用了“=”，而正确的比较运算符应该是“==”。

实例 15-1 将 3 个数字 10、20、30 分别定义在变量中，应用简单 if 语句获取这 3 个数中的最大值。代码如下：

```
<script type="text/javascript">
var a,b,c,maxValue;                    //声明变量
a=10;                                  //为变量赋值
b=20;                                  //为变量赋值
c=30;                                  //为变量赋值
maxValue=a;                            //假设 a 的值最大，定义 a 为最大值
if(maxValue<b){                        //如果最大值小于 b
    maxValue=b;                        //定义 b 为最大值
}
if(maxValue<c){                        //如果最大值小于 c
    maxValue=c;                        //定义 c 为最大值
}
alert("+a+"、"+b+"、"+c+"这 3 个数中的最大值为"+maxValue);        //输出结果
</script>
```

运行结果如图 15.2 所示。

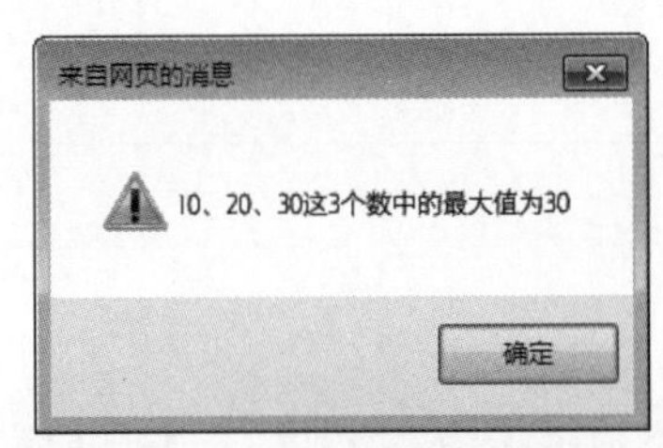

图 15.2　获取 3 个数中的最大值

2. If...else 语句

if...else 语句是 if 语句的标准形式，在 if 语句简单形式的基础之上增加了一个 else 从句，当表达式的值是 false 时执行 else 从句中的内容。

if...else 语句的语法如下：

```
if(表达式){
    语句 1
}else{
    语句 2
}
```

- 表达式：必选项，用于指定条件表达式，可以使用逻辑运算符。
- 语句 1：用于指定要执行的语句序列。当表达式的值为 true 时，执行该语句序列。
- 语句 2：用于指定要执行的语句序列。当表达式的值为 false 时，执行该语句序列。

if...else 语句的执行流程如图 15.3 所示。

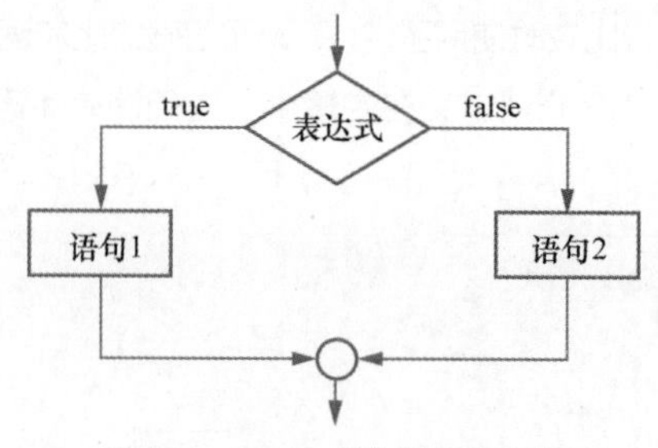

图 15.3　if...else 语句的执行流程

在 if 语句的标准形式中，先对表达式的值进行判断，如果它的值是 true，则执行语句 1 中的内容，否则执行语句 2 中的内容。

例如，通过比较两个变量的值，输出比较的结果，代码如下：

```
var a=100;                              // 定义变量 a，值为 100
var b=200;                              // 定义变量 b，值为 200
if(a>b){                                // 判断变量 a 的值是否大于变量 b 的值
   document.write("a 大于 b");          // 输出 a 大于 b
}else{
   document.write("a 小于 b");          // 输出 a 小于 b
}
```

运行结果为：

```
a 小于 b
```

说明

上述 if 语句是典型的二分支结构。当语句 1、语句 2 为单一语句时，语句两边的花括号可以省略。

上面代码中的花括号省略后，程序的执行结果是不变的，代码如下：

```
var a=100;                              // 定义变量 a，值为 100
var b=200;                              // 定义变量 b，值为 200
if(a>b)                                 // 判断变量 a 的值是否大于变量 b 的值
   document.write("a 大于 b");          // 输出 a 大于 b
else
   document.write("a 小于 b");          // 输出 a 小于 b
```

实例 15-2　如果某一年是闰年，那么这一年的 2 月有 29 天，否则这一年的 2 月只有 28 天。应用 if...else 语句判断 2010 年 2 月的天数。代码如下：

```
<script type="text/javascript">
var year=2010;                                        // 定义变量
var month=0;                                          // 定义变量
if((year%4==0 &&year%100!=0)||year%400==0){           // 判断指定年是否为闰年
   month=29;                                          // 为变量赋值
```

```
}else{
    month=28;                                          //为变量赋值
}
alert("2010 年 2 月的天数为 "+month+" 天 ");              //输出结果
</script>
```

运行结果如图 15.4 所示。

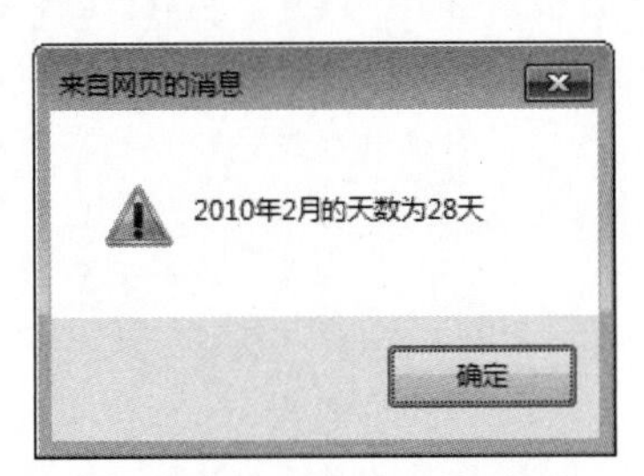

图 15.4 输出 2010 年 2 月的天数

3. if...else if 语句

if 语句是一种使用很灵活的语句，除了可以使用 if...else 语句的形式，还可以使用 if...else if 语句的形式。if...else if 语句可以进行更多的条件判断，不同的条件对应不同的语句。if...else if 语句的语法如下：

```
if (表达式 1){
    语句 1
}else if(表达式 2){
    语句 2
}
...
else if(表达式 n){
    语句 n
}else{
    语句 n+1
}
```

if...else if 语句的执行流程如图 15.5 所示。

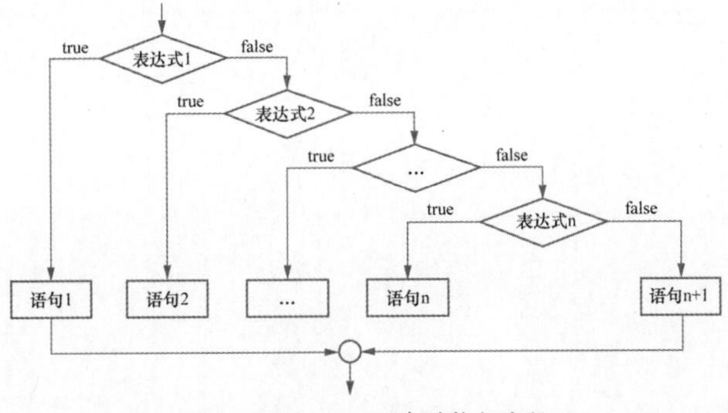

图 15.5 if...else if 语句的执行流程

实例15-3 将某学校的学生成绩转化为不同等级，划分标准为：①“优秀”，大于等于90分；②“良好”，大于等于75分；③“及格”，大于等于60分；④“不及格”，小于60分。假设周星星的考试成绩是85分，输出该成绩对应的等级。关键代码如下：

```
<script type="text/javascript">
var grade = "";                          //定义表示等级的变量
var score = 85;                          //定义表示分数的变量score的值为85
if(score>=90){                           //如果分数大于等于90
    grade = "优秀";                      //将“优秀”赋值给变量grade
}else if(score>=75){                     //如果分数大于等于75
    grade = "良好";                      //将“良好”赋值给变量grade
}else if(score>=60){                     //如果分数大于等于60
    grade = "及格";                      //将“及格”赋值给变量grade
}else{                                   //如果score的值不符合上述条件
    grade = "不及格";                    //将“不及格”赋值给变量grade
}
alert("周星星的考试成绩"+grade);         //输出考试成绩对应的等级
</script>
```

运行结果如图15.6所示。

图15.6 输出考试成绩对应的等级

4. if语句的嵌套

if语句不但可以单独使用，而且可以嵌套使用，即在if语句的从句部分嵌套另外一个完整的if语句。基本语法如下：

```
if (表达式1){
    if(表达式2){
        语句1
    }else{
        语句2
    }
}else{
    if(表达式3){
        语句3
```

```
    }else{
        语句 4
    }
}
```

例如，某考生的高考总分是 620，英语成绩是 120。假设重点本科的录取分数线是 600，而英语分数必须在 130 以上才可以报考外国语大学。应用 if 语句的嵌套判断该考生能否报考外国语大学。代码如下:

```
var totalscore=620;                                   //定义总分变量
var englishscore=120;                                 //定义英语分数变量
if(totalscore>600){                                   //如果总分大于 600
    if(englishscore>130){                             //如果英语分数大于 130
        alert("该考生可以报考外国语大学");              //输出字符串
    }else{
        alert("该考生可以报考重点本科，但不能报考外国语大学"); //输出字符串
    }
}else{
    if(totalscore>500){                               //如果总分大于 500
        alert("该考生可以报考普通本科");                //输出字符串
    }else{
        alert("该考生只能报考专科");                    //输出字符串
    }
}
```

运行结果如图 15.7 所示。

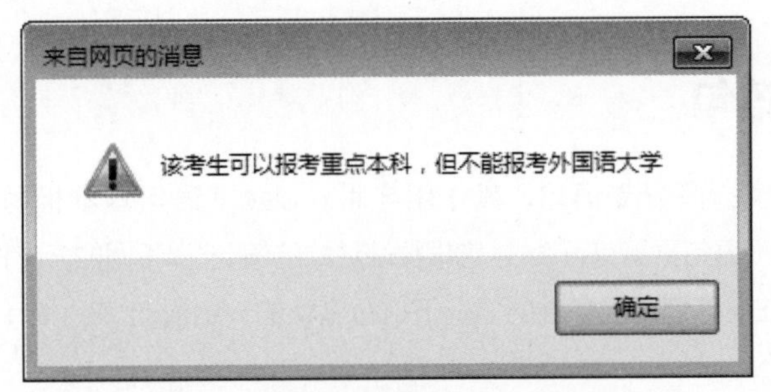

图 15.7　判断该考生能否报考外国语大学

说明

在使用嵌套的 if 语句时，最好使用花括号来确定相互之间的层次关系。否则，由于花括号使用位置的不同，可能导致代码的含义完全不同，从而输出不同的内容。

实例 15-4 假设某工种的男职工 60 岁退休，女职工 55 岁退休。应用 if 语句的嵌套判断一位 58 岁的女职工是否已经退休。代码如下：

```
<script type="text/javascript">
var sex="女";                                   //定义表示性别的变量
```

```
var age=58;                                     //定义表示年龄的变量
if(sex=="男"){                                  //如果是男职工就执行下面的内容
    if(age>=60){                                //如果男职工在60岁以上
        alert("该男职工已经退休"+(age-60)+"年");         //输出字符串
    }else{                                      //如果男职工在60岁以下
        alert("该男职工并未退休");                 //输出字符串
    }
}else{                                          //如果是女职工就执行下面的内容
    if(age>=55){                                //如果女职工在55岁以上
        alert("该女职工已经退休"+(age-55)+"年");         //输出字符串
    }else{                                      //如果女职工在55岁以下
        alert("该女职工并未退休");                       //输出字符串
    }
}
</script>
```

运行结果如图15.8所示。

图15.8　判断该女职工是否已退休

15.1.2　switch语句

扫码看视频

switch语句是典型的多分支语句，其作用与if ... else if语句基本相同，但switch语句比if ... else if语句更具有可读性，它根据表达式的值，选择不同的分支执行。而且switch语句允许在找不到匹配条件的情况下执行默认的一组语句。switch语句的语法如下：

```
switch (表达式){
    case 常量表达式1:
        语句1;
        break;
    case 常量表达式2:
        语句2;
        break;
    ...
    Case 常量表达式n:
        语句n;
```

```
        break;
    default:
        语句 n+1;
        break;
}
```

- 表达式：任意的表达式或变量。
- 常量表达式：任意的常量或常量表达式。如果表达式的值与某个常量表达式的值相等，则执行此 case 后相应的语句；如果表达式的值与所有常量表达式的值都不相等，则执行 default 后相应的语句。
- break：用于结束 switch 语句，从而使 JavaScript 只执行匹配的分支。如果没有 break 语句，则该匹配分支之后的所有分支都将被执行，switch 语句也就失去了使用的意义。

switch 语句的执行流程如图 15.9 所示。

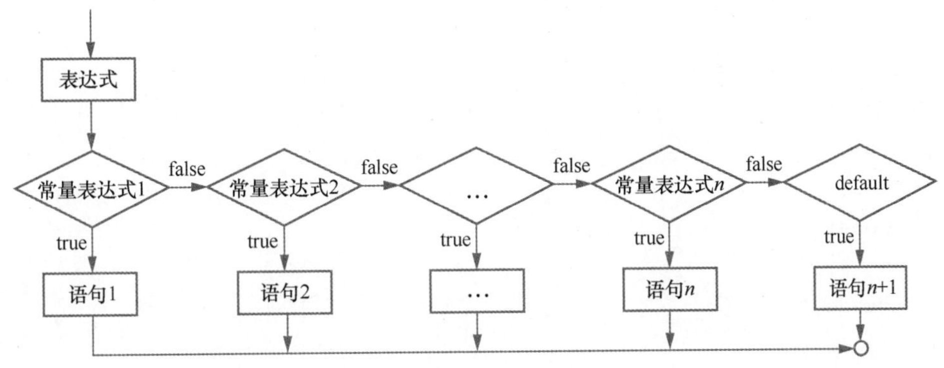

图 15.9　switch 语句的执行流程

说明

default 语句可以省略。在表达式的值不能与任何 case 语句中的值相匹配的情况下，JavaScript 会直接结束 switch 语句，不进行任何操作。

注意

case 后面常量表达式的数据类型必须与表达式的数据类型相同，否则匹配会全部失败，而去执行 default 语句中的内容。

常见错误

在 switch 语句中漏写 break 语句。例如下面的代码：

```
var a=2;                           //定义变量值为 2
switch(a){
    case 1:                        //如果变量 a 的值为 1
        alert("a 的值是 1");       //输出 a 的值
    case 2:                        //如果变量 a 的值为 2
```

```
        alert("a 的值是 2");        // 输出 a 的值
    case 3:                         // 如果变量 a 的值为 3
        alert("a 的值是 3");        // 输出 a 的值
}
```

上述代码中，由于在每条 case 语句的最后都漏写了 break 语句，因此程序在找到匹配分支之后仍然会向下执行。

实例 15-5 具体代码如下：

某公司举行抽奖活动，中奖号码及其对应的奖品设置如下：

① “1”代表“一等奖”，奖品是“华为手机”；

② “2”代表“二等奖”，奖品是“光波炉”；

③ “3”代表“三等奖”，奖品是“电饭煲”；

④ 其他号码代表“安慰奖”，奖品是“U 盘”。

输出员工抽中的奖项级别以及所获得的奖品。

```
<script type="text/javascript">
var grade="";                                   // 定义表示奖项级别的变量
var prize="";                                   // 定义表示奖品的变量
var code=3;                                     // 定义表示中奖号码的变量的值为 3
switch(code){
    case 1:                                     // 如果中奖号码为 1
      grade=" 一等奖 ";                          // 定义奖项级别
      prize=" 华为手机 ";                        // 定义获得的奖品
      break;                                    // 退出 switch 语句
    case 2:                                     // 如果中奖号码为 2
      grade=" 二等奖 ";                          // 定义奖项级别
      prize=" 光波炉 ";                          // 定义获得的奖品
      break;                                    // 退出 switch 语句
    case 3:                                     // 如果中奖号码为 3
      grade=" 三等奖 ";                          // 定义奖项级别
      prize=" 电饭煲 ";                          // 定义获得的奖品
      break;                                    // 退出 switch 语句
    default:                                    // 如果中奖号码为其他号码
      grade=" 安慰奖 ";                          // 定义奖项级别
      prize="U 盘 ";                             // 定义获得的奖品
      break;                                    // 退出 switch 语句
}
document.write(" 该员工获得了 "+grade+"<br> 奖品是 "+prize);// 输出奖项级别和获得的
奖品
</script>
```

运行结果如图 15.10 所示。

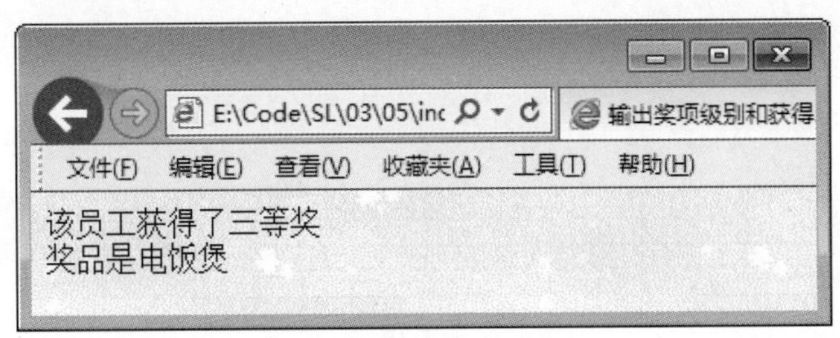

图 15.10 输出奖项级别和获得的奖品

说明

在程序开发的过程中，使用 if 语句还是使用 switch 语句可以根据实际情况而定，尽量做到物尽其用，不要因为 switch 语句的效率高就一味地使用，也不要因为 if 语句常用就不应用 switch 语句。要根据实际的情况，具体问题具体分析，使用最适合的条件判断语句。一般情况下对于判断条件较少的可以使用 if 语句，但是在实现一些多条件的判断中，就应该使用 switch 语句。

15.2 循环语句

在日常生活中，有时需要反复地执行某些事物。例如，运动员要完成 10000 米的比赛，需要在跑道上跑 25 圈，这就是一个循环的过程。类似这样反复执行同一操作的情况，在程序设计中经常会遇到，为了满足这样的开发需求，JavaScript 提供了循环语句。所谓循环语句就是在满足条件的情况下反复执行某一个操作。循环语句主要包括 while 语句、do...while 语句和 for 语句，下面分别进行讲解。

15.2.1 while 语句

扫码看视频

while 语句也称为前测试循环语句，它是利用一个条件来控制是否继续重复执行这个语句。while 语句的语法如下：

```
while(表达式){
     语句
}
```

- 表达式：一个包含比较运算符的条件表达式，用来指定循环条件。
- 语句：用来指定循环体，在循环条件的结果为 true 时，重复执行。

说明

while 语句之所以命名为前测试循环语句，是因为它要先判断此循环的条件是否成立，然后才进行重复执行的操作。也就是说，while 语句执行的过程是先判断条件表达式，如果条件表达式的值为 true，则执行循环体，并且在循环体执行完毕后，进入下一次循环；否则退出循环。

while 语句的执行流程如图 15.11 所示。

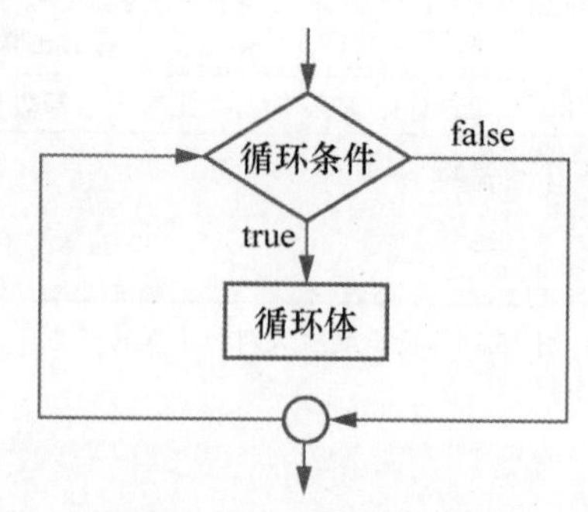

图 15.11 while 语句的执行流程

例如，应用 while 语句输出 1 ~ 10 这 10 个数字，代码如下：

```
var i= 1;                          // 声明变量
while(i<=10){                      // 定义 while 语句
    document.write(i+"\n");        // 输出变量 i 的值
    i++;                           // 变量 i 自加 1
}
```

运行结果为：

```
1 2 3 4 5 6 7 8 9 10
```

注意

在使用 while 语句时，一定要保证循环可以正常结束，即必须保证条件表达式的值存在为 false 的情况，否则将形成死循环。

常见错误

定义的循环条件永远为 true，程序陷入死循环。例如，下面的循环语句就会形成死循环，原因是 i 永远都小于 2。

```
var i=1;                           // 声明变量
while(i<=2){                       // 定义 while 语句
    alert(i);                      // 输出 i 的值
}
```

上述代码中，为了防止程序陷入死循环，可以在循环体中加入“i++”这条语句，目的是使条件表达式的值存在为 false 的情况。

实例 15-6 运动员参加 5000 米比赛，已知标准的体育场跑道一圈是 400 米，应用 while 语句计算在标准的体育场跑道上完成比赛需要跑完整的多少圈。代码如下：

```
<script type="text/javascript">
var distance=400;                  // 定义表示距离的变量
```

```
var count=0;                                          // 定义表示圈数的变量
while(distance<=5000){
    count++;                                          // 圈数加 1
    distance=(count+1)*400;                           // 每跑一圈就重新计算距离
}
document.write("5000 米比赛需要跑完整的 "+count+" 圈 ");   // 输出最后的圈数
</script>
```

运行结果如图 15.12 所示。

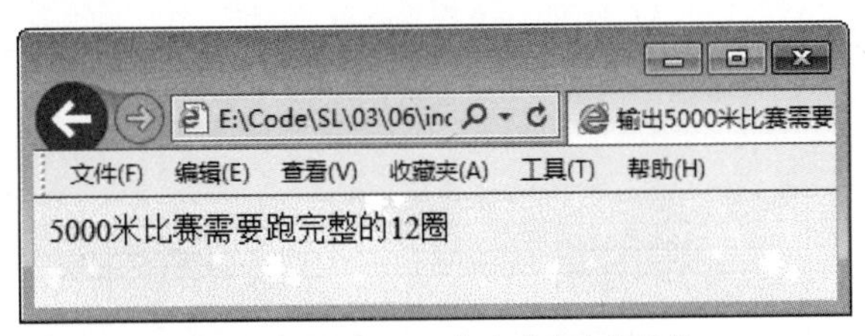

图 15.12 输出 5000 米比赛的完整圈数

15.2.2 do...while 语句

扫码看视频

do...while 语句也称为后测试循环语句，它也是利用一个条件来控制是否继续重复执行这个语句。与 while 语句不同的是，它先执行一次循环语句，然后判断是否继续执行。do...while 语句的语法如下：

```
do{
    语句
} while(表达式);
```

- 语句：用来指定循环体，循环开始时先被执行一次，然后在循环条件的结果为 true 时，重复执行。
- 表达式：一个包含比较运算符的条件表达式，用来指定循环条件。

说明

do...while 语句执行的过程是先执行一次循环体，然后判断条件表达式，如果条件表达式的值为 true，则继续执行，否则退出循环。也就是说，do...while 语句中的循环体至少被执行一次。

do...while 语句的执行流程如图 15.13 所示。

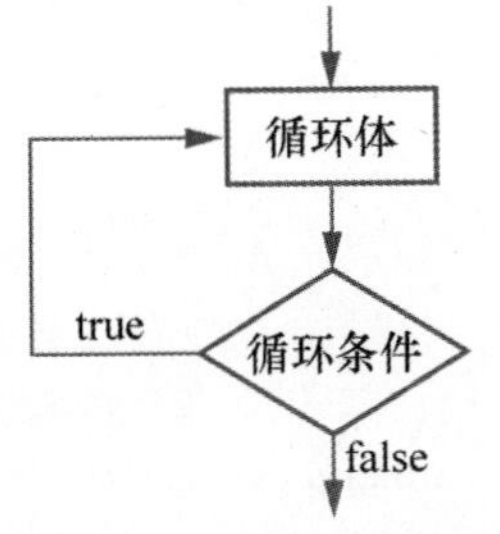

图 15.13 do...while 语句的执行流程

do...while 语句和 while 语句类似，也常用于循环执行的次数不确定的情况。

注意

do...while 语句结尾处的 while 语句后面（圆括号后面）有一个分号，为了养成良好的编程习惯，建议读者在书写的过程中不要将其遗漏。

例如，应用 do...while 语句输出 1 ~ 10 这 10 个数字，代码如下：

```
var i= 1;                        //声明变量
do{                              //定义 do...while 语句
    document.write(i+"\n");      //输出变量 i 的值
    i++;                         //变量 i 自加 1
}while(i<=10);
```

运行结果为：

```
1 2 3 4 5 6 7 8 9 10
```

do...while 语句和 while 语句的执行流程很相似。由于 do...while 语句在对条件表达式进行判断之前就执行一次循环体，因此 do...while 语句中的循环体至少被执行一次。下面的代码说明了这两种语句的区别。

```
var i= 1;                              //声明变量
while(i>1){                            //定义 while 语句，指定循环条件
    document.write("i 的值是 "+i);     //输出 i 的值
    i--;                               //变量 i 自减 1
}
var j = 1;                             //声明变量
do{                                    //定义 do...while 语句
    document.write("j 的值是 "+j);     //输出变量 j 的值
    j--;                               //变量 j 自减 1
}while(j>1);
```

运行结果为：

```
j 的值是 1
```

实例 15-7 使用 do...while 语句计算 1+2+...+100 的和，并在页面中输出计算结果。代码如下：

```
<script type="text/javascript">
var i= 1;                               //声明变量并对变量初始化
var sum = 0;                            //声明变量并对变量初始化
do{
  sum+=i;                               //对变量 i 的值进行累加
  i++;                                  //变量 i 自加 1
}while(i<=100);                         //指定循环条件
document.write("1+2+...+100="+sum);     //输出计算结果
</script>
```

运行结果如图 15.14 所示。

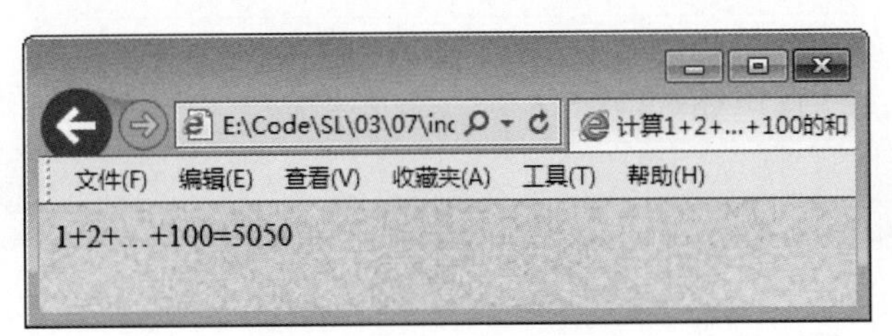

图 15.14 计算 1+2+...+100 的和

15.2.3 for 语句

扫码看视频

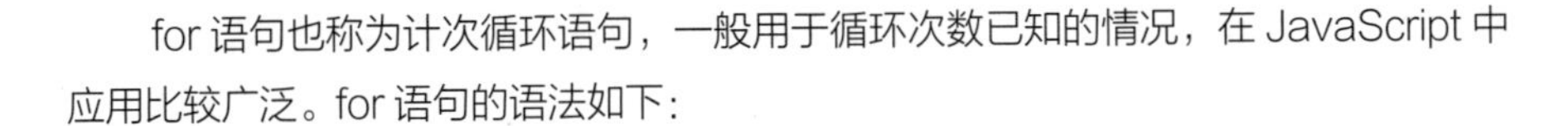

for 语句也称为计次循环语句，一般用于循环次数已知的情况，在 JavaScript 中应用比较广泛。for 语句的语法如下：

```
for(初始化表达式;条件表达式;迭代表达式){
    语句
}
```

- 初始化表达式：初始化语句，用来对循环变量进行赋值。
- 条件表达式：循环条件，一个包含比较运算符的表达式，用来限定循环变量的边限。如果循环变量超过了该边限，则停止该循环语句的执行。
- 迭代表达式：用来改变循环变量的值，从而控制循环的次数，通常是对循环变量进行增大或减小操作。
- 语句：用来指定循环体，在循环条件的结果为 true 时，重复执行。

> **说明**
>
> for 语句执行的过程是先执行初始化语句，然后判断循环条件，如果循环条件的结果为 true，则执行一次循环体，否则直接退出循环，最后执行迭代语句，改变循环变量的值，至此完成一次循环；接下来进行下一次循环，直到循环条件的结果为 false，才结束循环。

for 语句的执行流程如图 15.15 所示。

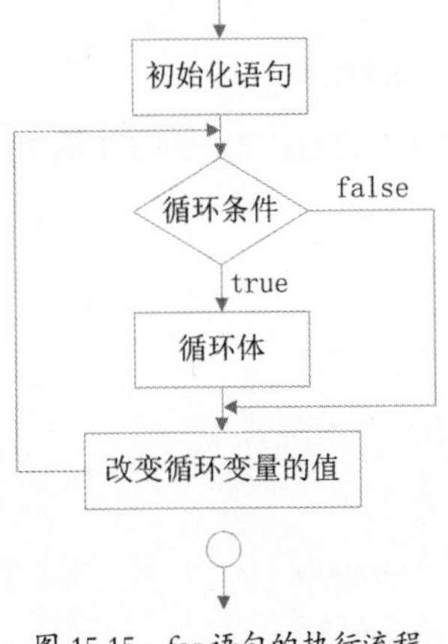

图 15.15 for 语句的执行流程

例如，应用for语句输出1～10这10个数字，代码如下：

```
for(var i=1;i<=10;i++){                    //定义for循环语句
    document.write(i+"\n");                //输出变量i的值
}
```

运行结果为：

```
1 2 3 4 5 6 7 8 9 10
```

在for语句的初始化表达式中可以定义多个变量。例如，在for语句中定义多个变量，代码如下：

```
for(var i=1,j=6;i<=6,j>=1;i++,j--){
    document.write(i+"\n"+j);              //输出变量i和j的值
    document.write("<br>");                //输出换行标签
}
```

运行结果为：

```
1 6
2 5
3 4
4 3
5 2
6 1
```

注意

在使用for语句时，也一定要保证循环可以正常结束，也就是必须保证循环条件的结果存在为false的情况，否则循环体将无休止地执行下去，从而形成死循环。例如，下面的语句就会形成死循环，原因是i永远大于等于1。

```
for(i=1;i>=1;i++){                         //定义for循环语句
    alert(i);                              //输出变量i的值
}
```

下面通过一个实例来介绍for语句的使用方法。

实例15-8 应用for语句计算100以内所有奇数的和，并在页面中输出计算结果。代码如下：

```
<script type="text/javascript">
var i,sum;                                 //声明变量
sum = 0;                                   //对变量初始化
for(i=1;i<100;i+=2){
    sum=sum+i;                             //计算100以内各奇数之和
}
alert("100以内所有奇数的和为："+sum);      //输出计算结果
</script>
```

运行代码，在对话框中会显示计算结果，如图 15.16 所示。

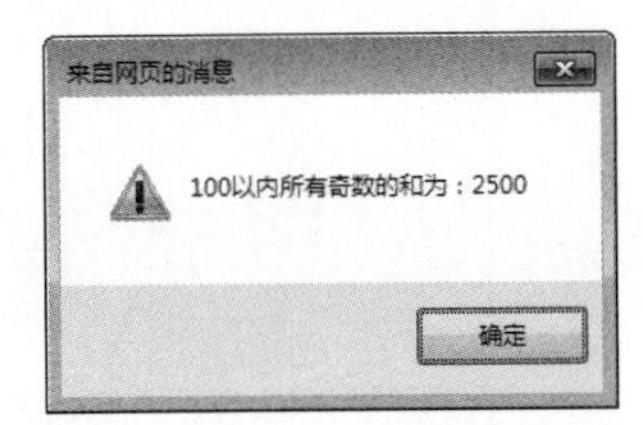

图 15.16　输出 100 以内所有奇数的和

15.2.4　循环语句的嵌套

扫码看视频

在一个循环语句的循环体中也可以包含其他的循环语句，这称为循环语句的嵌套。前文介绍的 3 种循环语句（while 语句、do...while 语句和 for 语句）都是可以互相嵌套的。

如果循环语句 A 的循环体中包含循环语句 B，而循环语句 B 中不包含其他循环语句，那么把循环语句 A 叫作外层循环，而把循环语句 B 叫作内层循环。

例如，在 while 语句中包含 for 语句代码如下：

```
var i,j;                                    // 声明变量
i= 1;                                       // 对变量赋初值
while(i<4){                                 // 定义外层循环
    document.write("第"+i+"次循环：");      // 输出循环变量 i 的值
    for(j=1;j<=10;j++){                     // 定义内层循环
        document.write(j+"\n");             // 输出循环变量 j 的值
    }
    document.write("<br>");                 // 输出换行标签
    i++;                                    // 对变量 i 自加 1
}
```

运行结果为：

```
第 1 次循环：1 2 3 4 5 6 7 8 9 10
第 2 次循环：1 2 3 4 5 6 7 8 9 10
第 3 次循环：1 2 3 4 5 6 7 8 9 10
```

用嵌套的 for 语句输出乘法口诀表，代码如下：

```
<script type="text/javascript">
var i,j;                                    // 声明变量
document.write("<pre>");                    // 输出 <pre> 标签
for(i=1;i<10;i++){                          // 定义外层循环
    for(j=1;j<=i;j++){                      // 定义内层循环
        if(j>1) document.write("\t");       // 如果 j 大于 1 就输出一个制表符
        document.write(j+"×"+i+"="+j*i);// 输出乘法算式
    }
```

```
    document.write("<br>");                    // 输出换行标签
}
document.write("</pre>");                      // 输出 </pre> 标签
</script>
```

运行结果如图 15.17 所示。

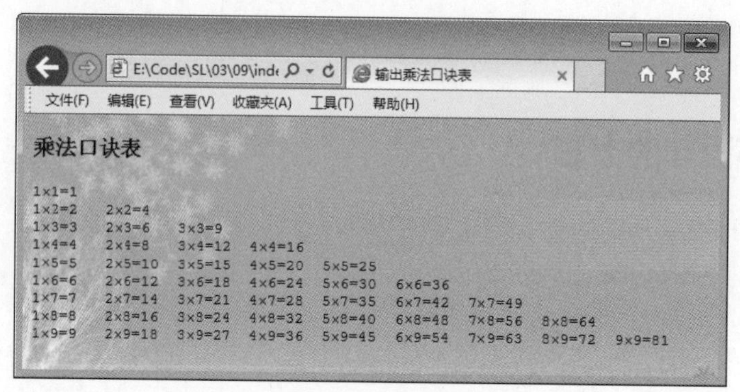

图 15.17 输出乘法口诀表

15.3 跳转语句

假设在一个书架中寻找一本《新华字典》，如果在第二排第三个位置找到了这本书，就不需要去看第三排、第四排的书了。同样，在编写一个循环语句时，当循环还未结束就已经处理完了所有的任务，就没有必要让循环继续执行下去，继续执行下去既浪费时间又浪费内存资源。在 JavaScript 中提供了两种用来控制循环的跳转语句：continue 语句和 break 语句。

15.3.1 continue 语句

扫码看视频

continue 语句用于跳过本次循环，并开始下一次循环。其语法如下：

```
continue;
```

注意

continue 语句只能应用在 while、for、do...while 语句中。

例如，在 for 语句中通过 continue 语句输出 10 以内且不包括 5 的自然数，代码如下：

```
for(i=1;i<=10;i++){
    if(i==5) continue;                   // 如果 i 等于 5 就跳过本次循环
    document.write(i+"\n");              // 输出变量 i 的值
}
```

运行结果为：

```
1 2 3 4 6 7 8 9 10
```

说明

当使用 continue 语句跳过本次循环后，如果循环条件的结果为 false，则退出循环，否则继续下一次循环。

实例 15-9 某影城 7 号影厅的观众席有 4 排，每排有 10 个座位。其中，1 排 6 座和 3 排 9 座已经出售。在页面中输出该影厅当前座位图。关键代码如下：

```
<script type="text/javascript">
document.write("<table align='center'>");        // 输出表格标签
for(var i= 1; i<= 4; i++){                        // 定义外层 for 循环语句
    document.write("<tr height=70>");            // 输出表格行标签
    for(var j = 1; j <= 10; j++){                // 定义内层 for 循环语句
        if(i== 1 &&j == 6){                      // 如果当前是 1 排 6 座
            // 将座位标记为“已售”
            document.write("<td align='center' width=80 background=yes.
png> 已售 </td>");
            continue;                            // 应用 continue 语句跳过本次循环
        }
        if(i== 3 &&j == 9){                      // 如果当前是 3 排 9 座
            // 将座位标记为“已售”
            document.write("<td align='center' width=80 background=yes.
png> 已售 </td>");
            continue;                            // 应用 continue 语句跳过本次循环
        }
    // 输出排号和座位号
    document.write("<td align='center' width=80 background=no.png>"+i+" 排
"+j+" 座 "+"</td>");
    }
    document.write("</tr>");                     // 输出表格行结束标签
}
document.write("</table>");                       // 输出表格结束标签
</script>
```

运行结果如图 15.18 所示。

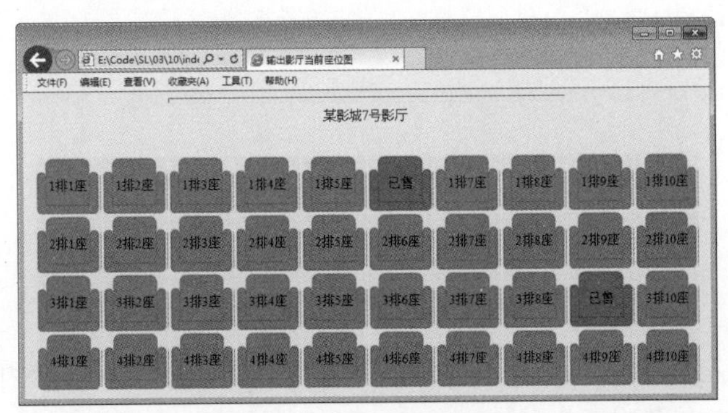

图 15.18 输出影厅当前座位图

15.3.2 break 语句

扫码看视频

在前文介绍的 switch 语句中已经用到了 break 语句，当程序执行 break 语句时就会跳出 switch 语句。除了 switch 语句，在循环语句中也经常会用到 break 语句。

在循环语句中，break 语句用于跳出循环。break 语句的语法如下：

```
break;
```

说明

break 语句通常用在 for、while、do...while 或 switch 语句中。

例如，在 for 语句中通过 break 语句跳出循环，代码如下：

```
for(i=1;i<=10;i++){
    if(i==5) break;              //如果 i 等于 5 就跳出整个循环
    document.write(i+"\n");      //输出变量 i 的值
}
```

运行结果为：

```
1 2 3 4
```

注意

在嵌套的循环语句中，break 语句只跳出当前这一层的循环，而不是跳出所有的循环。

例如，应用 break 语句跳出当前循环，代码如下：

```
var i,j;                                  //声明变量
for(i=1;i<=3;i++){                        //定义外层循环语句
    document.write(i+"\n");               //输出变量 i 的值
    for(j=1;j<=3;j++){                    //定义内层循环语句
        if(j==2)                          //如果变量 j 的值等于 2
            break;                        //跳出内层循环
        document.write(j);                //输出变量 j 的值
    }
    document.write("<br>");               //输出换行标签
}
```

运行结果为：

```
1 1
2 1
3 1
```

由运行结果可以看出，外层循环语句一共执行了 3 次（输出 1、2、3），而内层循环语句在每次外层循环里只执行了一次（只输出 1）。

15.4 异常处理语句

早期的 JavaScript 总会出现一些令人困惑的错误信息，为了避免出现类似的问题，在 JavaScript 3.0 中添加了异常处理机制，可以采用从 Java 语言中移植过来的模型，使用 try...catch...finally、throw 等语句处理代码中的异常。下面介绍 JavaScript 中的几个异常处理语句。

扫码看视频

15.4.1 try...catch...finally 语句

JavaScript 从 Java 语言中引入了 try...catch...finally 语句，具体语法如下：

```
try{
     somestatements;
}catch(exception){
     somestatements;
}finally{
     somestatements;
}
```

- try：尝试执行代码的关键字。
- catch：捕捉异常的关键字。
- finally：最终一定会被处理的区块的关键字，该关键字和后面花括号中的语句可以省略。

说明

JavaScript 语言与 Java 语言不同，try...catch...finally 语句只能有一个 catch 语句。这是因为在 JavaScript 语言中无法指定出现异常的类型。

例如，当在程序中输入了不正确的方法名 charat 时，将弹出在 catch 区域中设置的异常提示信息，并且最终弹出在 finally 区域中设置的提示信息。代码如下。

```
var str = "I like JavaScript";                      //定义字符串变量
try{
     document.write(str.charat(5));                 //应用错误的方法名 charat
}catch(exception){
     alert("运行时有异常发生");                       //弹出异常提示信息
}finally{
     alert("结束 try...catch...finally 语句");       //弹出提示信息
}
```

由于在使用 charAt() 方法时将方法名的大小写输入错误，所以在 try 区域中获取字符串指定位置的字符将发生异常，这时将执行 catch 区域中的语句，弹出异常提示对话框。运行结果如图 15.19 和图 15.20 所示。

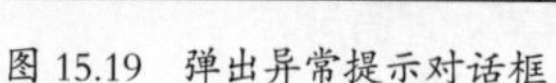
图 15.19　弹出异常提示对话框　　　图 15.20　弹出结束语句对话框

15.4.2　Error 对象

扫码看视频

try...catch...finally 语句中 catch 通常捕捉到的对象为 Error 对象。当运行 JavaScript 代码时，如果产生了错误或异常，JavaScript 就会生成一个 Error 对象的实例来描述错误，该实例中包含一些特定的错误信息。

Error 对象有以下两个属性。

- name：表示异常类型的字符串。
- message：表示实际的异常信息。

例如，将异常提示信息放置在弹出的提示对话框中，其中包括实际的异常信息以及异常类型的字符串。代码如下：

```
var str = "I like JavaScript";                          //定义字符串变量
try{
    document.write(str.charat(5));                      //应用错误的方法名 charat
}catch(exception){
    //弹出实际的异常信息以及异常类型的字符串
    alert("实际的异常信息为："+exception.message+"\n 异常类型的字符串为："+exception.name);
}
```

运行结果如图 15.21 所示。

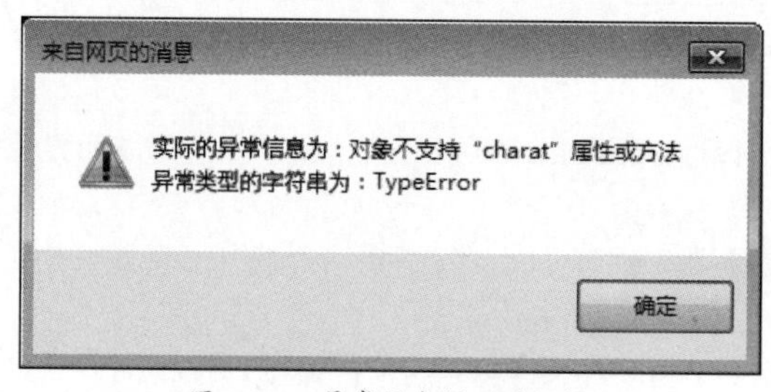

图 15.21　异常信息提示对话框

15.4.3　使用 throw 语句抛出异常

扫码看视频

有些 JavaScript 代码并没有语法上的错误，但存在逻辑错误。对于这种错误，JavaScript 是不会抛出异常的。这时就需要创建一个 Error 对象的实例，并使用

throw 语句抛出异常。在程序中使用 throw 语句可以有目的地抛出异常。

语法如下：

```
throw new Error("somestatements");
```

throw：抛出异常的关键字。

例如，定义一个变量，值为 1 与 0 的商，此变量的结果为无穷大，即 Infinity，如果希望自行检验除数为 0 的异常，可以使用 throw 语句抛出异常。代码如下：

```
try{
    var num=1/0;                              //定义变量并赋值
    if(num=="Infinity"){                      //如果变量 num 的值为 Infinity
        throw new Error("除数不可以为 0");    //使用 throw 语句抛出异常
    }
}catch(exception){
    alert(exception.message);                 //弹出实际的异常信息
}
```

从以上代码中可以看出，当变量 num 为无穷大时，使用 throw 语句抛出异常。运行结果如图 15.22 所示。

图 15.22　使用 throw 语句抛出异常

15.5　上机实战

（1）某学生的数学成绩为 80 分，设定及格分数为 60 分，应用简单 if 语句判断该学生的数学成绩是否及格，运行结果如图 15.23 所示。

图 15.23　判断该学生的数学成绩是否及格

（2）应用 switch 语句判断今天是星期几，并将结果显示在页面中，运行结果如图 15.24 所示。

图 15.24　判断今天是星期几

（3）通过 do...while 语句计算 10 的阶乘（1 × 2 × 3 × ... × 10），并将结果显示在页面中，运行结果如图 15.25 所示。

（4）输出一个三角形“金字塔”。该“金字塔”共 5 行，第 1 行 1 颗星，第 2 行 3 颗星，第 3 行 5 颗星，第 4 行 7 颗星，第 5 行 9 颗星。运行结果如图 15.26 所示。

图 15.25　输出 10 的阶乘

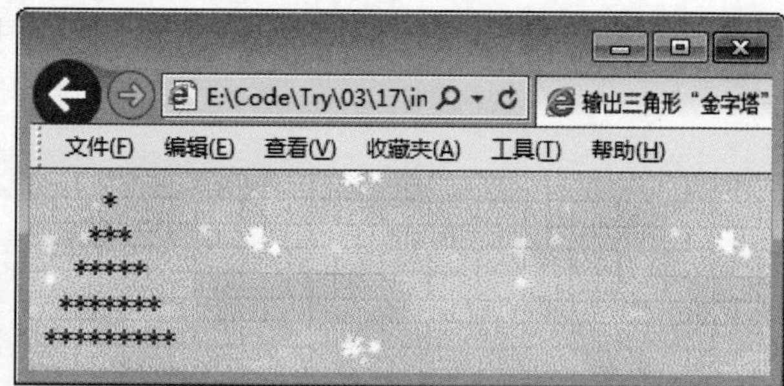

图 15.26　输出三角形“金字塔”

JavaScript对象编程

视频教学：62分钟

16.1 DOM概述

扫码看视频

DOM是Document Object Model（文档对象模型）的缩写，它是由W3C定义的。下面分别介绍每个单词的含义。

● Document（文档）。

创建一个网页并将该网页添加到Web中，DOM就会根据这个网页创建一个文档对象。如果没有文档，DOM也就无从谈起。

● Object（对象）。

对象是一种独立的数据集合。例如文档对象，就是文档中元素与内容的数据集合。与某个特定对象相关联的变量被称为这个对象的属性。可以通过某个特定对象去调用的函数被称为这个对象的方法。

● Model（模型）。

在DOM中，将文档对象表示为树状模型。在这个树状模型中，网页中的各个元素与内容表现为一个个相互连接的节点。

DOM是一种与浏览器、平台、语言无关的接口，通过DOM可以访问页面中的其他标准组件。DOM解决了JavaScript与JScript之间的冲突，给开发者定义了一个标准的方法，使他们能够访问站点中的数据、脚本和表现层对象。

DOM采用的分层结构为树形结构，以树节点的方式表示文档中的各种内容。先以一个简单的HTML文档进行说明。代码如下：

```
<html>
<head>
    <title>标题内容</title>
```

```
</head>
<body>
<h3> 三号标题 </h3>
<b> 加粗内容 </b>
</body>
</html>
```

运行结果如图 16.1 所示。

对于以上文档，可以通过图 16.2 对 DOM 的层次结构进行说明。

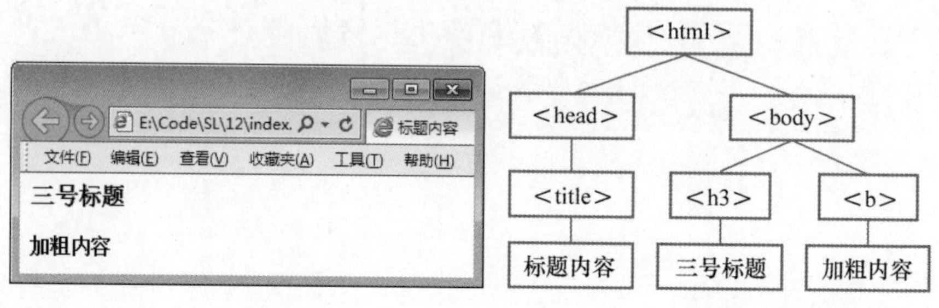

图 16.1 输出标题和加粗的文本

图 16.2 文档的层次结构

通过图 16.2 可以看出，在 DOM 中，每一个对象都可以称为一个节点。下面介绍几种节点的概念。

- 根节点。

最顶层的 <html> 节点称为根节点。

- 父节点。

位于一个节点之上的节点是该节点的父节点（parent）。例如，<html> 就是 <head> 和 <body> 的父节点，<head> 就是 <title> 的父节点。

- 子节点。

位于一个节点之下的节点就是该节点的子节点（child）。例如，<head> 和 <body> 就是 <html> 的子节点，<title> 就是 <head> 的子节点。

- 兄弟节点。

如果多个节点在同一层次，并拥有相同的父节点，这几个节点就是兄弟节点（sibling）。例如，<head> 和 <body> 就是兄弟节点，<h3> 和 <b> 就是兄弟节点。

- 后代。

一个节点的子节点的结合可以称为该节点的后代（descendant）。例如，<head> 和 <body> 就是 <html> 的后代，<h3> 和 <b> 就是 <body> 的后代。

- 叶子节点。

在树形结构最底部的节点称为叶子节点。例如，“标题内容”“三号标题”和“加粗内容”都是叶子节点。

在了解了节点后，下面介绍一下文档模型中节点的 3 种类型。

元素节点：在 HTML 文档中，<body>、<p>、<a> 等一系列标签，是这个文档的元素节点。元素节点组成了文档模型的语义逻辑结构。

文本节点：包含在元素节点中的内容部分，如 <p> 标签中的文本等。一般情况下，不为空的文本节点都是可见并呈现于浏览器中的。

属性节点：元素节点的属性，如 <a> 标签的 href 属性与 title 属性等。一般情况下，大部分属性节点都是隐藏在浏览器背后的，并且是不可见的。属性节点总是被包含于元素节点当中。

16.2 DOM 对象节点属性

扫码看视频

在 DOM 中通过使用节点属性可以对各节点进行查询，查询出各节点的名称、类型、节点值、子节点和兄弟节点等。DOM 中常用的节点属性如表 16.1 所示。

表 16.1 DOM 中常用的节点属性

属性	说明
nodeName	节点的名称
nodeValue	节点的值，通常只应用于文本节点
nodeType	节点的类型
parentNode	返回当前节点的父节点
childNodes	子节点列表
firstChild	返回当前节点的第一个子节点
lastChild	返回当前节点的最后一个子节点
previousSibling	返回当前节点的前一个兄弟节点
nextSibling	返回当前节点的后一个兄弟节点
attributes	元素的属性列表

在对节点进行查询时，首先使用 getElementById() 方法来访问指定 id 的节点，然后应用 nodeName 属性、nodeType 属性和 nodeValue 属性获取该节点的名称、节点类型和节点的值。另外，通过使用 parentNode 属性、firstChild 属性、lastChild 属性、previousSibling 属性和 nextSibling 属性可以实现遍历文档树。

16.3 节点的操作

对节点的操作主要有创建节点、插入节点、复制节点、删除节点和替换节点。下面分别对这些操作进行详细介绍。

16.3.1 创建节点

创建节点，首先通过使用文档对象中的 createElement() 方法和 createTextNode() 方法，生成一个新元素，并生成文本节点；然后通过使用 appendChild() 方法将创建的新节点添加到当前节点的末尾。

appendChild() 方法将新的子节点添加到当前节点的末尾。

语法如下：

```
obj.appendChild(newChild)
```

newChild：表示新的子节点。

实例 16-1 补全古诗《春晓》的最后一句。具体步骤如下。

（1）在 HTML 文件中首先定义一个 div 元素，其 id 属性值为 poemDiv，在该 div 元素中再定义 4 个 div 元素，分别用来输出古诗的标题和古诗的前 3 句；然后创建一个表单，在表单中添加一个用于输入古诗最后一句的文本框和一个“添加”按钮。代码如下：

```
<div id="poemDiv">
  <div class="poemtitle">春晓</div>
  <div class="poem">春眠不觉晓</div>
  <div class="poem">处处闻啼鸟</div>
  <div class="poem">夜来风雨声</div>
</div>
<p>
<form name="myform">
  请输入最后一句：<input type="text" name="last">
  <input type="button" value="添加" onClick="completePoem()">
</form>
```

（2）编写 JavaScript 代码，定义函数 completePoem()，在该函数中分别应用 createElement() 方法、createTextNode() 方法和 appendChild() 方法将创建的文本节点添加到指定的 div 元素中。代码如下：

```
<script type="text/javascript">
function completePoem(){                          //定义 completePoem() 函数
   var div = document.createElement('div');      //创建 div 元素
   div.className= 'poem';                         //为 div 元素添加 CSS 类
   var last = myform.last.value;                  //获取用户输入的古诗的最后一句
   txt=document.createTextNode(last);               //创建文本节点
   div.appendChild(txt);                          //将文本节点添加到创建的 div 元素中
   //将创建的 div 元素添加到 id 为 poemDiv 的 div 元素中
   document.getElementById('poemDiv').appendChild(div);
}
</script>
```

运行效果如图 16.3 和图 16.4 所示。

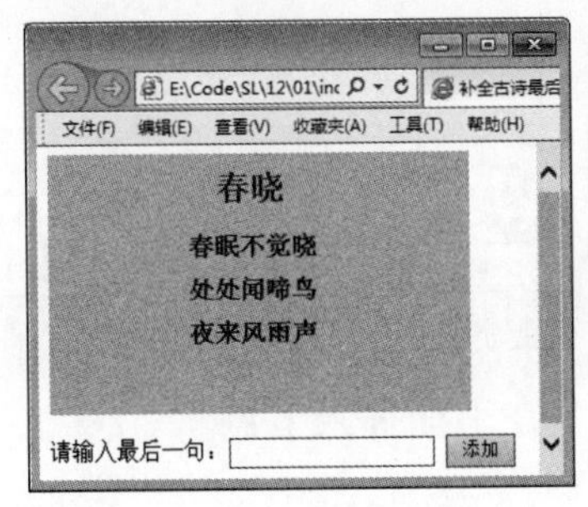

图 16.3　补全古诗之前的效果

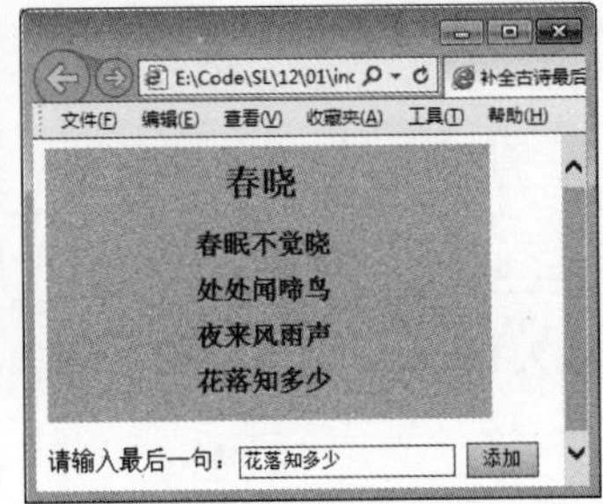

图 16.4　补全古诗之后的效果

16.3.2　插入节点

扫码看视频

插入节点通过使用 insertBefore() 方法来实现。insertBefore() 方法将新的子节点添加到指定子节点的前面。

语法如下：

```
obj.insertBefore(new,ref)
```

- new：表示新的子节点。
- ref：用于指定一个子节点，在这个子节点前插入新的子节点。

实例 16-2 在页面的文本框中输入需要插入的文本，然后通过单击“前插入”按钮将文本插入页面。代码如下：

```
<script type="text/javascript">
    function crNode(str){                                   //创建节点的函数
        var newP=document.createElement("p");              //创建 p 元素
        var newTxt=document.createTextNode(str);           //创建文本节点
        newP.appendChild(newTxt);                          //将文本节点添加到创建的 p 元素中
        return newP;                                       //返回创建的 p 元素
    }
    function insetNode(nodeId,str){                        //插入节点的函数
        var node=document.getElementById(nodeId);//获取指定 id 的元素
        var newNode=crNode(str);                           //创建节点
        if(node.parentNode)                                //判断是否拥有父节点
            node.parentNode.insertBefore(newNode,node);//将创建的节点插入指定元素
的前面
    }
</script>
<body background="bg.gif">
   <h2 id="h">在上面插入节点</h2>
   <form id="frm" name="frm">
   输入文本：<input type="text" name="txt" />
  <input type="button" value="前插入" onclick="insetNode('h',document.frm.
txt.value);" />
   </form>
</body>
```

运行效果如图 16.5 和图 16.6 所示。

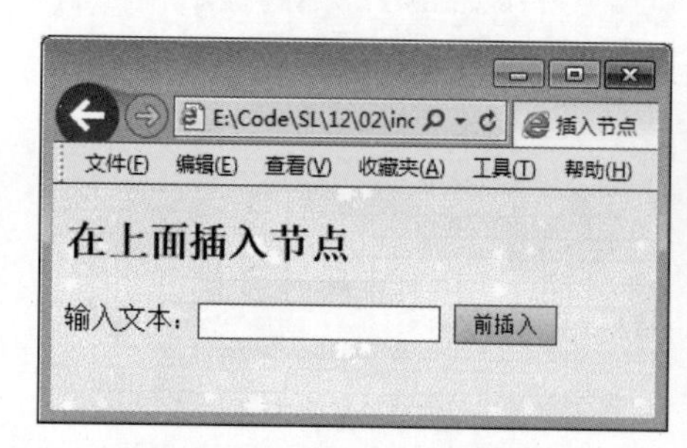

图 16.5　插入节点前的效果

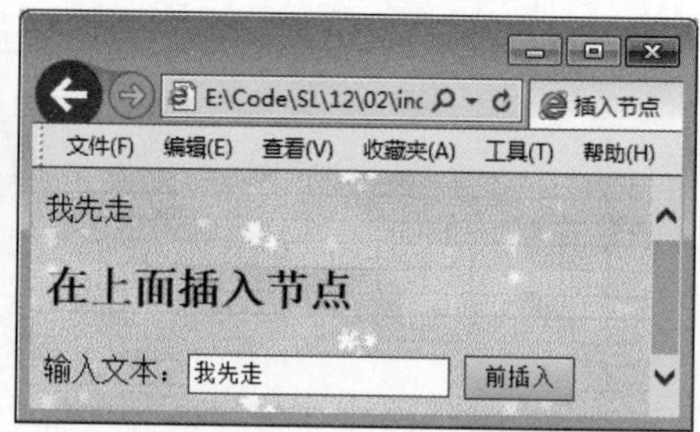

图 16.6　插入节点后的效果

16.3.3 复制节点

扫码看视频

复制节点通过使用 cloneNode() 方法来实现。

语法如下：

```
obj.cloneNode(deep)
```

deep 参数是一个布尔值，表示是否为深度复制。深度复制是将当前节点的所有子节点全部复制，当值为 true 时表示深度复制；当值为 false 时表示简单复制，简单复制只复制当前节点，不复制其子节点。

实例 16-3 在页面中显示一个下拉菜单和两个按钮，单击两个按钮分别实现下拉菜单的简单复制和深度复制。代码如下：

```
<script type="text/javascript">
    function AddRow(bl){
        var sel=document.getElementById("shopType");    //获取指定 id 的元素
        var newSelect=sel.cloneNode(bl);                 //复制节点
        var b=document.createElement("br");              //创建 br 元素
         di.appendChild(newSelect);                 //将复制的新节点添加到指定节点的
未尾
         di.appendChild(b);                         //将创建的 br 元素添加到指定节点
的未尾
    }
</script>
<form>
    <hr>
     <select name="shopType" id="shopType">
      <option value="%">请选择类型</option>
      <option value="0">数码电子</option>
      <option value="1">家用电器</option>
     <option value="2">床上用品</option>
     </select>
    <hr>
```

```
<div id="di"></div>
<input type="button" value=" 简单复制 " onClick="AddRow(false)"/>
<input type="button" value=" 深度复制 " onClick="AddRow(true)"/>
</form>
```

运行代码，当单击“简单复制”按钮时只复制了一个新的下拉菜单，并未复制其选项，效果如图 16.7 所示；当单击“深度复制”按钮时将会复制一个新的下拉菜单并包含其选项，效果如图 16.8 所示。

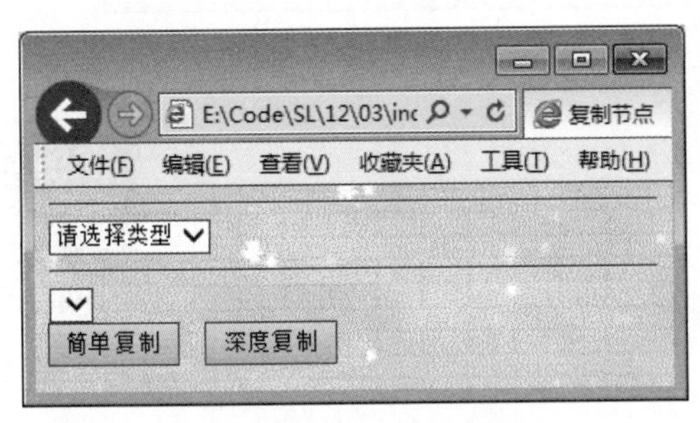

图 16.7 简单复制后的效果

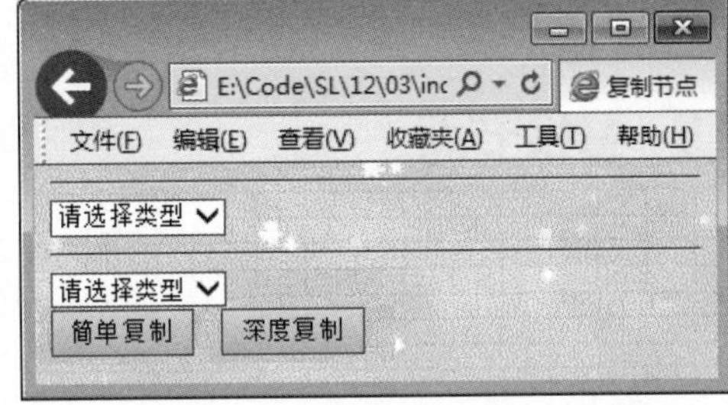

图 16.8 深度复制后的效果

16.3.4 删除节点

扫码看视频

删除节点通过使用 removeChild() 方法来实现。该方法用来删除一个子节点。

语法如下：

```
obj.removeChild(oldChild)
```

oldChild：表示需要删除的节点。

实例 16-4 通过 DOM 对象的 removeChild() 方法，动态删除页面中所选中的文本。代码如下：

```
<script type="text/javascript">
   function delNode(){
      var deleteN=document.getElementById('di');      //获取指定 id 的元素
      if(deleteN.hasChildNodes()){                    //判断是否有子节点
          deleteN.removeChild(deleteN.lastChild);     //删除节点
      }
   }
</script>
<h2> 删除节点 </h2>
<div id="di"><p> 少林派掌门空闻大师 </p><p> 武当派掌门张三丰 </p><p> 峨眉派掌门灭绝师
太 </p></div>
<form>
   <input type="button" value=" 删除 " onclick="delNode()" />
</form>
```

运行效果如图 16.9 和图 16.10 所示。

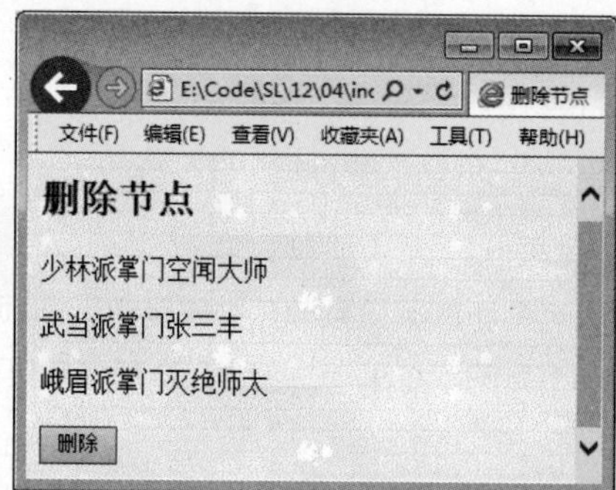

图 16.9 删除节点前的效果

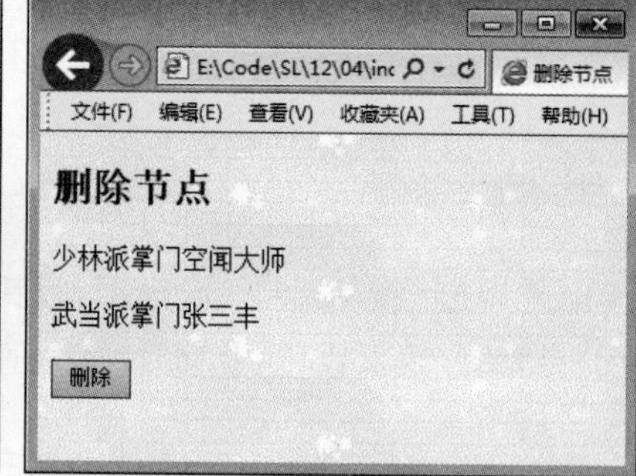

图 16.10 删除节点后的效果

16.3.5 替换节点

扫码看视频

替换节点通过使用 replaceChild() 方法来实现。该方法用来将旧的节点替换成新的节点。

语法如下：

```
obj.replaceChild(new,old)
```

- new：表示替换后的新节点。
- old：表示需要被替换的旧节点。

实例 16-5 通过 DOM 对象的 replaceChild() 方法，将原来的标签和文本替换为新的标签和文本。代码如下：

```
<script type="text/javascript">
    function repN(str,bj){
        var rep=document.getElementById('b1');          // 获取指定 id 的元素
        if(rep){                                         // 如果指定 id 的元素存在
            var newNode=document.createElement(bj);     // 创建节点
            newNode.id="b1";                             // 设置节点的 id 属性值
            var newText=document.createTextNode(str);   // 创建文本节点
            newNode.appendChild(newText);                // 将文本节点添加到创建的节
点元素中
            rep.parentNode.replaceChild(newNode,rep);   // 替换节点
        }
    }
</script>
<b id="b1"> 要被替换的文本内容 </b>
<p>
输入标签：<input id="bj" type="text" size="15" /><br/>
输入文本：<input id="txt" type="text" size="15" /><br/>
<input type="button" value=" 替换 " onclick="repN(txt.value,bj.value)" />
```

运行代码，页面中显示的文本如图 16.11 所示。在文本框中输入替换后的标签和文本，单击“替换”按钮，效果如图 16.12 所示。

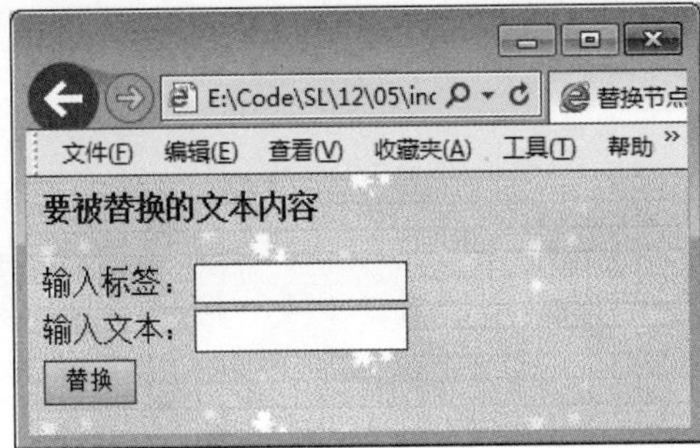

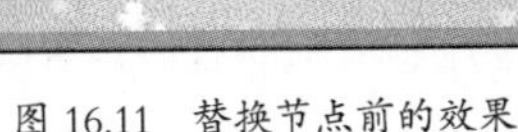

图 16.11　替换节点前的效果

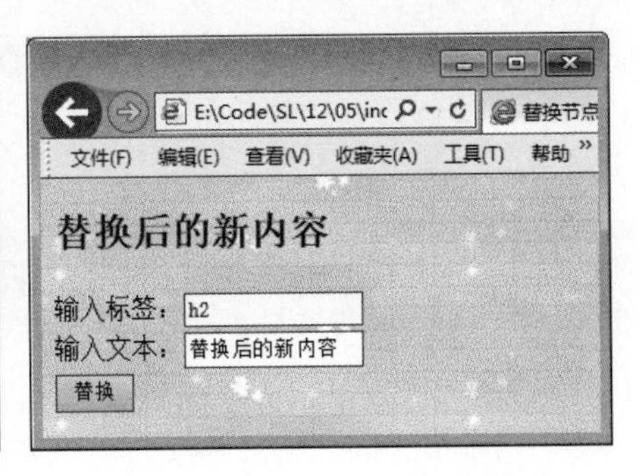

图 16.12　替换节点后的效果

16.4　获取文档中的指定元素

虽然通过遍历文档树中全部节点的方法，可以找到文档中指定的元素，但是这种方法比较麻烦。下面介绍两种直接搜索文档中指定元素的方法。

16.4.1　通过元素的 id 属性获取元素

扫码看视频

使用document对象的getElementById()方法可以通过元素的id属性获取元素。例如，获取文档中 id 属性值为 userId 的元素，代码如下：

```
document.getElementById("userId");        //获取 id 属性值为 userId 的元素
```

实例16-6 在浏览网页时，经常会看到在页面的某个位置显示当前日期。这既可以填充页面效果，也可以方便用户。使用 getElementById() 方法实现在页面的指定位置显示当前日期。具体步骤如下。

（1）编写一个 HTML 文件，在该文件的 <body> 标签中添加一个 id 为 clock 的 <div> 标签，用于显示当前日期。关键代码如下：

```
<div id="clock">当前日期：</div>
```

（2）编写自定义的 JavaScript 函数，用于获取当前日期，并显示到 id 为 clock 的 <div> 标签中。具体代码如下：

```
function clockon(){
    var now=new Date();                          //创建日期对象
    var year=now.getFullYear();                  //获取年份
    var month=now.getMonth();                    //获取月份
    var date=now.getDate();                      //获取日期
    var day=now.getDay();                        //获取星期
    var week;                                    //声明表示星期的变量
    month=month+1;                               //获取实际月份
    //定义星期数组
```

```
    var arr_week=new Array(" 星期日 "," 星期一 "," 星期二 "," 星期三 "," 星期四 "," 星
期五 "," 星期六 ");
    week=arr_week[day];                                          // 获取中文星期
    time=year+" 年 "+month+" 月 "+date+" 日  "+week;              // 组合当前日期
    var textTime=document.createTextNode(time);                  // 创建文本节点
    document.getElementById("clock").appendChild(textTime);     // 显示当前日期
}
```

（3）编写 JavaScript 代码，在页面载入后调用 clockon() 函数。具体代码如下：

```
window.onload=clockon();                          // 页面载入后调用函数
```

运行效果如图 16.13 所示。

图 16.13　在页面的指定位置显示当前日期

16.4.2　通过元素的 name 属性获取元素

扫码看视频

使用 document 对象的 getElementsByName() 方法可以通过元素的 name 属性获取元素，该方法通常用于获取表单元素。与 getElementById() 方法不同的是，该方法的返回值为数组，而不是元素。如果想通过 name 属性获取页面中唯一的元素，可以通过返回数组中索引为 0 的元素进行获取。例如，页面中有一组单选按钮，name 属性均为 likeRadio，要获取第一个单选按钮的值，代码如下：

```
<input type="radio" name="likeRadio" id="radio" value=" 体育 " /> 体育
<input type="radio" name="likeRadio" id="radio" value=" 美术 " /> 美术
<input type="radio" name="likeRadio" id="radio" value=" 文艺 " /> 文艺
<script type="text/javascript">
    alert(document.getElementsByName("likeRadio")[0].value);// 获取第一个单
选按钮的值
</script>
```

实例 16-7 在某影视网中，应用 document 对象的 getElementsByName() 方法和 setInterval() 方法实现电影图片的轮换效果。具体步骤如下。

（1）定义一个 div 元素，在该元素中定义两张图片，然后为图片添加超链接，并设置超链接标签 <a> 的 name 属性值为 i。代码如下：

```
<div id='tabs'>
    <a name="i" href="#"><imgsrc="video/13.png" width="100%" height="320"
/></a>
```

```
    <a name="i" href="#"><imgsrc="video/14.png" width="100%" height="320" /></a>
</div>
```

（2）定义 CSS 样式，用于控制页面显示效果，具体代码参见光盘。

（3）编写 JavaScript 代码，应用 Document 对象的 getElementsByName() 方法获取 name 属性值为 i 的元素；然后编写自定义函数 changeimage()；最后应用 setInterval() 方法，每隔 3 秒就执行一次 changeimage() 函数。具体代码如下：

```
<script type="text/javascript">
var len= document.getElementsByName("i");       // 获取 name 属性值为 i 的元素
var pos = 0;                                    // 定义变量值为 0
function changeimage(){
    len[pos].style.display= "none";             // 隐藏元素
    pos++;                                      // 变量值加 1
    if(pos == len.length) pos=0;                // 变量值重新定义为 0
    len[pos].style.display= "block";            // 显示元素
}
setInterval('changeimage()',3000);              // 每隔 3 秒执行一次 changeimage()
函数
</script>
```

运行效果如图 16.14 所示。

图 16.14　图片轮换效果

16.5　与 DHTML 相对应的 DOM

我们知道通过 DOM 技术可以获取网页对象。本节我们将介绍另外一种获取网页对象的方法——通过 DHTML 对象模型的方法。使用这种方法可以不必了解文档对象模型的具体层次结构，而是直接得到网页中所需的对象。通过 innerHTML、innerText、outerHTML 和 outerText 属性可以很方便地读取和修改 HTML 元素内容。

说明

innerHTML 属性被多数浏览器所支持，而 innerText、outerHTML 和 outerText 属性只被 IE 所支持。

16.5.1 innerHTML 和 innerText 属性

扫码看视频

innerHTML 属性声明元素含有的 HTML 文本，不包括元素本身的开始标签和结束标签。设置该属性可以用于为指定的 HTML 文本替换元素的内容。

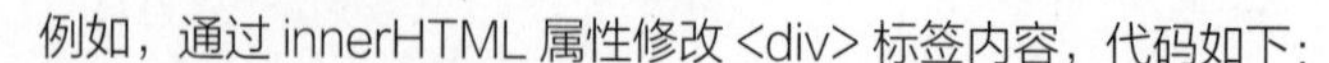

例如，通过 innerHTML 属性修改 <div> 标签内容，代码如下：

```
<div id="clock"></div>
<script type="text/javascript">
    //修改<div>标签的内容
document.getElementById("clock").innerHTML="2017-<b>12</b>-24";
</script>
```

运行结果为：

```
2017-12-24
```

innerText 属性与 innerHTML 属性的功能类似，只是 innerText 属性只能声明元素包含的文本内容，即使指定的是 HTML 文本，它也会认为是普通文本，而原样输出。

使用 innerHTML 属性和 innerText 属性还可以获取元素的内容。如果元素只包含文本，那么 innerHTML 和 innerText 属性的返回值相同；如果元素既包含文本，又包含其他元素，那么这两个属性的返回值是不同的，如表 16.2 所示。

表 16.2　innerHTML 属性和 innerText 属性的返回值的区别

HTML 代码	innerHTML 属性的返回值	innerText 属性的返回值
<div> 明日科技 </div>	“明日科技”	“明日科技”
<div><b> 明日科技 </b></div>	“<B> 明日科技 </B>”	“明日科技”
<div><font color=” red” ></font></div>	“<FONT color=red></FONT>”	“”

在本节中介绍了与 DHTML 相对应的 DOM，其中，innerHTML 属性最为常用。下面就通过一个具体的实例来说明 innerHTML 属性的应用。

实例 16-8 在网页显示当前时间和问候语。具体步骤如下。

（1）添加两个 <div> 标签，这两个标签的 id 属性值分别为 time 和 greet。代码如下：

```
<div id="time">显示当前时间</div>
<div id="greet">显示问候语</div>
```

（2）编写自定义函数 ShowTime()，用于在 id 属性值为 time 的 <div> 标签中显示当前时间，在 id 属性值为 greet 的 <div> 标签中显示问候语。ShowTime() 函数的具体代码如下：

```
function ShowTime(){
    var strgreet= "";                              //初始化变量
    var datetime = new Date();                     //获取当前时间
    var hour = datetime.getHours();                //获取小时
    var minu= datetime.getMinutes();               //获取分钟
    var seco = datetime.getSeconds();              //获取秒钟
    strtime=hour+":"+minu+":"+seco+" ";            //组合当前时间
    if(hour >= 0  &&hour <8){                      //判断是否为早上
        strgreet="早上好";                          //为变量赋值
    }
    if(hour >= 8  &&hour <11){                     //判断是否为上午
        strgreet="上午好";                          //为变量赋值
    }
    if(hour >= 11  &&hour <13){                    //判断是否为中午
        strgreet= "中午好";                         //为变量赋值
    }
    if(hour >= 13  &&hour <17){                    //判断是否为下午
        strgreet="下午好";                          //为变量赋值
    }
    if(hour >= 17  &&hour <24){                    //判断是否为晚上
        strgreet="晚上好";                          //为变量赋值
    }
    window.setTimeout("ShowTime()",1000);         //每隔1秒重新获取一次时间
    document.getElementById("time").innerHTML="现在是: <b>"+strtime+"</b>";
    document.getElementById("greet").innerText="<b>"+strgreet+"</b>";
}
```

（3）编写 JavaScript 代码，在页面载入后调用 ShowTime() 函数，显示当前时间和问候语。具体代码如下：

```
window.onload=ShowTime;    //在页面载入后调用 ShowTime() 函数
```

运行效果如图 16.15 所示。

图 16.15　显示当前时间和问候语

从图 16.15 中可以看出，当前时间和问候语虽然都使用了 <b> 标签括起来，但是由于问候语是通过 innerText 属性设置的，所以 <b> 标签被作为普通文本输出，而不能实现文字加粗显示的效果。从本实例中可以清楚地看到 innerHTML 属性和 innerText 属性的区别。

16.5.2 outerHTML 和 outerText 属性

扫码看视频

outerHTML 和 outerText 属性与 innerHTML 和 innerText 属性类似，只是 outerHTML 和 outerText 属性替换的是整个目标节点，也就是这两个属性还对元素本身进行修改。

下面以列表的形式给出对于特定代码通过 outerHTML 和 outerText 属性获取的返回值，如表 16.3 所示。

表 16.3 outerHTML 属性和 outerText 属性的返回值的区别

HTML 代码	outerHTML 属性的返回值	outerText 属性的返回值
<div> 明日科技 </div>	<DIV> 明日科技 </DIV>	"明日科技"
<div id=" clock" >2011-<b>07</b>-22</div>	<DIV id=clock>2011-<B>07</B>-22</DIV>	"2011-07-22"
<div id=" clock" ><font color=" red" ></font></div>	<DIV id=clock><FONT color=red></FONT></DIV>	""

注意

在使用 outerHTML 和 outerText 属性后，原来的元素（如 <div> 标签）将被替换成指定的内容，这时使用 document.getElementById() 方法查找原来的元素时，将发现原来的元素已经不存在了。

16.6 Window 对象概述

Window 对象代表的是打开的浏览器窗口，通过 Window 对象可以打开窗口或关闭窗口、控制窗口的大小和位置、控制由窗口弹出的对话框，还可以控制窗口上是否显示地址栏、工具栏和状态栏等。对于窗口中的内容，Window 对象可以控制是否重载网页、返回上一个文档或前进到下一个文档。

在框架方面，Window 对象可以处理框架与框架之间的关系，并通过这种关系在一个框架中处理另一个框架中的文档。Window 对象还是所有其他对象的顶级对象，通过对 Window 对象的子对象进行操作，可以实现更多的动态效果。Window 对象作为对象的一种，也有着自己的方法和属性。

16.6.1 Window 对象的属性

扫码看视频

Window 对象是所有其他子对象的父对象，它出现在每一个页面上，并且可以在单个 JavaScript 程序中被多次使用。

为了便于读者学习，本小节将以表格的形式对Window对象的属性进行详细说明。Window 对象的属性及其说明如表 16.4 所示。

表 16.4 Window 对象的属性及其说明

属性	说明
document	对话框中显示的当前文档
frames	表示当前对话框中所有 frame 对象的集合
location	指定当前文档的 URL
name	对话框的名字
status	状态栏中的当前信息
defaultStatus	状态栏中的默认信息
top	表示最顶层的浏览器对话框
parent	表示包含当前对话框的父对话框
opener	表示打开当前对话框的父对话框
closed	表示当前对话框是否关闭的逻辑值
self	表示当前对话框
screen	表示用户屏幕，提供屏幕尺寸、颜色深度等信息
navigator	表示浏览器对象，用于获得与浏览器相关的信息

16.6.2 Window 对象的方法

扫码看视频

除了属性之外，Window 对象中还有很多方法。Window 对象的方法及其说明如表 16.5 所示。

表 16.5 Window 对象的方法及其说明

方法	说明
alert()	弹出一个警告对话框
confirm()	在确认对话框中显示指定的字符串
prompt()	弹出一个提示对话框
open()	打开新浏览器对话框并且显示由 URL 或名字引用的文档，并设置创建对话框的属性
close()	关闭被引用的对话框
focus()	将被引用的对话框放在所有打开对话框的前面
blur()	将被引用的对话框放在所有打开对话框的后面
scrollTo(x,y)	把对话框滚动到指定的坐标处
scrollBy(offsetx,offsety)	按照指定的位移量滚动对话框
setTimeout(timer)	在指定的毫秒数过后，对传递的表达式求值
setInterval(interval)	指定周期性执行代码
moveTo(x,y)	将对话框移动到指定的坐标处
moveBy(offsetx,offsety)	将对话框移动到指定的位移量处
resizeTo(x,y)	设置对话框的大小
resizeBy(offsetx,offsety)	按照指定的位移量设置对话框的大小
print()	相当于浏览器工具栏中的“打印”按钮
navigate(URL)	使用对话框显示 URL 指定的页面

16.6.3 Window 对象的使用

扫码看视频

Window 对象可以直接调用其方法和属性，例如：

```
window. 属性名
window. 方法名 ( 参数列表 )
```

Window是不需要使用new运算符来创建的对象。因此，在使用Window对象时，直接使用“window”来引用Window对象即可。代码如下：

```
window.alert(" 字符串 ");                //弹出对话框
window.document.write(" 字符串 ");        //输出文字
```

在实际运用中，JavaSctipt允许使用一个字符串来给窗口命名，也可以使用一些关键字来代替某些特定的窗口。例如，使用“self”代表当前窗口、“parent”代表父级窗口等。对于这种情况，可以用这些关键字来代表“window”。代码如下：

```
self. 属性名
parent. 方法名 ( 参数列表 )
```

16.7 对话框

对话框是为了响应用户的某种需求而弹出的小窗口。本节将介绍几种常用的对话框：警告对话框、确认对话框及提示对话框。

16.7.1 警告对话框

扫码看视频

在页面中弹出警告对话框主要是在 <body> 标签中调用 Window 对象的 alert() 方法来实现的。下面对该方法进行详细说明。

利用 Window 对象的 alert() 方法可以弹出一个警告对话框，并且在警告对话框内可以显示提示字符串文本。

语法如下：

```
window.alert(str)
```

参数 str 表示要在警告对话框中显示的提示字符串。

用户可以单击警告对话框中的“确定”按钮来关闭该对话框。不同浏览器的警告对话框样式可能会有些不同。

实例16-9 定义一个函数，当页面载入时执行这个函数，应用 alert() 方法弹出一个警告对话框。代码如下：

```
<body onLoad="al()">
<script type="text/javascript">
function al(){                                  //自定义函数
   window.alert("弹出警告对话框!");              //弹出警告对话框
}
</script>
</body>
```

运行结果如图 16.16 所示。

图 16.16　警告对话框的应用

注意

警告对话框是由当前运行的页面弹出的，在对该对话框进行处理之前，不能对当前页面进行操作，并且其后面的代码也不会被执行。只有将警告对话框进行处理后（如单击“确定”按钮或者关闭对话框），才可以对当前页面进行操作，后面的代码也才能继续执行。

说明

也可以利用 alert() 方法对代码进行调试。当弄不清楚某段代码执行到哪里，或者不知道当前变量的取值情况时，便可以利用该方法显示有用的调试信息。

16.7.2　确认对话框

扫码看视频

Window 对象的 confirm() 方法用于弹出一个确认对话框。该对话框中包含两个按钮（在中文操作系统中显示为“确定”和“取消”，在英文操作系统中显示为“OK”和“Cancel”）。

语法如下：

```
window.confirm(question)
```

- window：表示 Window 对象。
- question：表示要在对话框中显示的纯文本。通常，应该表达程序想要让用户回答的问题。
- 返回值：如果用户单击“确定”按钮，则返回值为 true；如果用户单击“取消”按钮，则返回值为 false。

实例 16-10 应用 confirm() 方法实现在页面中弹出确认对话框。代码如下：

```
<script type="text/javascript">
   var bool = window.confirm("确定要关闭浏览器窗口吗？");//弹出确认对话框并赋值变量
   if(bool == true){                  //如果返回值为true，即用户单击“确定”按钮
       window.close();                 //关闭窗口
   }
</script>
```

运行结果如图16.17所示。

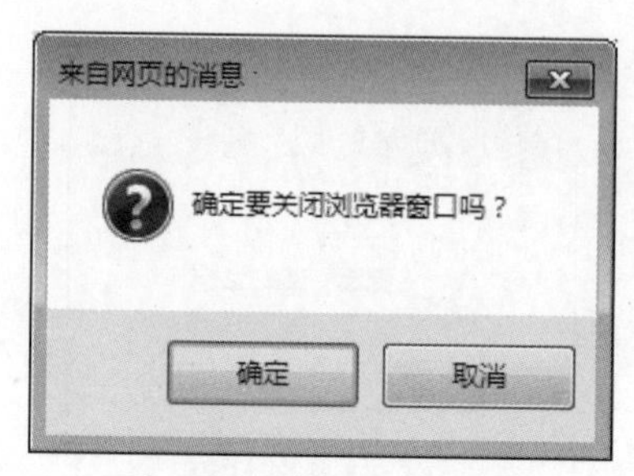

图 16.17　弹出确认对话框

16.7.3　提示对话框

扫码看视频

利用Window对象的prompt()方法可以在浏览器窗口中弹出一个提示对话框。与警告对话框和确认对话框不同，在提示对话框中有一个文本框。当显示提示对话框时，在提示对话框内显示提示字符串，在对话文本框内显示默认文本，并等待用户输入，当用户在该文本框中输入文字，并单击“确定”按钮后，返回用户输入的字符串，当单击“取消”按钮时，返回null值。

语法如下：

```
window.prompt(str1,str2)
```

- str1：可选项，表示字符串，用于指定在对话框内被显示的信息。如果忽略此参数，将不显示任何信息。
- str2：可选项，表示字符串，用于指定对话框内文本框（input）的值（value）。如果忽略此参数，将被设置为undefined。

例如，将文本框中输入的数据显示在提示对话框中，将提示对话框内文本框的值作为文本框的新的值，代码如下：

```
<script type="text/javascript">
    function pro(){
        var message=document.getElementById("message");          //获取指定
id的元素
        message.value=window.prompt(message.value,"返回的信息");  //设置文本
框的值
    }
```

```
</script>
<input id="message" type="text" size="40" value=" 请在此输入信息 ">
<br><br>
<input type="button" value=" 显示对话框 " onClick="pro()">
```

运行代码，在文本框中输入数据并单击“显示对话框”按钮，会弹出一个提示对话框，如图 16.18 所示。在提示对话框内的文本框中文本数据，单击“确定”按钮后将文本框的值显示在文本框当中，如图 16.19 所示。

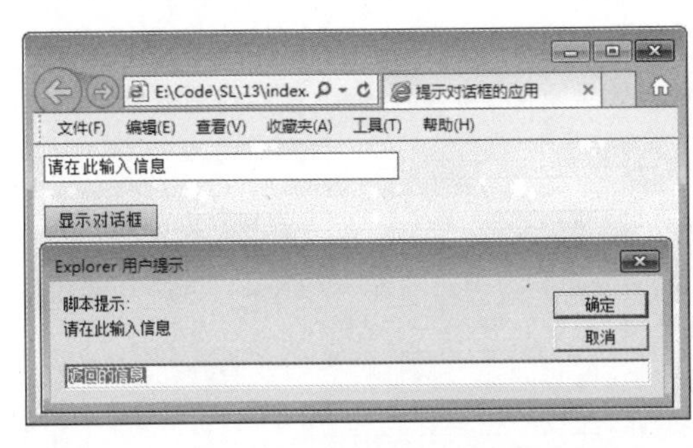

图 16.18 弹出提示对话框

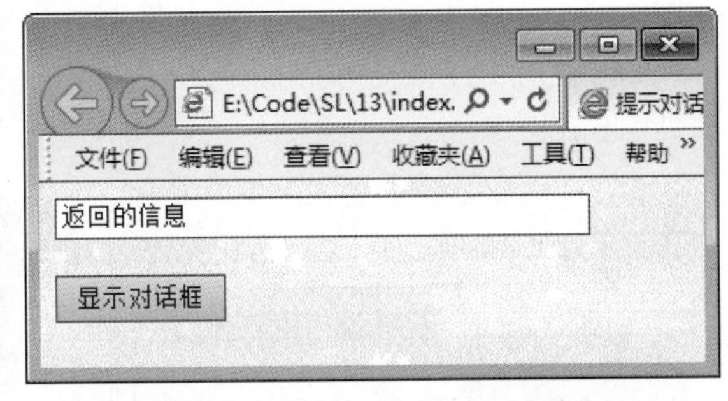

图 16.19 单击“确定”按钮后返回信息

本章主要讲解了 Window 对象，通过本章的学习，读者可以掌握通过 JavaScript 中的 Window 对象对窗口进行简单的控制操作，包括窗口的打开与关闭、窗口的移动等相关操作。

16.8 上机实战

（1）在页面中定义一个指定行数的表格、一个文本框和一个“删除”按钮，在文本框中输入表示表格第几行的数字，通过单击“删除”按钮实现删除表格行的功能，运行结果如图 16.20 和图 16.21 所示。

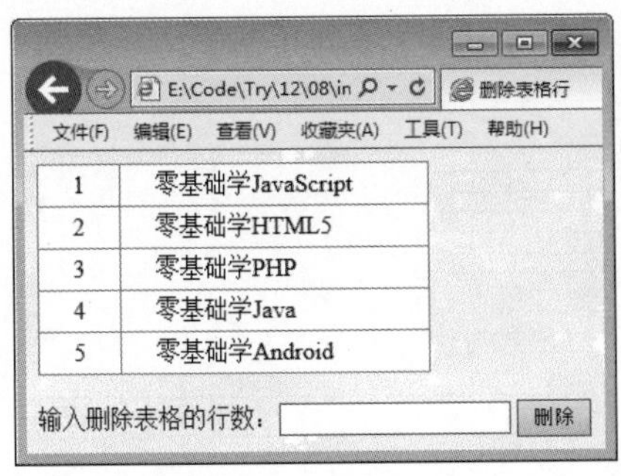

图 16.20 输出表格

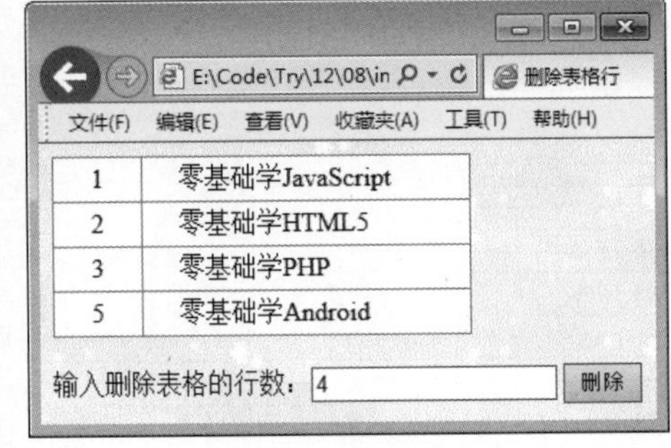

图 16.21 删除表格行

（2）将用户头像定义在下拉菜单中，通过改变下拉菜单中的头像选项实现更换头像的功能，运行结果如图 16.22 所示。

（3）在页面中添加多个复选框，并添加“全选”“反选”和“全不选”按钮，实现复选框的全选、反选和全不选操作，运行结果如图 16.23 所示。

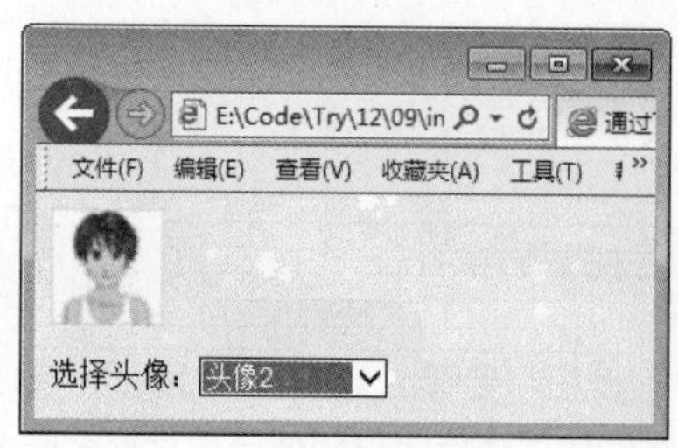

图 16.22　通过下拉菜单更换头像

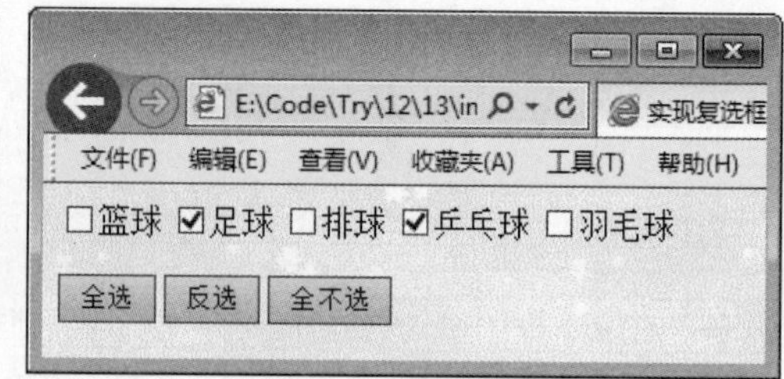

图 16.23　实现复选框的全选、反选和全不选操作

（4）模拟象棋对战游戏中的退出游戏房间功能，单击“退出房间”按钮弹出确认对话框，在该对话框中单击“确定”按钮退出房间，运行结果如图 16.24 所示。

（5）在用户注册页面判断两次输入的密码是否一致，如果密码不一致则弹出警告对话框，运行结果如图 16.25 所示。

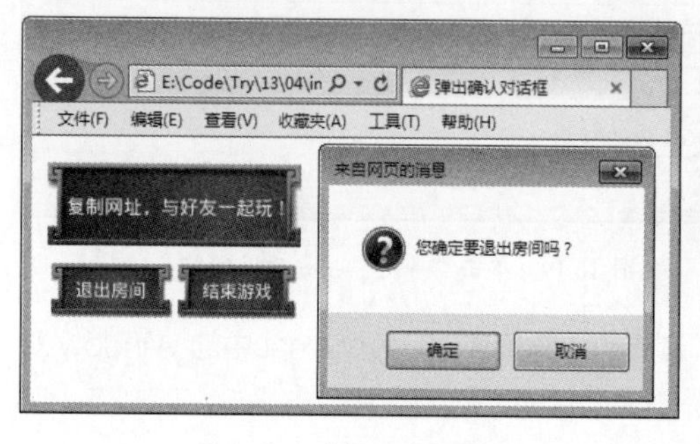

图 16.24　弹出确认对话框

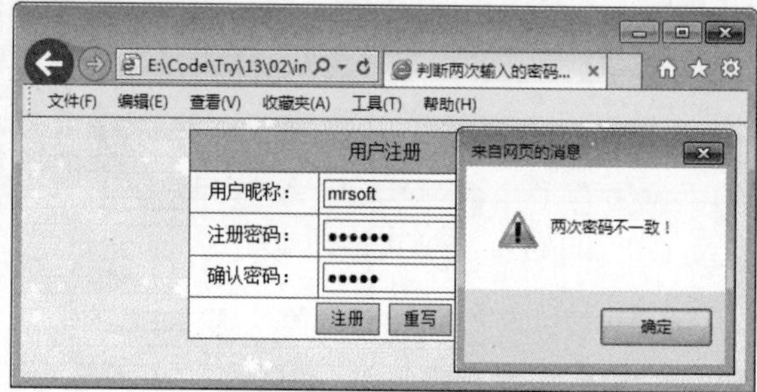

图 16.25　弹出警告对话框

事件处理

视频教学：55 分钟

17.1　事件与事件处理概述

事件处理是对象化编程的一个很重要的环节，它可以使程序的逻辑结构更加清晰，使程序更具有灵活性，提高程序的开发效率。事件处理的过程分为 3 步：①发生事件；②启动事件处理程序；③事件处理程序做出反应。其中，要使事件处理程序能够启动，必须通过指定的对象来调用相应的事件，然后通过该事件调用事件处理程序。事件处理程序可以是任意的 JavaScript 语句，但是一般用特定的自定义函数（function）来对事件进行处理。

17.1.1　什么是事件

扫码看视频

事件是一些可以通过脚本响应的页面动作。当用户按下鼠标或者提交表单，甚至在页面上移动鼠标指针时，事件会出现。事件处理是一段 JavaScript 代码，总是与页面中的特定部分以及一定的事件相关联。当与页面特定部分关联的事件发生时，事件处理器就会被调用。

绝大多数事件的命名都是描述性的，很容易理解。例如 click、submit、mouseover 等，通过名称就可以猜测其含义。但也有少数事件的名称不易理解，例如 blur（意思为“模糊”），表示一个域或者一个表单失去焦点。通常，事件处理器的命名原则是在事件名称前加上前缀 on。例如，对于 click 事件，其处理器名为 onclick。

17.1.2　JavaScript 中的常用事件

扫码看视频

为了便于读者理解 JavaScript 中的常用事件，下面以表格的形式对各事件进行说明。JavaScript 中的相关事件如表 17.1 所示。

表 17.1　JavaScript 中的相关事件

事件		说明
鼠标和键盘事件	onclick	单击时触发此事件
	ondblclick	双击时触发此事件
	onmousedown	按下鼠标时触发此事件
	onmouseup	按下并松开鼠标时触发此事件
	onmouseover	鼠标指针移动到某对象上时触发此事件
	onmousemove	鼠标指针移动时触发此事件
	onmouseout	鼠标指针离开某对象范围时触发此事件
	onkeypress	键盘上的某个键被按下并且释放时触发此事件
	onkeydown	键盘上的某个键被按下时触发此事件
	onkeyup	键盘上的某个键被按下后松开时触发此事件
表单相关事件	onfocus	某个元素获得焦点时触发此事件
	onblur	当前元素失去焦点时触发此事件
	onchange	当前元素失去焦点并且元素的内容发生改变时触发此事件
	onsubmit	表单被提交时触发此事件
	onreset	表单中 RESET 的属性被激活时触发此事件
页面相关事件	onload	页面内容完成时触发此事件（也就是页面加载事件）
	onunload	当前页面将被改变时触发此事件
	onresize	浏览器窗口大小被改变时触发此事件

17.1.3　事件的调用

扫码看视频

在使用事件处理程序对页面进行操作时，最主要的是如何通过对象的事件来指定事件处理程序。指定方式主要有以下两种。

1. 在 HTML 中调用

在 HTML 中调用事件处理程序，只需要在 HTML 标签中添加相应的事件，并在其中指定要执行的代码或函数名即可。例如：

```
<input name="save" type="button" value="保存" onclick="alert('单击了保存按钮');">
```

在 HTML 文件中添加如上代码，会在页面中显示“保存”按钮，当单击该按钮时，将弹出提示对话框。

上面的示例也可以通过调用函数来实现，代码如下：

```
<input name="save" type="button" value=" 保存 " onclick="clickFunction();">
<script type="text/javascript">
    function clickFunction(){                          // 定义 clickFunction() 函数
        alert(" 单击了保存按钮 ");                        // 弹出对话框
    }
</script>
```

2. 在 JavaScript 中调用

在 JavaScript 中调用事件处理程序，首先需要获得要处理对象的引用，然后把要执行的处理函数赋值给对应的事件。例如，当单击“保存”按钮时弹出提示对话框，代码如下：

```
<input id="save" name="save" type="button" value=" 保存 ">
<script type="text/javascript">
    var b_save=document.getElementById("save"); // 获取 id 属性值为 save 的元素
    b_save.onclick=function(){                    // 为按钮绑定单击事件
        alert(" 单击了保存按钮 ");                  // 弹出对话框
    }
</script>
```

> **注意**
>
> 在上面的代码中，一定要将<input id="save" name="save" type="button" value="保存">放在 JavaScript 代码的上方，否则将无法正确弹出对话框。

上面的示例也可以通过以下代码来实现：

```
<form id="form1" name="form1" method="post" action="">
    <input id="save" name="save" type="button" value=" 保存 ">
</form>
<script type="text/javascript">
    form1.save.onclick=function(){                       // 为按钮绑定单击事件
        alert(" 单击了保存按钮 ");                         // 弹出对话框
    }
</script>
```

> **注意**
>
> 在 JavaScript 中指定事件处理程序时，事件名称必须小写，才能正确响应事件。

17.1.4 事件对象

扫码看视频

在 IE 中事件对象是 Window 对象的 event 对象，并且 event 对象只能在事件发生时被访问，所有事件处理完后，该对象就消失了。而标准的 DOM 浏览器中规定 event 必须作为唯一的参数传给事件处理函数。故为了实现兼容性，通常采用下面的方法：

```
function someHandle(event) {
    //处理兼容性，获得事件对象
    if(window.event)
        event=window.event;
}
```

在 IE 中，发生事件的元素通过 event 对象的 srcElement 属性获取；而在标准的 DOM 浏览器中，发生事件的元素通过 event 对象的 target 属性获取。为了处理两种浏览器的兼容性，举例如下：

```
<form id="form1" name="form1" method="post" action="">
    <input id="save" name="save" type="button" value=" 保存 ">
</form>
<script type="text/javascript">
function handle(oEvent){
    if(window.event) oEvent = window.event;      //处理兼容性，获得事件对象
    var oTarget;
    if(oEvent.srcElement)                         //处理兼容性，获取发生事件的元素
          oTarget= oEvent.srcElement;
    else
          oTarget= oEvent.target;
    alert(oTarget.tagName);                       //弹出发生事件的元素标签名称
    }
    form1.save.onclick = handle;                  //为按钮绑定单击事件
</script>
```

说明

上面示例中使用了 event 对象的 srcElement 属性或 target 属性在事件发生时获取单击对象的名称，便于对该对象进行操作。

17.2 表单事件

表单事件实际上就是对元素获得或失去焦点的动作进行控制。可以利用表单事件来改变获得或失去焦点的元素样式，这里所指的元素可以是同一类型的元素，也可以是多个不同类型的元素。

17.2.1 获得焦点与失去焦点事件

获得焦点事件（onfocus）在某个元素获得焦点时触发事件处理程序。失去焦点事件（onblur）在当前元素失去焦点时触发事件处理程序。一般情况下，这两个事件是同时使用的。

扫码看视频

实例 17-1 当用户选择页面中的文本框时，改变选中文本框的背景颜色；当选择其他

文本框时，将失去焦点的文本框恢复为原来的颜色。代码如下：

```
<table align="center" width="300" height="160" border="0">
  <form name="form1">
  <tr>
    <td width="80" align="right">用户名：</td>
    <td width="200">
      <input type="text" onFocus="txtfocus()" onBlur="txtblur()">
    </td>
  </tr>
  <tr>
    <td align="right">密码：</td>
    <td>
      <input type="text" onFocus="txtfocus()" onBlur="txtblur()">
    </td>
  </tr>
  <tr>
    <tdalign="right">真实姓名：</td>
    <td>
      <input type="text" onFocus="txtfocus()" onBlur="txtblur()">
    </td>
  </tr>
  <tr>
    <td align="right">性别：</td>
    <td>
      <input type="text" onFocus="txtfocus()" onBlur="txtblur()">
    </td>
  </tr>
  <tr>
    <td align="right">邮箱：</td>
    <td>
      <input type="text" onFocus="txtfocus()" onBlur="txtblur()">
    </td>
  </tr>
  </form>
</table>
<script type="text/javascript">
function txtfocus(){                          //当前元素获得焦点
    var e=window.event;                       //获取事件对象
    var obj=e.srcElement;                     //获取发生事件的元素
    obj.style.background="#FF9966";           //设置元素背景颜色
}
function txtblur(){                           //当前元素失去焦点
    var e=window.event;                       //获取事件对象
    var obj=e.srcElement;                     //获取发生事件的元素
```

```
    obj.style.background="#FFFFFF";        // 设置元素背景颜色
}
</script>
```

运行代码，可以看到，当文本框获得焦点时，该文本框的背景颜色会发生改变，如图 17.1 所示；当文本框失去焦点时，该文本框的背景会恢复为原来的颜色，如图 17.2 所示。

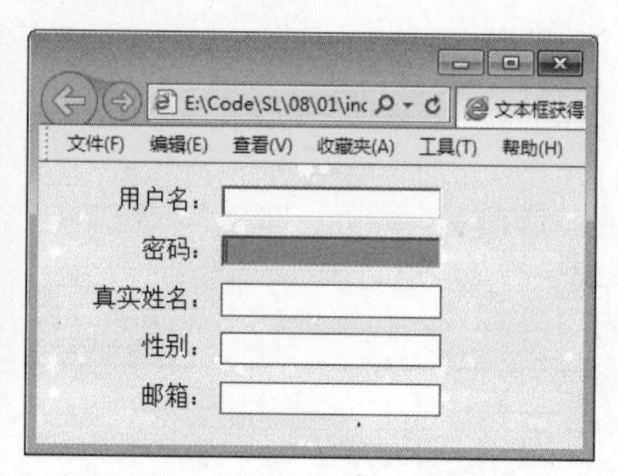

图 17.1 文本框获得焦点时改变背景颜色　　图 17.2 文本框失去焦点时恢复背景颜色

> **说明**
>
> 由于浏览器的兼容性，请在 IE 中运行本实例。

17.2.2 失去焦点内容改变事件

扫码看视频

失去焦点内容改变事件（onchange）在当前元素失去焦点并且元素的内容发生改变时触发事件处理程序。该事件一般在下拉菜单中使用。

实例 17-2 当用户选择下拉菜单中的颜色选项时，通过 onchange 事件来相应地改变文本框中的字体颜色。代码如下：

```
<form name="form1">
  <input name="textfield" type="text" size="18" value="零基础学 JavaScript">
  <select name="menu1" onChange="Fcolor()">
    <option value="black">黑色 </option>
    <option value="yellow">黄色 </option>
    <option value="blue">蓝色 </option>
    <option value="green">绿色 </option>
    <option value="red">红色 </option>
    <option value="purple">紫色 </option>
  </select>
</form>
<script type="text/javascript">
function Fcolor(){
   var e=window.event;                    // 获取事件对象
   var obj=e.srcElement;                  // 获取发生事件的元素
```

```
    form1.textfield.style.color=obj.value;  //设置文本框中的字体颜色
}
</script>
```

运行结果如图 17.3 所示。

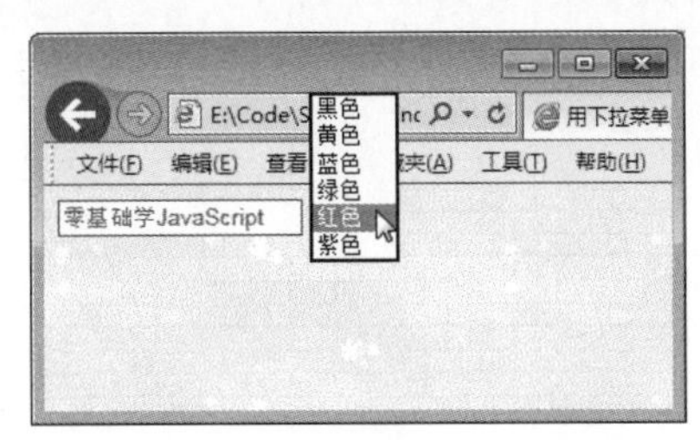

图 17.3 改变文本框中的字体颜色

17.2.3 表单提交与重置事件

扫码看视频

表单提交事件（onsubmit）是用户提交表单时（通常使用“提交”按钮，也就是将按钮的 type 属性设为 submit），在表单提交之前被触发的事件，因此，该事件的处理程序通过返回 false 值来阻止表单的提交。该事件可以用来验证表单输入项的正确性。

表单重置事件（onreset）与表单提交事件的处理过程相同，该事件只是将表单中的各元素的值设置为原始值。该事件一般用于清空表单中的内容。

下面给出这两个事件的语法：

```
<form name="formname" onsubmit="return Funname"onreset="return Funname"></form>
```

- formname：表示表单名称。
- Funname：表示函数名或执行语句，如果是函数名，在该函数中必须有布尔型的返回值。

注意

如果在 onsubmit 和 onreset 事件中调用的是自定义函数名，那么必须在函数名的前面加 return 语句，否则，不论在函数中返回的是 true 还是 false，当前事件所返回的值一律是 true。

实例 17-3 在提交表单时，通过 onsubmit 事件来判断提交的表单中是否有空文本框，如果有空文本框，则不允许提交。代码如下：

```
<form name="form1" onsubmit="return AllSubmit()">
    <!-- 省略部分 HTML 代码 -->
    <input name="sub" type="submit" id="sub2" value=" 提交 "> 
    <input type="reset" name="Submit2" value=" 重置 ">
</form>
<script type="text/javascript">
function AllSubmit(){
   var T=true;                          //初始化变量
```

```
    var e=window.event;                                  //获取事件对象
    var obj=e.srcElement;                                //获取发生事件的元素
    for (var i=1;i<=7;i++){
        if (eval("obj."+"txt"+i).value==""){             //如果表单元素有空值
            T=false;                                     //重新对变量T进行赋值
            break;                                       //跳出for循环语句
        }
    }
    if (!T){                                             //如果变量T的值为false
        alert("提交信息不允许为空");                      //弹出对话框
    }
    return T;                                            //返回变量T的值
}
</script>
```

运行代码，当表单中有空文本框时，单击“提交”按钮将弹出提示信息，结果如图17.4所示。

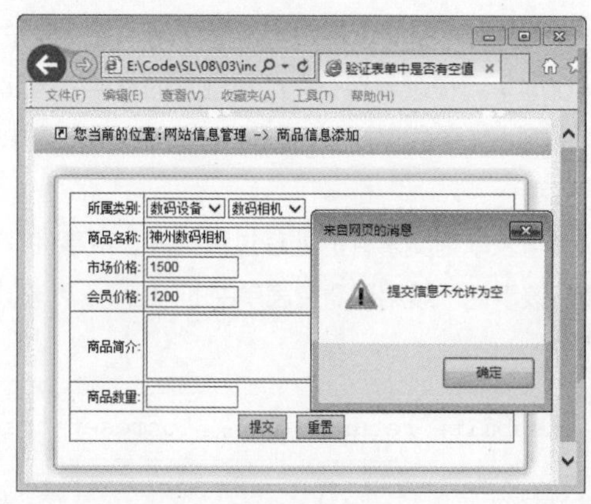

图17.4　表单提交的验证

17.3　鼠标和键盘事件

鼠标和键盘事件是在页面操作中使用最频繁的，可以利用鼠标事件在页面中实现鼠标指针移动、单击时的特殊效果，也可以利用键盘事件来制作页面的快捷键等。

17.3.1　单击事件

单击事件（onclick）是在单击时被触发的事件。单击是指鼠标指针停留在对象上，按下鼠标，在没有移动鼠标指针的同时松开鼠标的这一完整过程。

扫码看视频

单击事件一般应用于Button对象、Checkbox对象、Image对象、Link对象、Radio对象、Reset对象和Submit对象。Button对象一般只会用到onclick事件处理程序，因为该对象不能从用户那里得到任何信息，如果没有onclick事件处理程序，按钮对象将不会有任何作用。

> **注意**
>
> 在使用对象的单击事件时，如果在对象上按下鼠标，然后移动鼠标指针到对象外再松开鼠标，单击事件无效，单击事件必须在对象上松开鼠标后，才会执行单击事件的处理程序。

实例 17-4 通过单击“变换背景”按钮，动态地改变页面的背景颜色，当用户再次单击按钮时，页面背景将以不同的颜色进行显示。代码如下：

```
<script type="text/javascript">
var Arraycolor=new Array("olive","teal","red","blue","maroon","navy","lime",
"fuschia",
"green","purple","gray","yellow","aqua","white","silver");// 定义颜色数组
var n=0;                                      // 为变量赋初值
function turncolors(){                        // 自定义函数
   if (n==(Arraycolor.length-1)) n=0;         // 判断数组索引是否指向最后一个元素
   n++;                                       // 变量自加 1
   document.bgColor= Arraycolor[n];           // 设置背景颜色为对应数组元素的值
}
</script>
<form name="form1" method="post" action="">
<p>
   <input type="button" name="Submit" value=" 变换背景 " onclick="turncolors()">
</p>
<p> 单击按钮随意变换背景颜色 </p>
</form>
```

运行代码，效果如图 17.5 所示。当单击“变换背景”按钮时，页面的背景颜色就会发生变化，如图 17.6 所示。

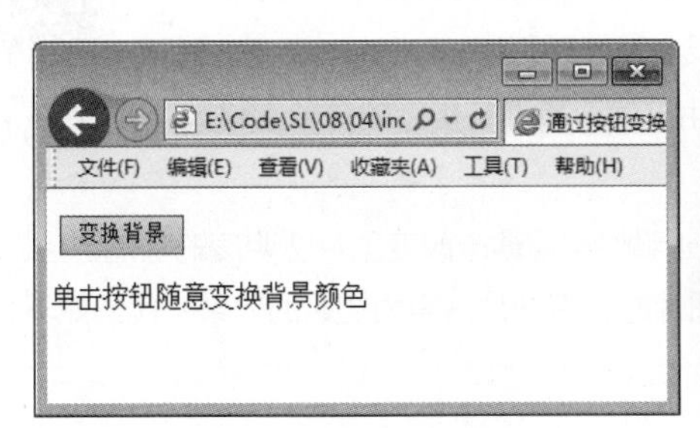

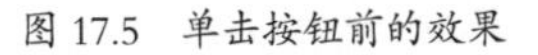
图 17.5 单击按钮前的效果

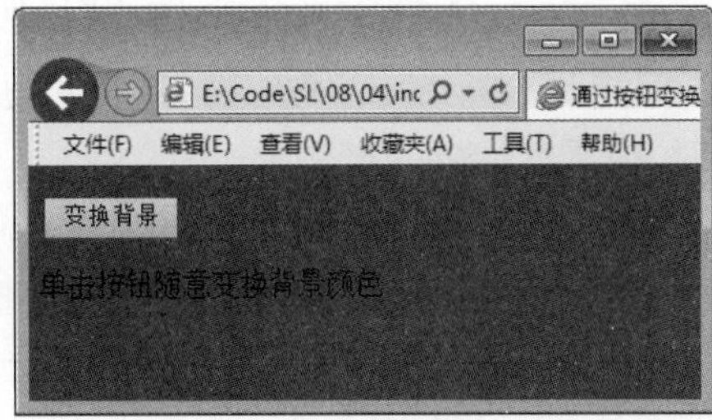

图 17.6 单击按钮后的效果

17.3.2 鼠标按下和松开事件

扫码看视频

鼠标按下和松开事件分别是 onmousedown 和 onmouseup 事件。其中，onmousedown 事件在按下鼠标时触发事件处理程序，onmouseup 事件在松开鼠标时触发事件处理程序。在单击对象时，可以用这两个事件实现其动态效果。

实例 17-5 用 onmousedown 和 onmouseup 事件将文本制作成类似于 <a>（超链

接）标签的效果，也就是在文本上按下鼠标时改变文本的颜色，在文本上松开鼠标时恢复文本的默认颜色。代码如下：

```
<p id="p1" style="color:#AA9900; cursor:pointer" onmousedown="mousedown()"
onmouseup="mouseup()"><u>零基础学 JavaScript</u></p>
<script type="text/javascript">
function mousedown(){                                    //定义 mousedown() 函数
   var obj=document.getElementById('p1');                //获取包含文本的元素
   obj.style.color='#0022AA';                            //为文本设置颜色
}
function mouseup(){                                      //定义 mouseup() 函数
   var obj=document.getElementById('p1');                //获取包含文本的元素
   obj.style.color='#AA9900';                            //将文本恢复为原来的颜色
}
</script>
```

运行代码，在文本上按下鼠标时的效果如图 17.7 所示，在文本上松开鼠标时的效果如图 17.8 所示。

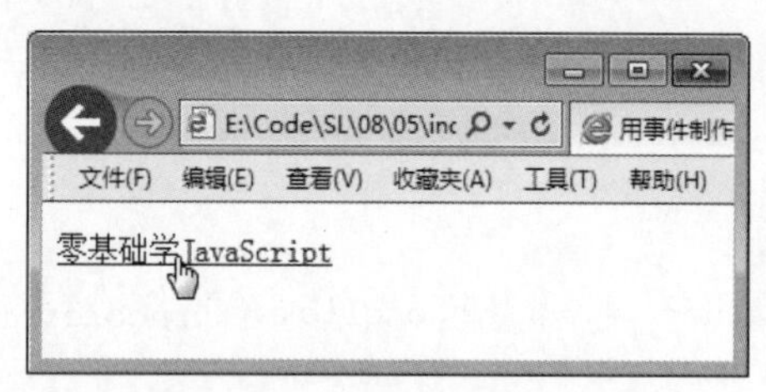

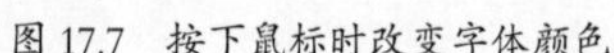

图 17.7 按下鼠标时改变字体颜色

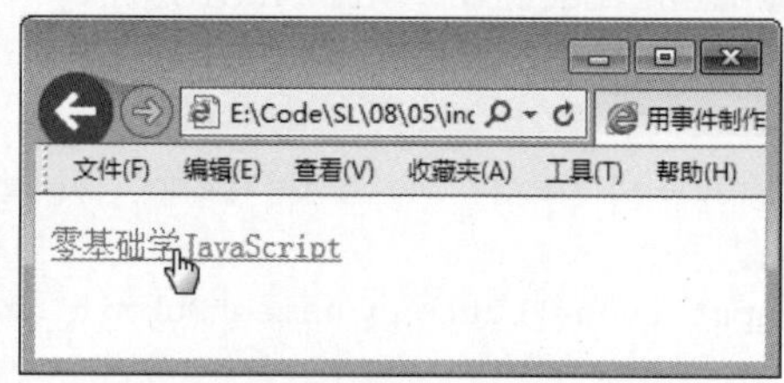

图 17.8 松开鼠标时恢复字体颜色

17.3.3 鼠标移入和移出事件

扫码看视频

鼠标移入和移出事件分别是 onmouseover 和 onmouseout 事件。其中，onmouseover 事件在鼠标指针移动到对象上时触发事件处理程序，onmouseout 事件在鼠标指针移出对象时触发事件处理程序。可以用这两个事件在指定的对象上移动鼠标指针时，实现其对象的动态效果。

实例 17-6 应用 onmouseover 事件和 onmouseout 事件实现动态改变图片透明度的功能。当鼠标指针移入图片时，改变图片的透明度；当鼠标指针移出图片时，将图片恢复为初始的效果。代码如下：

```
<script type="text/javascript">
function visible(cursor,i){                              //定义 visible() 函数
   if (i==0)                                             //如果参数 i 的值为 0
        cursor.filters.alpha.opacity=100;                //将图片透明度设置为 100
   else
        cursor.filters.alpha.opacity=50;                 //将图片透明度设置为 50
}
</script>
<table border="0" cellpadding="0" cellspacing="0">
  <tr>
```

```
    <td align="center" bgcolor="#CCCCCC">
     <img src="images/Temp.jpg" border="0" style="filter:alpha(opacity=100)"
onMouseOver="visible(this,1)" onMouseOut="visible(this,0)" width="148"
height="121">
   </td>
  </tr>
</table>
```

运行结果如图 17.9 和图 17.10 所示。

图 17.9 鼠标指针移入图片时改变透明度

图 17.10 鼠标指针移出图片时恢复初始效果

说明

由于浏览器的兼容性，该实例需要在 IE 8 及以下版本中才能看到效果。

17.3.4 鼠标移动事件

扫码看视频

鼠标移动事件（onmousemove）是鼠标在页面中进行移动时触发事件处理程序，可以在该事件中用 Document 对象实时读取鼠标指针在页面中的位置。

例如，当鼠标指针在页面中移动时，在页面中显示鼠标指针的当前位置，也就是 (x,y) 值。代码如下：

```
<script type="text/javascript">
var x=0,y=0;                          //初始化变量的值
function MousePlace(){
   x=window.event.x;                  //获取横坐标 x 的值
   y=window.event.y;                  //获取纵坐标 y 的值
   //输出鼠标指针的当前位置
   document.getElementById('position').innerHTML="鼠标指针在页面中的当前位置的
横坐标 x: "+x
+" 纵坐标 y: "+y;
}
document.onmousemove=MousePlace;    //鼠标指针在页面中移动时调用函数
</script>
<span id="position"></span>
```

运行结果如图 17.11 所示。

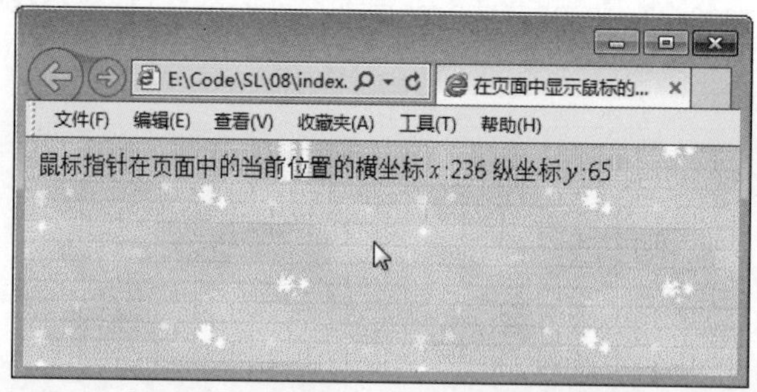

图 17.11　在页面中显示鼠标指针的当前位置

17.3.5　键盘事件

扫码看视频

键盘事件包含 onkeypress、onkeydown 和 onkeyup 事件，其中 onkeypress 事件在键盘上的某个键被按下并且释放时触发事件处理程序，一般用于键盘上的单键操作；onkeydown 事件在键盘上的某个键被按下时触发事件处理程序，一般用于组合键的操作；onkeyup 事件在键盘上的某个键被按下后松开时触发事件处理程序，一般用于组合键的操作。

为了便于读者对键盘上的键进行操作，下面以表格的形式给出其键码值。

键盘上字母和数字键的键码值如表 17.2 所示。

表 17.2　字母和数字键的键码值

按键	键码值	按键	键码值	按键	键码值	按键	键码值
A	65	Q	81	g	103	w	119
B	66	R	82	h	104	x	120
C	67	S	83	i	105	y	121
D	68	T	84	j	106	z	122
E	69	U	85	k	107	0	48
F	70	V	86	l	108	1	49
G	71	W	87	m	109	2	50
H	72	X	88	n	110	3	51
I	73	Y	89	o	111	4	52
J	74	Z	90	p	112	5	53
K	75	a	97	q	113	6	54
L	76	b	98	r	114	7	55
M	77	c	99	s	115	8	56
N	78	d	100	t	116	9	57
O	79	e	101	u	117		
P	80	f	102	v	118		

数字键盘上按键的键码值如表 17.3 所示。

表 17.3　数字键盘的键码值

按键	键码值	按键	键码值	按键	键码值	按键	键码值
0	96	8	104	F1	112	F7	118
1	97	9	105	F2	113	F8	119
2	98	*	106	F3	114	F9	120
3	99	+	107	F4	115	F10	121
4	100	Enter	108	F5	116	F11	122
5	101	-	109	F6	117	F12	123
6	102	.	110				
7	103	/	111				

键盘上控制键的键码值如表 17.4 所示。

表 17.4　控制键的键码值

按键	键码值	按键	键码值	按键	键码值	按键	键码值
Back space	8	Esc	27	Right Arrow（→）	39	-_	189
Tab	9	Spacebar	32	Down Arrow（↓）	40	.>	190
Clear	12	Page Up	33	Insert	45	/?	191
Enter	13	Page Down	34	Delete	46	`~	192
Shift	16	End	35	Num Lock	144	[{	219
Ctrl	17	Home	36	;:	186	|	220
Alt	18	Left Arrow（←）	37	=+	187	]}	221
Caps Lock	20	Up Arrow（↑）	38	,<	188	‘ ”	222

注意

以上键码值只有在文本框中才完全有效，如果在页面中使用（也就是在 <body> 标签中使用），则只有字母键、数字键和部分控制键可用，其字母键和数字键的键码值与 ASCII 值相同。

实例 17-7　利用键盘中的 A 键，对页面进行刷新，而无须在 IE 中单击“刷新”按钮。代码如下：

```
<script type="text/javascript">
function Refurbish(){                         //定义 Refurbish() 函数
   if (window.event.keyCode==65){             //如果按键盘上的 A 键
       location.reload();                     //对页面进行刷新
```

```
    }
}
document.onkeydown=Refurbish;                    //当按键盘上的键时调用函数
</script>
<imgsrc="1.jpg" width="805" height="554">
```

运行结果如图 17.12 所示。

图 17.12　按 A 键对页面进行刷新

17.4　页面事件

页面事件是在页面加载或改变浏览器窗口大小、位置及对页面中的滚动条进行操作时所触发的事件。本节将通过页面事件对浏览器进行相应的控制。

17.4.1　加载与卸载事件

加载事件（onload）在网页加载完毕后触发相应的事件处理程序，它可以在网页加载完成后对网页中的表格样式、字体、背景颜色等进行设置。卸载事件（onunload）在卸载网页时触发相应的事件处理程序，卸载网页是指刷新、关闭当前页或从当前页跳转到其他网页中，该事件常被用于在关闭当前页或跳转到其他网页时弹出提示对话框。

扫码看视频

在制作网页时，为了便于网页资源的利用，可以在网页加载事件中对网页中的元素进行设置。下面通过实例讲解如何在页面中合理利用图片资源。

实例 17-8 在网页加载时，将图片缩小成指定的大小，当鼠标指针移动到图片上时，将图片大小恢复成原始大小，并在卸载网页时，用提示对话框显示欢迎信息。代码如下：

```
<body onunload="pclose()">        <!-- 调用页面的卸载事件 -->
<img src="image1.jpg" name="img1" onload="blowup()" onmouseout="blowup()"
onmouseover="reduce()">   <!-- 在图片标签中调用相关事件 -->
<script type="text/javascript">
var h=img1.height;                  //获取图片的原始高度
var w=img1.width;                   //获取图片的原始宽度
```

```
function blowup(){                      // 缩小图片
    if (img1.height>=h){                // 如果当前图片高度大于或等于图片原始高度
        img1.height=h-100;              // 缩小图片的高度
        img1.width=w-100;               // 缩小图片的宽度
    }
}
function reduce(){                      // 恢复图片的原始大小
    if (img1.height<h){                 // 如果当前图片高度小于图片原始高度
        img1.height=h;                  // 恢复图片为原始高度
        img1.width=w;                   // 恢复图片为原始宽度
    }
}
function pclose(){                      // 定义卸载网页时的函数
    alert("欢迎浏览本网页");             // 弹出对话框
}
</script>
</body>
```

运行代码，效果如图 17.13 所示。当卸载网页时将弹出显示欢迎信息的提示对话框，效果如图 17.14 所示。

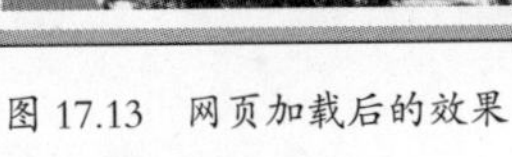
图 17.13　网页加载后的效果

图 17.14　卸载网页时的效果

17.4.2 页面大小事件

扫码看视频

页面大小事件（onresize）在用户改变浏览器窗口大小时触发事件处理程序。

例如，当浏览器窗口大小被改变时，弹出一个对话框。代码如下：

```
<body onresize="showMsg()">
<script type="text/javascript">
```

```
function showMsg(){
    alert("浏览器窗口大小被改变");        //弹出对话框
}
</script>
```

运行上述代码，当用户试图改变浏览器窗口的大小时，将弹出如图 17.15 所示的对话框。

图 17.15　弹出对话框

17.5　上机实战

（1）模拟用户注册过程，当文本框内容为空或用户输入不合法时，给出相应的提示信息，运行结果如图 17.16 所示。

（2）在用户个人信息页面，根据下拉菜单中选择的年份和月份输出用户的出生年月，运行结果如图 17.17 所示。

图 17.16　验证表单并给出相应的提示信息

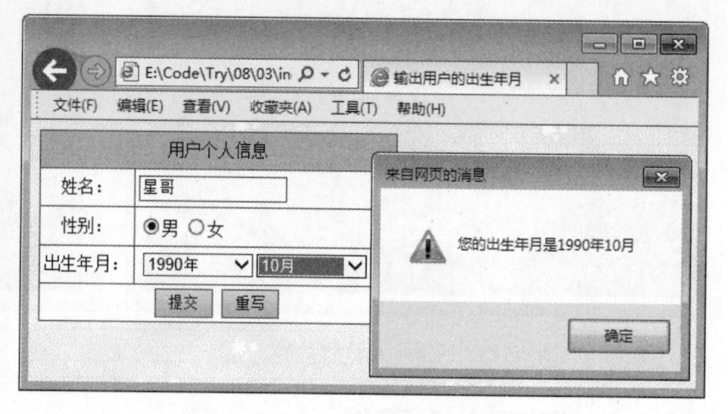

图 17.17　输出用户的出生年月

（3）实现文字变色和放大的效果，当鼠标指针移到文字上时文字改变颜色并放大，当鼠标指针移出文字时文字恢复为原来的样式，运行结果如图 17.18 和图 17.19 所示。

（4）在设计表单时，为了方便用户填写表单，可以设置按 <Enter> 键自动切换到下一个控件的焦点，而不是直接提交表单。试着实现这个功能，运行结果如图 17.20 所示。

图 17.18 文字改变颜色并放大

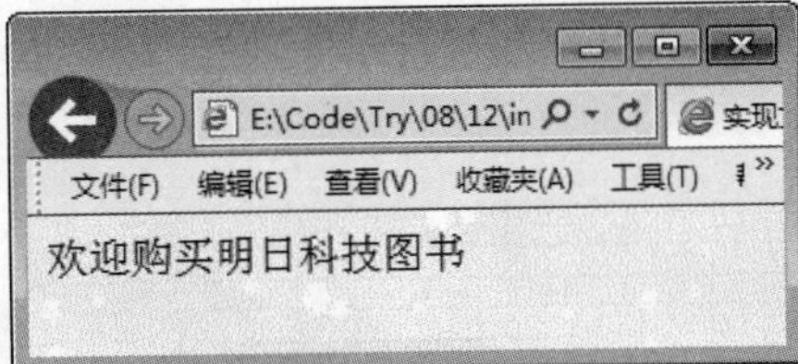

图 17.19 文字恢复为原来的样式

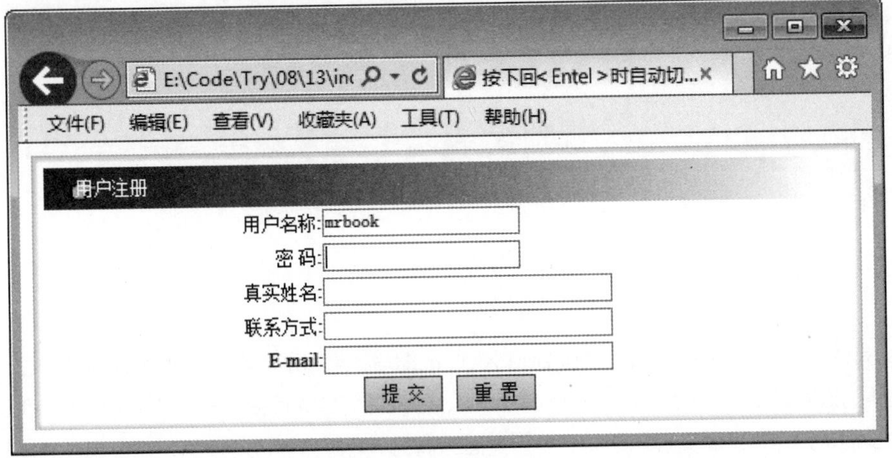

图 17.20 按 <Enter> 键自动切换到下一个控件的焦点

第 18 章 Ajax 技术

视频教学：34 分钟

Ajax 是 Asynchronous JavaScript and XML 的缩写，意思是异步 JavaScript 和 XML。Ajax 并不是一门新的语言或技术，它是 JavaScript、XML、CSS、DOM 等多种已有技术的组合，可以实现客户端的异步请求操作，从而实现在不需要刷新页面的情况下与服务器进行通信，减少用户的等待时间，减轻服务器和带宽的负担，提供更好的服务响应。本章将对 Ajax 的应用领域、技术特点，以及所使用的技术进行介绍。

18.1 Ajax 概述

Ajax 是 JavaScript、XML、CSS、DOM 等多种已有技术的组合，可以实现客户端的异步请求操作，这样可以实现在不需要刷新页面的情况下与服务器进行通信，从而减少用户的等待时间。它是由杰西 · 詹姆斯 · 加勒特（Jesse James Garrett）提出的。可以说，Ajax 是“增强的 JavaScript”，是一种可以调用后台服务器获得数据的客户端 JavaScript 技术，支持更新部分页面的内容而不重载整个页面。

18.1.1 Ajax 应用案例

扫码看视频

随着 Web 2.0 时代的到来，越来越多的网站开始应用 Ajax。实际上，Ajax 为 Web 应用带来的变化，我们已经在不知不觉中体验过了，例如，百度地图。下面我们就来看看都有哪些网站在用 Ajax，从而更好地了解 Ajax 的用途。

- 百度搜索提示。

在百度首页的搜索文本框中输入要搜索的关键字时，下方会自动给出相关提示。如果给出的提示有符合用户要求的内容，用户可以直接选择，十分方便。例如，输入“明日科”后，在下面将显示如图 18.1 所示的提示信息。

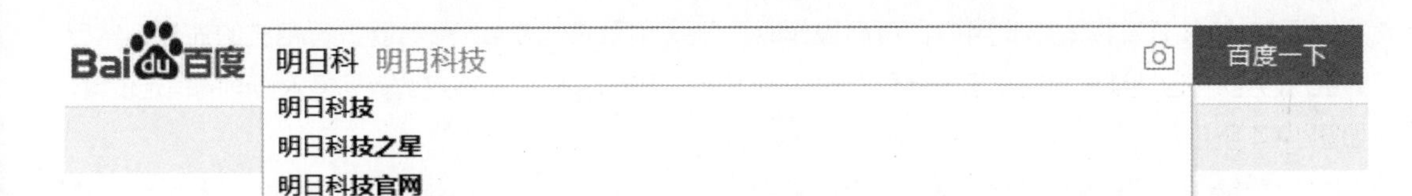

图 18.1 百度搜索提示页面

- 在明日学院首页选择偏好课程。

进入明日学院首页，单击“选择我的偏好”按钮时会弹出推荐的语言标签列表，单击列表中的某个语言标签，在不刷新页面的情况下即可在下方显示该语言相应的课程，效果如图 18.2 所示。

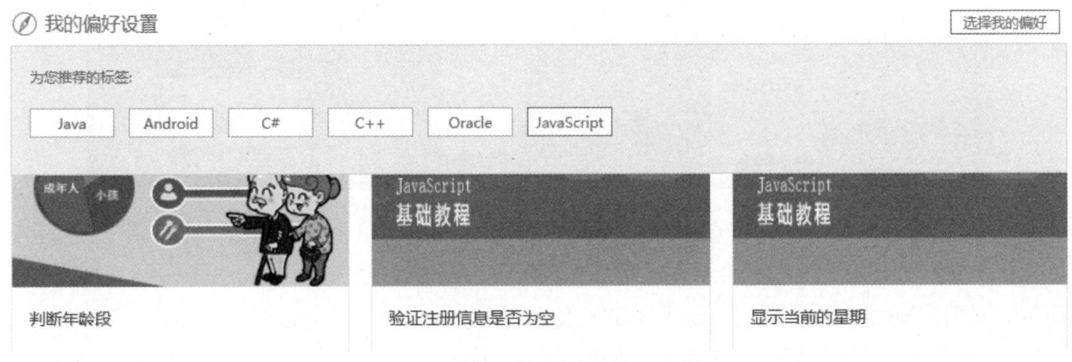

图 18.2 在明日学院首页选择偏好课程

18.1.2 Ajax 开发模式

在 Web 2.0 时代以前，多数网站都采用传统开发模式，而随着 Web 2.0 时代的到来，越来越多的网站开始采用 Ajax 开发模式。为了让读者更好地了解 Ajax 开发模式，下面将对 Ajax 开发模式与传统开发模式进行比较。

扫码看视频

在传统开发模式中，页面中用户的每一次操作都将触发一次返回 Web 服务器的 HTTP 请求，Web 服务器进行相应的处理（获得数据、运行与不同的系统会话）后，返回一个 HTML 页面给客户端，如图 18.3 所示。

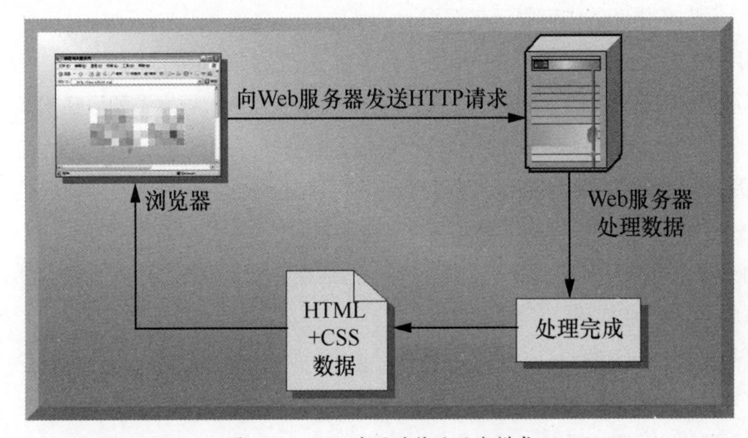

图 18.3 Web 应用的传统开发模式

而在 Ajax 开发模式中，用户在页面操作时，Ajax 引擎将与 Web 服务器进行相应的通信，然后 Web 服务器将返回结果提交给客户端页面的 Ajax 引擎，再由 Ajax 引擎将这些数据插入页面的指定位置，如图 18.4 所示。

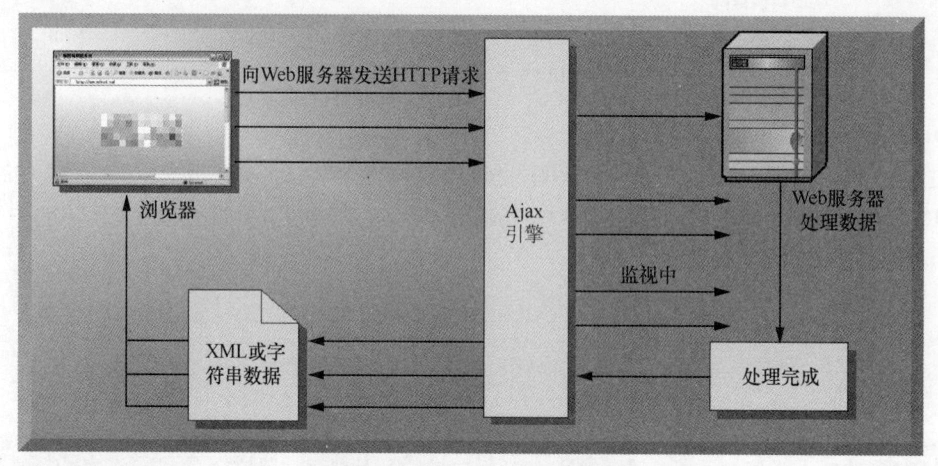

图 18.4　Web 应用的 Ajax 开发模式

从图 18.3 和图 18.4 中可以看出，对于每个用户的行为，在传统开发模式中，将生成一次 HTTP 请求，而在 Ajax 开发模式中，将变成对 Ajax 引擎的一次 JavaScript 调用。在 Ajax 开发模式中，JavaScript 实现在不刷新整个页面的情况下，对部分数据进行更新，从而降低网络流量，给用户带来更好的体验。

18.1.3　Ajax 的优点

扫码看视频

与传统的 Web 应用不同，Ajax 在用户与服务器之间引入一个中间媒介（Ajax 引擎），消除了网络交互过程中的“处理—等待—处理—等待”的问题，从而大大改善了网站的视觉效果。下面我们就来看看使用 Ajax 的优点有哪些。

- 可以把一部分以前由服务器负担的工作转移到客户端，利用客户端闲置的资源进行处理，减轻服务器和带宽的负担，节约空间和成本。
- 无刷新页面，从而使用户不用再像以前一样在服务器处理数据时，只能在白屏前焦急地等待。Ajax 使用 XMLHttpRequest 对象发送请求并得到服务器响应，在不需要重新载入整个页面的情况下，就可以通过 DOM 及时将更新的内容显示在页面上。
- 可以调用 XML 等外部数据，进一步促进页面显示和数据的分离。
- 基于标准化的并被广泛支持的技术，不需要下载插件或者小程序，即可轻松实现桌面应用程序的效果。
- Ajax 没有平台限制。Ajax 把服务器的角色由原本的传输内容转变为传输数据，而数据格式则可以是纯文本格式或 XML 格式，这两种格式没有平台限制。

同其他事物一样，Ajax 也不尽是优点，它也有一些缺点，具体表现在以下几个方面。

- 大量的 JavaScript 代码，不易维护。
- 可视化设计上比较困难。
- 打破了“页”的概念。
- 给搜索引擎的应用带来困难。

18.2 Ajax 的技术组成

Ajax 是 XMLHttpRequest 对象和 JavaScript、XML、DOM、CSS 等多种技术的组合。其中，只有 XMLHttpRequest 对象是新技术，其他均为已有技术。下面我们就对 Ajax 使用的技术进行简要介绍。

18.2.1 XMLHttpRequest 对象

扫码看视频

Ajax 使用的技术中，最核心的技术就是 XMLHttpRequest，它是一个具有应用程序接口的 JavaScript 对象，能够使用 HTTP 连接一个服务器，是 Microsoft 公司为了满足开发者的需要，于 1999 年在 IE 5.0 中率先推出的。现在许多浏览器都对其提供了支持，不过实现方式与 IE 有所不同。关于 XMLHttpRequest 对象的使用，我们将在后文进行详细介绍。

18.2.2 XML

扫码看视频

XML 是 eXtensible Markup Language（可扩展标记语言）的缩写，它提供了用于描述结构化数据的格式，适用于不同应用程序间的数据交换，而且这种交换不以预先定义的一组数据结构为前提，增强了可扩展性。XMLHttpRequest 对象与服务器交换的数据，通常采用 XML 格式。下面我们将对 XML 进行简要介绍。

1. XML 文档结构

XML 是一套定义语义标记的规则，也是用来定义其他标记语言的元标记语言。使用 XML 时，首先要了解 XML 文档的基本结构，然后根据该结构创建所需的 XML 文档。下面我们先通过一个简单的 XML 文档来说明 XML 文档的结构。placard.xml 文件的代码如下：

```
<?xml  version="1.0"  encoding="gb2312"?><!-- 说明是 XML 文档，并指定 XML 文档的版
本和编码 -->
<placard version="2.0">                 <!--定义XML文档的根元素,并设置version属性-->
  <description> 公告栏 </description>        <!-- 定义 XML 文档元素 -->
  <createTime> 创建于 2017 年 12 月 15 日 </createTime>
  <info id="1">                           <!-- 定义 XML 文档元素 -->
    <title> 重要通知 </title>
    <content><![CDATA[ 今天下午 1:50 将进行乒乓球比赛，请各位选手做好准备。]]>
</content>
    <pubDate>2017-12-15 16:12:36</pubDate>
    </info>                                <!-- 定义 XML 文档元素的结束标签 -->
    <info id="2">
    <title> 幸福 </title>
    <content><![CDATA[ 一家人永远在一起就是幸福 ]]></content>
```

```
    <pubDate>2017-12-16 10:19:56</pubDate>
  </info>
</placard>                                  <!-- 定义 XML 文档的根元素的结束标签 -->
```

在上面的 XML 代码中，第一行是 XML 声明，用于说明这是一个 XML 文档，并且指定版本及编码。除第一行以外的内容均为元素。在 XML 文档中，元素以树形分层结构排列，其中 <placard> 为根元素，其他的都是该元素的子元素。

说明

在 XML 文档中，如果元素的文本中包含标记符，可以使用 CDATA 段将元素中的文本括起来。使用 CDATA 段括起来的内容都会被 XML 解析器当作普通文本，所以任何符号都不会被认为是标记符。

CDATA 的语法如下：

```
<![CDATA[ 文本内容 ]]>
```

注意

CDATA 段不能进行嵌套，即 CDATA 段中不能再包含 CDATA 段。另外，在“]]>”之间不能有空格或换行符。

2. XML 语法要求

了解了 XML 文档的基本结构后，接下来需要熟悉创建 XML 文档的语法要求。创建 XML 文档的语法要求如下。

（1）XML 文档必须有一个顶层元素，其他元素必须嵌入顶层元素中。

（2）元素嵌套要正确，不允许元素间相互重叠或跨越。

（3）每一个元素必须同时拥有开始标签和结束标签。这点与 HTML 不同，XML 不允许忽略结束标签。

（4）开始标签中的元素类型名必须与相应结束标签中的名称完全匹配。

（5）XML 元素类型名区分大小写，而且开始标签和结束标签必须准确匹配。例如，分别定义开始标签 <Title>、结束标签 </title>，由于开始标签的类型名与结束标签的类型名不匹配，说明元素是非法的。

（6）元素类型名称中可以包含字母、数字以及其他字母元素类型，也可以使用非英文字符。名称不能以数字或“-”开头，名称中不能包含空格和冒号。

（7）元素可以包含属性，但属性值必须用单引号或双引号引起来，且前后两个引号必须一致，不能一个是单引号，另一个是双引号。在一个元素节点中，属性名不能重复。

3. 为 XML 文档中的元素定义属性

在一个元素的开始标签中，可以自定义一个或者多个属性。属性是依附于元素存在的。属性值用单引号或者双引号引起来。

例如，给元素 info 定义属性 id，用于说明公告信息的 ID，代码如下：

```
<info id="1">
```

给元素添加属性是为元素提供信息的一种方法。当使用 CSS 显示 XML 文档时，浏览器不会显示属性及属性值。若使用数据绑定、HTML 页中的脚本或者 XSL 样式表显示 XML 文档则可以访问属性及属性值。

> 注意
>
> 相同的属性名不能在元素开始标签中出现多次。

4．XML 的注释

注释是为了便于阅读和理解，在 XML 文档中添加的附加信息。注释是对文档结构或者内容的解释，不属于 XML 文档的内容，所以 XML 解析器不会处理注释内容。XML 文档的注释以字符串“<!--”开始，以字符串“-->”结束。XML 解析器将忽略注释中的所有内容，这样可以在 XML 文档中添加注释说明文档的用途，或者临时注释掉没有准备好的文档部分。

> 注意
>
> 在 XML 文档中，解析器将“-->”看作一个注释结束符号，所以字符串“-->”不能出现在注释的内容中，只能作为注释的结束符号。

18.2.3 JavaScript

扫码看视频

JavaScript 是一种解释性的、基于对象的脚本语言，其核心已经嵌入目前主流的 Web 浏览器中。虽然用户平时应用最多的是通过 JavaScript 实现一些网页特效及表单数据验证等功能，但 JavaScript 可以实现的功能远不止这些。JavaScript 是一种具有丰富的面向对象特性的程序设计语言，利用它能执行许多复杂的任务。例如，Ajax 就是利用 JavaScript 将 DOM、XHTML（或 HTML）、XML 以及 CSS 等技术综合起来，并控制它们的行为。因此，要开发一个复杂、高效的 Ajax 应用程序，就必须对 JavaScript 有深入了解。

JavaScript 不是 Java 语言的精简版，并且其只能在某个解释器或“宿主”上运行，如 ASP、PHP、JSP、Internet 浏览器或者 Windows 脚本宿主。

JavaScript 是一种宽松类型的语言，宽松类型意味着不必显式定义变量的数据类型。此外，在大多数情况下，JavaScript 将根据需要自动进行转换。例如，如果将一个数值添加到由文本组成的某项（一个字符串）中，该数值将被转换为文本。

18.2.4 DOM

扫码看视频

DOM 为 XML 文档的解析定义了一组接口。解析器读入整个文档，然后构建一个驻留内存的树结构，最后通过 DOM 遍历树结构以获取来自不同位置的数据。用户可以添加、修改、删除、查询和重新排列树结构及其分支；另外，还可以根据不同类型的数据源来创建 XML 文档。在 Ajax 应用中，用户通过 JavaScript 操作 DOM，可以达到在不刷新页面的情况下实时修改用户界面的目的。

18.2.5 CSS

CSS是用于控制网页样式并允许将样式信息与网页内容分离的一种标记性语言。在Ajax中，我们通常使用CSS进行页面布局，并通过改变文档对象的CSS属性控制页面的外观和行为。CSS是一种Ajax开发人员所需要的重要工具，提供了从内容中分离应用样式和设计的机制。虽然CSS在Ajax应用中扮演着至关重要的角色，但它也是创建跨浏览器应用的一大阻碍，因为不同的浏览器厂商支持不同的CSS级别。

扫码看视频

18.3 XMLHttpRequest对象

使用XMLHttpRequest对象，Ajax可以像桌面应用程序一样只与服务器进行数据层面的交换，而不用每次都刷新页面，也不用每次都将数据处理的工作交给服务器来做，这样既减轻了服务器的负担，又加快了响应速度、缩短了用户等待的时间。

扫码看视频

18.3.1 XMLHttpRequest对象的初始化

在使用XMLHttpRequest对象发送请求和处理响应之前，首先需要初始化该对象。由于XMLHttpRequest不是一个W3C标准，所以对于不同的浏览器，初始化的方法也是不同的。通常情况下，初始化XMLHttpRequest对象只需要考虑两种情况，一种是IE，另一种是非IE，下面分别进行介绍。

- IE。

IE把XMLHttpRequest对象实例化为一个ActiveX对象。具体语法如下：

```
var http_request = new ActiveXObject("Msxml2.XMLHTTP");
```

或者

```
var http_request = new ActiveXObject("Microsoft.XMLHTTP");
```

在上面的语法中，Msxml2.XMLHTTP和Microsoft.XMLHTTP是针对IE的不同版本进行设置的，目前比较常用的是这两种。

- 非IE。

非IE（例如Firefox、Opera、Mozilla、Safari）把XMLHttpRequest对象实例化为一个本地JavaScript对象。具体语法如下：

```
var http_request = new XMLHttpRequest();
```

为了提高程序的兼容性，可以创建一个跨浏览器的XMLHttpRequest对象。创建一个跨浏览器的XMLHttpRequest对象其实很简单，只需要判断不同浏览器的实现方式，如果浏览器提供了XMLHttpRequest类，则直接创建一个该类的实例，否则实例化一个ActiveX对象。具体代码如下：

```
<script type="text/javascript">
    if (window.XMLHttpRequest) {                // 非 IE
        http_request= new XMLHttpRequest();
    } else if (window.ActiveXObject) {              //IE
        try {
            http_request= new ActiveXObject("Msxml2.XMLHTTP");
        } catch (e) {
            try {
                http_request= new ActiveXObject("Microsoft.XMLHTTP");
            } catch (e) {}
        }
    }
</script>
```

在上面的代码中，调用 window.ActiveXObject 将返回一个对象或 null，在 if 语句中，会把返回值看作 true 或 false（如果返回的是一个对象，则为 true；如果返回的是 null，则为 false）。

说明

由于 JavaScript 具有动态类型特性，而且 XMLHttpRequest 对象在不同浏览器上的实例是兼容的，所以可以用同样的方式访问 XMLHttpRequest 实例的属性的方法，不需要考虑创建该实例的方法。

18.3.2 XMLHttpRequest 对象的常用属性

扫码看视频

XMLHttpRequest 对象提供了一些常用属性，通过这些属性可以获取服务器的响应状态及响应内容等。下面将对 XMLHttpRequest 对象的常用属性进行介绍。

1. 指定状态改变时所触发的事件处理器的属性

XMLHttpRequest 对象提供了用于指定状态改变时所触发的事件处理器的属性 onreadystatechange。在 Ajax 中，每个状态改变时都会触发这个事件处理器，通常会调用一个 JavaScript 函数。

例如，通过下面的代码可以实现当指定状态改变时所触发的 JavaScript 函数，这里为 getResult()。

```
http_request.onreadystatechange= getResult();      // 当状态改变时执行 getResult() 函数
```

2. 获取请求状态的属性

XMLHttpRequest 对象提供了用于获取请求状态的属性 readyState，该属性共包括 5 个属性值，如表 18.1 所示。

表 18.1 readyState 属性的属性值及其含义

属性值	含义	属性值	含义
0	未初始化	3	交互中
1	正在加载	4	完成
2	已加载		

在实际应用中，该属性经常用于判断请求状态，当请求状态等于4，也就是完成时，再判断请求是否成功，如果成功将开始处理返回结果。

3．获取服务器的字符串响应的属性

XMLHttpRequest对象提供了用于获取服务器响应的属性responseText，表示为字符串。例如，获取服务器返回的字符串响应并赋值给变量*h*可以使用下面的代码：

```
var h=http_request.responseText;//获取服务器返回的字符串响应
```

在上面的代码中，http_request为XMLHttpRequest对象。

4．获取服务器的XML响应的属性

XMLHttpRequest对象提供了用于获取服务器响应的属性responseXML，表示为XML。这个对象可以解析为DOM对象。例如，获取服务器返回的XML响应并赋值给变量xmldoc可以使用下面的代码：

```
var xmldoc= http_request.responseXML;        //获取服务器返回的XML响应
```

在上面的代码中，http_request为XMLHttpRequest对象。

5．返回服务器的HTTP状态码的属性

XMLHttpRequest对象提供了用于返回服务器的HTTP状态码的属性status。该属性的语法如下：

```
http_request.status
```

http_request：代表XMLHttpRequest对象。

返回值：长整型的数值，代表服务器的HTTP状态码。

常用的状态码及其含义如表18.2所示。

表18.2　常用的状态码及其含义

状态码	含义	状态码	含义
100	继续发送请求	404	文件未找到
200	请求已成功	408	请求超时
202	请求被接收，但尚未成功	500	内部服务器错误
400	错误的请求	501	服务器不支持当前请求所需要的某个功能

注意

status属性只有在send()方法返回成功时才有效。

status属性常用于当请求状态为完成时，判断当前的服务器状态是否成功。例如，当请求完成时，判断请求是否成功，代码如下：

```
<script type="text/javascript">
    if (http_request.readyState== 4) {              // 当请求状态为完成时
         if (http_request.status== 200) {           // 请求成功，开始处理返回结果
                alert(" 请求成功！ ");
         } else{                                    // 请求未成功
                alert(" 请求未成功！ ");
         }
    }
</script>
```

18.3.3 XMLHttpRequest 对象的常用方法

扫码看视频

XMLHttpRequest 对象提供了一些常用的方法，通过这些方法可以对请求进行操作。下面对 XMLHttpRequest 对象的常用方法进行介绍。

1. 创建新请求的方法

open() 方法用于设置异步请求目标的 URL、请求方法以及其他参数信息，具体语法如下：

```
open("method","URL"[,asyncFlag[,"userName"[, "password"]]])
```

open() 方法的参数及其说明如表 18.3 所示。

表 18.3　open() 方法的参数及其说明

参数	说明
method	用于指定请求方法，一般为 GET 或 POST
URL	用于指定请求地址，可以使用绝对地址或者相对地址，并且可以传递查询字符串
asyncFlag	为可选参数，用于指定请求方式，异步请求为 true，同步请求为 false，默认情况下为 true
userName	为可选参数，用于指定请求用户名，没有时可省略
password	为可选参数，用于指定请求密码，没有时可省略

例如，设置异步请求目标为 deal.html，请求方法为 GET，请求方式为异步请求代码如下：

```
http_request.open("GET","deal.html",true);         // 设置异步请求，请求方法为 GET
```

2. 向服务器发送请求的方法

send() 方法用于向服务器发送请求。如果请求声明为异步，该方法将立即返回，否则等到接收到响应为止。send() 方法的语法如下：

```
send(content)
```

参数 content 用于指定发送的数据，可以是 DOM 对象的实例、输入流或字符串。如果没有参数需要传递则可以设置为 null。

例如，向服务器发送一个不包含任何参数的请求，可以使用下面的代码：

```
http_request.send(null);        //向服务器发送一个不包含任何参数的请求
```

3．设置请求的 HTTP 头的方法

setRequestHeader() 方法用于为请求的 HTTP 头设置值。setRequestHeader() 方法的具体语法如下：

```
setRequestHeader("header", "value")
```

- header：用于指定 HTTP 头。
- value：用于为指定的 HTTP 头设置值。

说明

setRequestHeader() 方法必须在调用 open() 方法之后才能调用。

例如，在发送 POST 请求时，需要设置 Content-Type 请求头的值为“application/x-www-form-urlencoded”，这时就可以通过 setRequestHeader() 方法进行设置，具体代码如下：

```
//设置 Content-Type 请求头的值
http_request.setRequestHeader("Content-Type","application/x-www-form-
urlencoded");
```

4．停止或放弃当前异步请求的方法

abort() 方法用于停止或放弃当前异步请求，语法如下：

```
abort()
```

例如，要停止当前异步请求，可以使用下面的代码：

```
http_request.abort();           //停止当前异步请求
```

5．返回 HTTP 头信息的方法

XMLHttpRequest 对象提供了两种返回 HTTP 头信息的方法，分别是 getResponseHeader() 和 getAllResponseHeaders() 方法，下面分别进行介绍。

- getResponseHeader() 方法。

getResponseHeader() 方法用于以字符串形式返回指定的 HTTP 头信息，语法如下：

```
getResponseHeader(“headerLabel”)
```

参数 headerLabel 用于指定 HTTP 头，包括 Server、Content-Type 和 Date 等。

说明

getResponseHeader() 方法必须在调用 send() 方法之后才能调用。

例如，要获取 HTTP 头 Content-Type 的值，可以使用以下代码：

```
http_request.getResponseHeader("Content-Type");          // 获取 HTTP 头 Content-Type 的值
```

如果请求的是 HTML 文件，上面的代码将获取到以下内容：

```
text/html
```

- getAllResponseHeaders() 方法。

getAllResponseHeaders() 方法用于以字符串形式返回完整的 HTTP 头信息，语法如下：

```
getAllResponseHeaders()
```

> **说明**
>
> getAllResponseHeaders() 方法必须在调用 send() 方法之后才能调用。

例如，应用下面的代码调用 getAllResponseHeaders() 方法，将弹出如图 18.5 所示的对话框，其中会显示完整的 HTTP 头信息。

```
alert(http_request.getAllResponseHeaders());// 输出完整的 HTTP 头信息
```

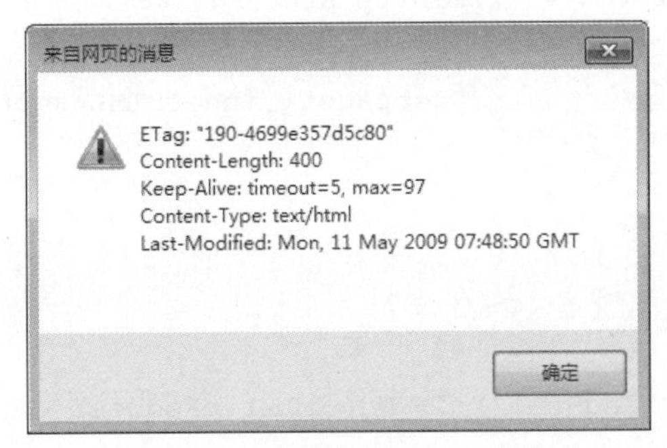

图 18.5 输出完整的 HTTP 头信息

实例 18-1 通过 XMLHttpRequest 对象读取 HTML 文件，并输出读取结果。关键代码如下：

```
<script type="text/javascript">
var xmlHttp;                          // 定义 XMLHttpRequest 对象
function createXmlHttpRequestObject(){
   // 如果在 IE 下运行
   if(window.ActiveXObject){
       try{
           xmlHttp=new ActiveXObject("Microsoft.XMLHTTP");
       }catch(e){
           xmlHttp=false;
       }
   }else{
```

```
    //如果在 Mozilla 或其他的浏览器下运行
        try{
            xmlHttp=new XMLHttpRequest();
        }catch(e){
            xmlHttp=false;
        }
    }
    //返回创建的对象或显示错误信息
    if(!xmlHttp)
        alert("返回创建的对象或显示错误信息");
    else
        return xmlHttp;
}
function ReqHtml(){
    createXmlHttpRequestObject();                 //调用函数创建 XMLHttpRequest 对象
    xmlHttp.onreadystatechange=StatHandler; //指定回调函数
    xmlHttp.open("GET","text.html",true);    //调用 text.html 文件
    xmlHttp.send(null);
}
function StatHandler(){
    if(xmlHttp.readyState==4 &&xmlHttp.status==200){   //如果请求已完成并请求成功
        //获取服务器返回的数据
        document.getElementById("webpage").innerHTML=xmlHttp.responseText;
    }
}
</script>
<body>
<!-- 创建超链接 -->
<a href="#" onclick="ReqHtml();">通过 XMLHttpRequest 对象读取 HTML 文件 </a>
<!-- 通过<div>标签输出请求内容 -->
<div id="webpage"></div>
```

运行代码，单击“通过XMLHttpRequest对象读取HTML文件”超链接，将输出如图18.6所示的页面。

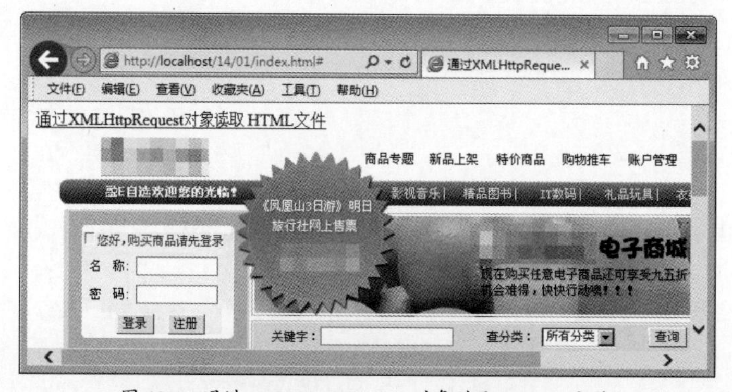

图 18.6 通过 XMLHttpRequest 对象读取 HTML 文件

注意

运行该实例需要搭建 Web 服务器，推荐使用 Apache 服务器。安装服务器后，将该实例文件夹存储在网站根目录（通常为安装目录下的 htdocs 文件夹）下，在浏览器的地址栏中输入"http://localhost/01/index.html"，然后按 <Enter> 键运行。

说明

通过 XMLHttpRequest 对象不但可以读取 HTML 文件和还可以读取文本文件和 XML 文件，其实现交互的方法与读取 HTML 文件类似。

18.4 上机实战

（1）在用户注册表单中，使用 Ajax 技术检测用户名是否被占用，运行结果如图 18.7 所示。

（2）通过 XMLHttpRequest 对象读取 XML 文件，并输出读取结果，运行结果如图 18.8 所示。

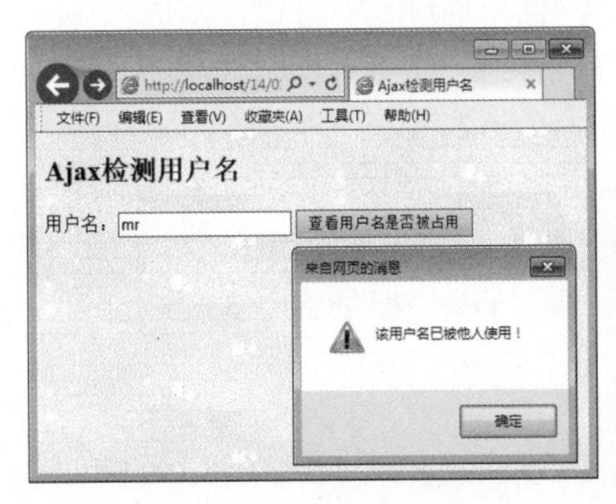

图 18.7 检测用户名是否被占用

图 18.8 通过 XMLHttpRequest 对象读取 XML 文件

jQuery 基础

视频教学：97 分钟

随着互联网的快速发展，一批优秀的 JavaScript 脚本库被涌现出来，例如 ExtJs、prototype、Dojo 等。这些脚本库让开发人员从复杂、烦琐的 JavaScript 中解脱出来，将开发的重点从实现细节转向功能需求，提高了项目开发的效率。其中 jQuery 是继 prototype 之后又一个优秀的 JavaScript 脚本库。本章将对 jQuery 的下载与使用以及 jQuery 选择器进行介绍。jQuery 提供了对页面元素进行操作的方法，这些方法相比 JavaScript 操作页面元素的方法更加方便、灵活。另外，虽然传统的 JavaScript 中内置了一些事件响应的方式，但是 jQuery 增强、优化并扩展了基本的事件处理机制。本章将对 jQuery 控制页面元素以及 jQuery 的事件处理进行介绍。

19.1 jQuery 概述

扫码看视频

jQuery 是一个简洁、快速、灵活的 JavaScript 脚本库，它是由约翰 · 瑞森（John Resig，又译为约翰 · 莱西格）于 2006 年创建的，它帮助开发人员简化了 JavaScript 代码。JavaScript 脚本库类似于 Java 的类库，将一些工具方法或对象方法封装在类库中，方便用户使用。因为简便、易用，jQuery 已被大量的开发人员推崇使用。

注意

jQuery 是脚本库，而不是框架。“库”不等于“框架”，例如“System 程序集”是类库，而 Spring MVC 是框架。

脚本库能够帮助我们完成编码逻辑，实现业务功能。使用 jQuery 能够极大地提高编写 JavaScript 代码的效率，让开发人员写出来的代码更加简洁、健壮。同时网络上丰富的 jQuery 插件也让开发人员的工作变得更为轻松，让项目的开发效率有了质的提升。jQuery 不仅适合网页设计师、开发者以及编程爱好者采用，同样适用于商业开发，可以说 jQuery 适合任何应用 JavaScript 的地方。

jQuery 能让开发人员在网页上便捷地操作文档、处理事件、运行动画效果或者添加异步交互。jQuery 的设计改变了开发人员编写 JavaScript 代码的方式，提高了编程效率。jQuery 主要特点如下。

- 代码“精致、简洁”。
- 强大的功能函数。
- 跨浏览器。
- 链式的语法风格。
- 插件丰富。

19.2 jQuery 下载与配置

扫码看视频

要在网站中应用 jQuery，需要下载并配置它。下面将介绍如何下载与配置 jQuery。

1. 下载 jQuery

jQuery 是一个开源的脚本库，可以从 jQuery 官方网站下载。下面介绍具体的下载步骤。

（1）打开 jQuery 的下载页面，如图 19.1 所示。

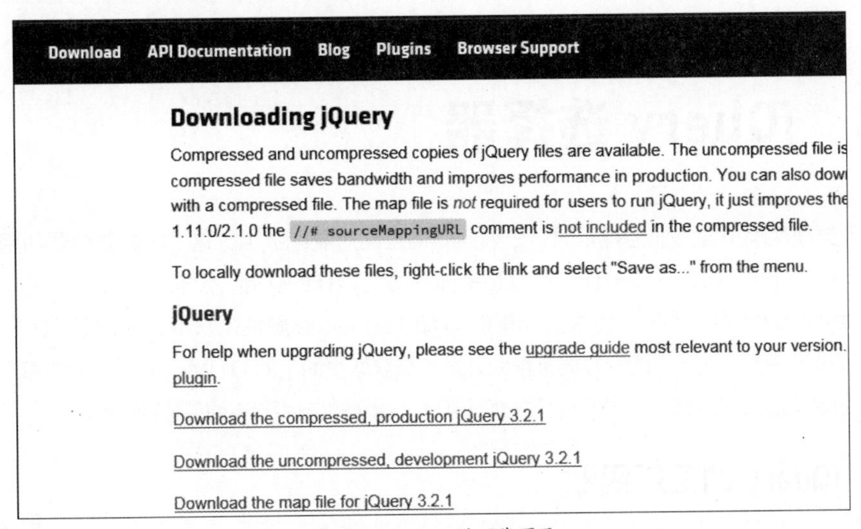

图 19.1　jQuery 的下载页面

（2）在下载页面中，可以下载最新版本的 jQuery（截至本书完稿，jQuery 的最新版本是 jQuery 3.2.1）。单击图 19.1 中的“Download the compressed, production jQuery 3.2.1”超链接，将弹出如图 19.2 所示的对话框。

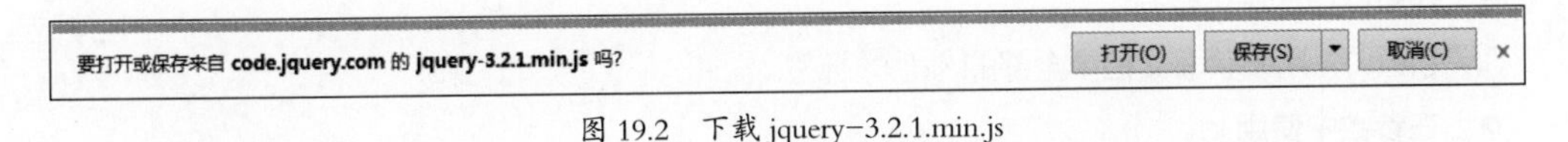

图 19.2　下载 jquery-3.2.1.min.js

（3）单击“保存”按钮，将 jQuery 下载到本地计算机上。下载后的文件名为 jquery-3.2.1.min.js。

此时下载的文件为压缩后的文件（主要用于项目与产品）。如果想下载完整、不压缩的文件，可以在图 19.1 中单击“Download the uncompressed, development jQuery 3.2.1”超链接，然后单击“保存”按钮进行下载。下载后的文件名为 jquery-3.2.1.js。

说明

（1）在项目中通常使用压缩后的文件，即 jquery-3.2.1.min.js；

（2）由于新版本 jQuery 和 IE 存在兼容性问题，因此本书中的 jQuery 程序是在 IE 11 下运行的。

2. 配置 jQuery

将 jQuery 下载到本地计算机后，还需要在项目中配置 jQuery。将下载的 jquery-3.2.1.min.js 文件放置到项目的指定文件夹中，通常放置在 JS 文件夹中，然后在需要应用 jQuery 的页面中使用下面的代码，将其引用到文件中。

```
<scripttype="text/javascript"src="JS/jquery-3.2.1.min.js"></script>
```

注意

引用 jQuery 的 <script> 标签，必须放在所有自定义脚本文件的 <script> 标签之前，否则在自定义脚本中应用不到 jQuery 脚本库。

19.3　jQuery 选择器

开发人员在实现页面的业务逻辑时，必须操作相应的对象或数组，这个时候就需要利用选择器选择匹配的元素，以便进行下一步操作，所以选择器是页面操作的基础，没有它开发人员将无所适从。在传统的 JavaScript 中，用户只能根据元素的 id 和 TagName 属性来获取相应的 DOM 元素。但是 jQuery 却提供了许多功能强大的选择器来帮助开发人员获取页面上的 DOM 元素，获取的每个对象都将以 jQuery 包装集的形式返回。本节将介绍如何应用 jQuery 的选择器选择匹配的元素。

19.3.1　jQuery 的工厂函数

在介绍 jQuery 的选择器之前，先来介绍一下 jQuery 的工厂函数“$”。在 jQuery 中，无论使用哪种类型的选择器都需要从“$”和“()”开始。在“()”中通常使用字符串参数，参数中可以包含任何 CSS 选择器表达式。下面介绍几种比较常见的用法。

扫码看视频

- 在参数中使用标签名。

$(“div”)：用于获取文档中全部的 <div> 标签。

- 在参数中使用 id。

$(“#username”)：用于获取文档中 id 属性值为 username 的元素。

- 在参数中使用 CSS 类名。

$(“.btn_grey”)：用于获取文档中使用 CSS 类名为 btn_grey 的所有元素。

19.3.2 基本选择器

扫码看视频

基本选择器的应用比较广泛，建议读者重点掌握 jQuery 的基本选择器，它是其他类型选择器的基础，是 jQuery 选择器中最为重要的部分。jQuery 基本选择器包括 ID 选择器、元素选择器、类名选择器、复合选择器和通配符选择器。下面进行详细介绍。

1. ID 选择器

ID 选择器，顾名思义，就是利用 DOM 元素的 id 属性值来筛选匹配的元素，并以 jQuery 包装集的形式将这些元素返回给对象。这就像一个学校中每个学生都有自己的学号一样，学生的姓名是可以重复的，但是学号却是不可以重复的，根据学生的学号就可以获取指定学生的信息。

ID 选择器的语法如下：

```
$("#id");
```

其中，id 为要查询元素的 id 属性值。例如，要查询 id 属性值为 user 的元素，可以使用下面的 jQuery 代码：

```
$("#user");
```

注意

如果页面中出现了两个相同的 id 属性值，程序运行时页面会弹出 JavaScript 运行错误的对话框，所以在页面中设置 id 属性值时要确保该属性值在页面中是唯一的。

实例 19-1 在页面中添加一个 id 属性值为 testInput 的文本框和一个按钮，通过单击按钮来获取在文本框中输入的值。关键步骤如下。

（1）创建 index.html 文件，在该文件的 <head> 标签中应用下面的代码引入 jQuery。

```
<script type="text/javascript" src="JS/jquery-3.2.1.min.js"></script>
```

（2）在 <body> 标签中，添加一个 id 属性值为 testInput 的文本框和一个按钮。代码如下：

```
<input type="text" id="testInput" name="test" value=""/>
<input type="button" value="输入的值为"/>
```

（3）在引入 jQuery 库的代码下方编写 jQuery 代码，实现单击按钮来获取在文本框中输入的值。具体代码如下：

```
<script type="text/javascript">
    $(document).ready(function(){
        $("input[type='button']").click(function(){        //为按钮绑定单击事件
            var inputValue= $("#testInput").val();         //获取文本框的值
        alert(inputValue);                                 //输出文本框的值
```

```
        });
    });
</script>
```

在上面的代码中，第 3 行使用了 jQuery 中的属性选择器匹配文档中的按钮，并且为按钮绑定单击事件。关于按钮绑定单击事件，请参见 19.5.3 小节。

> **说明**
>
> ID 选择器是以“#id”的形式获取对象的，在这段代码中用 $(“#testInput”) 获取了一个 id 属性值为 testInput 的 jQuery 包装集，然后调用包装集的 val() 方法取得文本框的值。

运行代码，在文本框中输入“一场说走就走的旅行”（如图 19.3 所示），单击“输入的值为”按钮，将弹出对话框，显示输入的文字（如图 19.4 所示）。

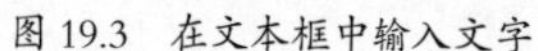
图 19.3　在文本框中输入文字

图 19.4　弹出对话框

jQuery 中的 ID 选择器相当于传统的 JavaScript 中的 document.getElementById() 方法，jQuery 用更简洁的代码实现了相同的功能。虽然两者都获取了指定的元素对象，但是两者调用的方法是不同的。利用 JavaScript 获取的对象只能调用 DOM 方法，而利用 jQuery 获取的对象既可以调用 jQuery 封装的方法，也可以调用 DOM 方法。但是 jQuery 在调用 DOM 方法时需要进行特殊的处理，也就是需要将 jQuery 对象转换为 DOM 对象。

2. 元素选择器

元素选择器是根据元素名称匹配相应的元素。通俗地讲，元素选择器指向的是 DOM 元素的标签名，也就是说元素选择器是根据元素的标签名选择的。可以把元素的标签名理解成学生的姓名，在一个学校中可能有多个姓名为“刘伟”的学生，但是姓名为“吴语”的学生也许只有一个，所以通过元素选择器匹配到的元素可能有多个，也可能只有一个。多数情况下，元素选择器匹配的是一组元素。

元素选择器的语法如下：

```
$("element");
```

其中，element 为要查询元素的标签名。例如，要查询全部 div 元素，可以使用下面的 jQuery 代码：

```
$("div");
```

实例 19-2 在页面中添加两个 <div> 标签和一个按钮，通过单击按钮来获取这两个 <div> 标签，并修改它们的内容。关键步骤如下。

（1）创建 index.html 文件，在该文件的 <head> 标签中应用下面的代码引入 jQuery 库。

```
<script type="text/javascript" src="JS/jquery-3.2.1.min.js"></script>
```

（2）在 <body> 标签中，添加两个 <div> 标签和一个按钮。代码如下：

```
<div><imgsrc="images/strawberry.jpg"/>这里种植了一株草莓</div>
<div><imgsrc="images/fish.jpg"/>这里养殖了一条鱼</div>
<input type="button" value="若干年后" />
```

（3）在引入 jQuery 库的代码下方编写 jQuery 代码，实现单击按钮来获取全部 div 元素，并修改它们的内容。具体代码如下：

```
<script type="text/javascript">
    $(document).ready(function(){
        $("input[type='button']").click(function(){      //为按钮绑定单击事件
            //获取第一个div元素
            $("div").eq(0).html("<imgsrc='images/strawberry1.jpg'/>这里长出了一片草莓");
            //获取第二个div元素
            $("div").get(1).innerHTML="<imgsrc='images/fish1.jpg'/>这里的鱼没有了";
        });
    });
</script>
```

在上面的代码中，使用元素选择器获取了一组 div 元素的 jQuery 包装集，它是一组 Object 对象，存储方式为 [Object Object]，但是这种方式并不能显示出单独元素的文本信息，需要通过索引器来确定要选取哪个 div 元素，在这里分别使用了两个不同的索引器 eq() 和 get()。这里的索引器类似于房间的门牌号，所不同的是，门牌号是从 1 开始编号的，而索引器是从 0 开始编号的。

说明

在本实例中使用了两种方法设置元素的文本内容，html() 方法是 jQuery 的方法，对 innerHTML 属性赋值的方法是 DOM 对象的方法。本实例中还使用了 $(document).ready() 方法，当页面元素载入完成的时候就会自动执行程序，自动为按钮绑定单击事件。

注意

eq() 方法返回的是一个 jQuery 包装集，所以它只能调用 jQuery 的方法；而 get() 方法返回的是一个DOM 对象，所以它只能用DOM 对象的方法。eq() 方法与 get() 方法默认都是从 0 开始排序的。

运行代码，首先显示如图 19.5 所示的页面，单击“若干年后”按钮，将显示如图 19.6 所示的页面。

3. 类名选择器

类名选择器是通过元素拥有的 CSS 类的名称查找匹配的 DOM 元素。在一个页面中，一个元素可以有多个 CSS 类，一个 CSS 类又可以匹配多个元素，如果在元素中有一个匹配的类的名称就可以被类名选择器选取。

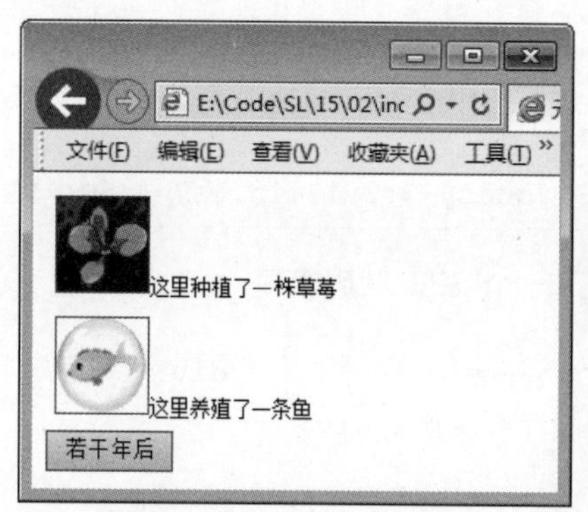

图 19.5 单击按钮前的效果

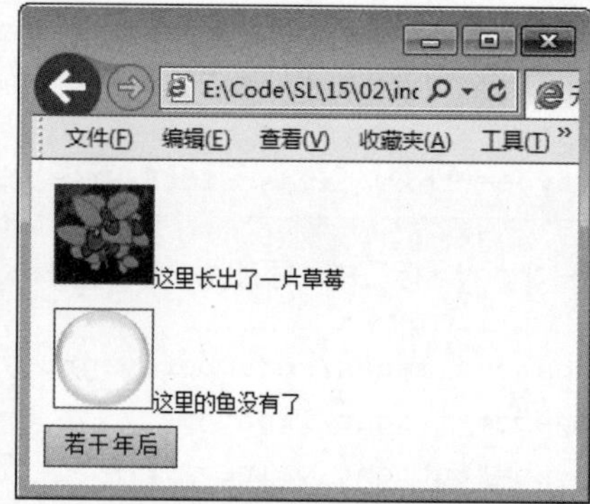

图 19.6 单击按钮后的效果

类名选择器可以这样理解，在大学的时候大部分人选过课，可以把 CSS 类名理解为课程名称，把元素理解为学生，学生可以选择多门课程，而一门课程又可以被多名学生所选择。CSS 类与元素的关系既可以是多对多的关系，也可以是一对多或多对一的关系。

类名选择器的语法如下：

```
$(".class");
```

其中，class 为要查询元素所用的 CSS 类名。例如，要查询使用 CSS 类名为 word_orange 的元素，可以使用下面的 jQuery 代码：

```
$(".word_orange");
```

实例 19-3 在页面中，首先添加两个 <div> 标签，并为其中一个设置 CSS 类，然后通过 jQuery 的类名选择器选取设置了 CSS 类的 <div> 标签，并设置其 CSS 样式。关键步骤如下。

（1）创建 index.html 文件，在该文件的 <head> 标签中应用下面的代码引入 jQuery 库。

```
<script type="text/javascript" src="JS/jquery-3.2.1.min.js"></script>
```

（2）在 <body> 标签中，添加两个 <div> 标签，一个使用 CSS 类 myClass，另一个不设置 CSS 类。代码如下：

```
<div class="myClass">注意观察我的样式</div>
<div>我的样式是默认的</div>
```

说明

这里添加两个 <div> 标签是为了对比效果，默认的背景颜色都是蓝色的，文字颜色都是黑色的。

（3）在引入 jQuery 库的代码下方编写 jQuery 代码，实现按 CSS 类名选取 DOM 元素，并更改其样式（这里更改了背景颜色和文字颜色）。具体代码如下：

```
<script type="text/javascript">
  $(document).ready(function() {
    var myClass= $(".myClass");                    //选取 DOM 元素
```

```
        myClass.css("background-color","#C50210"); // 为选取的 DOM 元素设置背景颜色
        myClass.css("color","#FFF");               // 为选取的 DOM 元素设置文字颜色
    });
</script>
```

在上面的代码中，只为其中一个 <div> 标签设置了 CSS 类名，但是由于程序中并没有名称为 myClass 的 CSS 类，所以这个类是没有任何属性的。类名选择器将返回一个名为 myClass 的 jQuery 包装集，利用 css() 方法可以为对应的 div 元素设定 CSS 属性值。这里将元素的背景颜色设置为深红色，文字颜色设置为白色。

> 注意
>
> 类名选择器也可能会获取一组 jQuery 包装集，因为多个元素可以拥有同一个 CSS 样式。

运行代码，将显示如图 19.7 所示的页面。其中，左边为更改样式后的效果，右边为默认的样式。由于使用了 $(document).ready() 方法，所以选择元素并更改样式在 DOM 元素加载就绪时就已经自动执行完毕。

图 19.7 通过类名选择器选择元素并更改样式

4. 复合选择器

复合选择器将多个选择器（可以是 ID 选择器、元素选择器或是类名选择器）组合在一起，选择器之间以逗号分隔，被筛选的元素只要符合其中的任何一个筛选条件就会被匹配，返回的是一个集合形式的 jQuery 包装集，利用 jQuery 索引器可以取得集合中的 jQuery 对象。

> 注意
>
> 复合选择器并不是匹配同时满足这几个选择器的匹配条件的元素，而是将每个选择器匹配的元素合并后一起返回。

复合选择器的语法如下：

```
$(" selector1,selector2,selectorN");
```

- selector1：为一个有效的选择器，可以是 ID 选择器、元素选择器或类名选择器等。
- selector2：为另一个有效的选择器，可以是 ID 选择器、元素选择器或类名选择器等。
- selectorN：（可选择）为第 *N* 个有效的选择器，可以是 ID 选择器、元素选择器或类名选择器等。

例如，要查询文档中全部的 <span> 标签和使用 CSS 类 myClass 的 <div> 标签，可以使用下面的 jQuery 代码：

```
$("span,div.myClass");
```

实例19-4 在页面添加3种不同元素并统一设置样式。使用复合选择器筛选div元素和id属性值为span的元素，并为它们添加新的样式。关键步骤如下。

（1）创建index.html文件，在该文件的<head>标签中应用下面的代码引入jQuery库。

```
<script type="text/javascript" src="JS/jquery-3.2.1.min.js"></script>
```

（2）在<body>标签中，添加一个<p>标签、一个<div>标签、一个id属性值为span的<span>标签和一个按钮，并为除按钮以外的3个标签指定CSS类名。代码如下：

```
<p class="default">p元素</p>
<div class="default">div元素</div>
<span class="default" id="span">id为span的元素</span>
<input type="button" value="为div元素和id为span的元素换肤" />
```

（3）在引入jQuery库的代码下方编写jQuery代码，实现单击按钮来获取全部div元素和id属性值为span的元素，并为它们添加新的样式。具体代码如下：

```
<script type="text/javascript">
$(document).ready(function() {
    $("input[type=button]").click(function(){    //绑定按钮的单击事件
        $("div,#span").addClass("change");       //添加所使用的CSS类
    });
});
</script>
```

运行代码，将显示如图19.8所示的页面，单击“为div元素和id为span的元素换肤”按钮，将为div元素和id属性值为span的元素换肤，如图19.9所示。

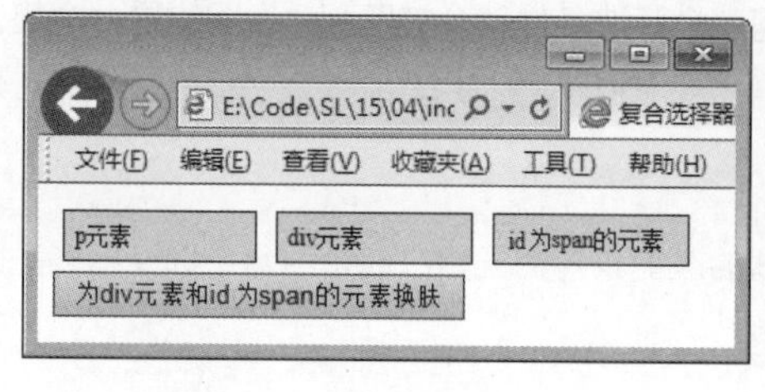

图19.8 单击按钮前的效果

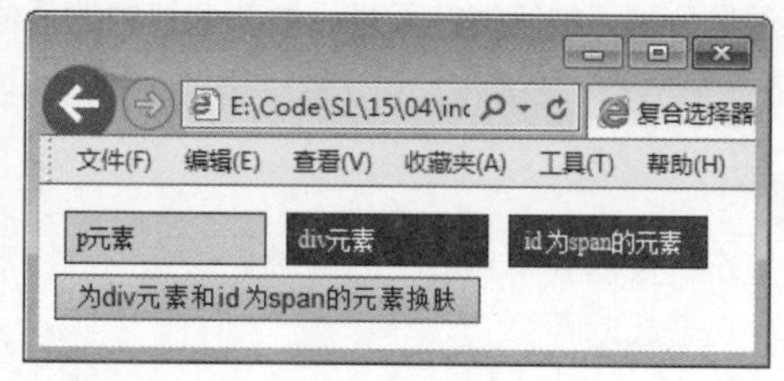

图19.9 单击按钮后的效果

5. 通配符选择器

所谓通配符，就是指“*”，它代表着页面上的每一个元素，也就是说如果使用$(“*”)将取得页面上所有的DOM元素集合的jQuery包装集。通配符选择器比较好理解，这里就不给出示例程序。

19.3.3 层级选择器

扫码看视频

所谓层级选择器，就是以页面上DOM元素之间的父子关系作为匹配的筛选条件。首先来看什么是页面上元素的关系。例如，下面代码所示是最为常用也是最简单的DOM元素结构。

```
<html>
  <head></head>
  <body></body>
</html>
```

在这段代码所示的页面结构中，html 元素是页面上其他所有元素的祖先元素，那么 head 元素就是 html 元素的子元素，同时 html 元素也是 head 元素的父元素。页面上的 head 元素与 body 元素就是同辈元素。也就是说 html 元素是 head 元素和 body 元素的“父亲”，head 元素和 body 元素是 html 元素的“儿子”，head 元素与 body 元素是“兄弟”。具体关系如图 19.10 所示。

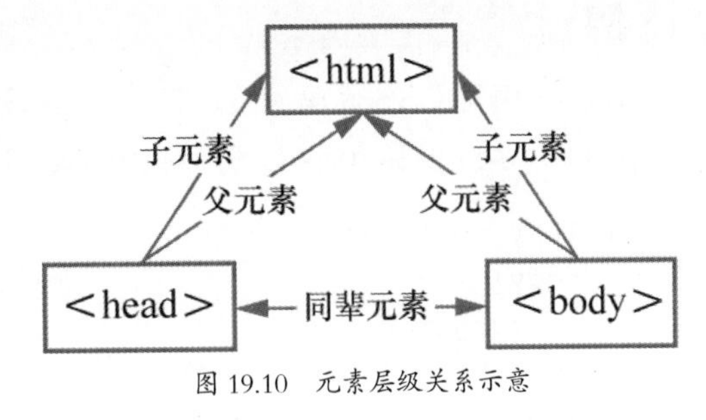

图 19.10　元素层级关系示意

在了解了页面上元素的关系后，再来介绍 jQuery 提供的层级选择器。jQuery 提供了 ancestor descendant 选择器、parent > child 选择器、prev + next 选择器和 prev ~ siblings 选择器，下面进行详细介绍。

1. ancestor descendant 选择器

ancestor descendant 选择器中的 ancestor 代表祖先，descendant 代表子孙，用于在给定的祖先元素下匹配所有的后代元素。ancestor descendant 选择器的语法如下：

```
$("ancestor descendant");
```

- ancestor 是指任何有效的选择器。
- descendant 是指用以匹配元素的选择器，并且它是 ancestor 所指定元素的后代元素。

例如，要匹配 ul 元素下的全部 li 元素，可以使用下面的 jQuery 代码：

```
$("ul li");
```

实例 19-5 通过 jQuery 为版权列表设置样式。关键步骤如下。

（1）创建 index.html 文件，在该文件的 <head> 标签中应用下面的代码引入 jQuery 库。

```
<script type="text/javascript" src="JS/jquery-3.2.1.min.js"></script>
```

（2）在 <body> 标签中，首先添加一个 <div> 标签，并在该 <div> 标签内添加一个 <ul> 标签及其子标签 <li>，然后在 <div> 标签的后面添加一个 <ul> 标签及其子标签 <li>。代码如下：

```
<div id="bottom">
<ul>
   <li>技术服务热线: 400-×××-×××× 传真: 0431-8497×××× 企业邮箱: mingrisoft@
mingrisoft.com
   </li>
   <li>Copyright &copy; www.mrbccd.com All Rights Reserved! </li>
</ul>
</div>
```

```
<ul>
   <li>技术服务热线：400-×××-×××× 传真：0431-8497×××× 企业邮箱：mingrisoft
@mingrisoft.com
   </li>
   <li>Copyright &copy; www.mrbccd.com All Rights Reserved! </li>
</ul>
```

（3）编写CSS代码，通过ID选择器设置<div>标签的样式，并且编写一个类选择器，copyright，用于设置<div>标签内的版权列表的样式。具体代码如下：

```
<style type="text/css">
    body{
       margin:0px;                                    /*设置外边距*/
    }
    #bottom{
       background-image:url(images/bg_bottom.jpg); /*设置背景图片*/
       width:800px;                                   /*设置宽度*/
       height:58px;                                   /*设置高度*/
       clear: both;                                   /*设置左右两侧无浮动内容*/
       text-align:center;                             /*设置文字居中对齐*/
       padding-top:10px;                              /*设置上边距*/
       font-size:12px;                                /*设置字体大小*/
    }
    .copyright{
       color:#FFFFFF;                                 /*设置文字颜色*/
       list-style:none;                               /*不显示项目符号*/
       line-height:20px;                              /*设置行高*/
    }
</style>
```

（4）在引入jQuery库的代码下方编写jQuery代码，匹配div元素的子元素ul，并为其添加CSS样式。具体代码如下：

```
<script type="text/javascript">
$(document).ready(function(){
  $("div ul").addClass("copyright");          //为div元素的子元素ul添加样式
});
</script>
```

运行代码，将显示如图19.11所示的页面，其中页面上方的版权信息是通过jQuery添加样式的效果，页面下方的版权信息为默认的效果。

图19.11 通过jQuery为版权列表设置样式

2. parent > child 选择器

parent > child 选择器中的 parent 代表父元素，child 代表子元素。使用该选择器只能选择父元素的直接子元素。parent > child 选择器的语法如下：

```
$("parent > child");
```

- parent 是指任何有效的选择器。
- child 是指用以匹配元素的选择器，并且它是 parent 元素的直接子元素。

例如，要匹配表单中的直接子元素 input，可以使用下面的 jQuery 代码：

```
$("form>input");
```

实例 19-6 应用选择器匹配表单中的直接子元素 input，实现为匹配元素换肤的功能。关键步骤如下。

（1）创建 index.html 文件，在该文件的 <head> 标签中应用下面的代码引入 jQuery 库。

```
<script type="text/javascript" src="JS/jquery-3.2.1.min.js"></script>
```

（2）在 <body> 标签中添加一个表单，在该表单中添加 6 个 input 元素，并且将“换肤”按钮用 <span> 标签括起来。关键代码如下：

```
<form id="form1" name="form1" method="post" action="">
  姓    名：<input type="text" name="name" id="name" /><br/>
  籍    贯：<input name="native" type="text" id="native" /><br/>
  生    日：<input type="text" name="birthday" id="birthday" /><br/>
  E-mail：<input type="text" name="email" id="email" /><br/>
  <span>
  <input type="button" name="change" id="change" value=" 换肤 "/>
  </span>
  <input type="button" name="default" id="default" value=" 恢复默认 "/>
</form>
```

（3）编写 CSS 代码，用于指定 input 元素的默认样式，并且添加一个用于改变 input 元素样式的 CSS 类。具体代码如下：

```
<style type="text/css">
    input{
       margin:5px;                        /* 设置 input 元素的外边距为 5px*/
    }
    .input {
       font-size:12pt;                    /* 设置文字大小 */
       color:#333333;                     /* 设置文字颜色 */
       background-color:#cef;             /* 设置背景颜色 */
       border:1px solid #000000;          /* 设置边框 */
    }
</style>
```

（4）在引入 jQuery 库的代码下方编写 jQuery 代码，实现匹配表单元素的直接子元素并为其添加和移除 CSS 样式。具体代码如下：

```
<script type="text/javascript">
$(document).ready(function(){
    $("#change").click(function(){                  // 绑定"换肤"按钮的单击事件
        $("form>input").addClass("input");          // 为表单元素的直接子元素 input 添加样式
    });
    $("#default").click(function(){                 // 绑定"恢复默认"按钮的单击事件
        $("form>input").removeClass("input"); // 移除为表单元素的直接子元素 input
添加的样式
    });
});
</script>
```

说明

在上面的代码中，addClass() 方法用于为元素添加 CSS 类，removeClass() 方法用于移除为元素添加的 CSS 类。

运行代码，将显示如图 19.12 所示的页面；单击"换肤"按钮，将显示如图 19.13 所示的页面；单击"恢复默认"按钮，将再次显示如图 19.12 所示的页面。

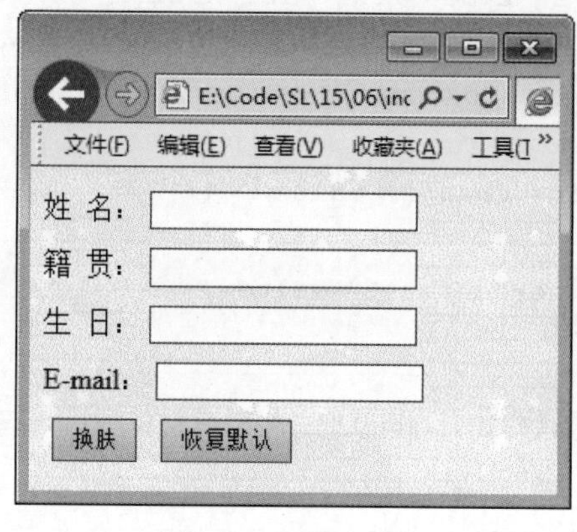

图 19.12 默认的效果

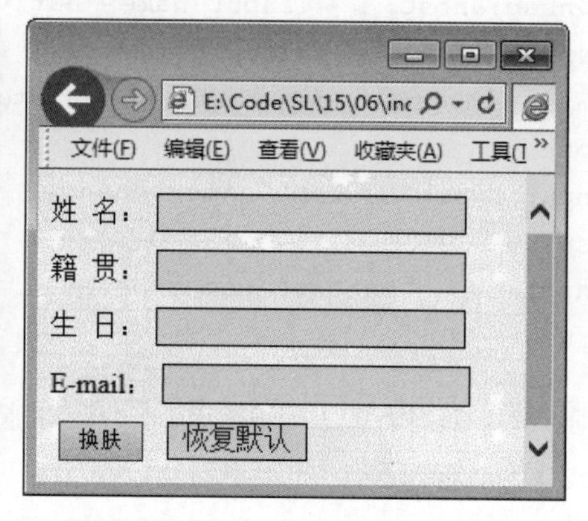

图 19.13 单击"换肤"按钮之后的效果

在图 19.13 中，虽然"换肤"按钮也是 form 元素的子元素 input，但由于该元素不是 form 元素的直接子元素，所以在执行换肤操作时，该按钮的样式并没有改变。

3. prev + next 选择器

prev + next 选择器用于匹配所有紧接在 prev 元素后的 next 元素。其中，prev 和 next 是两个相同级别的元素。prev + next 选择器的语法如下：

```
$("prev + next");
```

- prev 是指任何有效选择器选中的元素。

● next 是指一个有效选择器，并且其紧接着 prev 选择器。

例如，要匹配 <div> 标签后的 <img> 标签，可以使用下面的 jQuery 代码：

```
$("div + img");
```

实例 19-7 筛选紧跟在 <lable> 标签后的 <p> 标签，并将匹配元素的背景颜色改为淡蓝色。关键步骤如下。

（1）创建 index.html 文件，在该文件的 <head> 标签中应用下面的代码引入 jQuery 库。

```
<script type="text/javascript" src="JS/jquery-3.2.1.min.js"></script>
```

（2）在 <body> 标签中，首先添加一个 <div> 标签，并在该 <div> 标签中添加两个 <label> 标签和 <p> 标签，其中第二对 <label> 标签和 <p> 标签用 <fieldset> 标签括起来，然后在 <div> 标签后添加一个 <p> 标签。关键代码如下：

```
<div>
    <label> 第一个 label</label>
    <p> 第一个 p</p>
    <fieldset>
        <label> 第二个 label</label>
        <p> 第二个 p</p>
    </fieldset>
</div>
<p>div 外面的 p</p>
```

（3）编写 CSS 代码，用于设置 body 元素的字体大小，并且添加一个用于设置背景颜色的 CSS 类。具体代码如下：

```
<style type="text/css">
   body{
      font-size:12px;              /* 设置字体大小 */
   }
   .background{
      background:#cef;             /* 设置背景颜色 */
   }
</style>
```

（4）在引入 jQuery 库的代码下方编写 jQuery 代码，实现匹配 label 元素的同级元素 p，并为其添加 CSS 类。具体代码如下：

```
<script type="text/javascript">
   $(document).ready(function(){
      $("label+p").addClass("background");      // 为匹配的元素添加 CSS 类
   });
</script>
```

运行代码，将显示如图 19.14 所示的页面。在图 19.14 中可以看到“第一个 p”和“第二个 p”的段落被添加了背景颜色，而“div 外面的 p”的段落由于不是 label 元素的同级元素，所以没有被添加背景颜色。

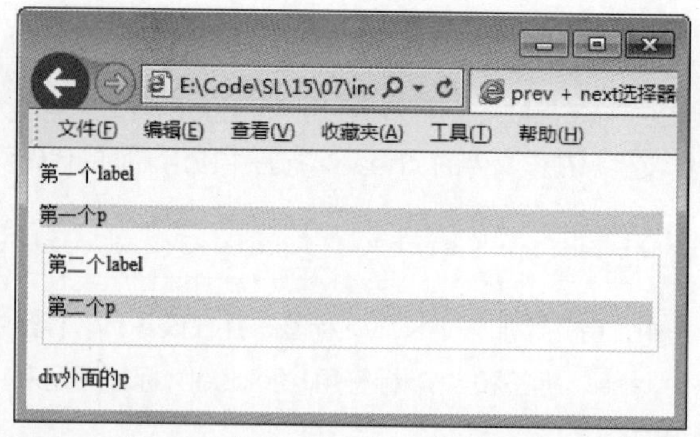

图 19.14 将 label 元素的同级元素 p 的背景颜色设置为淡蓝色

4. prev ~ siblings 选择器

prev ~ siblings 选择器用于匹配 prev 元素之后的所有 siblings 元素。其中，prev 和 siblings 是两个同辈元素。prev ~ siblings 选择器的语法如下：

```
$("prev ~ siblings");
```

- prev 是指任何有效选择器选中的元素。
- siblings 是指一个有效选择器，其匹配的元素和 prev 选择器匹配的元素是同辈元素。

例如，要匹配 div 元素的同辈元素 ul，可以使用下面的 jQuery 代码：

```
$("div ~ ul");
```

实例 19-8 应用选择器筛选页面中 div 元素的同辈元素，并为其添加 CSS 样式。关键步骤如下。

（1）创建 index.html 文件，在该文件的 <head> 标签中应用下面的代码引入 jQuery 库。

```
<script type="text/javascript" src="JS/jquery-3.2.1.min.js"></script>
```

（2）在 <body> 标签中，首先添加一个 <div> 标签，并在该 <div> 标签中添加两个 <p> 标签，然后在 <div> 标签后添加一个 <p> 标签。关键代码如下：

```
<div>
    <p>第一个 p</p>
    <p>第二个 p</p>
</div>
<p>div 外面的 p</p>
```

（3）编写 CSS 代码，用于设置 body 元素的字体大小，并且添加一个用于设置背景颜色的 CSS 类。具体代码如下：

```
<style type="text/css">
  body{
```

```
    font-size:12px;                         /* 设置字体大小 */
  }
  .background{
    background:#cef;                        /* 设置背景颜色 */
  }
</style>
```

（4）在引入 jQuery 库的代码下方编写 jQuery 代码，实现匹配 div 元素的同辈元素 p，并为其添加 CSS 类。具体代码如下：

```
<script type="text/javascript">
  $(document).ready(function(){
    $("div~p").addClass("background");  // 为匹配的元素添加 CSS 类
  });
</script>
```

运行代码，将显示如图 19.15 所示的页面。在图 19.15 中可以看到“div 外面的 p”的段落被添加了背景颜色，而“第一个 p”和“第二个 p”的段落由于不是 div 元素的同辈元素，所以没有被添加背景颜色。

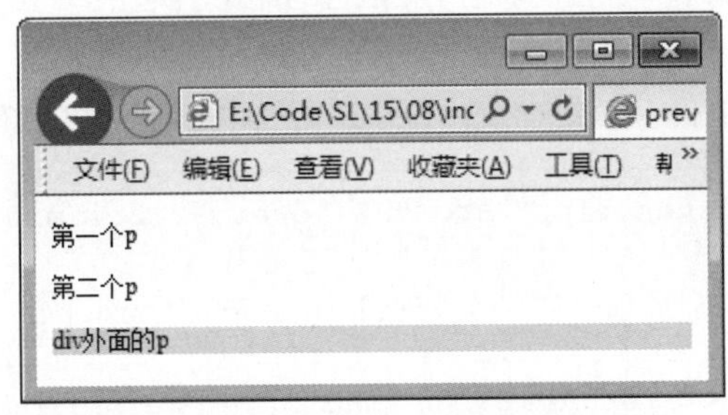

图 19.15 为 div 元素的同辈元素设置背景颜色

19.3.4 过滤选择器

扫码看视频

过滤选择器包括简单过滤选择器、内容过滤选择器、可见性过滤选择器、表单对象的属性过滤选择器和子元素过滤选择器等，下面分别进行详细介绍。

1. 简单过滤选择器

简单过滤选择器是指以冒号开头，通常用于实现简单过滤效果的过滤选择器，例如，匹配找到的第一个元素等。jQuery 提供的简单过滤选择器如表 19.1 所示。

表 19.1 jQuery 提供的简单过滤选择器

过滤器	说明	示例
:first	匹配找到的第一个元素，它是与选择器结合使用的	$(“tr:first”); // 匹配表格的第一行
:last	匹配找到的最后一个元素，它是与选择器结合使用的	$(“tr:last”); // 匹配表格的最后一行

续表

过滤器	说明	示例
:even	匹配所有索引值为偶数的元素，索引值从 0 开始编号	$("tr:even"); // 匹配索引值为偶数的行
:odd	匹配所有索引值为奇数的元素	$("tr:odd"); // 匹配索引值为奇数的行
:eq(index)	匹配一个给定索引值的元素	$("div:eq(1)"); // 匹配第二个 div 元素
:gt(index)	匹配所有大于给定索引值的元素	$("div:gt(0)"); // 匹配第二个及以上的 div 元素
:lt(index)	匹配所有小于给定索引值的元素	$("div:lt(2)"); // 匹配第二个及以下的 div 元素
:header	匹配如 h1、h2、h3 等的标题元素	$(":header"); // 匹配全部的标题元素
:not(selector)	去除所有与给定选择器匹配的元素	$("input:not(:checked)"); // 匹配没有被选中的 input 元素

实例 19-9 通过几个简单过滤选择器控制表格中相应行的样式，实现一个带表头的双色表格。关键步骤如下。

（1）创建 index.html 文件，在该文件的 <head> 标签中应用下面的代码引入 jQuery 库。

```
<script type="text/javascript" src="JS/jquery-3.2.1.min.js"></script>
```

（2）在 <body> 标签中，添加一个 5 行 5 列的表格。关键代码如下：

```
<table width="98%" border="0" align="center" cellpadding="0"
cellspacing="1"
bgcolor="#3F873B">
    <tr>
        <td width="11%" height="27">编号</td>
        <td width="14%">祝福对象</td>
        <td width="12%">祝福者</td>
        <td width="33%">字条内容</td>
        <td width="30%">发送时间</td>
    </tr>
    ...                  <!-- 此处省略了其他行的代码 -->
</table>
```

（3）编写 CSS 代码，通过元素过滤选择器设置单元格的样式，并且编写 th、even 和 odd 这 3 个类选择器，用于控制表格中相应行的样式。具体代码如下：

```
<style type="text/css">
   td{
        font-size:12px;                 /* 设置单元格中的字体大小 */
```

```
        padding:3px;                              /* 设置内边距 */
    }
    .th{
        background-color:#B6DF48;                 /* 设置背景颜色 */
        font-weight:bold;                         /* 设置文字加粗显示 */
        text-align:center;                        /* 设置文字居中对齐 */
    }
    .even{
        background-color:#E8F3D1;                 /* 设置奇数行的背景颜色 */
    }
    .odd{
        background-color:#F9FCEF;                 /* 设置偶数行的背景颜色 */
    }
</style>
```

（4）在引入 jQuery 库的代码下方编写 jQuery 代码，实现匹配表格中相应的行，并为其添加 CSS 类。具体代码如下：

```
<script type="text/javascript">
    $(document).ready(function() {
        $("tr:even").addClass("even");              // 设置奇数行所用的 CSS 类
        $("tr:odd").addClass("odd");                // 设置偶数行所用的 CSS 类
        $("tr:first").removeClass("even");          // 移除 even 类
        $("tr:first").addClass("th");               // 添加 th 类
    });
</script>
```

在上面的代码中，为表格的第一行添加 th 类时，需要先将该行应用的 even 类移除，然后进行添加，否则新添加的 CSS 类将不起作用。

运行代码，将显示如图 19.16 所示的页面。其中，第一行为表头，编号为 1 和 3 的行采用的是奇数行样式，编号为 2 和 4 的行采用的是偶数行的样式。

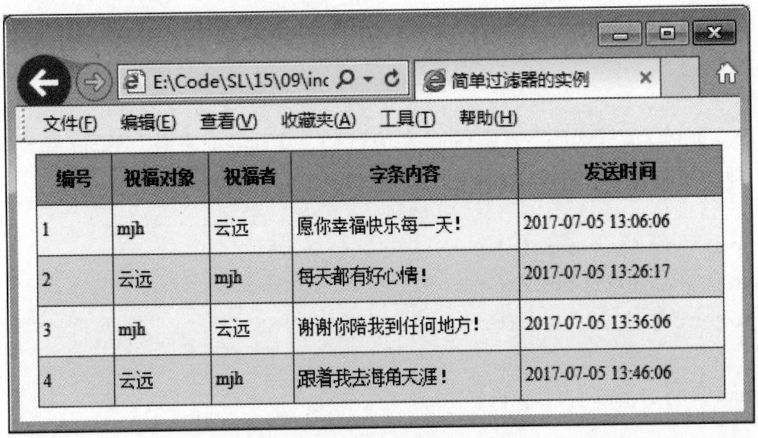
E:\Code\SL\15\09\inc
简单过滤器的实例
文件(F) 编辑(E) 查看(V) 收藏夹(A) 工具(T) 帮助(H)
编号 祝福对象 祝福者 字条内容 发送时间
1 mjh 云远 愿你幸福快乐每一天！ 2017-07-05 13:06:06
2 云远 mjh 每天都有好心情！ 2017-07-05 13:26:17
3 mjh 云远 谢谢你陪我到任何地方！ 2017-07-05 13:36:06
4 云远 mjh 跟着我去海角天涯！ 2017-07-05 13:46:06

图 19.16　带表头的双色表格

2．内容过滤选择器

内容过滤选择器就是通过 DOM 元素包含的文本内容以及是否含有匹配的元素进行筛选。内容过滤选择器包括 :contains(text)、:empty、:has(selector) 和 :parent 共 4 种，如表 19.2 所示。

表 19.2　jQuery 提供的内容过滤器

过滤器	说明	示例
:contains(text)	匹配包含给定文本的元素	$(“li:contains(‘DOM’)”); // 匹配含有“DOM”文本内容的 li 元素
:empty	匹配所有不包含子元素或者文本的空元素	$(“td:empty”); // 匹配不包含子元素或者文本的单元格
:has(selector)	匹配含有选择器所匹配元素的元素	$(“td:has(p)”); // 匹配含有 <p> 标签的单元格
:parent	匹配含有子元素或者文本的元素	$(“td:parent”); // 匹配含有子元素或者文本的单元格

实例 19-10 应用内容过滤选择器匹配空的单元格、不为空的单元格和包含指定文本的单元格。关键步骤如下。

（1）创建 index.html 文件，在该文件的 <head> 标签中应用下面的代码引入 jQuery 库。

```
<script type="text/javascript" src="JS/jquery-3.2.1.min.js"></script>
```

（2）在 <body> 标签中，添加一个 5 行 5 列的表格。关键代码如下：

```
<table width="98%" border="0" align="center" cellpadding="0" cellspacing="1"
bgcolor="#3F873B">
    <tr>
      <td width="11%" height="27"> 编号 </td>
      <td width="14%"> 祝福对象 </td>
      <td width="12%"> 祝福者 </td>
      <td width="33%"> 字条内容 </td>
      <td width="30%"> 发送时间 </td>
    </tr>
    ...              <!-- 此处省略了其他行的代码 -->
</table>
```

（3）在引入 jQuery 库的代码下方编写 jQuery 代码，实现匹配表格中不同的单元格，并分别为匹配到的单元格设置背景颜色、添加默认内容和设置文字颜色。具体代码如下：

```
<script type="text/javascript">
   $(document).ready(function(){
    $("td:parent").css("background-color","#E8F3D1");// 为不为空的单元格设置背景颜色
    $("td:empty").html(" 暂无内容 ");                  // 为空的单元格添加默认内容
```

```
    // 将含有文本 mjh 的单元格的文字颜色设置为红色
    $("td:contains('mjh')").css("color","red");
  });
</script>
```

运行代码，将显示如图 19.17 所示的页面。

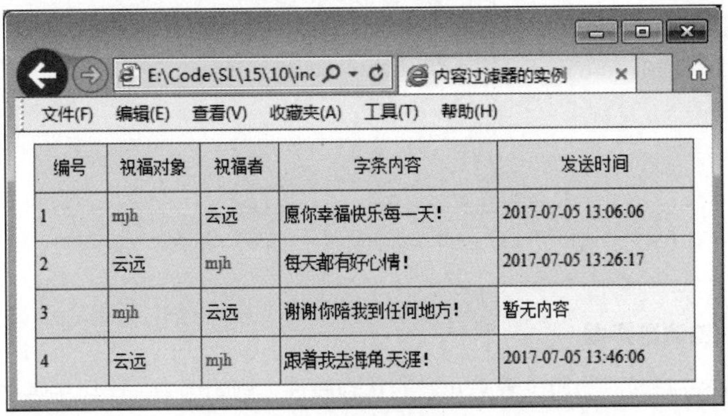
E:\Code\SL\15\10\inc
内容过滤器的实例
文件(F) 编辑(E) 查看(V) 收藏夹(A) 工具(T) 帮助(H)
编号 祝福对象 祝福者 字条内容 发送时间
1 mjh 云远 愿你幸福快乐每一天！ 2017-07-05 13:06:06
2 云远 mjh 每天都有好心情！ 2017-07-05 13:26:17
3 mjh 云远 谢谢你陪我到任何地方！ 暂无内容
4 云远 mjh 跟着我去海角天涯！ 2017-07-05 13:46:06

图 19.17　匹配表格中不同的单元格

3. 可见性过滤选择器

元素的可见状态有两种，分别是隐藏状态和显示状态。可见性过滤选择器就是利用元素的可见状态匹配元素。因此，可见性过滤选择器有两种，一种是匹配所有可见元素的 :visible 过滤选择器，另一种是匹配所有不可见元素的 :hidden 过滤选择器。

说明

在应用 :hidden 过滤选择器时，display 属性值是 none 以及 input 元素的 type 属性值为 hidden 的元素都会被匹配到。

例如，在页面中添加 3 个 input 元素，其中第 1 个为显示的文本框，第 2 个为不显示的文本框，第 3 个为隐藏域，代码如下：

```
<input type="text" value=" 显示的 input 元素 ">
<input type="text" value=" 不显示的 input 元素 " style="display:none">
<input type="hidden" value=" 我是隐藏域 ">
```

通过可见性过滤选择器获取页面中显示和隐藏的 input 元素的值，代码如下：

```
<script type="text/javascript">
    $(document).ready(function() {
        var visibleVal= $("input:visible").val();        // 获取显示的 input 元素的值
        var hiddenVal1 = $("input:hidden:eq(0)").val(); // 获取第一个隐藏的 input
元素的值
        var hiddenVal2 = $("input:hidden:eq(1)").val(); // 获取第二个隐藏的 input
元素的值
```

```
        alert(visibleVal+"\n"+hiddenVal1+"\n"+hiddenVal2);// 弹出获取的信息
    });
</script>
```

运行结果如图19.18所示。

图 19.18　弹出显示和隐藏的 input 元素的值

4. 表单对象的属性过滤选择器

表单对象的属性过滤选择器通过表单元素的状态属性（例如选中、不可用等状态）匹配元素，包括 :checked 过滤选择器、:disabled 过滤选择器、:enabled 过滤选择器和 :selected 过滤选择器 4 种，如表 19.3 所示。

表 19.3　jQuery 提供的表单对象的属性过滤选择器

过滤器	说明	示例
:checked	匹配所有被选中的元素	$(“input:checked”); // 匹配 checked 属性值为 checked 的 input 元素
:disabled	匹配所有不可用元素	$(“input:disabled”); // 匹配 disabled 属性值为 disabled 的 input 元素
:enabled	匹配所有可用的元素	$(“input:enabled “); // 匹配 enabled 属性值为 enabled 的 input 元素
:selected	匹配所有选中的 option 元素	$(“select option:selected”); // 匹配 select 元素中被选中的 option 元素

实例 19-11 利用表单对象的属性过滤选择器匹配表单中相应的元素，并对匹配到的元素执行不同的操作。关键步骤如下。

（1）创建 index.html 文件，在该文件的 <head> 标签中应用下面的代码引入 jQuery 库。

```
<script type="text/javascript" src="JS/jquery-3.2.1.min.js"></script>
```

（2）在 <body> 标签中，添加一个表单，并在该表单中添加 3 个复选框、一个不可用按钮和一个下拉菜单，其中，前两个复选框为选中状态。关键代码如下：

```
<form>
  复选框 1: <input type="checkbox" checked="checked" value=" 复选框 1"/>
  复选框 2: <input type="checkbox" checked="checked" value=" 复选框 2"/>
  复选框 3: <input type="checkbox" value=" 复选框 3"/><br/>
```

```
  不可用按钮：<input type="button" value=" 不可用按钮 " disabled><br/>
  下拉菜单：
  <select onchange="selectVal()">
    <option value=" 菜单项 1"> 菜单项 1</option>
    <option value=" 菜单项 2"> 菜单项 2</option>
    <option value=" 菜单项 3"> 菜单项 3</option>
  </select>
</form>
```

（3）在引入 jQuery 库的代码下方编写 jQuery 代码，实现匹配表单中被选中的 checkbox 元素、不可用元素和被选中的 option 元素。具体代码如下：

```
<script type="text/javascript">
    $(document).ready(function() {
       $("input:checked").css("display","none");    // 隐藏选中的复选框
       $("input:disabled").val(" 我是不可用的 ");     // 为灰色不可用按钮赋值
    });
    function selectVal(){                            // 下拉菜单变化时执行的函数
       alert($("select option:selected").val());    // 显示选中的值
    }
</script>
```

运行代码，选中下拉菜单中的“菜单项 3”，将弹出对话框，显示选中菜单项的值，如图 19.19 所示。在图 19.19 中，设置选中的两个复选框为隐藏状态，另外一个复选框没有被隐藏，不可用按钮的 value 值被修改为“我是不可用的”。

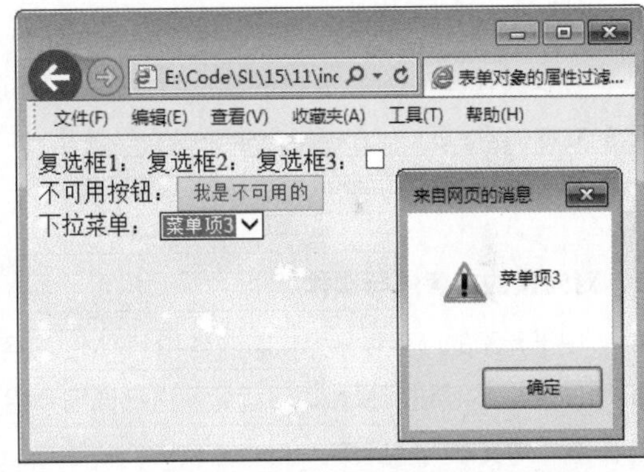

图 19.19　利用表单对象的属性过滤选择器匹配表单中相应的元素

5. 子元素过滤选择器

子元素过滤选择器就是筛选给定元素的子元素，具体的过滤条件由过滤选择器的种类而定。jQuery 提供的子元素过滤选择器如表 19.4 所示。

表 19.4　jQuery 提供的子元素过滤选择器

选择器	说明	示例
:first-child	匹配所有给定元素的第一个子元素	$(“ul li:first-child”); // 匹配 ul 元素中的第一个子元素 li
:last-child	匹配所有给定元素的最后一个子元素	$(“ul li:last-child”); // 匹配 ul 元素中的最后一个子元素 li
:only-child	匹配元素中唯一的子元素	$(“ul li:only-child”); // 匹配只含有一个 li 元素的 ul 元素中的 li 元素
:nth-child(index/even/odd/equation)	匹配其父元素下的第 *N* 个子元素或奇偶元素，index 从 1 开始，而不是从 0 开始	$(“ul li:nth-child(even)”); // 匹配 ul 元素中索引值为偶数的 li 元素

19.4 jQuery 控制页面

通过 jQuery 可以对页面元素进行操作，这些操作主要包括以下几个方面。

- 对元素的内容和值进行操作。
- 对页面中的 DOM 节点进行操作。
- 对页面元素的属性进行操作。
- 对元素的 CSS 样式进行操作。

19.4.1 对元素的内容和值进行操作

扫码看视频

jQuery 提供了对元素的内容和值进行操作的方法。其中，元素的值是元素的一种属性，大部分元素的值对应 value 属性。

元素的内容是指定义元素的开始标签和结束标签中间的内容，又可分为文本内容和 HTML 内容，下面通过一段代码来说明。

```
<div>
    <p> 测试内容 </p>
</div>
```

在这段代码中，div 元素的文本内容就是“测试内容”，文本内容不包含元素的子元素，只包含元素的文本内容；而“<p> 测试内容 </p>”就是 div 元素的 HTML 内容，HTML 内容不仅包含元素的文本内容，而且还包含元素的子元素。

1. 对元素的内容进行操作

由于元素的内容可分为文本内容和 HTML 内容，那么对元素的内容操作也可以分为对文本内容操作和对 HTML 内容进行操作。下面分别进行详细介绍。

- 对文本内容操作。

jQuery 提供了 text() 和 text(val) 两个方法来对文本内容进行操作，其中，text() 方法用于获取全部匹配元素的文本内容，text(val) 方法用于设置全部匹配元素的文本内容。例如，在一个 HTML 文件中，包括下面 3 行代码：

```
<div>
    <span id="clock"> 当前时间：2017-07-12 星期三 13:20:10</span>
</div>
```

要获取并输出 div 元素的文本内容，可以使用下面的代码：

```
alert($("div").text());        // 输出 div 元素的文本内容
```

得到的结果如图 19.20 所示。

图 19.20 获取 div 元素的文本内容

说明

text() 方法取得的结果是所有匹配元素包含的文本组合起来的文本内容，这种方法也对 XML 文档有效，可以用 text() 方法解析 XML 文档元素的文本内容。

要重新设置 div 元素的文本内容，可以使用下面的代码：

```
$("div").text(" 我是通过 text(val) 方法设置的文本内容 ");          // 重新设置 div 元素的文本内容
```

注意

使用 text(val) 方法重新设置 div 元素的文本内容后，div 元素原来的内容将被新设置的内容替换掉，包括 HTML 内容。

例如，对于下面的代码：

```
<div><span id="clock"> 当前时间：2017-07-12 星期三 13:20:10</span></div>
```

应用“$(“div”).text(“我是通过 text(val) 方法设置的文本内容”);”设置值后，该 <div> 标签的内容将变为：

```
<div> 我是通过 text(val) 方法设置的文本内容 </div>
```

- 对 HTML 内容操作。

jQuery 提供了 html() 和 html(val) 两种方法来对 HTML 内容进行操作，其中，html() 方法用于获取第一个匹配元素的 HTML 内容，html(val) 方法用于设置全部匹配元素的 HTML 内容。例如，在一个 HTML 文件中，包括下面 3 行代码：

```
<div>
    <span id="clock"> 当前时间：2017-07-12 星期三 13:20:10</span>
</div>
```

要获取并输出 div 元素的 HTML 内容，可以使用下面的代码：

```
alert($("div").html());     // 输出 div 元素的 HTML 内容
```

得到的结果如图 19.21 所示。

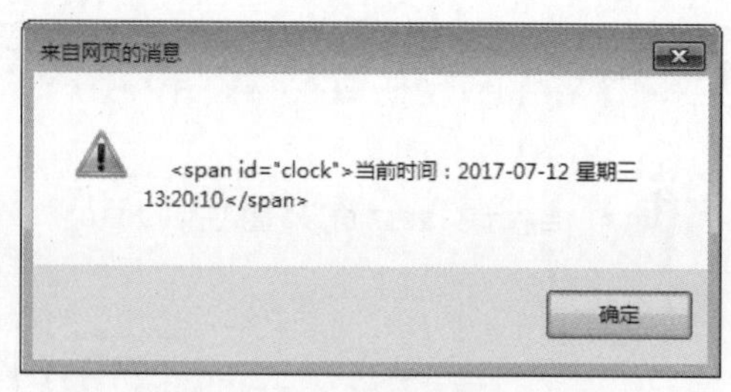

图 19.21 获取 div 元素的 HTML 内容

要重新设置 div 元素的 HTML 内容，可以使用下面的代码：

```
$("div").html("<span style='color:#FF0000'>我是通过 html(val) 方法设置的 HTML 内容</span>");// 重新设置 div 元素的 HTML 内容
```

注意

html() 方法与 html(val) 方法不能用于 XML 文档，但是可以用于 XHTML 文档。

下面通过一个具体的例子，说明对元素的文本内容与 HTML 内容进行操作的区别。

实例 19-12 对页面中元素的文本内容与 HTML 内容重新进行设置。具体步骤如下。

（1）创建 index.html 文件，在该文件的 <head> 标签中应用下面的代码引入 jQuery 库。

```
<script type="text/javascript" src="JS/jquery-3.2.1.min.js"></script>
```

（2）在 <body> 标签中，添加两个 <div> 标签，这两个 <div> 标签除了 id 属性值不同外，其他均相同。关键代码如下：

```
应用 text() 方法设置的内容
<div id="div1">
<span id="clock">默认显示的文本</span>
</div>
<br/>应用 html() 方法设置的内容
<div id="div2">
<span id="clock">默认显示的文本</span>
</div>
```

（3）在引入 jQuery 库的代码下方编写 jQuery 代码，实现为 <div> 标签重新设置文本内容和 HTML 内容。具体代码如下：

```
<script type="text/javascript">
    $(document).ready(function(){
        //为<div>标签重新设置文本内容
        $("#div1").text("<span style='color:#FF0000'>重新设置的文本内容</span>");
        //为<div>标签重新设置 HTML 内容
        $("#div2").html("<span style='color:#FF0000'>重新设置的 HTML 内容</span>");
    });
</script>
```

运行代码，将显示如图 19.22 所示的页面。在图 19.22 中可以看出，在应用 text() 方法设置文本内容时，即使内容中包含 HTML 代码，也将被认为是普通文本，并不能作为 HTML 代码被浏览器解析；而应用 html() 方法设置的 HTML 内容中包括的 HTML 代码就可以被浏览器解析。

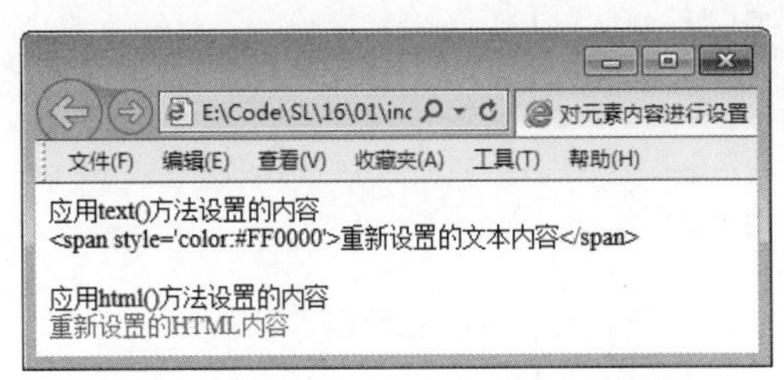

图 19.22　重新设置元素的文本内容与 HTML 内容

2．对元素的值进行操作

jQuery 提供了 4 个对元素的值进行操作的方法，如表 19.5 所示。

表 19.5　对元素的值操作的方法

方法	说明	示例
val()	用于获取第一个匹配元素的当前值，返回值可能是一个字符串，也可能是一个数组。例如，当 select 元素有两个选中值时，返回结果就是一个数组	$(“#username”).val();// 获取 id 属性值为 username 的元素的值
val(val)	用于设置所有匹配元素的值	$(“input:text”).val(“新值”); // 为全部文本框设置值
val(arrVal)	用于为 checkbox、select 和 radio 等元素设置值，参数为字符串数组	$(“select”).val([‘列表项1’,’列表项2’]); // 为下拉列表框设置多选值
:nth-child(index/even/odd/equation)	匹配其父元素下的第 N 个子元素或奇偶元素，index 从 1 开始，而不是从 0 开始	$(“ul li:nth-child(even)”); // 匹配 ul 中索引值为偶数的 li 元素

实例 19-13 将列表框中的第一个和第二个列表项设置为选中状态，并获取该多行列表框的值。具体步骤如下。

（1）创建 index.html 文件，在该文件的 <head> 标签中应用下面的代码引入 jQuery 库。

```
<script type="text/javascript" src="JS/jquery-3.2.1.min.js"></script>
```

（2）在 <body> 标签中，添加一个包含 3 个列表项的可多选的多行列表框，默认为后两项被选中。代码如下：

```
<select name="like" size="3" multiple="multiple" id="like">
  <option> 列表项 1</option>
  <option selected="selected"> 列表项 2</option>
  <option selected="selected"> 列表项 3</option>
</select>
```

（3）在引入 jQuery 库的代码下方编写 jQuery 代码，应用 jQuery 的 val(arrVal) 方法将其第一个和第二个列表项设置为选中状态，并应用 val() 方法获取该多行列表框的值。具体代码如下：

```
<script type="text/javascript">
    $(document).ready(function(){
        $("select").val(['列表项1','列表项2']);    //设置多行列表框的值
        alert($("select").val());                  //获取并输出多行列表框的值
    });
</script>
```

运行结果如图 19.23 所示。

图 19.23　获取多行列表框的值

19.4.2　对 DOM 节点进行操作

扫码看视频

了解 JavaScript 的读者应该知道，通过 JavaScript 可以实现对 DOM 节点的操作，例如查找节点、创建节点、插入节点、复制节点或者删除节点，不过比较复杂。jQuery 为了简化开发人员的工作，也提供了对 DOM 节点进行操作的方法，其中，查找节点可以通过 jQuery 提供的选择器实现。下面对节点的其他操作进行详细介绍。

1. 创建节点

创建节点包括两个步骤，一是创建新元素，二是将新元素插入文档中（父元素中）。例如，要在文档的 body 元素中创建一个新的段落节点，可以使用下面的代码：

```
<script type="text/javascript">
    $(document).ready(function(){
        //方法一
        var $p=$("<p></p>");
        $p.html("<span style='color:#FF0000'>方法一添加的内容</span>");
        $("body").append($p);
        //方法二
        var $txtP=$("<p><span style='color:#FF0000'>方法二添加的内容</
span></p>");
        $("body").append($txtP);
        //方法三
        $("body").append("<p><span style='color:#FF0000'>方法三添加的内容</
span></p>");
```

```
    });
</script>
```

说明

在创建节点时，浏览器会将所添加的内容视为HTML内容进行解释执行，无论是否是使用html(val)方法指定的HTML内容。上面所使用的3种方法都将在文档中添加一个颜色为红色的段落文本。

2. 插入节点

在创建节点时，应用了append()方法将定义的节点内容插入指定的元素。实际上，该方法是用于插入节点的方法。除了append()方法外，jQuery还提供了几种插入节点的方法。在jQuery中，插入节点可以分为在元素内部插入和在元素外部插入两种。下面分别进行介绍。

- 在元素内部插入。

在元素内部插入就是向一个元素中添加子元素和内容。jQuery提供了如表19.6所示的在元素内部插入的方法。

表19.6　在元素内部插入的方法

方法	说明	示例
append(content)	为所有匹配的元素的内部追加内容	$(“#B”).append(“<p>A</p>”); // 向id为B的元素中追加一个段落
appendTo(content)	将所有匹配元素添加到另一个元素的元素集合中	$(“#B”).appendTo(“#A”); // 将id为B的元素添加到id为A的元素的后面
prepend(content)	为所有匹配的元素的内部前置内容	$(“#B”).prepend(“<p>A</p>”); // 向id为B的元素内容前添加一个段落
prependTo(content)	将所有匹配元素前置到另一个元素的元素集合中	$(“#B”).prependTo(“#A”); // 将id为B的元素添加到id为A的元素的前面

从表19.6中可以看出append()方法与prepend()方法类似，所不同的是prepend()方法将添加的内容插入原有内容的前面。

appendTo()方法实际上是颠倒了的append()方法，例如下面这行代码：

```
$("<p>A</p>").appendTo("#B");          //将指定内容追加到id为B的元素中
```

其等同于：

```
$("#B").append("<p>A</p>");          //向id为B的元素中追加指定内容
```

说明

prepend()方法是向所有匹配元素内部的开始处插入内容的最佳方法。prepend()方法与prependTo()的区别同append()方法与appendTo()方法的区别。

● 在元素外部插入。

在元素外部插入就是将要添加的内容添加到元素之前或元素之后。jQuery 提供了如表 19.7 所示的在元素外部插入的方法。

表 19.7　在元素外部插入的方法

方法	说明	示例
after(content)	在每个匹配的元素之后插入内容	$(“#B”).after(“<p>A</p>”); // 向 id 为 B 的元素的后面添加一个段落
insertAfter(content)	将所有匹配的元素插入另一个指定元素的元素集合的后面	$(“<p>test</p>”).insertAfter(“#B”); // 将要添加的段落插入 id 为 B 的元素的后面
before(content)	在每个匹配的元素之前插入内容	$(“#B”).before(“<p>A</p>”); // 向 id 为 B 的元素前添加一个段落
insertBefore(content)	将所有匹配的元素插入另一个指定元素的元素集合的前面	$(“#B”).insertBefore(“#A”); // 将 id 为 B 的元素添加到 id 为 A 的元素的前面

3. 删除、复制与替换节点

在页面上只执行插入和移动元素的操作是远远不够的，在实际开发的过程中还经常需要删除、复制和替换相应的元素。下面将介绍如何应用 jQuery 实现删除、复制和替换节点。

● 删除节点。

jQuery 提供了两种删除节点的方法，分别是 empty() 方法和 remove 方法。其中，empty() 方法用于删除匹配的元素集合中所有的子节点，并不删除该元素；remove 方法用于从 DOM 中删除所有匹配的元素。例如，在文档中存在下面的内容：

```
div1:
<div id="div1" style="border: 1px solid #0000FF; height: 26px">
  <span> 谁言寸草心，报得三春晖 </span>
</div>
div2:
<div id="div2" style="border: 1px solid #0000FF; height: 26px">
  <span> 谁言寸草心，报得三春晖 </span>
</div>
```

执行下面的 jQuery 代码后，将得到如图 19.24 所示的运行结果。

```
<script type="text/javascript">
     $(document).ready(function(){
          $("#div1").empty();        // 调用 empty() 方法删除 div1 中的所有子节点
          $("#div2").remove();       // 调用 remove() 方法删除 id 为 div2 的元素
     });
</script>
```

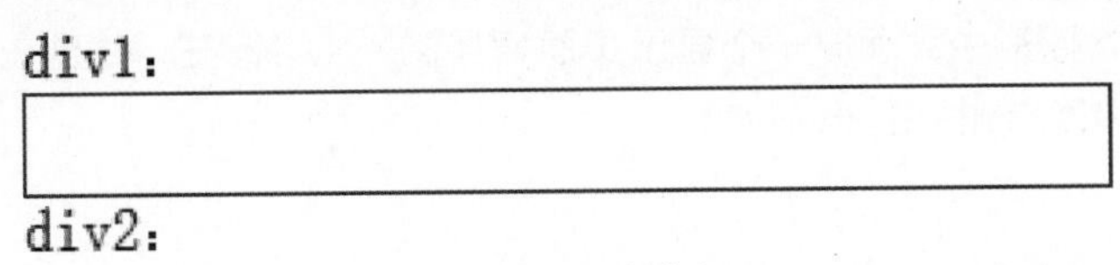

图 19.24 删除节点

- 复制节点。

jQuery 提供了 clone() 方法来复制节点，该方法有两种形式：一种是不带参数的形式，用于复制匹配的 DOM 元素并且选中这些复制的副本；另一种是带有一个布尔型的参数的形式，当参数为 true 时，表示复制匹配的元素及其所有的事件处理并且选中这些复制的副本，当参数为 false 时，表示不复制元素的事件处理。

例如，在页面中添加一个按钮，并为该按钮绑定单击事件，在单击事件中复制该按钮，但不复制它的事件处理，可以使用下面的 jQuery 代码：

```
<script type="text/javascript">
    $(function(){
        $("input").bind("click",function() {      // 为按钮绑定单击事件
            $(this).clone().insertAfter(this);    // 复制按钮但不复制事件处理
        });
    });
</script>
```

运行上面的代码，当单击页面上的按钮时，会在该元素之后插入复制后的元素副本，但是复制的按钮没有复制事件处理，如果需要同时复制元素的事件处理，可用 clone(true) 方法代替。

- 替换节点。

jQuery 提供了两种替换节点的方法，分别是 replaceAll(selector) 方法和 replaceWith(content) 方法。其中，replaceAll(selector) 方法用于使用匹配的元素替换掉所有 selector 匹配到的元素，replaceWith(content) 方法用于将所有匹配的元素替换成指定的 HTML 元素或 DOM 元素。这两种方法的功能相同，只是两者的表现形式不同。

例如，使用 replaceWith() 方法替换页面中 id 为 div1 的 div 元素，以及使用 replaceAll(selector) 方法替换 id 为 div2 的 div 元素，可以使用下面的代码：

```
<script type="text/javascript">
    $(document).ready(function() {
        // 替换 id 为 div1 的 div 元素
        $("#div1").replaceWith("<div>replaceWith() 方法的替换结果 </div>");
        // 替换 id 为 div2 的 div 元素
        $("<div>replaceAll() 方法的替换结果 </div>").replaceAll("#div2");
    });
</script>
```

实例 19-14 应用 jQuery 提供的对 DOM 节点进行操作的方法实现“我的开心小农场”。具体步骤如下。

（1）创建 index.html 文件，在该文件的 <head> 标签中应用下面的代码引入 jQuery 库。

```
<script type="text/javascript" src="JS/jquery-3.2.1.min.js"></script>
```

（2）在 <body> 标签中，添加一个显示页面背景的 <div> 标签，并且在该标签中添加 4 个 <span> 标签，用于设置控制按钮。代码如下：

```
<div id="bg">
    <span id="seed"></span>
    <span id="grow"></span>
    <span id="bloom"></span>
    <span id="fruit"></span>
</div>
```

（3）编写 CSS 代码，控制页面背景、控制按钮和图片的样式。具体代码如下：

```
<style type="text/css">
    #bg{            /* 控制页面背景 */
        width:456px;
        height:266px;
        background-image:url(images/plowland.jpg);
        border:#999 1px solid;
        padding:5px;
    }
    img{            /* 控制图片 */
        position:absolute;
        top:85px;
        left:195px;
    }
    #seed{          /* 控制"播种"按钮 */
        background-image:url(images/btn_seed.png);
        width:56px;
        height:56px;
        position:absolute;
        top:229px;
        left:49px;
        cursor:pointer;
    }
    #grow{          /* 控制"生长"按钮 */
        background-image:url(images/btn_grow.png);
        width:56px;
        height:56px;
        position:absolute;
        top:229px;
        left:154px;
        cursor:pointer;
    }
    #bloom{             /* 控制"开花"按钮 */
        background-image:url(images/btn_bloom.png);
```

```
        width:56px;
    height:56px;
    position:absolute;
    top:229px;
    left:259px;
    cursor:pointer;
    }
    #fruit{            /* 控制“结果”按钮 */
        background-image:url(images/btn_fruit.png);
        width:56px;
        height:56px;
        position:absolute;
        top:229px;
        left:368px;
        cursor:pointer;
    }
</style>
```

（4）编写 jQuery 代码，分别为“播种”“生长”“开花”和“结果”按钮绑定单击事件，并在这些单击事件中应用操作 DOM 节点的方法控制农作物的生长。具体代码如下：

```
<script type="text/javascript">
    $(document).ready(function(){
        $("#seed").bind("click",function(){          // 绑定“播种”按钮的单击事件
            $("img").remove();                        // 移除 img 元素
            $("#bg").prepend("<imgsrc='images/seed.png' />");
        });
        $("#grow").bind("click",function(){          // 绑定生长按钮的单击事件
            $("img").remove();                        // 移除 img 元素
            $("#bg").append("<imgsrc='images/grow.png' />");
        });
        $("#bloom").bind("click",function(){         // 绑定“开花”按钮的单击事件
        $("img").replaceWith("<imgsrc='images/bloom.png' />");
        });
        $("#fruit").bind("click",function(){         // 绑定“结果”按钮的单击事件
            $("<imgsrc='images/fruit.png' />").replaceAll("img");
        });
    });
</script>
```

运行代码，单击“播种”按钮，将得到如图 19.25 所示的效果；单击“生长”按钮，将得到如图 19.26 所示的效果；单击“开花”按钮，将得到如图 19.27 所示的效果；单击“结果”按钮，将显示一株结满果实的草莓秧，效果如图 19.28 所示。

图 19.25 单击“播种”按钮的效果

图 19.26 单击“生长”按钮的效果

图 19.27 单击“开花”按钮的效果

图 19.28 单击“结果”按钮的效果

19.4.3 对元素属性进行操作

扫码看视频

jQuery 提供了如表 19.8 所示的对元素属性进行操作的方法。

表 19.8 对元素属性进行操作的方法

方法	说明	示例
attr(name)	获取匹配的第一个元素的属性值（无值时返回 undefined）	$(“img”).attr(‘src’); // 获取页面中第一个 img 元素的 src 属性的值
attr(key,value)	为所有匹配的元素设置一个属性值（value 是设置的值）	$(“img”).attr(“title”,” 草莓正在生长”); // 为图片添加一 title 属性，属性值为“草莓正在生长”

attr(key,fn)	为所有匹配的元素设置一个函数返回值的属性值（fn 代表函数）	$(“#fn”).attr(“value”, function() {
		return this.name; // 将元素的名称作为其 value 属性值
		});

attr(properties)	为所有匹配的元素以集合（{ 名 : 值，名 : 值 }）形式同时设置多个属性	$(“img”).attr({src:” test.gif”,title:” 图片示例”});// 为图片同时添加两个属性，分别是 src 和 title
removeAttr(name)	为所有匹配的元素删除一个属性	$(“img”).removeAttr(“title”); // 移除所有图片的 title 属性

在表 19.8 所列的这些方法中，key 和 name 都代表元素的属性名称，properties 代表一个集合。

19.4.4 对元素的 CSS 样式进行操作

扫码看视频

在 jQuery 中，对元素的 CSS 样式进行操作可以通过修改 CSS 类或者 CSS 的属性来实现，下面进行详细介绍。

1. 通过修改 CSS 类实现

在网页中，如果想改变一个元素的整体效果（例如，在实现网站换肤时），可以通过修改该元素所使用的 CSS 类来实现。在 jQuery 中，提供了如表 19.9 所示的几种修改 CSS 类的方法。

表 19.9　修改 CSS 类的方法

方法	说明	示例
addClass(class)	为所有匹配的元素添加指定的 CSS 类	$(“div”).addClass(“blue line”); // 为全部 div 元素添加 blue 和 line 两个 CSS 类
removeClass(class)	从所有匹配的元素中删除全部或者指定的 CSS 类	$(“div”).removeClass(“line”); // 删除全部 div 元素中名称为 line 的 CSS 类
toggleClass(class)	如果存在（不存在）就删除（添加）一个 CSS 类	$(“div”).toggleClass(“yellow”); // 当 div 元素中存在名称为 yellow 的 CSS 类时，则删除该类，否则添加该类

toggleClass(class,switch)	如果 switch 参数为 true 则添加对应的 CSS 类，否则删除对应的 CSS 类。通常 switch 参数为一个布尔型的变量	$(“img”).toggleClass(“show”,true); // 为 img 元素添加 CSS 类 show
		$(“img”).toggleClass(“show”,false); // 为 img 元素删除 CSS 类 show

说明

在使用 addClass() 方法添加 CSS 类时，并不会删除现有的 CSS 类。同时，在使用表 19.9 所列的方法时，其 class 参数都可以设置多个类名，类名与类名之间用空格分隔。

2. 通过修改 CSS 属性实现

如果需要获取或修改某个元素的具体样式（修改元素的 style 属性），jQuery 也提供了相应的方法，如表 19.10 所示。

表 19.10　修改 CSS 属性的方法

方法	说明	示例
css(name)	获取第一个匹配元素的样式属性	$(“div”).css(“color”);// 获取第一个匹配的 div 元素的 color 属性值
css(name,value)	为所有匹配元素的指定样式设置值	$(“img”).css(“border”,” 1px solid #000000”); // 为全部 img 元素设置边框样式
css(properties)	以 { 属性 : 值 , 属性 : 值 ,...} 的形式为所有匹配的元素设置样式属性	$(“tr”).css({ “background-color”:” #0A65F3”,// 设置背景颜色 “font-size”:” 14px”, // 设置字体大小 “color”:” #FFFFFF” // 设置字体颜色 });

说明

在使用 css() 方法设置属性时，该方法既可以解释连字符形式的 CSS 表示法（如 background-color），也可以解释大小写形式的 DOM 表示法（如 backgroundColor）。

19.5 jQuery 的事件处理

人们常说“事件是脚本语言的灵魂”，事件使页面具有了动态性和响应性，如果没有事件将很难完成页面与用户之间的交互。下面介绍 jQuery 的事件处理。

19.5.1 页面加载响应事件

页面加载响应事件是常用的事件之一，用于实现当页面加载完成时，执行特定的方法。而使用页面加载响应事件，需要使用 $(document).ready() 方法。

扫码看视频

$(document).ready() 方法是事件模块中最重要的一个方法，它极大地提高了 Web 响应速度。$(document) 用于获取整个文档对象。从这种方法的名称来理解，它的意思就是在文档就绪的时候执行。该方法的语法如下：

```
$(document).ready(function(){
    //在这里写代码
});
```

可以简写成：

```
$().ready(function(){
    //在这里写代码
});
```

当 $() 不带参数时，默认的参数就是 document，所以 $() 是 $(document) 的简写形式。

$(document) 还可以进一步简写成：

```
$(function(){
    //在这里写代码
});
```

虽然这样语法的内容可以更少一些，但是不提倡使用简写的形式，因为较长的代码更具可读性，也可以防止与其他方法混淆。

19.5.2 jQuery 中的事件

只有页面加载显然是不够的，程序在其他的时候也需要完成某个任务。比如单击（onclick）事件、敲击键盘（onkeypress）事件以及失去焦点（onblur）事件等。在不同的浏览器中事件名称是不同的，例如在 IE 中的事件名称大部分都含有 on，如 onkeypress() 事件，但是在 Firefox 浏览器中却没有这个事件名称，而 jQuery 统一了所有事件的名称。jQuery 中的事件如表 19.11 所示。

扫码看视频

表 19.11 jQuery 中的事件

事件	说明
blur()	触发元素的 blur 事件
blur(fn)	在每一个匹配元素的 blur 事件中绑定一个处理函数，在元素失去焦点时触发
change()	触发元素的 change 事件
change(fn)	在每一个匹配元素的 change 事件中绑定一个处理函数，在元素的值改变并失去焦点时触发
click()	触发元素的 click 事件
click(fn)	在每一个匹配元素的 click 事件中绑定一个处理函数，在元素上单击时触发
dblclick()	触发元素的 dblclick 事件
dblclick(fn)	在每一个匹配元素的 dblclick 事件中绑定一个处理函数，在元素上双击时触发
error()	触发元素的 error 事件
error(fn)	在每一个匹配元素的 error 事件中绑定一个处理函数，当 JavaScript 发生错误时触发
focus()	触发元素的 focus 事件
focus(fn)	在每一个匹配元素的 focus 事件中绑定一个处理函数，当匹配的元素获得焦点时触发
keydown()	触发元素的 keydown 事件
keydown(fn)	在每一个匹配元素的 keydown 事件中绑定一个处理函数，当键盘上的某个键被按下时触发
keyup()	触发元素的 keyup 事件
keyup(fn)	在每一个匹配元素的 keyup 事件中绑定一个处理函数，在按键释放时触发
keypress()	触发元素的 keypress 事件
keypress(fn)	在每一个匹配元素的 keypress 事件中绑定一个处理函数，按下并释放按键时触发
load(fn)	在每一个匹配元素的 load 事件中绑定一个处理函数，匹配的元素内容完全加载完毕后触发
mousedown(fn)	在每一个匹配元素的 mousedown 事件中绑定一个处理函数，在元素上按下鼠标时触发
mousemove(fn)	在每一个匹配元素的 mousemove 事件中绑定一个处理函数，鼠标指针在元素上移动时触发
mouseout(fn)	在每一个匹配元素的 mouseout 事件中绑定一个处理函数，鼠标指针从元素上离开时触发
mouseover(fn)	在每一个匹配元素的 mouseover 事件中绑定一个处理函数，鼠标指针移入元素时触发
mouseup(fn)	在每一个匹配元素的 mouseup 事件中绑定一个处理函数，在元素上按下鼠标并松开时触发
resize(fn)	在每一个匹配元素的 resize 事件中绑定一个处理函数，当文档窗口大小改变时触发
scroll(fn)	在每一个匹配元素的 scroll 事件中绑定一个处理函数，当滚动条发生变化时触发
select()	触发元素的 select 事件
select(fn)	在每一个匹配元素的 select 事件中绑定一个处理函数，在元素上选中某段文本时触发
submit()	触发元素的 submit 事件
submit(fn)	在每一个匹配元素的 submit 事件中绑定一个处理函数，在提交表单时触发
unload(fn)	在每一个匹配元素的 unload 事件中绑定一个处理函数，在卸载元素时触发

这些都是对应的 jQuery 事件，和传统的 JavaScript 中的事件几乎相同，只是名称不同。方法中的 fn 参数表示一个函数，事件处理程序就写在这个函数中。

19.5.3 事件绑定

扫码看视频

在页面加载完毕时，我们可以通过为元素绑定事件完成相应的操作。在 jQuery 中，事件绑定通常可以分为为元素绑定事件、为元素移除绑定事件和为元素绑定一次性事件处理 3 种情况，下面分别进行介绍。

1. 为元素绑定事件

在 jQuery 中，为元素绑定事件可以使用 bind() 方法，该方法的语法如下：

```
bind(type,[data],fn)
```

- type：用于指定事件类型，就是表 19.11 中所列的事件。
- data：可选参数，作为 event.data 属性值传递给事件对象的额外数据对象。大多数情况下不使用该参数。
- fn：用于指定绑定的事件处理程序。

例如，为普通按钮绑定一个单击事件，在单击该按钮时弹出一个对话框，可以使用下面的代码：

```
$("input:button").bind("click",function(){alert('您单击了按钮');});//为普通按钮绑定单击事件
```

2. 为元素移除绑定事件

在 jQuery 中，为元素移除绑定事件可以使用 unbind() 方法，该方法的语法如下：

```
unbind([type],[data])
```

- type：可选参数，用于指定事件类型。
- data：可选参数，用于指定要从每个匹配元素的事件中反绑定的事件处理函数。

> 说明
>
> 在 unbind() 方法中，两个参数都是可选的，如果不填参数，将会删除匹配元素上所有绑定的事件。

例如，要移除为普通按钮绑定的单击事件，可以使用下面的代码：

```
$("input:button").unbind("click");//移除为普通按钮绑定的单击事件
```

3. 为元素绑定一次性事件处理

在 jQuery 中，为元素绑定一次性事件处理可以使用 one() 方法，该方法的语法如下：

```
one(type,[data],fn)
```

- type：用于指定事件类型。

- data：可选参数，作为 event.data 属性值传递给事件对象的额外数据对象。
- fn：用于指定绑定到每个匹配元素的事件上面的处理函数。

例如，要实现只有当用户第一次单击匹配的 div 元素时，才弹出对话框并在对话框中显示 div 元素的内容，可以使用下面的代码：

```
$("div").one("click", function(){
    alert($(this).text());          //在弹出的对话框中显示 div 元素的内容
});
```

19.6　上机实战

（1）通过类名选择器获取注册表单中的“用户昵称”文本框，并设置该文本框的 CSS 样式，运行结果如图 19.29 所示。

（2）为表格添加“隔行换色”并且鼠标指针指向行变色的功能，运行结果如图 19.30 所示。

（3）模拟点歌系统的歌曲置顶和删除的功能，单击歌曲名称右侧的“置顶”按钮置顶该歌曲，单击歌曲名称右侧的“删除”按钮删除该歌曲，运行结果如图 19.31 所示。

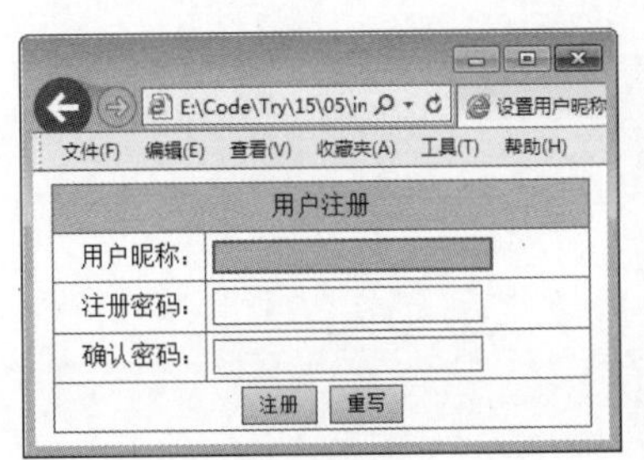

图 19.29　设置“用户昵称”文本框的 CSS 样式

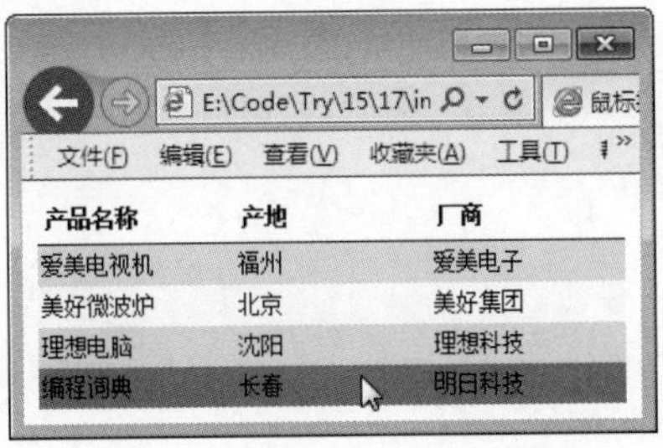

图 19.30　“隔行换色”和鼠标指针指向行变色

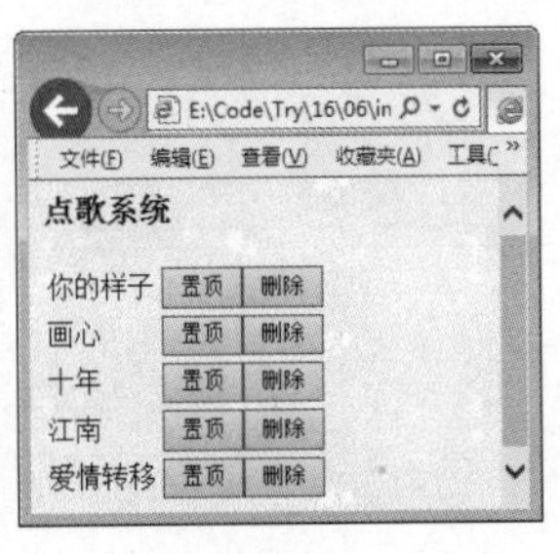

图 19.31　歌曲置顶和删除

（4）在页面中输出一首古诗，除了标题之外，为所有诗句设置相同的字体，运行结果如图 19.32 所示。

（5）在用户注册表单中，为紧跟在“注册”按钮后面的“重置”按钮绑定单击事件，当单击该按钮时弹出确认对话框询问用户是否重置表单，运行结果如图 19.33 所示。

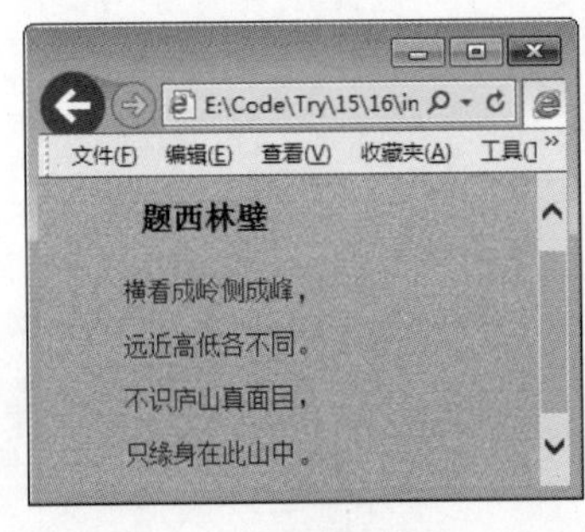

图 19.32　为所有诗句设置相同的字体

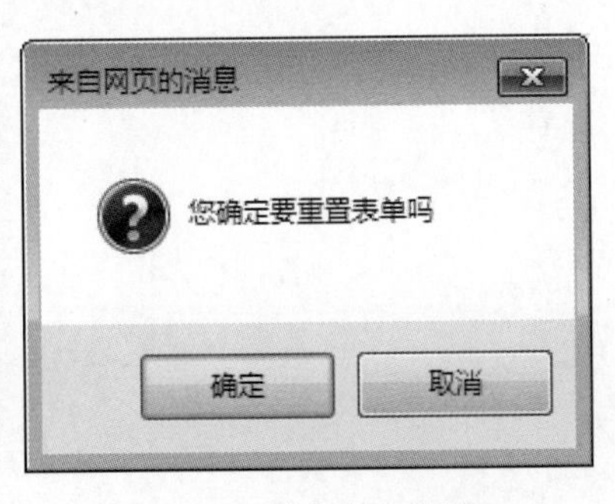

图 19.33　弹出确认对话框

第 4 部分　项目实战

51 购商城

视频教学：65 分钟

网上购物已经不再是什么新鲜事物，当今无论是企业还是个人，都可以很方便地在网上交易商品。比如在淘宝上开网店、在微信上开微店等。本章将讲解一个综合的电子商城项目——51 购商城。

20.1　项目的设计思路

良好的项目设计，是一个优秀网页项目成功的前提条件。对于项目的设计思路，我们将从项目概述、页面预览、功能结构和文件夹组织结构 4 个方面进行说明。

20.1.1　项目概述

扫码看视频

51 购商城，从整体设计上看，具有通用电子商城的购物功能，比如商品推荐、商品详情展示、购物车等功能。网站的功能具体划分如下。

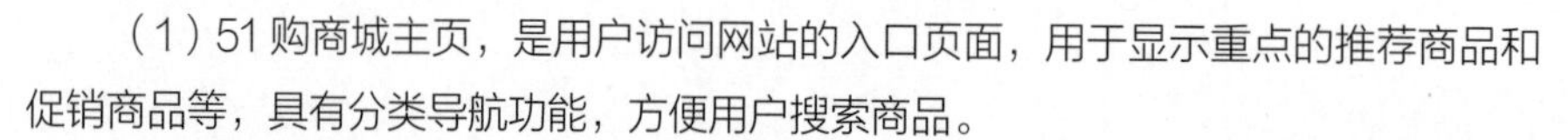

（1）51 购商城主页，是用户访问网站的入口页面，用于显示重点的推荐商品和促销商品等，具有分类导航功能，方便用户搜索商品。

（2）商品列表页面，根据某种分类商品，比如手机类商品，将商城所有的手机以列表的方式展示。按照商品的某种属性特征，比如手机内存或手机颜色等，用户可以进一步检索感兴趣的手机信息。

（3）商品详情页面，全面、详细地展示具体某一种商品的信息，包括商品本身的介绍，比如商品生产场地等；购买商品后的评价；相似商品的推荐等内容。

（4）购物车页面，对某种商品产生消费意愿后，用户可以将商品添加到购物车页面。购物车页面详细记录了已添加商品的价格和数量等内容。

（5）付款页面，模拟真实付款流程，包含用户常用收货地址、支付方式和物流方式等内容。

（6）登录和注册页面，含有用户登录或注册，表单信息提交的验证，比如账户密码不能为空、数字验证和邮箱验证等。

20.1.2 页面预览

扫码看视频

51 购商城的主页如图 20.1 所示，包括 PC 端和手机端。用户可以在 PC 端浏览商品分类信息、选择商品和搜索商品等，也可以在手机端浏览和查询商品信息。

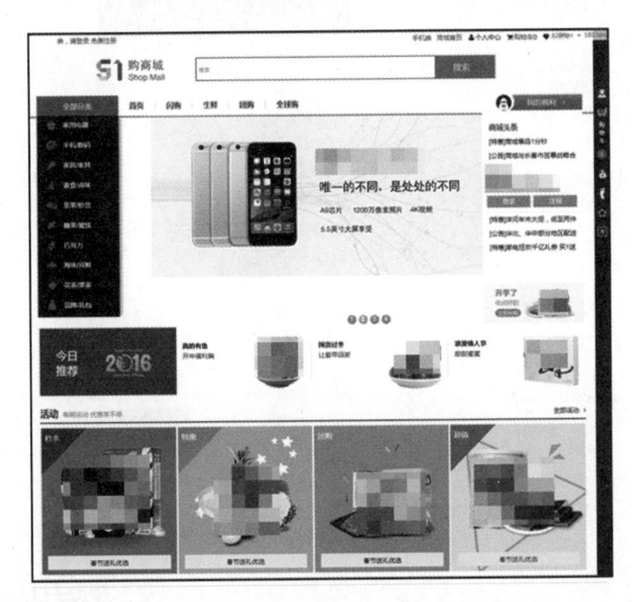

图 20.1　51 购商城主页（PC 端和手机端）

在商品列表页面，展示同类别商品信息，如图 20.2 所示。根据商品的具体属性特征，如手机内存、屏幕尺寸和颜色等，可对手机商品细分搜索。支持手机端，方便手持设备用户浏览和查询。

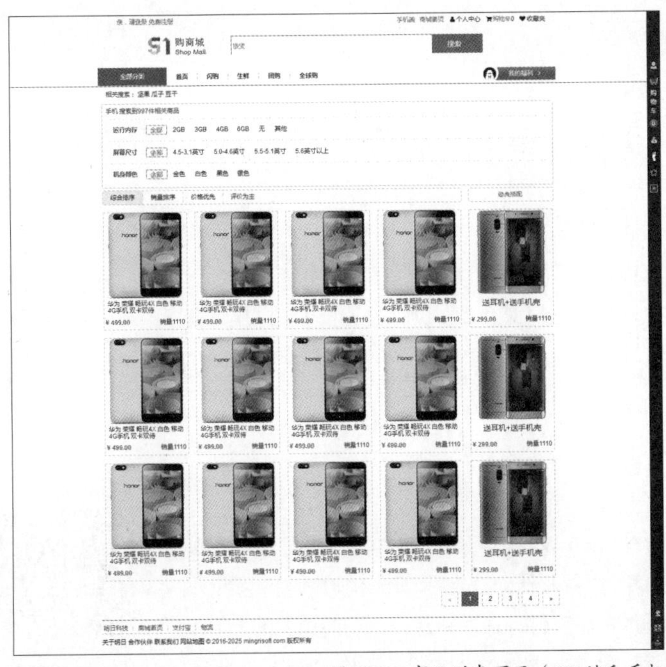

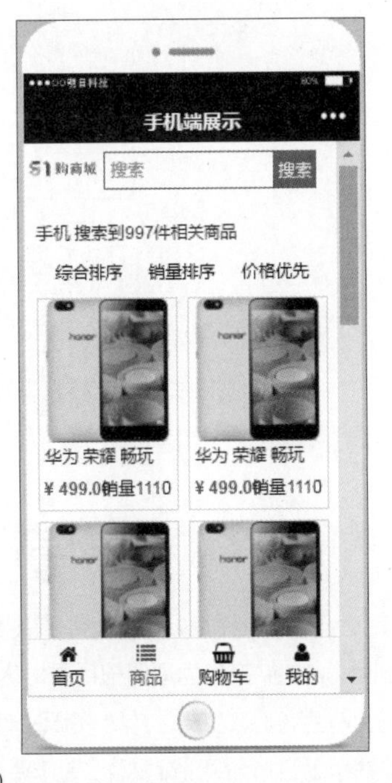

图 20.2　商品列表页面（PC 端和手机端）

用户将商品加入购物车后，在购物车页面选中商品，单击“立即付款”按钮，进入付款页面，如图 20.3 所示。付款页面包含收货地址、物流方式和支付方式等内容，符合通用电商网站的付款流程。同时也支持手机端的付款。

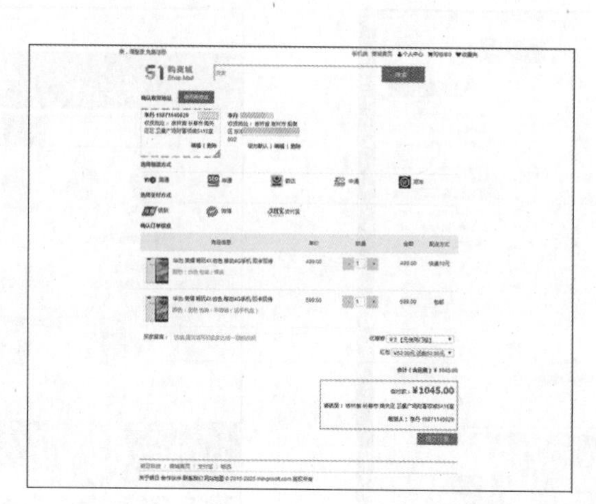
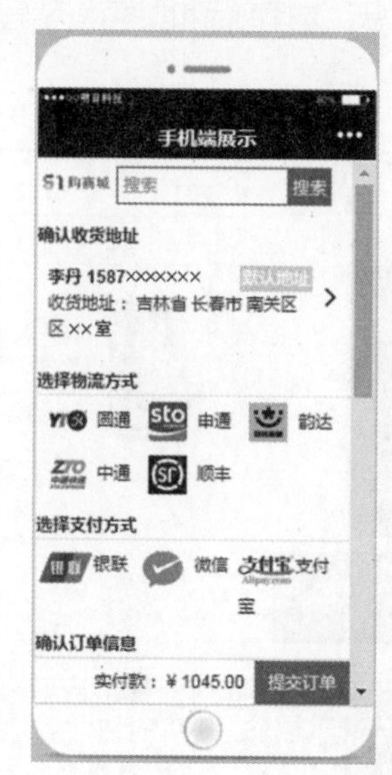

图 20.3　付款页面（PC 端和手机端）

20.1.3　功能结构

扫码看视频

51 购商城从功能上划分，由主页、商品、购物车、付款、登录和注册 6 个功能组成。其中，登录和注册的页面布局基本相似，可以当作一个功能。51 购商城的功能结构如图 20.4 所示。

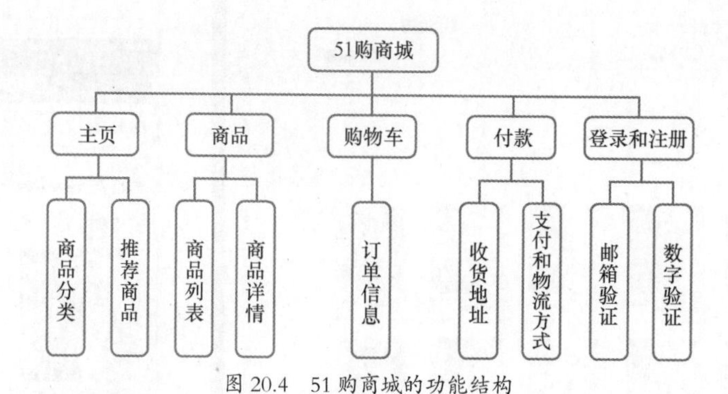

图 20.4　51 购商城的功能结构

20.1.4　文件夹组织结构

扫码看视频

设计规范、合理的文件夹组织结构，可以方便日后的维护和管理。首先新建 51shop 文件夹作为项目根目录；然后新建 css 文件夹、fonts 文件夹和 images 文件夹，分别保存 CSS 文件、字体资源文件和图片资源文件；最后新建各个功能页面的 HTML 文件，比如 login.html 文件，表示登录页面。51 购商城的文件夹组织结构如图 20.5 所示。

```
51shop ------------------------ 项目根目录
├─ css ------------------------- 保存网站CSS文件
├─ fonts ----------------------- 保存网站字体资源文件
├─ images ---------------------- 保存网站图片资源文件
├─ index.html ------------------ 网站主页
├─ login.html ------------------ 登录页面
├─ mobile.html ----------------- 移动端主页
├─ pay.html -------------------- 付款页面
├─ register.html --------------- 注册页面
├─ shopCart.html --------------- 购物车页面
├─ shopInfo.html --------------- 商品详情页面
└─ shopList.html --------------- 商品列表页面
```

图 20.5　51 购商城的文件夹组织结构

> **说明**
>
> 在本项目中，JavaScript 代码都以页面内嵌入的方式编写，因此没有新建 js 文件夹。

20.2　主页的设计与实现

主页是一个网站的“脸面”。打开一个网站，首先看到的就是主页。所以，主页的设计与实现，对于一个网站的成功与否至关重要。下面将对主页的设计、顶部区和底部区功能的实现、商品分类导航功能的实现、轮播图功能的实现、商品推荐功能的实现和适配手机端的实现分别进行详细讲解。

20.2.1　主页的设计

扫码看视频

在越来越重视用户体验的今天，主页的设计非常重要和关键。视觉效果优秀的页面和个性化的使用体验，会让用户印象深刻。因此，51 购商城的主页特别设计了推荐商品和促销活动两个功能，为用户推荐新的、好的商品和活动。51 购商城的主页如图 20.6 和图 20.7 所示。

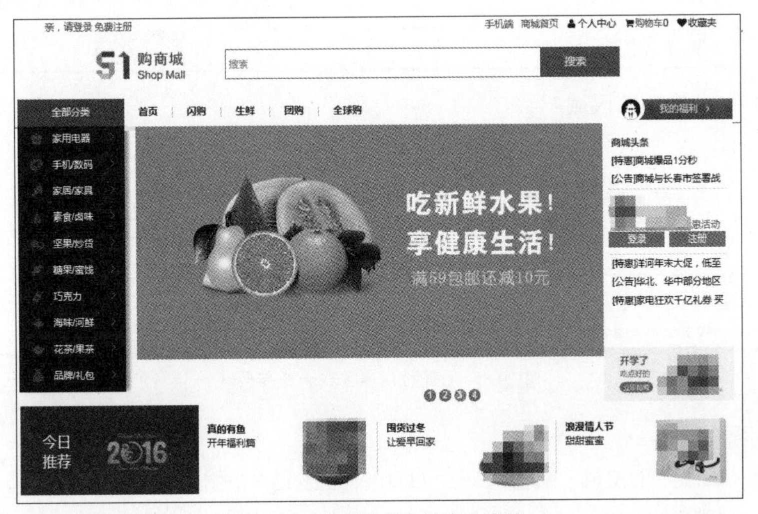

图 20.6　主页的顶部区域效果图

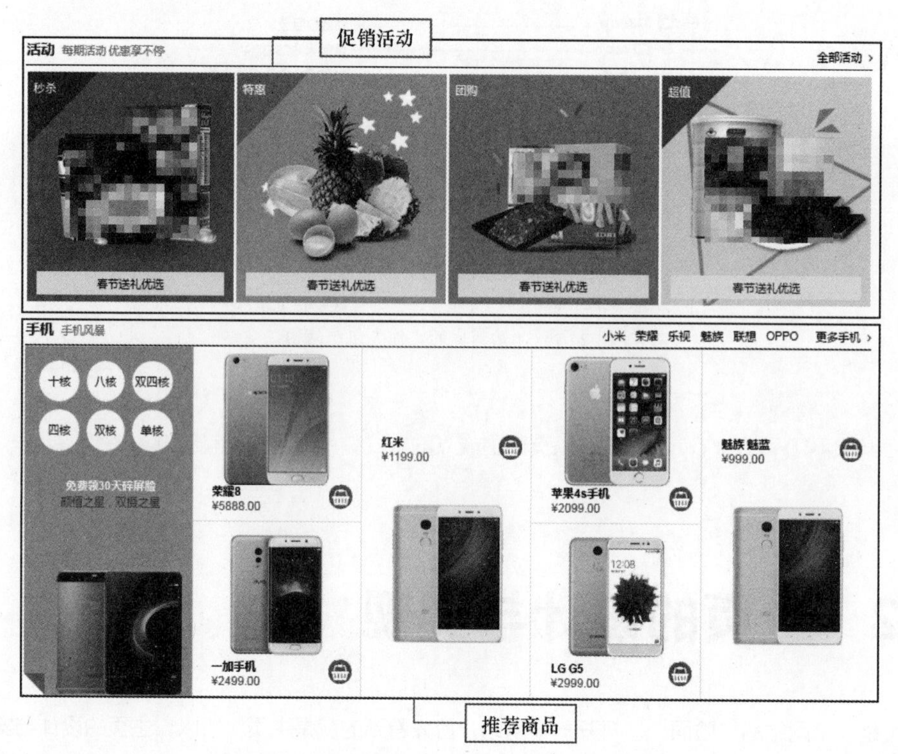

图 20.7 主页的促销活动区域和推荐商品区域效果图

20.2.2 顶部区域和底部区域功能的实现

根据由简到繁的原则，首先实现网站顶部区域和底部区域的功能。顶部区域主要由网站的 Logo、搜索文本框和导航菜单（登录、注册、手机端和商城首页等链接）组成，方便用户跳转到其他页面。底部区域由制作公司和导航栏组成，可以通过导航栏链接到技术支持的官网。页面效果如图 20.8 所示。

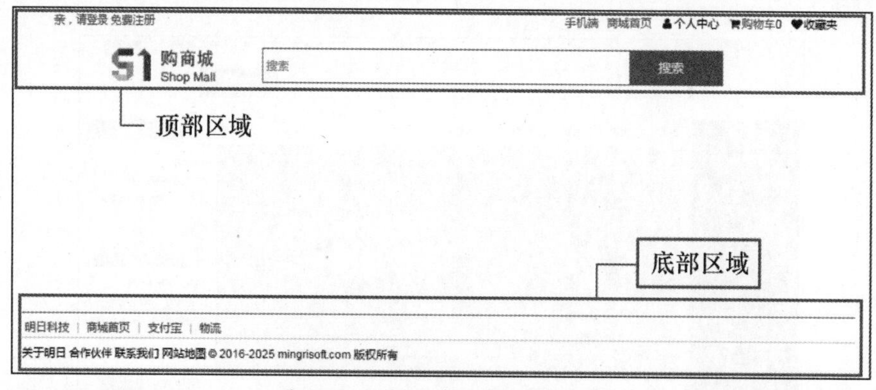

图 20.8 主页的顶部区域和底部区域

具体实现步骤如下。

（1）新建一个 HTML 文件，命名为 index.html。在该文件中引入 basie.css 文件、admin.css 文件、demo.css 文件和 hmstyle.css 文件，构建页面整体布局。关键代码如下：

```
<!DOCTYPE html>
<head>
    <meta http-equiv="Content-Type" content="text/html; charset=utf-8"/>
    <meta name="viewport" content="width=device-width, initial-scale=1.0,
      minimum-scale=1.0, maximum-scale=1.0, user-scalable=no">
    <title> 首页 </title>
    <link rel="stylesheet" type="text/css" href="css/basic.css"/>
    <link rel="stylesheet" type="text/css" href="css/admin.css"/>
    <link rel="stylesheet" type="text/css" href="css/demo.css"/>
    <link rel="stylesheet" type="text/css" href="css/hmstyle.css"/>
</head>
<body>
</body>
</html>
```

说明

<meta> 标签中，name 属性值为 viewport，表示页面的浏览模式会根据浏览器的大小动态调节，即适配手机端的浏览器大小。

（2）实现顶部区域的功能。重点说明搜索文本框的布局技巧。首先添加一个 <div> 标签，设置 class 属性，值为 search-bar pr，确定搜索文本框的定位。然后使用 <form> 标签，分别新建搜索文本框和搜索按钮。关键代码如下：

```
<div class="nav white">
     <!-- 网站 Logo-->
     <div class="logo"><a href="index.html"><img src="images/logo.png"/></
div></a>
     <div class="logoBig">
          <li><img src="images/logobig.png"/></li>
     </div>
     <!-- 搜索文本框 -->
     <div class="search-bar pr">
          <a name="index_none_header_sysc" href="#"></a>
          <form>
               <input id="searchInput" name="index_none_header_sysc"
                          type="text" placeholder=" 搜索 " autocomplete="off">
               <input id="ai-topsearch" class="submit mr-btn" value=" 搜索 "
                          index="1" type="submit">
          </form>
     </div>
</div>
```

（3）实现底部区域的功能。首先使用 <p> 标签和 <a> 标签，实现底部的导航栏。然后为 <a> 标签添加 href 属性，链接到商城主页。最后使用 <p> 标签，显示关于明日、合作伙伴和联系我们等网站制作团队相关信息。代码如下：

```
<div class="footer ">
     <div class="footer-hd ">
          <p>
               <a href="http://www.mingrisoft.com/" target="_blank"> 明日科技 </a>
               <b>|</b>
               <a href="index.html"> 商城首页 </a>
               <b>|</b>
               <a href="#"> 支付宝 </a>
               <b>|</b>
               <a href="#"> 物流 </a>
          </p>
    </div>
     <div class="footer-bd ">
          <p>
               <a href="http://www.mingrisoft.com/Index/ServiceCenter/aboutus.html"
                 target="_blank"> 关于明日 </a>
               <a href="#"> 合作伙伴 </a>
               <a href="#"> 联系我们 </a>
               <a href="#"> 网站地图 </a>
               <em>© 2016-2025 mingrisoft.com 版权所有 </em>
          </p>
     </div>
</div>
```

20.2.3 商品分类导航功能的实现

扫码看视频

通过商品分类导航功能，能够将商品分门别类，便于用户查找。用户将鼠标指针滑入某一商品分类时，页面会弹出商品的子类别内容，鼠标指针滑出时，子类别内容消失。因此，商品分类导航功能可以使商品信息更清晰易查，井井有条。页面效果如图 20.9 所示。

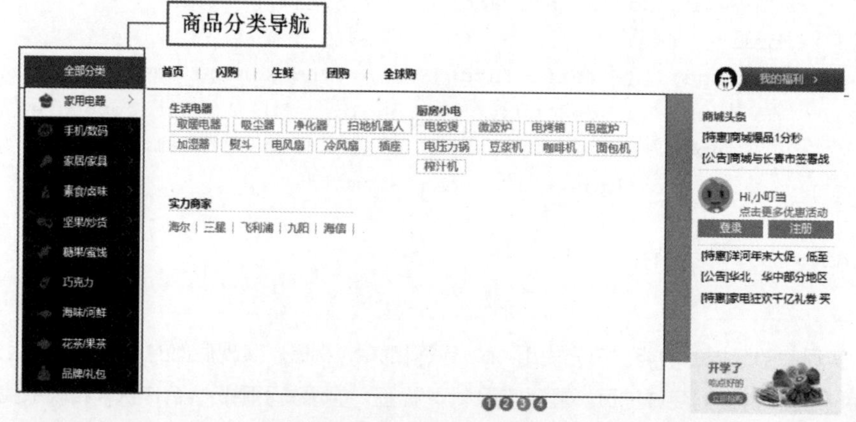

图 20.9　商品分类导航的页面效果

具体实现步骤如下。

（1）编写 HTML 布局代码。通过 <li> 标签，显示商品分类信息。在 <li> 标签中，分别添加 onmouseover 属性和 onmouseout 属性，为 <li> 标签增加鼠标移入事件和鼠标移出事件。关键代码如下：

```
<li class="appliance js_toggle relative "
     onmouseover="mouseOver(this)" onmouseout="mouseOut(this)"  >
     <div class="category-info">
         <h3 class="category-name b-category-name">
             <i><imgsrc="images/cake.png"></i>
             <a class="ml-22" title=" 家用电器 "> 家用电器 </a></h3>
         <em>&gt;</em></div>
     <div class="menu-item menu-in top" >
         <div class="area-in">
             <div class="area-bg">
                 <div class="menu-srot">
                     <div class="sort-side">
                         <dl class="dl-sort">
                             <dt><span > 生活电器 </span></dt>
                             <dd><a  href="shopInfo.html"><span> 取暖电器
</span></a></dd>
                             <dd><a  href="shopInfo.html"><span> 吸尘器
</span></a></dd>
                             <dd><a  href="shopInfo.html"><span> 净化器
</span></a></dd>
                             <dd><a  href="shopInfo.html"><span> 扫地机器人
</span></a></dd>
                             <dd><a href="shopInfo.html"><span> 加湿器
</span></a></dd>
                             <dd><a  href="shopInfo.html"><span> 熨斗
</span></a></dd>
                             <dd><a href="shopInfo.html"><span> 电风扇
</span></a></dd>
                             <dd><a  href="shopInfo.html"><span> 冷风扇
</span></a></dd>
                             <dd><a  href="shopInfo.html"><span> 插座
</span></a></dd>
                         </dl>
                     </div>
                 </div>
             </div>
         </div>
     </div>
     <b class="arrow"></b>
</li>
```

（2）编写鼠标移入和移出事件的 JavaScript 逻辑代码。mouseOver() 方法和 mouseOut() 方法分别为鼠标移入和移出事件方法，二者实现逻辑相似。以 mouseOver() 方法为例，首先当鼠标移入 <li> 标签节点时，触发 mouseOver() 事件方法；然后获取事件对象 obj，设置 obj 对象的样式，找到 obj 对象的子节点（子分类信息）；最后将子节点内容显示到页面。关键代码如下：

```
<script>
    //鼠标移出事件
    function mouseOver(obj){
        obj.className="appliance js_toggle relative hover"; //设置当前事件对象样式
        var menu=obj.childNodes;                             //寻找该事件子节点（商品子类别）
        menu[3].style.display='block';                       //设置子节点显示
    }
    //鼠标移入事件
    function mouseOut(obj){
        obj.className="appliance js_toggle relative";        //设置当前事件对象样式
        var menu=obj.childNodes;                             //寻找该事件子节点（商品子类别）
        menu[3].style.display='none';                        //设置子节点隐藏
    }
</script>
```

20.2.4 轮播图功能的实现

扫码看视频

轮播图功能，根据固定的时间间隔，动态地显示或隐藏轮播图片，引起用户的注意。轮播图片一般都是系统推荐的最新商品图片。页面效果如图 20.10 所示。

图 20.10　主页轮播图的页面效果

具体实现步骤如下。

（1）编写 HTML 布局代码。使用 <ul> 标签和 <li> 标签添加 4 张轮播图，同时也新建了这 4 张图的轮播顺序节点。关键代码如下：

```
<!-- 轮播图 -->
<div class="mr-slider mr-slider-default scoll"
      data-mr-flexslider id="demo-slider-0">
     <div id="box">
          <ul id="imagesUI" class="list">
               <li class="current" style="opacity: 1;"><imgsrc="images/
ad1.png"></li>
               <li style="opacity: 0;"><imgsrc="images/ad2.png" ></li>
               <li style="opacity: 0;"><imgsrc="images/ad3.png" ></li>
               <li style="opacity: 0;"><imgsrc="images/ad4.png" ></li>
          </ul>
          <ul id="btnUI" class="count">
               <li class="current">1</li>
               <li class="">2</li>
               <li class="">3</li>
               <li class="">4</li>
         </ul>
    </div>
</div>
<div class="clear"></div>
```

（2）编写播放轮播图的 JavaScript 代码。首先新建 autoPlay() 方法，用于自动轮播图片。然后在 autoPlay() 方法中，调用用于显示或隐藏图片的 show() 方法。最后编写 show() 方法的逻辑代码，根据设置图片的透明度，显示或隐藏对应的图片。关键代码如下：

```
<script>
//自动轮播方法
function autoPlay(){
     play=setInterval(function(){                    //定时器处理
          index++;
          index>=imgs.length&&(index=0);
          show(index);
     },3000)
}
//图片切换方法
function show(a){
     for(i=0;i<btn.length;i++ ){
          btn[i].className='';                       //显示当前设置按钮
          btn[a].className='current';
     }
```

```
        for(i=0;i<imgs.length;i++){                         //把图片的效果设置成和按钮相同
            imgs[i].style.opacity=0;
            imgs[a].style.opacity=1;
        }
    }
    //切换按钮功能
    for(i=0;i<btn.length;i++){
        btn[i].index=i;
        btn[i].onmouseover=function(){
            show(this.index);                               //触发 show() 方法
            clearInterval(play);                            //停止播放
        }
    }
</script>
```

20.2.5 商品推荐功能的实现

扫码看视频

商品推荐是 51 购商城主要的商品促销形式，此功能可以动态显示推荐的商品信息，包括商品的缩略图、价格和打折信息等。通过商品推荐功能，能将众多商品信息精挑细选，提高商品的销售率。页面效果如图 20.11 所示。

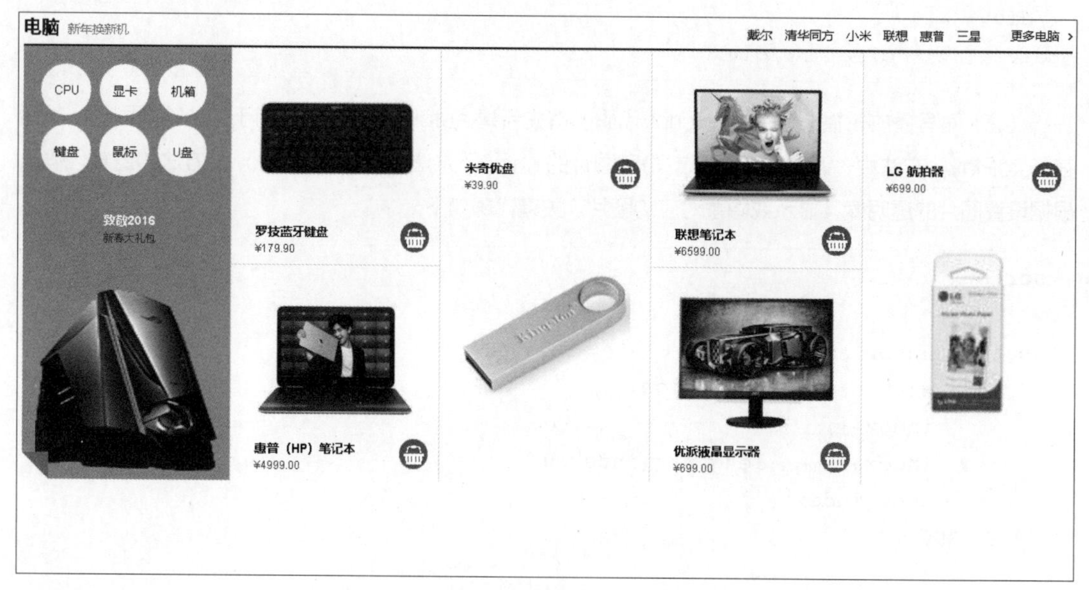

图 20.11 商品推荐的页面效果

具体实现步骤如下。

编写 HTML 布局代码。首先添加一个 <div> 标签，设置 class 属性，值为 word，布局商品的类别内容，如显卡、机箱和键盘等。然后通过 <div> 标签，显示具体的商品内容，如惠普（HP）笔记本电脑和价格信息等内容。关键代码如下：

```
<div class="mr-u-sm-5 mr-u-md-4 text-one list ">
    <div class="word">
        <a class="outer" href="#">
            <span class="inner"><b class="text">CPU</b></span></a>
        <a class="outer" href="#">
            <span class="inner"><b class="text">显卡</b></span></a>
        <a class="outer" href="#">
            <span class="inner"><b class="text">机箱</b></span></a>
        <a class="outer" href="#">
            <span class="inner"><b class="text">键盘</b></span></a>
        <a class="outer" href="#">
            <span class="inner"><b class="text">鼠标</b></span></a>
        <a class="outer" href="#">
            <span class="inner"><b class="text">U盘</b></span></a>
    </div>
    <a href="shopList.html">
        <div class="outer-con ">
            <div class="title ">
                致敬2017
            </div>
            <div class="sub-title ">
                新春大礼包
            </div>
        </div>
        <img src="images/computerArt.png" width="120px" height="200px">
    </a>
    <div class="triangle-topright"></div>
</div>
<div class="mr-u-sm-7 mr-u-md-4 text-two sug">
    <div class="outer-con ">
        <div class="title ">
            惠普（HP）笔记本电脑
        </div>
        <div class="sub-title ">
            ¥4999.00
        </div>
        <iclass="mr-icon-shopping-basket mr-icon-md  seprate"></i>
    </div>
    <a href="shopList.html"><img src="images/computer1.jpg"/></a>
</div>
```

说明

鼠标指针滑入某具体的商品图片时，图片会呈现闪动效果，易引起用户的注意。

20.2.6 适配手机端的实现

扫码看视频

当前，手机用户越来越多，而且许多用户已经养成用手机浏览网站的习惯。为此，给 51 购商城设计并实现了适配手机端的功能页面。实现的方式采用了第 15 章讲解的知识，使用 CSS3 的 media 关键字，根据手机端浏览器的不同宽度，适配不同的功能页面。页面效果如图 20.12 所示。

图 20.12　商品推荐的界面效果

具体实现步骤如下。

（1）添加适配浏览器大小的 <meta> 标签。首先添加 name 属性，值为 viewport，表示浏览器在读取此页面代码时，会适配当前浏览器的大小。然后添加 content 属性，设置属性值，其中 width=device-width 表示页面内容的宽度等于当前浏览器的宽度。代码如下：

```
<meta name="viewport" content="width=device-width,
initial-scale=1.0, minimum-scale=1.0, maximum-
scale=1.0, user-scalable=no">
```

（2）根据 CSS3 的 media 关键字，动态调整页面大小。比如针对 <body> 标签，media 关键字会检测当前浏览器的宽度，根据宽度的不同，动态调整 <body> 标签的 CSS 属性值。关键代码如下：

```
<style>
    /* 适配手机端 */
    @media only screen and (max-width: 640px) {
      /**
      * 如果当前浏览器的宽度小于等于 640px，body< 标签 > 的 word-wrap 属性值为 break-word
      */
      body {
         word-wrap: break-word;
         hyphens: auto;
      }
    }
</style>
```

> **说明**
>
> 请参考 css 文件夹内的 basic.css 文件，包含适配手机端的 CSS3 代码。

20.3 商品列表页面的设计与实现

商品列表页面将商品分类分组，以便更好地展示商品信息。下面将对商品列表页面的设计、分类选项功能的实现和商品列表区域的实现分别进行详细讲解。

20.3.1 商品列表页面的设计

扫码看视频

商品列表页面是一般电子商城通用的功能页面，在该页面中，用户可以根据销量、价格和评价检索商品信息；可根据某种分类商品，比如手机类商品，按照商品的某种属性特征，比如手机内存或手机颜色等，进一步检索手机信息。商品列表页面如图 20.13 所示。

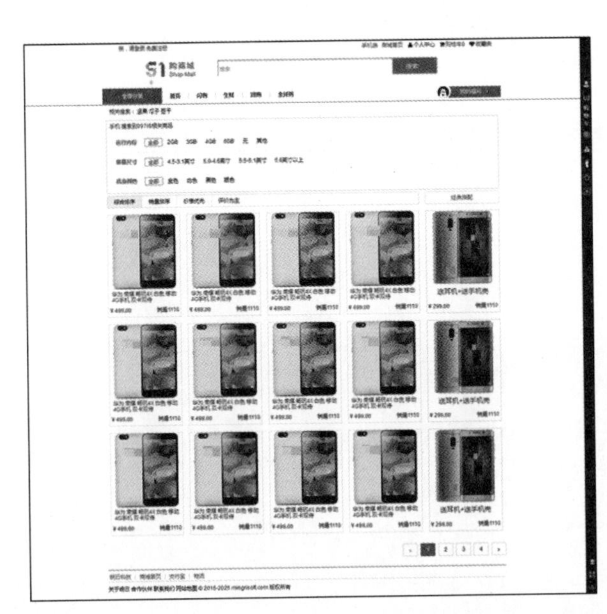

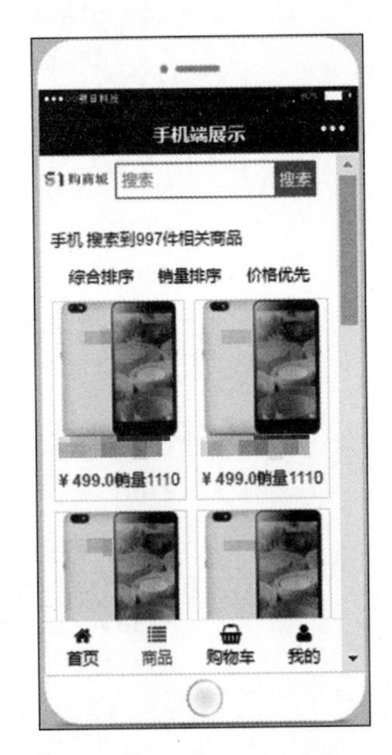

图 20.13　商品列表页面（PC 端和手机端）

说明

关于适配手机端的部分，请参考 20.2.6 小节的内容，本节不再讲解。

20.3.2 分类选项功能的实现

扫码看视频

分类选项功能是电商网站通用的一个功能。可以对商品进一步检索分类范围，如手机的颜色，分成金色、白色和黑色等颜色分类，方便用户快速挑选商品，提升用户使用体验。页面效果如图 20.14 所示。

手机 搜索到997件相关商品

运行内存　全部　2GB　3GB　4GB　6GB　无　其他

屏幕尺寸　全部　4.5~3.1英寸　5.0~4.6英寸　5.5~5.1英寸　5.6英寸以上

机身颜色　全部　金色　白色　黑色　银色

图 20.14　分类选项的界面效果

具体实现步骤如下。使用 <li> 标签，显示细分的分类选项。其中 class 属性值为 selected，表示当前选中项目的样式为白底红色字。关键代码如下：

```
<li class="select-list">
    <dl id="select1">
        <dt class="mr-badge mr-round">
            运行内存
        </dt>
        <div class="dd-conent">
            <dd class="select-all selected">
                <a href="#">全部</a>
            </dd>
            <dd>
                <a href="#">2GB</a>
            </dd>
            <dd>
                <a href="#">3GB</a>
            </dd>
            <dd>
                <a href="#">4GB</a>
            </dd>
            <dd>
                <a href="#">6GB</a>
            </dd>
            <dd>
                <a href="#">无</a>
            </dd>
            <dd>
                <a href="#">其他</a>
            </dd>
        </div>
    </dl>
</li>
```

说明

商品列表页面的顶部布局和底部布局，实现方法与主页相同，请读者自行编码实现。

20.3.3 商品列表区域的实现

扫码看视频

商品列表区域由商品列表内容区域、组合推荐区域和分页组件区域构成。商品列表内容区域可以根据销量、价格和评价等参数动态检索商品信息；组合推荐区域方便用户购买配套商品，而且布局美观；分页组件区域用于显示商品列表的分页信息。页面效果如图 20.15 所示。

具体实现步骤如下。

（1）编写商品列表内容区域的 HTML 布局代码。使用 <ul> 标签和 <li> 标签，显示单个手机商品的信息，包括手机名称、价格和销量等内容。关键代码如下：

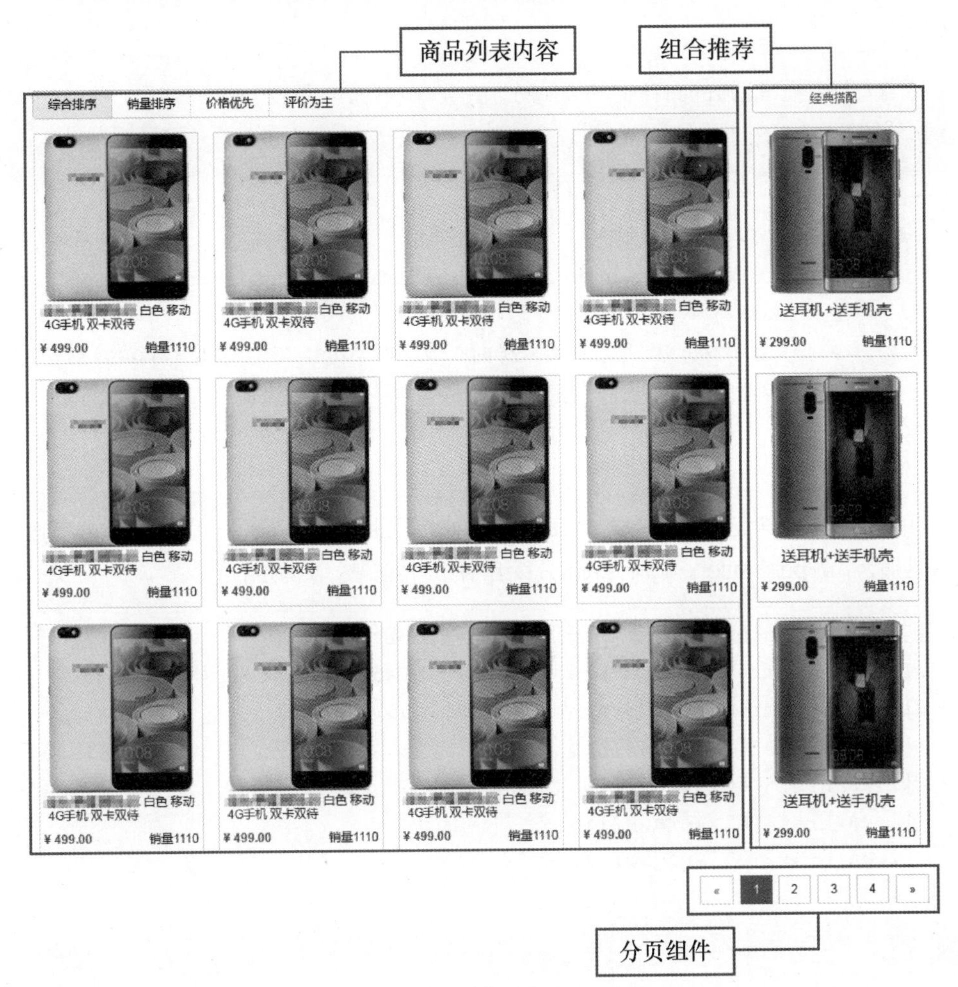

图 20.15　商品列表区域的页面效果

```
<ul class="mr-avg-sm-2 mr-avg-md-3 mr-avg-lg-4 boxes">
    <li>
        <div class="i-pic limit">
            <a href="shopInfo.html"><imgsrc="images/shopcartImg.jpg" /></a>
            <p class="title fl">华为 荣耀 畅玩 4X 白色 移动 4G 手机 双卡双待 </p>
            <p class="price fl"><b>&yen;</b><strong>499.00</strong></p>
            <p class="number fl">销量 <span>1110</span></p>
        </div></li>
    <li>
        <div class="i-pic limit">
            <a href="shopInfo.html"><imgsrc="images/shopcartImg.jpg" /></a>
            <p class="title fl">华为 荣耀 畅玩 4X 白色 移动 4G 手机 双卡双待 </p>
            <p class="price fl"><b>&yen;</b><strong>499.00</strong></p>
            <p class="number fl">销量 <span>1110</span></p>
```

```
        </div></li>
</ul>
```

（2）编写组合推荐区域的 HTML 布局代码。使用 <li> 标签，显示组合推荐商品的图片、内容和价格等信息。关键代码如下：

```
<li>
    <div class="i-pic check">
        <a href="shopInfo.html"><img src="images/shopcartImg-01.jpg" /></a>
        <p class="check-title"> 送耳机 + 送手机壳 </p>
        <p class="price fl"><b>&yen;</b><strong>299.00</strong></p>
        <p class="number fl"> 销量 <span>1110</span></p>
    </div>
</li>
```

（3）编写分页组件区域的 HTML 布局代码。使用 <ul> 和 <li> 标签，显示商品分页数。其中 class 属性值为 mr-pagination-right，表示分页组件的定位信息。代码如下：

```
<ul class="mr-pagination mr-pagination-right">
    <li class="mr-disabled"><a href="#">&laquo;</a></li>
    <li class="mr-active"><a href="#">1</a></li>
    <li><a href="#">2</a></li>
    <li><a href="#">3</a></li>
    <li><a href="#">4</a></li>
    <li><a href="#">&raquo;</a></li>
</ul>
```

20.4 商品详情页面的设计与实现

在商品详情页面里，用户可以查看商品的详细信息。商品详情页面设计的好坏，直接关系到商品转换率（下单率）的高低。下面将对商品详情页面的设计、商品概要功能的实现、商品评价功能的实现和猜你喜欢功能的实现分别进行讲解。

20.4.1 商品详情页面的设计

商品详情页面是商品列表页面的子页面。用户单击商品列表的某一项商品后，就进入商品详情页面。对用户而言，商品详情页面是至关重要的功能页面。商品详情页面直接影响用户的购买意愿。为此，给 51 购商城设计并实现了一系列的功能，包括商品概要信息、宝贝详情和评价等功能模块，方便用户消费决策，增加商品销售量。商品详情页面如图 20.16 和图 20.17 所示。

扫码看视频

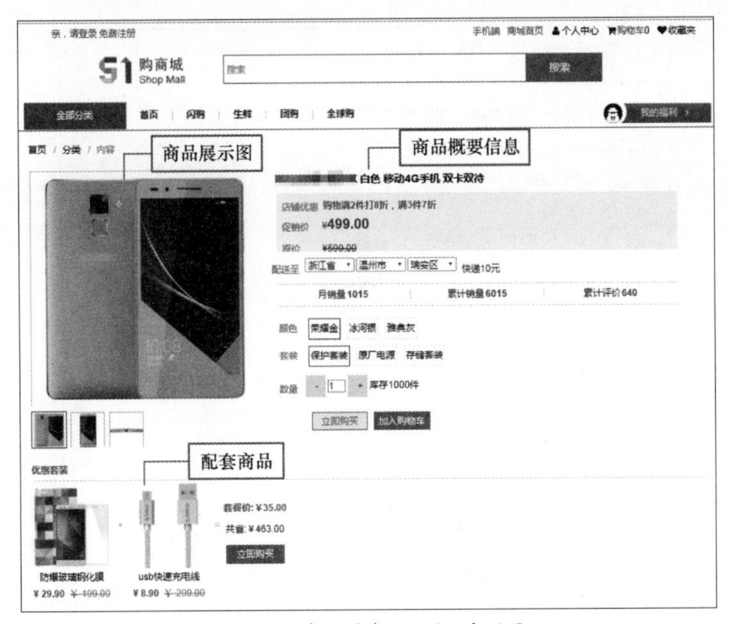

图 20.16　商品详情页面的顶部效果

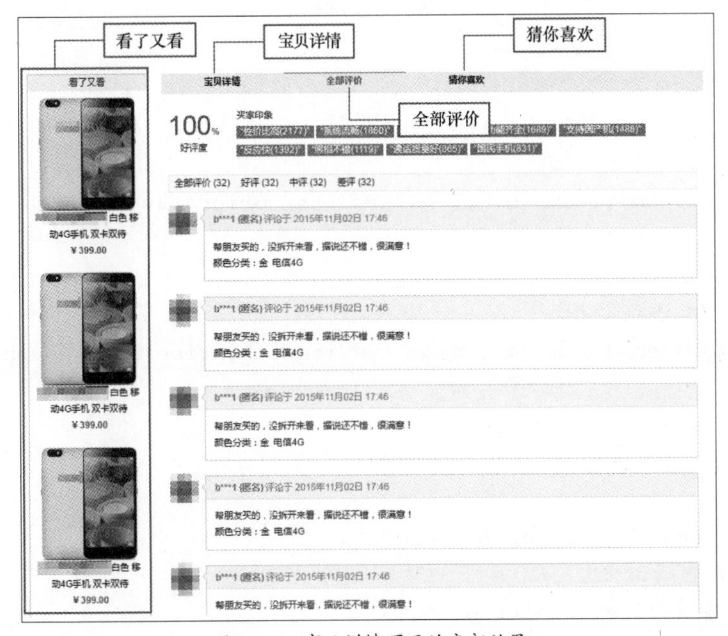

图 20.17　商品详情页面的底部效果

> **说明**
>
> 关于适配手机端的部分，请参考 20.2.6 小节的内容，本节不再讲解。

20.4.2　商品概要功能的实现

扫码看视频

商品概要，包含商品名称、价格和配送地址等信息。用户快速浏览商品概要信息，可以了解商品的销量、可配送地址和库存等内容，方便用户快速决策，节省浏览时间。页面效果如图 20.18 所示。

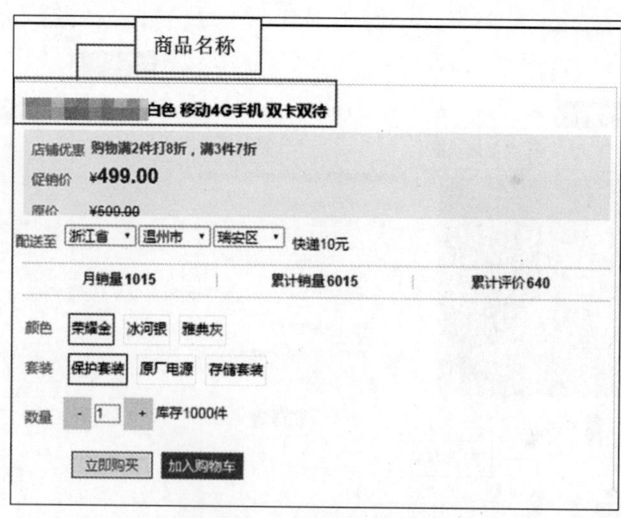

图 20.18 商品概要的页面效果

具体实现步骤如下。首先使用 <li> 标签，显示价格信息，class 属性值为 sys_item_price，表示对价格加粗处理。然后通过 <select> 标签和 <option> 标签，读取配送地址信息。关键代码如下：

```
<div class="tb-detail-price">
    <!-- 价格 -->
    <li class="price iteminfo_price">
        <dt> 促销价 </dt>
        <dd><em>¥</em><b class="sys_item_price">499.00</b></dd>
    </li>
    <li class="price iteminfo_mktprice">
        <dt> 原价 </dt>
        <dd><em>¥</em><b class="sys_item_mktprice">599.00</b></dd>
    </li>
    <div class="clear"></div>
</div>
<!-- 地址 -->
<dl class="iteminfo_parameter freight">
    <dt> 配送至 </dt>
    <div class="iteminfo_freprice">
        <div class="mr-form-content address">
            <select data-mr-selected>
                <option value="a"> 浙江省 </option>
                <option value="b"> 吉林省 </option>
            </select>
            <select data-mr-selected>
                <option value="a"> 温州市 </option>
                <option value="b"> 长春市 </option>
            </select>
            <select data-mr-selected>
```

```
                <option value="a"> 瑞安区 </option>
                <option value="b"> 南关区 </option>
            </select>
        </div>
        <div class="pay-logis">
            快递 <b class="sys_item_freprice">10</b> 元
        </div>
    </div>
</dl>
<div class="clear"></div>
```

说明

商品详情页面的顶部布局和底部布局，实现方法与主页相同，请读者自行编码实现。

20.4.3 商品评价功能的实现

扫码看视频

用户通过浏览商品评价列表信息，可以了解第三方买家对商品的印象和评价内容等信息。如今的消费者越来越看重评价信息，因此评价功能的设计和实现十分重要。51 购商城设计了买家印象和买家评价列表这两项功能。页面效果如图 20.19 所示。

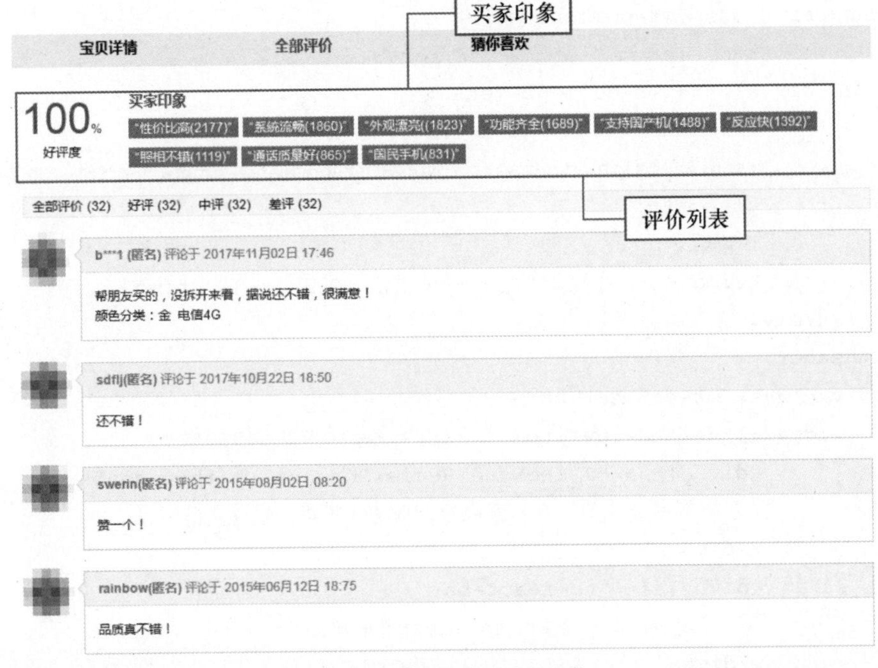

图 20.19 商品评价的页面效果

具体实现步骤如下。

（1）编写买家印象的 HTML 布局代码。使用 <dl> 标签和 <dd> 标签，显示买家印象内容，包括性价比高、系统流畅和外观漂亮等内容。关键代码如下：

```
<dl>
    <dt>买家印象</dt>
    <dd class="p-bfc">
        <q class="comm-tags"><span>性价比高</span><em>(2177)</em></q>
        <q class="comm-tags"><span>系统流畅</span><em>(1860)</em></q>
        <q class="comm-tags"><span>外观漂亮(</span><em>(1823)</em></q>
        <q class="comm-tags"><span>功能齐全</span><em>(1689)</em></q>
        <q class="comm-tags"><span>支持国产机</span><em>(1488)</em></q>
        <q class="comm-tags"><span>反应快</span><em>(1392)</em></q>
        <q class="comm-tags"><span>照相不错</span><em>(1119)</em></q>
        <q class="comm-tags"><span>通话质量好</span><em>(865)</em></q>
        <q class="comm-tags"><span>国民手机</span><em>(831)</em></q>
    </dd>
</dl>
```

（2）编写评价列表的HTML布局代码。首先添加一个<header>标签，显示评论者和评论时间。然后添加一个<div>标签，设置class属性值为mr-comment-bd，布局评论内容区域。关键代码如下：

```
<div class="mr-comment-main">
    <!-- 评论内容容器 -->
    <header class="mr-comment-hd">
        <!--<h3 class="mr-comment-title">评论标题</h3>-->
        <div class="mr-comment-meta">
            <!-- 评论数据 -->
            <a href="#link-to-user" class="mr-comment-author">b***1 (匿名)</a>
            <!-- 评论者 -->
            评论于
            <time datetime="">2015年11月02日 17:46</time>
        </div>
    </header>
    <div class="mr-comment-bd">
        <div class="tb-rev-item " data-id="255776406962">
            <div class="J_TbcRate_ReviewContent tb-tbcr-content ">
                帮朋友买的，没拆开来看，据说还不错，很满意！
            </div>
            <div class="tb-r-act-bar">
                颜色分类：金  电信4G
            </div>
        </div>
    </div>
    <!-- 评论内容 -->
</div>
```

20.4.4 猜你喜欢功能的实现

猜你喜欢功能为用户推荐最佳的相似商品。实现的方式与商品列表页面相似，不仅方便用户快速挑选商品，也增加商品详情页面内容的丰富性。页面效果如图 20.20 所示。

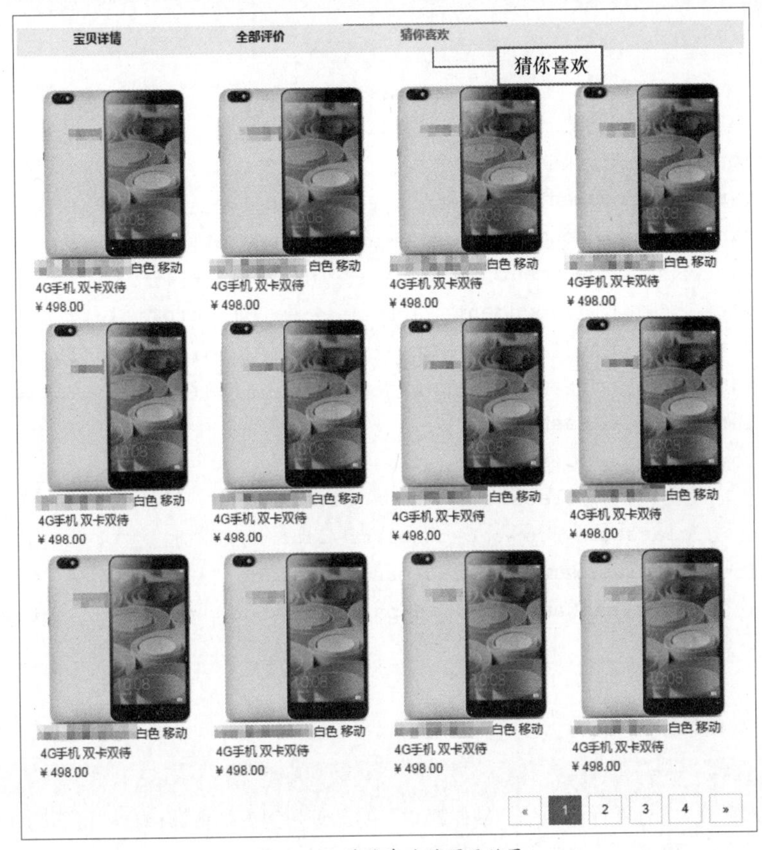

图 20.20 猜你喜欢的页面效果

具体实现步骤如下。

（1）编写商品列表区域的 HTML 布局代码。使用 <li> 标签，显示商品信息，包括商品缩略图、商品价格和商品名称等内容。关键代码如下：

```
<li>
    <div class="i-pic limit">
        <img src="images/shopcartImg.jpg" />
        <p>华为 荣耀 畅玩 4X 白色 移动 4G 手机 双卡双待 </p>
        <p class="price fl">
            <b>¥</b>
            <strong>498.00</strong>
        </p>
    </div>
</li>
```

（2）编写控制动画效果的 JavaScript 代码。用户单击页面顶部的“宝贝详情”、“全部评价”或“猜你喜欢”时，页面会动态显示和隐藏对应的页面节内容。如单击“猜你喜欢”时，会显示“猜你喜欢”页面的内容。

因此，新建 goToYoulike() 方法，首先获取对应的页面节点元素，然后设置节点元素的样式属性，当单击“猜你喜欢”时，触发 goToYoulike() 方法，会显示“猜你喜欢”页面的内容，隐藏其他节点。关键代码如下：

```
<script>
    //显示猜你喜欢内容区域
    function goToYoulike(){
        var info=document.getElementById("info");           //获取“宝贝详情”节点
        var comment=document.getElementById("comment"); //获取“全部评价”节点
        var youLike=document.getElementById("youLike"); //获取“猜你喜欢”节点
        var infoTitle=document.getElementById("infoTitle");
        var commentTitle=document.getElementById("commentTitle");
        var youLikeTitle=document.getElementById("youLikeTitle");
        infoTitle.className="";
        commentTitle.className="";
        youLikeTitle.className="mr-active";
        info.className="mr-tab-panel mr-fade ";         //隐藏“宝贝详情”节点
        comment.className="mr-tab-panel mr-fade ";      //隐藏“全部评价”节点
        youLike.className="mr-tab-panel mr-fade mr-in mr-active";//显示
“猜你喜欢”节点
</script>
```

说明

“宝贝详情”、“全部评价”和“猜你喜欢”的动画效果，类似菜单栏的页面切换，由于篇幅的限制，这里不详细讲解，具体内容请参考源代码部分。

20.5 购物车页面的设计与实现

购物车页面可以实现将用户选择的商品归类汇总的功能。下面将对购物车页面的设计和购物车页面的实现进行详细讲解。

20.5.1 购物车页面的设计

扫码看视频

电商网站都具有购物车的功能。用户一般先将自己挑选好的商品放到购物车中，然后统一付款，交易结束。购物车的页面要求包含订单商品的型号、数量和价格等内容，方便用户统一确认购买。购物车的页面效果如图 20.21 所示。

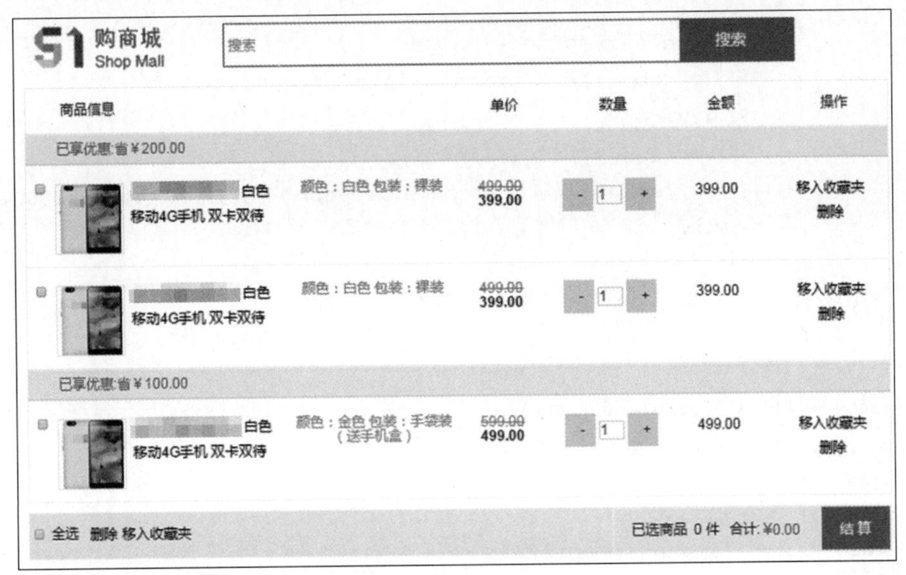

图 20.21　购物车的页面效果

20.5.2　购物车页面的实现

扫码看视频

购物车页面的顶部和底部布局请参考 20.2.2 小节的内容。下面重点讲解购物车页面中商品订单信息的布局技巧。界面效果如图 20.22 所示。

图 20.22　商品订单明细的页面效果

具体实现步骤如下。

（1）编写商品类型和价格信息的 HTML 代码。使用 <li> 标签，显示商品类型信息，如颜色和包装等内容。使用 <div> 标签，获取商品价格信息。关键代码如下：

```
<!-- 商品类型 -->
<li class="td td-info">
    <div class="item-props item-props-can">
        <span class="sku-line">颜色：白色 </span>
        <span class="sku-line">包装：裸装 </span>
        <span tabindex="0" class="btn-edit-sku theme-login">修改 </span>
        <iclass="theme-login mr-icon-sort-desc"></i>
    </div>
</li>
<!-- 价格信息 -->
<li class="td td-price">
    <div class="item-price price-promo-promo">
        <div class="price-content">
```

```
            <div class="price-line">
                <em class="price-original">499.00</em>
            </div>
            <div class="price-line">
                <em class="J_Price price-now" tabindex="0">399.00</em>
            </div>
        </div>
    </div>
</li>
```

（2）编写实现增减商品数量功能的 HTML 代码。使用 3 个 <input> 标签，显示数量增减的表单按钮，value 属性值分别为 - 和 +。关键代码如下：

```
<li class="td td-amount">
    <div class="amount-wrapper ">
        <div class="item-amount ">
            <div class="sl">
                <input class="min mr-btn" name="" type="button" value="-" />
                <input class="text_box" name="" type="text"
                        value="1" style="width:30px;" />
                <input class="add mr-btn" name="" type="button" value="+" />
            </div>
        </div>
    </div>
</li>
```

20.6 付款页面的设计与实现

付款页面实现用户编辑收货地址、选择物流方式等功能。下面将对付款页面的设计和付款页面的实现分别进行讲解。

20.6.1 付款页面的设计

扫码看视频

用户在购物车页面单击“结算”按钮后，就进入付款页面。付款页面包括收货人姓名、手机号、收货地址、物流方式和支付方式等内容。用户需要再次确认上述内容后，单击“提交订单”按钮，完成交易。付款页面如图 20.23 所示。

20.6.2 付款页面的实现

扫码看视频

付款页面的顶部和底部布局请参考 20.2.2 小节的内容。下面重点讲解付款页面中用户收货地址、物流方式和支付方式的布局技巧。页面效果如图 20.24 所示。

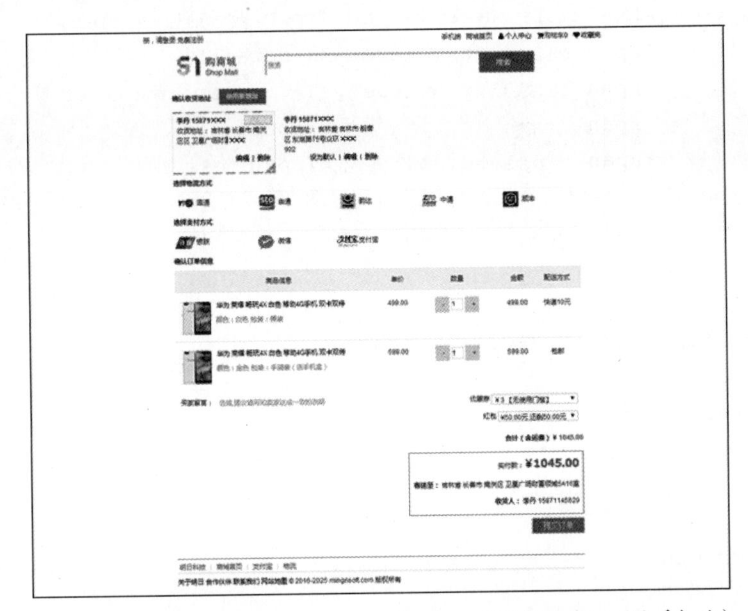

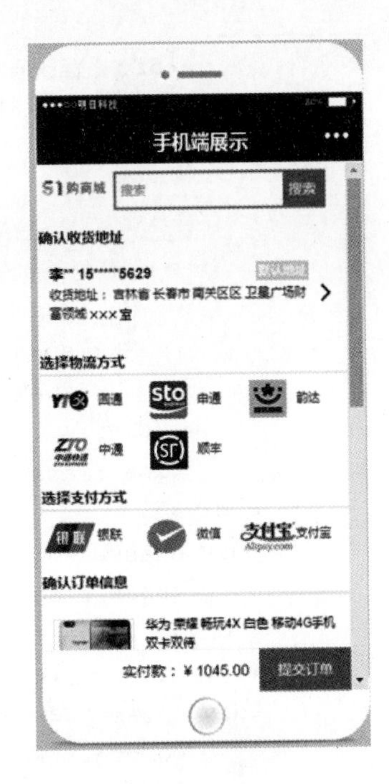

图 20.23　付款页面（PC 端和手机端）

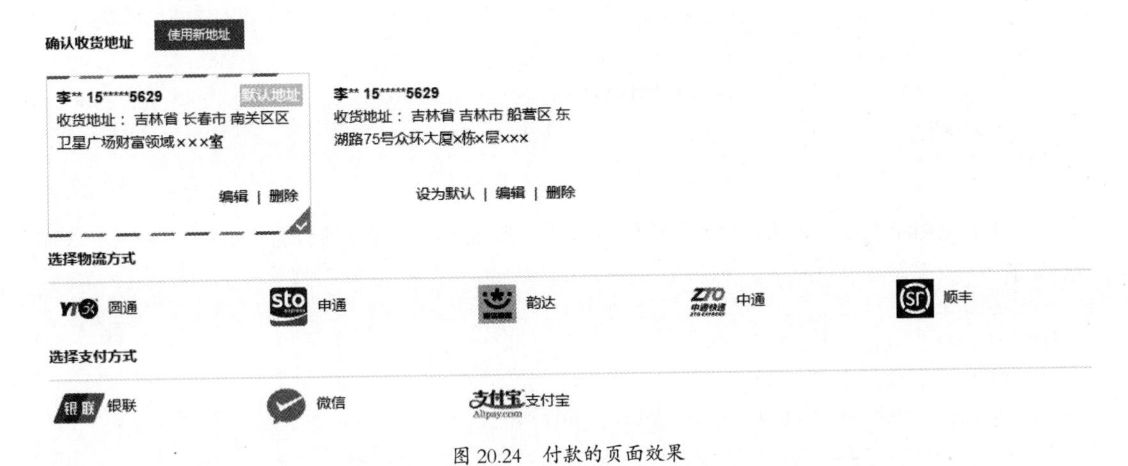

图 20.24　付款的页面效果

具体实现步骤如下。

（1）编写收货地址的 HTML 代码。使用 <li> 标签，显示用户收货相关信息，包括用户的收货地址、用户的手机号码和用户姓名等内容。关键代码如下：

```
<li class="user-addresslist">
      <div class="address-left">
            <div class="user DefaultAddr">
                  <span class="buy-address-detail">
                        <span class="buy-user"> 李 **</span>
                  <span class="buy-phone">15*****5629</span>
                  </span>
            </div>
```

```
        <div class="default-address DefaultAddr">
            <span class="buy-line-title buy-line-title-type">收货地址：</span>
                        <span class="buy--address-detail">
                        <span class="province">吉林</span>省
                        <span class="city">吉林</span>市
                        <span class="dist">船营</span>区
              <span class="street">东湖路 75 号众环大厦 × 栋 × 层 ×××</span>
            </span>
            </span>
        </div>
        <ins class="deftip hidden">默认地址</ins>
    </div>
    <div class="address-right">
        <span class="mr-icon-angle-right mr-icon-lg"></span>
    </div>
    <div class="clear"></div>
    <div class="new-addr-btn">
        <a href="#">设为默认</a>
        <span class="new-addr-bar">|</span>
        <a href="#">编辑</a>
        <span class="new-addr-bar">|</span>
        <a href="javascript:void(0);" onclick="delClick(this);">删除</a>
    </div>
</li>
```

（2）编写物流信息的 HTML 代码。使用 <ul> 和 <li> 标签，显示物流公司的 Logo 和名称。关键代码如下：

```
<div class="logistics">
    <h3>选择物流方式</h3>
    <ul class="op_express_delivery_hot">
        <li data-value="yuantong" class="OP_LOG_BTN  ">
            <iclass="c-gap-right"
              style="background-position:0px -468px"></i>圆通<span></span>
        </li>
        <li data-value="shentong" class="OP_LOG_BTN  ">
            <iclass="c-gap-right"
             style="background-position:0px -1008px"></i>申通<span></span>
        </li>
        <li data-value="yunda" class="OP_LOG_BTN  ">
            <i class="c-gap-right" s
             tyle="background-position:0px -576px"></i>韵达<span></span>
        </li>
    </ul>
</div>
```

（3）编写支付方式的 HTML 代码。使用 <ul> 和 <li> 标签，显示支付方式的 Logo 和名称。关键代码如下：

```
<div class="logistics">
    <h3>选择支付方式</h3>
    <ul class="pay-list">
        <li class="pay card"><img src="images/wangyin.jpg"/>银联<span></
span></li>
        <li class="pay qq"><img src="images/weizhifu.jpg"/>微信<span></span>
</li>
        <li class="pay taobao"><img src="images/zhifubao.jpg"/>支付宝<span>
</span></li>
    </ul>
</div>
```

20.7 登录和注册页面的设计与实现

登录和注册功能是电商网站最常用的功能。下面将对登录和注册页面的设计、登录页面的实现和注册页面的实现分别进行讲解。

20.7.1 登录和注册页面的设计

扫码看视频

登录和注册页面是通用的功能页面。为 51 购商城在设计登录和注册页面时，考虑 PC 端和手机端的适配兼容，同时使用简单的 JavaScript 方法，验证邮箱和数字的格式。登录和注册页面分别如图 20.25（PC 端的登录页面）、图 20.26（PC 端的注册页面）和图 20.27（移动端的登录注册页面）所示。

图 20.25 PC 端的登录页面

图 20.26　PC 端的注册页面

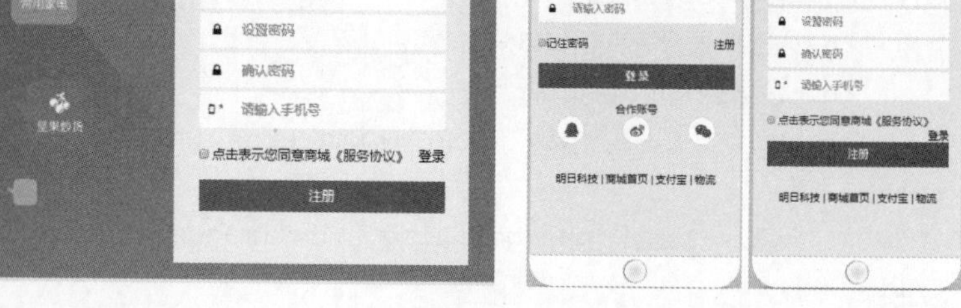

图 20.27　手机端的登录和注册页面

20.7.2　登录页面的实现

扫码看视频

登录页面由<form>标签组成的表单和JavaScript验证技术实现的账号密码不为空验证功能组成。关于登录页面顶部和底部布局的实现，请参考 20.2.2 小节的内容。登录页面如图 20.28 所示。

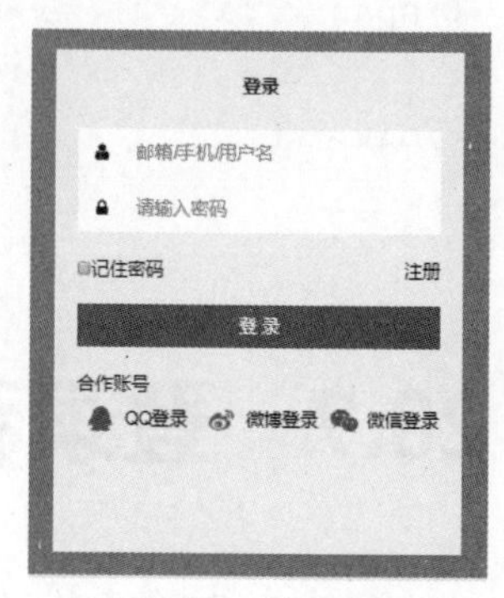

图 20.28　登录页面

具体实现步骤如下。

（1）编写登录页面的 HTML 代码。首先使用 <form> 标签，显示用户名和密码的表单信息。然后通过 <input> 标签，设置一个登录按钮，用于提交用户名和密码信息。关键代码如下：

```
<div class="login-form">
    <form>
        <div class="user-name">
            <label for="user"><iclass="mr-icon-user"></i></label>
            <input type="text" name="" id="user" placeholder=" 邮箱 / 手机 / 用户名 ">
        </div>
        <div class="user-pass">
            <label for="password"><iclass="mr-icon-lock"></i></label>
            <input type="password" name="" id="password" placeholder=" 请输入密码 ">
        </div>
    </form>
</div>
<div class="login-links">
    <label for="remember-me"><input id="remember-me" type="checkbox"> 记住密码
    </label>
    <a href="register.html" class="mr-fr"> 注册 </a>
    <br/>
</div>
<div class="mr-cf">
    <input type="submit" name="" value=" 登录 " onclick="login()"
```

```
            class="mr-btnmr-btn-primary mr-btn-sm">
</div>
```

（2）编写验证提交信息的 JavaScript 代码。首先新建 login() 方法，用于验证表单信息；然后分别获取用户名和密码的页面节点信息；最后根据 value 的属性值条件判断，弹出提示信息。代码如下：

```
<script>
    function login(){
        var user=document.getElementById("user");          //获取账户信息
        var password=document.getElementById("password");  //获取密码信息
        if(user.value!=='mr' &&password.value!=='mrsoft' ){
            alert('您输入的用户名或密码错误！');
        }else{
            alert('登录成功！');
        }
    }
</script>
```

说明

默认正确用户名为 mr，密码为 mrsoft。若输入错误，则提示“您输入的用户名或密码错误！”，否则提示“登录成功！”。

20.7.3 注册页面的实现

扫码看视频

注册页面的实现过程与登录页面相似，只是注册页面在验证表单信息的部分稍复杂些，需要验证邮箱格式是否正确、验证手机号格式是否正确等。注册页面如图 20.29 所示。

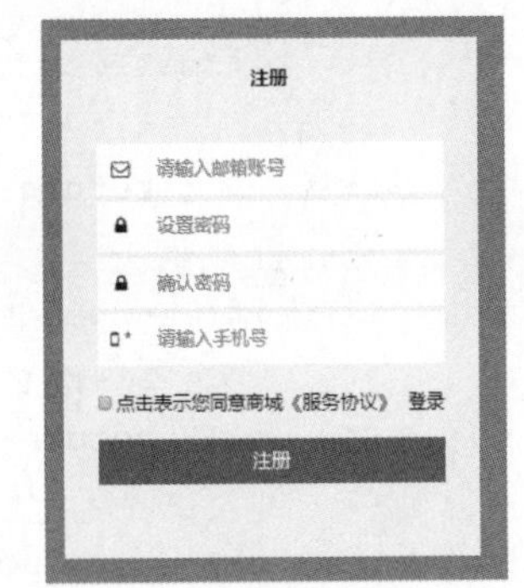

图 20.29 注册页面

具体实现步骤如下。

（1）编写注册页面的 HTML 代码。首先使用 <form> 标签，显示用户名和密码的表单信息。然后通过 <input> 标签，设置一个注册按钮，用于提交用户名和密码信息。关键代码如下：

```
<form method="post">
    <div class="user-email">
        <label for="email"><i class="mr-icon-envelope-o"></i></label>
        <input type="email" name="" id="email" placeholder="请输入邮箱账号">
    </div>
    <div class="user-pass">
        <label for="password"><i class="mr-icon-lock"></i></label>
        <input type="password" name="" id="password" placeholder="设置密码">
    </div>
```

```
    <div class="user-pass">
        <label for="passwordRepeat"><i class="mr-icon-lock"></i></label>
        <input type="password" name="" id="passwordRepeat" placeholder="
确认密码 ">
    </div>
</form>
```

（2）编写验证提交信息的 JavaScript 代码。首先新建 mr_verify () 方法，用于验证表单信息；然后分别获取邮箱、密码、确认密码和手机号的页面节点信息；最后根据 value 的属性值条件判断，弹出提示信息。代码如下：

```
<script>
    function mr_verify(){
        //获取表单对象
        var email=document.getElementById("email");
        var password=document.getElementById("password");
        var passwordRepeat=document.getElementById("passwordRepeat");
        var tel=document.getElementById("tel");
        //验证项目是否为空
        if(email.value===" || email.value===null){
            alert("邮箱不能为空！");
            return;
        }
        if(password.value===" || password.value===null){
            alert("密码不能为空！");
            return;
        }
        if(passwordRepeat.value===" || passwordRepeat.value===null){
            alert("确认密码不能为空！");
            return;
        }
        if(tel.value===" || tel.value===null){
            alert("手机号不能为空！");
            return;
        }
        if(password.value!==passwordRepeat.value){
            alert("密码设置前后不一致！");
            return;
        }
        //验证邮箱格式
        apos = email.value.indexOf("@")
        dotpos= email.value.lastIndexOf(".")
        if (apos <1 || dotpos- apos <2) {
            alert("邮箱格式错误！");
```

```
        }
        else {
            alert(" 邮箱格式正确！ ");
        }
        // 验证手机号格式
        if(isNaN(tel.value)){
            alert(" 手机号请输入数字！ ");
            return;
        }
        if(tel.value.length!==11){
            alert(" 手机号是 11 个数字！ ");
            return;
        }
        alert(' 注册成功！ ');
    }
</script>
```

说明

JavaScript 中验证手机号格式是否正确的原理是通过 isNaN() 方法验证数字格式，通过 length 属性值验证数字长度是否等于 11。